lehmanns media

mibe GmbH Arzneimittel
Münchener Str. 15
06796 Brehna
Tel. 034954 / 247-0
Fax 034954 / 247-100

Hünig • Märkl • Sauer
Kreitmeier • Ledermann

Herausgegeben von Joachim Podlech

ARBEITSMETHODEN IN DER ORGANISCHEN CHEMIE

3., überarbeitete Auflage

„Arbeitsmethoden in der Organischen Chemie" im Internet:
http://www.ioc-praktikum.de

Anschrift des Herausgebers:

Prof. Dr. Joachim Podlech
Institut für Organische Chemie des
Karlsruher Instituts für Technologie (KIT)
Fritz-Haber-Weg 6
D-76131 Karlsruhe

Tel.: +49 721 608 43209
Fax: +49 721 608 47652
E-mail: joachim.podlech@kit.edu

Das vorliegende Werk wurde sorgfältig erarbeitet. Dennoch übernehmen die Autoren und der Verlag für die Richtigkeit von Angaben, Hinweisen und Ratschlägen sowie für eventuelle Druckfehler keine Haftung.

Bibliografische Informationen der Deutschen Nationalbibliothek:
Die Deutsche Nationalbibliothek verzeichnet diese Publikation in der deutschen Nationalbibliografie; detaillierte bibliografische Informationen sind im Internet unter **<http://dnb.ddb.de>** abrufbar.

Hünig, Märkl, Kreitmeier, Ledermann, Sauer, Podlech,
Arbeitsmethoden in der Organischen Chemie
3., überarbeitete Auflage 2014
© Lehmanns Media; Berlin

Verlag Lehmanns Media
Helmholtzstraße 2-9 - 10587 Berlin
www.lehmanns.de

ISBN: 978-3-86541-618-6

Druck: Dimograf; Bielsko Biała; Polen

Das Werk ist urheberrechtlich geschützt. Vervielfältigung, Mikroverfilmung, Übertragung in maschinenlesbare Form oder Übersetzung für kommerzielle Zwecke bedarf einer schriftlichen Genehmigung der Autoren.

Die Wiedergabe von Warenbezeichnungen, Handelsnamen oder sonstigen Kennzeichen in diesem Buch berechtigt nicht zu der Annahme, dass diese von jedermann frei benutzt werden dürfen. Vielmehr kann es sich auch dann um eingetragene Warenzeichen oder sonstige gesetzlich geschützte Kennzeichen handeln, wenn sie als solche nicht eigens gekennzeichnet sind.

In eigener Sache

Vor Jahrzehnten wurden diese Anleitungen zunächst in Würzburg (S. H. und G. M.), später auch in Regensburg (G. M. und J. S.[†]) entwickelt. Zu den zahlreichen Neuauflagen steuerten P. K. und A. L. laufend ihre in den Praktika gewonnenen Erfahrungen bei. Diese Anleitungen zum effektiven und sicheren Experimentieren können unabhängig von der jeweiligen Struktur der Praktika eingesetzt werden. Damit gewannen diese Anleitungen in den letzten Jahren laufend an Bedeutung, denn an vielen Hochschulen wurden an Stelle eines bestimmten Praktikums immer mehr eigenständig zusammengestellte Versuche angeboten, denen eine grundlegende Einführung in die experimentelle Methodik zwangsläufig fehlt.

Wir sind deshalb sehr erfreut, dass Herr Kollege Joachim Podlech sich bereit erklärt hat, nunmehr die Herausgabe zu übernehmen, zumal er am Karlsruher Institut für Technologie, der früheren Universität Karlsruhe (TH), bereits jahrelange Erfahrungen mit dem Einsatz dieser Anleitungen hat.

Dies ist zugleich der richtige Zeitpunkt für die hier vorliegende gründliche Überarbeitung des Textes. Überholte Methoden wurden gestrichen, praktikable Neuentwicklungen sowie das neue Gefahrstoffrecht aufgenommen und die beschriebenen Methoden den heutigen Erfordernissen angepasst.

Wir hoffen, dass damit diese Anleitungen auch in Zukunft den Bedürfnissen der Anfänger so entsprechen, dass sie selbst als Doktoranden gern noch einmal Einzelheiten anschauen.

Siegfried Hünig, Gottfried Märkl

Würzburg, Herbst 2013

Vorwort und Einführung

Arbeitssicherheit, Schutz der Menschen und der Umwelt vor Schäden und Gefahren, die von der Chemie verursacht werden können, sind große Herausforderungen für die Chemiker. Zahlreiche Gesetze, Verordnungen und Vorschriften sollen dazu beitragen, die Sicherheit beim Umgang mit Chemikalien weiter zu erhöhen und Vorbehalte abzubauen. Es ist Aufgabe der Lehre, die Studierenden mit diesem Regelwerk frühzeitig vertraut zu machen, um sie zu eigenständigem, verantwortungsbewußtem Experimentieren zu führen.

Solide, gründliche und zuverlässige Kenntnisse der experimentellen Arbeitstechniken bei präparativen chemischen Aufgabenstellungen sind eine unabdingbare Voraussetzung für Sicherheit und unfallfreies erfolgreiches Arbeiten im Labor.

Im ersten organisch-chemischen Praktikum (im Normalfall im 4. Semester) arbeiten die Studierenden erstmals mit Glasgeräten für die organische Synthese. Die Anfänger wissen meist nicht, welche Geräte zur Verfügung stehen und wann sie einzusetzen sind, was sie beim Aufbau funktionstüchtiger Apparaturen z.B. zur Synthese, zur Destillation, zur Umkristallisation usw. beachten müssen.

In den hier vorliegenden Arbeitsmethoden werden die Geräte und Apparaturen nicht nur – wie das meist der Fall ist – mehr oder weniger gut abgebildet. Sofern erforderlich und möglich, werden zunächst theoretische Grundlagen behandelt. Entsprechend werden die Apparaturen begründet und ihr Aufbau wird ebenso im Detail beschrieben wie ihre Inbetriebnahme. Für speziell entwickelte Geräte und Apparaturen, die nicht im Handel erhältlich sind, werden in den ‚Arbeitsmethoden im Internet' Konstruktionszeichnungen zur Verfügung gestellt.

Der Anfänger lernt zunächst das Arbeiten mit Standardgeräten für Versuchsansätze in der **normalen Größenordnung** (Flüssigkeitsvolumina > 10 ml, kristalline Produkte > 100 mg). Apparaturen für Arbeiten im **Halbmikromaßstab** (Flüssigkeitsvolumina 5–10 ml, kristalline Produkte 50–100 mg) und im **Mikromaßstab** (Flüssigkeitsvolumina < 5 ml, kristalline Produkte < 50 mg) schließen sich an.

Folgende Kapitel werden behandelt:

1. **Sicherheit im Labor – Allgemeine Hinweise zum chemischen Arbeiten**
2. **Glasgeräte und Reaktionsapparaturen**
3. **Klassische Methoden zur Charakterisierung organischer Verbindungen**
4. **Trennung, Reinigung und chemische Analytik organischer Verbindungen**
5. **Destillation**
6. **Filtration**
7. **Umkristallisation**

8   Sublimation
9   Extraktion
10   Chromatographie
11   Spezielle Methoden
12   Trocknen von Feststoffen, Lösungen und Lösungsmitteln
13   Molekülspektroskopie
14   Dokumentation – Literatur – Literaturrecherche

In den Arbeitsmethoden haben jahrzehntelange praktische Erfahrungen der Autoren Eingang gefunden.

Die aufgeführten Methoden und Verfahren gehen zum Teil weit über die Bedürfnisse des ersten organisch-chemischen Praktikums hinaus. Die Intention ist, dass sie als „Vademecum" generell für alle – auch spätere synthetisch organisch-chemischen Aufgabenstellungen – zu Rate gezogen werden können.

Um lange Beschreibungen der Apparaturen und ihres Aufbaus zu vermeiden, wurden von den Autoren bereits 1979 Apparatesymbole eingeführt, die für sich sprechen und die auch von den Studierenden relativ leicht skizziert werden können, z.B.:

- Einfache 3-Halskolben-Reaktionsapparatur mit KPG-Rührer, Tropftrichter mit Druckausgleich und Rückflusskühler mit Trockenrohr:

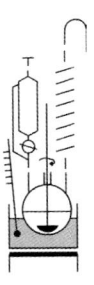

- 3-Halskolben-Reaktionsapparatur mit KPG-Rührer, Innenthermometer und *Anschütz*-Aufsatz mit Rückflusskühler, Trockenrohr und Tropftrichter mit Druckausgleich:

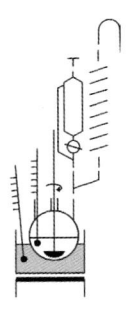

- Einfache Destillationsapparatur mit *Vigreux*-Kolonne, absteigendem (*Liebig*-)Kühler und ‚Spinne' zum Auffangen von Fraktionen mit unterschiedlichen Siedepunkten:

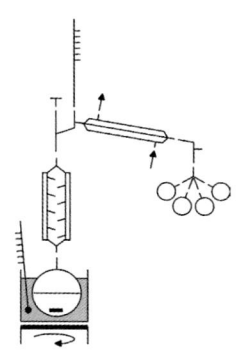

- Apparatur zur azeotropen Abtrennung von Reaktionswasser (z.B. bei Acetalisierungen und der Darstellung von Enaminen) mit NS 29-Rundkolben, graduiertem Wasserabscheider, Rückflusskühler und Heizbad mit Magnetrührer:

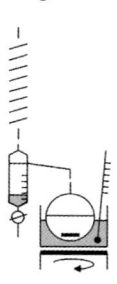

Die Apparatesymbole stehen auch im Internet zum Download zur Verfügung.

Neben den Techniken für das Arbeiten im Labor führen die Arbeitsmethoden auch in die Grundlagen der chemischen und spektroskopischen Analytik (UV/Vis, IR, ^{1}H-NMR, ^{13}C-NMR, MS) ein. Die dramatisch zunehmende Fülle wissenschaftlicher Literatur veranlasste die Autoren, das Kapitel Dokumentation, Literatur und elektronische Literaturrecherche gründlich zu überarbeiten.

Einführungspraktikum

Zum Einüben der Arbeitsmethoden wird ein 1–2-wöchiges Einführungspraktikum vorgeschlagen. Hier sollen die Studierenden die wichtigsten Methoden vor dem Ernstfall (Praktikum) kennen lernen. Das Einführungspraktikum mit zahlreichen Versuchen, Aufgaben und Übungen ist nur über das Internet zugänglich. Der Praktikumsleiter kann hieraus ein individuelles Einführungspraktikum mit spezifischen Schwerpunkten zusammenstellen.

Die Autoren hoffen und wünschen, dass Ihnen die Arbeitsmethoden auch nach dem Grundpraktikum bei allen experimentellen Aufgabenstellungen eine gute und zuverlässige Hilfe sind.

Karlsruhe, Regensburg, Würzburg im Februar 2014

                Siegfried Hünig
                Peter Kreitmeier
                Alfons Ledermann
                Gottfried Märkl
                Joachim Podlech

Inhaltsverzeichnis

1 Sicherheit im Labor – Allgemeine Hinweise zum chemischen Arbeiten 1

1.1 Gesetzliche Grundlagen 2
  1.1.1 Regelwerk (Gesetze, Verordnungen und Vorschriften) 2
  1.1.2 Arbeitsplatzgrenzwert (AGW) 5
  1.1.3 Biologischer Grenzwert (BGW) 6
  1.1.4 Wassergefährdungsklassen (WGK) 7

1.2 Allgemeine Regeln für das Arbeiten im Labor 7
  1.2.1 Zugang zu den einschlägigen Informationen 7
  1.2.2 Allgemeine Sicherheitseinrichtungen 8
  1.2.3 Persönliche Schutzausrüstung und Hygiene 8
  1.2.4 Weitere allgemeine Vorsichtmaßnahmen im Labor 10
  1.2.5 Entsorgung von Chemikalien 12

1.3 Gefahren durch reaktive Chemikalien 12
  1.3.1 Kenndaten 12
  1.3.2 Extrem entzündliche, leichtentzündliche und entzündliche Substanzen 14
  1.3.3 Explosionsgefährliche Substanzen 15
  1.3.4 Brandfördernde Substanzen 16
  1.3.5 Weitere Gefahren durch die Reaktivität von Chemikalien ohne eigene Piktogramme 16

1.4 Gefahren durch giftige (toxische) Chemikalien 17
  1.4.1 Akut toxische Substanzen 18
  1.4.2 Ätzende und reizende Substanzen 20
  1.4.3 Krebserzeugende, erbgutverändernde und reproduktionstoxische Stoffe 21
  1.4.4 Sensibilisierende Stoffe 22
  1.4.5 Weitere toxische Eigenschaften

1.5 Gefahren für die Umwelt 24

1.6 Weitere typische Gefahren im Labor 25
  1.6.1 Schnittverletzungen 25
  1.6.2 Verbrennungen und Verbrühungen 25

1.7 Verhalten bei Laborunfällen 26
  1.7.1 Laborbrände 26
  1.7.2 Erste Hilfe bei Verletzungen 27
  1.7.3 Verschüttete Chemikalien 30

1.8 Entsorgung von Chemikalien – Recycling 31

Literaturverzeichnis 34

2 Glasgeräte und Reaktionsapparaturen 35

2.1 Schliff- und Schraubverbindungen 36
- 2.1.1 Kegelschliffe (Normschliff) 36
- 2.1.2 Kugelschliffe 37
- 2.1.3 Planschliffverbindungen (Flanschverbindungen) 37
- 2.1.4 Behandlung von Schliffverbindungen 37
- 2.1.5 Spezielle Schliffe 40
- 2.1.6 Rohr- und Schlauchverbindungen 40
- 2.1.7 Hähne 41

2.2 Bauteile für Schliffapparaturen 42
- 2.2.1 Reaktionsgefäße 42
- 2.2.2 Kühler 43
- 2.2.3. Tropftrichter 45
- 2.2.4 Aufsätze und Übergangsstücke 45
- 2.2.5 Trockenrohre und Blasenzähler 46
- 2.2.6 Rühren 47
- 2.2.7 Heizen und Kühlen 49
- 2.2.8 Temperaturmessung 51

2.3 Standard-Reaktionsapparaturen 53
- 2.3.1 Erhitzen unter Rückfluss 53
- 2.3.2 Varianten der einfachen Standard-Reaktionsapparatur 54
- 2.3.3 Mehrhalskolben-Apparaturen 55
- 2.3.4 Varianten der Dreihalskolben-Apparatur – portionsweise Zugabe eines Feststoffs während der Reaktion 56

2.4 Standard-Destillationsapparaturen 58

3 Klassische Methoden zur Charakterisierung organischer Verbindungen 63

3.1 Der Schmelzpunkt 64
- 3.1.1 Physikalische Grundlagen 64
- 3.1.2 Eutektische Gemische 65
- 3.1.3 Bestimmung des Schmelzpunkts 67
- 3.1.4 Bestimmungen von Mischschmelzpunkten 71

3.2 Der Siedepunkt 72
- 3.2.1 Bestimmung des Siedepunkts 72

3.3 Der Brechungsindex, Refraktometrie 74
- 3.3.1 Physikalische Grundlagen 74
- 3.3.2 Prinzip des *Abbé*-Refraktometers 75

3.4 Der spezifische Drehwert [α], Polarimetrie 77
- 3.4.1 Physikalische Grundlagen 77
- 3.4.2 Messprinzip 78

4 Trennung, Reinigung und chemische Analytik organischer Verbindungen 79

4.1 Trenn- und Reinigungsmethoden – ein Überblick 80
4.2 Nachweis von Heteroelementen 81
4.3. Chemischer Nachweis funktioneller Gruppen 83
      Literaturverzeichnis 87

5 Destillation 89

5.1 Physikalische Grundlagen 90
      5.1.1 Druckabhängigkeit des Siedepunkts 90
      5.1.2 Ideale Mischungen 93
      5.1.3 Nicht ideale Mischungen 95
5.2 Einstufendestillation 96
      5.2.1 Aufbau und Inbetriebnahme einer einfachen Destillationsapparatur 97
      5.2.2 Fraktionierende Einstufendestillation 100
      5.2.3 Anwendungsbereiche der Einstufendestillation 102
      5.2.4 Einstufendestillation bei vermindertem Druck 103
      5.2.5 Anwendungsbereiche der Einstufendestillation bei vermindertem Druck 106
      5.2.6 Destillation unbekannter Produktgemische 106
      5.2.7 Spezielle Apparaturen zu Einstufendestillation 106
      5.2.8 Destillation von Festsubstanzen 108
5.3 Mehrstufendestillation (Rektifikation) 110
      5.3.1 Apparaturen für Mehrstufendestillationen 111
      5.3.2 Destillations-Kolonnenkopf 112
      5.3.3 Destilllationskolonnen – physikalische und theoretische Grundlagen – theoretische Bödenzahl – theoretische Trennstufen – Trennstufenhöhe 114
5.4 Destillation azeotroper Mischungen 118
      5.4.1 Siedeverhalten mischbarer Flüssigkeiten mit Azeotrop 118
      5.4.2 Siedeverhalten nicht mischbarer Flüssigkeiten mit Azeotrop 119
      5.4.2.1 Kontinuierliche Entfernung von Reaktionswasser aus einem Reaktionsgemisch durch azeotrope Destillation. 120
      5.4.2.2 Wasserdampfdestillation 122
5.5 Halbmikro- und Mikrodestillationsapparaturen 124
      5.5.1 Variable Halbmikrodestillationsapparatur (5–80 ml) 124
      5.5.2 Kugelrohrdestillation (0.5–10 ml) 125
      5.5.3 Kurzwegdestillation und Mikrodestillation über einen Bogen (Krümmer) 126
      5.5.4 Mikrodestillation in Glasrohren 127
      5.5.5 Destillationsaufsatz zur Destillation großer Flüssigkeitsmengen 127
      5.5.6 Ringspaltkolonnen 128

5.6	Vakuumpumpen – Vakuummessgeräte	129
	5.6.1 Druck – Definition und Einheiten	129
	5.6.2 Wasserstrahlpumpen	131
	5.6.3 Membranpumpen	132
	5.6.4 Drehschieberpumpen (Ölpumpen)	133
	5.6.5 Vakuumpumpen für das Hochvakuum	135
	5.6.6 Druckmessung	136
	Literaturverzeichnis	140

6 Filtration 141

6.1	Einfache Filtration	143
6.2	Filtration unter vermindertem Druck	144
6.3	Filtration mit Überdruck	147
6.4	Filtrierhilfsmittel	148
6.5	Filtration durch Zentrifugieren	149

7 Umkristallisation 151

7.1	Allgemeines Prinzip der Umkristallisation	152
7.2	Umkristallisation im Makromaßstab	153
7.3	Umkristallisation im Halbmikromaßstab	159
7.4	Umkristallisation im Mikromaßstab	160
7.5	Umkristallisation unbekannter Verbindungen	162

8 Sublimation 169

8.1	Physikalische Grundlagen	170
8.2	Sublimation als Reinigungsmethode	172
8.3	Apparaturen zur Sublimation	173
8.4	Gefriertrocknung	176

9	Extraktion	179
9.1	Physikalische Grundlagen	180
9.2	Flüssig/flüssig-Extraktion	182
9.3	Fest/flüssig-Extraktion	187

10	Chromatographie	189
10.1	Physikalische Grundlagen der Flüssigkeitschromatographie	191
10.2	Dünnschichtchromatographie (DC)	195
	10.2.1 Durchführung der Dünnschichtchromatographie	195
	10.2.2 Identifizierung der Substanzflecken	197
	10.2.3 Auswertung und Dokumentation	199
	10.2.4 Kontrolle von Reaktionsabläufen	202
10.3	Säulenchromatographie (SC, HPLC)	203
	10.3.1 Grundlagen der Säulenchromatographie	203
	10.3.2 Ermittlung der Trennbedingungen mit Hilfe der DC	210
	10.3.3 Praxis der Säulenchromatographie	210
	10.3.4 Rückgewinnung des Laufmittels	215
	10.3.5 Störungen und Fehler	216
	10.3.6 Flash-Chromatographie (Blitz-Chromatographie)	217
	10.3.7 Hochdruckflüssigkeitschromatographie (HPLC)	218
	10.3.8 Ionenaustauschchromatographie	220
10.4	Gaschromatographie (GC)	222
	10.4.1 Einführung	222
	10.4.2 Die Trennsäulen	223
	10.4.3 Physikalische Aspekte der Liquid Gas Chromatography (LGC)	224
	10.4.4 Aufbau eines Gaschromatographen	224
	10.4.5 Arbeitsweise des Gaschromatographen	226
	Literaturverzeichnis	229

11	Spezielle Methoden	231
11.1	Arbeiten mit Gasen	
	10.1.1 Allgemeines zum Arbeiten mit Gasen	232
	10.1.2 Arbeiten unter Schutzgas	241
	10.1.3 Arbeiten mit verflüssigten Gasen	252
11.2	Mikrowellenunterstützte Synthese	256
11.3	Continuous Flow	262
	Literaturverzeichnis	268

12 Trocknen von Feststoffen, Lösungen und Lösungsmitteln 269

12.1 Trockenmittel 270

12.2 Trocknen von Feststoffen 275

12.3 Trocknen von Lösungen 276

12.4 Reinigung und Trocknen von Lösungsmitteln 277
    12.4.1 Trocknen mit Aluminiumoxid 278
    12.4.2 Trocknen mit Molekularsieben 279
    12.4.3 Trocknen mit Alkalimetallen und Metallhydriden 280

12.5 Spezielle Reinigung und Trocknung häufig verwendeter Solventien 282
    12.5.1 Kohlenwasserstoffe 283
    12.5.2 Chlorierte Kohlenwasserstoffe 288
    12.5.3 Ether 290
    12.5.4 Ester 295
    12.5.5 Aprotische, dipolare Lösungsmittel 296
    12.5.6 Amine 299
    12.5.7 Alkohole 302
    12.5.8 Carbonsäuren und Derivate 305

    Literaturverzeichnis 307

13 Molekülspektroskopie 309

13.1 Physikalische Grundlagen 310

13.2 UV/Vis/NIR-Spektroskopie 312
    13.2.1 Auswahlregeln 313
    13.2.2 Energieniveauschema 313
    13.2.3 Inkrementsysteme 315
    13.2.4 Aromatische Systeme 317
    13.2.5 Aufnahme von UV/VIS-Spektren – Lösungsmittel für die UV-Spektroskopie 318

13.3 Infrarotspektroskopie (IR-Spektroskopie) 320
    13.3.1 Physikalische Grundlagen 320
    13.3.2 Aufnahme von IR-Spektren 322
    13.3.3 Probenbereitung 324
    13.3.4 Interpretation von IR-Spektren 329

13.4 NMR-Spektroskopie 334
    13.4.1 Physikalische Grundlagen 334
    13.4.2 Die chemische Verschiebung 337
    13.4.3 Intensität der Signale 338
    13.4.4 ^{1}H-NMR-Spektroskopie 339
    13.4.5 ^{13}C-NMR-Spektroskopie 343
    13.4.6 Inkrementsysteme zur Abschätzung chemischer Verschiebungen
            in ^{1}H- und ^{13}C-NMR-Spektren 345

13.5 Massenspektrometrie 347
    13.5.1 Bildung von Molekülionen in der Gasphase 349
    13.5.2 Massentrennung 350
    13.5.3 Massenspektrometrie von hochmolekularen Verbindungen
            und Verbindungen mit zahlreichen funktionellen Gruppen 352
    13.5.4 Elektronenstoß-induzierte Bruchstückbildung – Fragmentierungen 352

13.6 Angabe spektroskopischer Daten 356

13.7 Spektrendatenbanken und Simulation von Spektren 360

    Literaturverzeichnis 362

14 Dokumentation – Literatur – Literaturrecherche 363

14.1 Dokumentation 364

14.2 Chemische Fachliteratur 366
    14.2.1 Primärliteratur 366
    14.2.2 Sekundärliteratur 369

14.3 Literaturrecherche mit elektronischen Medien 372

14.4 Informationsquellen im Internet 375

Anhang 379

    Liste der H-Sätze und P-Sätze 380

    Register 387

Kapitel 1

Sicherheit im Labor – Allgemeine Hinweise zum chemischen Arbeiten

1.1 Gesetzliche Grundlagen

1.2 Allgemeine Regeln für das Arbeiten im Labor

1.3 Gefahren durch reaktive Chemikalien

1.4 Gefahren durch giftige (toxische) Chemikalien

1.5 Gefahren für die Umwelt

1.6 Weitere typische Gefahren im Labor

1.7 Verhalten bei Laborunfällen

1.8 Entsorgung von Chemikalien – Recycling

   Literaturverzeichnis

1. Sicherheit im Labor – Allgemeine Hinweise zum chemischen Arbeiten

1.1 Gesetzliche Grundlagen

Beim Arbeiten in chemischen Laboratorien sind der sichere Umgang mit Chemikalien, die Kenntnis der potentiellen Gefährdungen durch Chemikalien, die Beherrschung der apparativen Methoden und eine besondere Sorgfalt bei der Laborarbeit Voraussetzung für den Schutz der Menschen und der Umwelt.

Sicherheit ist oberstes Gebot für jede Laborarbeit. Dieses Kapitel beschreibt die wichtigsten Sicherheitsaspekte, die beim Arbeiten in einem chemischen Labor zu beachten sind.

Grundsätzlich muss davon ausgegangen werden, dass alle Chemikalien toxisch sind. Ihre Toxizität hängt allerdings in einem weiten Bereich von der Konzentration ab. Da nur relativ wenige Chemikalien vollständig auf ihre Toxizität geprüft sind, müssen alle Arbeiten im Labor so durchgeführt werden, dass ein Kontakt mit Chemikalien weitgehend ausgeschlossen wird.

1.1.1 Regelwerk (Gesetze, Verordnungen und Vorschriften)

Aufgrund der zunehmenden Globalisierung wurde eine international einheitliche Kennzeichnung von Gefahrstoffen notwendig. 2009 wurde mit der Einführung des ‚Globally Harmonized Systems' (**GHS**) die Grundlage dafür geschaffen. Für die Mitgliedsstaaten der Europäischen Union wurde das GHS rechtlich verbindlich durch die EU-Verordnung 1272/2008 (**CLP-Verordnung**) umgesetzt (CLP: Classification, Labeling and Packaging). Die CLP-Verordnung löst alle früheren EU-Verordnungen zur Gefahrstoffklassifizierung und Kennzeichnung ab.

Auf der Grundlage der CLP-Verordnung gibt es weitergehende nationale Gesetze und Verordnungen, die den Umgang mit Chemikalien weiter regeln. In Deutschland gilt insbesondere das **Chemikaliengesetz** (ChemG), weitere Einzelheiten werden durch die **Gefahrstoffverordnung** (GefStoffV) und die Technischen Regeln für Gefahrstoffe (TRGS) geregelt. Daneben gibt es noch eine Reihe weiterer Verordnungen, die den Handel mit bestimmten Chemikalien einschränken, z.B. die Chemikalien-Verbotsverordnung (ChemVerbotsV) oder die FCKW-Halon-Verbots-Verordnung (FCKWHalonVerbV). Zusätzliche Regelungen zur Arbeitssicherheit werden durch das Arbeitsschutzgesetz (ArbSchG) und der Arbeitsstättenverordnung (ArbStättV) getroffen [1].

Neben diesen gesetzlichen Vorschriften sind weitere Richtlinien und Vorschriften von Berufsverbänden, Unfallversicherungsträger usw. zu beachten:

- **Unfallverhütungsvorschriften der Berufsgenossenschaften** (BGV) und der **gesetzlichen Unfallversicherer** (GUV) [2].
- Normen des **Deutschen Instituts für Normung e.V. (DIN)**

- Vorschriften des **Verbands der Elektrotechnik, Elektronik und Informationstechnik** (VDE)
- Innerbetriebliche Vorschriften (Laborordnungen, Hausordnungen)

Für **chemische Laboratorien an Universitäten** gelten insbesondere die Regeln der gesetzlichen Unfallversicherer [3]:

- GUV R 120 Laboratorien
- GUV-SR 2005 Umgang mit Gefahrstoffen in Hochschulen
- GUV I 850-0 Sicheres Arbeiten in Laboratorien

Das Anliegen aller dieser Sicherheitsvorschriften kommt im §1 der Gefahrstoffverordnung zum Ausdruck:

§1 GefStoffV: Ziel dieser Verordnung ist es, den Menschen und die Umwelt vor stoffbedingten Schädigungen zu schützen durch

1. Regelungen zur Einstufung, Kennzeichnung und Verpackung gefährlicher Stoffe und Zubereitungen,
2. Maßnahmen zum Schutz der Beschäftigten und anderer Personen bei Tätigkeiten mit Gefahrstoffen und
3. Beschränkungen für das Herstellen und Verwenden bestimmter gefährlicher Stoffe, Zubereitungen und Erzeugnisse.

Die Gefahrstoffverordnung verlangt auch, dass der Arbeitgeber für ausreichende **Sicherheitseinrichtungen** (siehe Kap. 1.2) und für die Einhaltung der einschlägigen **Sicherheitsvorschriften** zu sorgen hat. Hierzu gehören auch regelmäßige **Sicherheitsbelehrungen,** die Erstellung von **Betriebsanweisungen** für gefährliche Stoffe und die Überwachung aller Sicherheitsvorschriften. Die Teilnahme an chemischen Praktika ist ohne eine dokumentierte **einführende Sicherheitsbelehrung** nicht erlaubt.

Die **spezifischen Gefahren in Laboratorien** werden in zwei Klassen eingeteilt:

- Gefahren durch fehlerhafte Arbeitsweisen und -techniken (Schnittwunden, Verbrennungen und Verbrühungen etc.) und
- Gefahren, die von Chemikalien (Gefahrstoffe) herrühren.

Gefahrstoffe werden nach dem Chemikaliengesetz und der Gefahrstoffverordnung nach ihren Gefährlichkeitsmerkmalen in Kategorien eingeteilt und gekennzeichnet. Zur Kennzeichnung gehören die vier nachstehenden Datensätze:

- **Piktogramm(e)**
- **Signalwort** (‚Achtung' oder ‚Gefahr')
- **H-Sätze** (Hazard Statements)
- **P-Sätze** (Precautionary Statements)

1. Sicherheit im Labor – Allgemeine Hinweise zum chemischen Arbeiten

Die offiziellen **Piktogramme** (Gefahrensymbole) stellen eine eindeutige und optisch leicht erfassbare Information über die Art der Gefährdung durch die betreffende Verbindung dar. Die Piktogramme werden durch das **Signalwort** (‚Achtung' oder ‚Gefahr') ergänzt.

Die standardisierten **H-Sätze** (*engl.* **Hazard**) geben eine genauere Auskunft über die Art der Gefahr, die **P-Sätze** (*engl.* **Precaution**) beschreiben die notwendigen Sicherheitsmaßnahmen zum Schutz vor diesen Gefahren oder Verhaltensregeln bei oder nach Unfällen.

Innerhalb der Europäischen Union wurde die Liste der internationalen H-Sätze um zusätzliche EUH-Sätze erweitert. Diese Ergänzungen beschreiben Gefahren, die über das GHS-System hinausgehen.

Alle H- und P-Sätze sind im Anhang aufgelistet.

Tabelle. 1.1: Gefahrensymbole und -klassen

Piktogramm	Kodierung Bezeichnung	Gefahrenklasse
	GHS01 Explodierende Bombe	Explosive Stoffe/Gemische und Erzeugnisse mit Explosivstoff Selbstzersetzliche Stoffe und Gemische Organische Peroxide
	GHS02 Flamme	Entzündbar Selbsterhitzungsfähig Selbstzersetzlich Pyrophor Organische Peroxide
	GHS003 Flamme über Kreis	Oxidierende Flüssigkeiten und Feststoffe
	GHS04 Gaszylinder	Gase unter Druck Tiefgekühlt verflüssigtes Gas
	GHS05 Verätzung	Korrosive Stoffe gegenüber Metallen Ätz/Reizwirkung auf die Haut Schwere Augenschädigung, Augenreizung

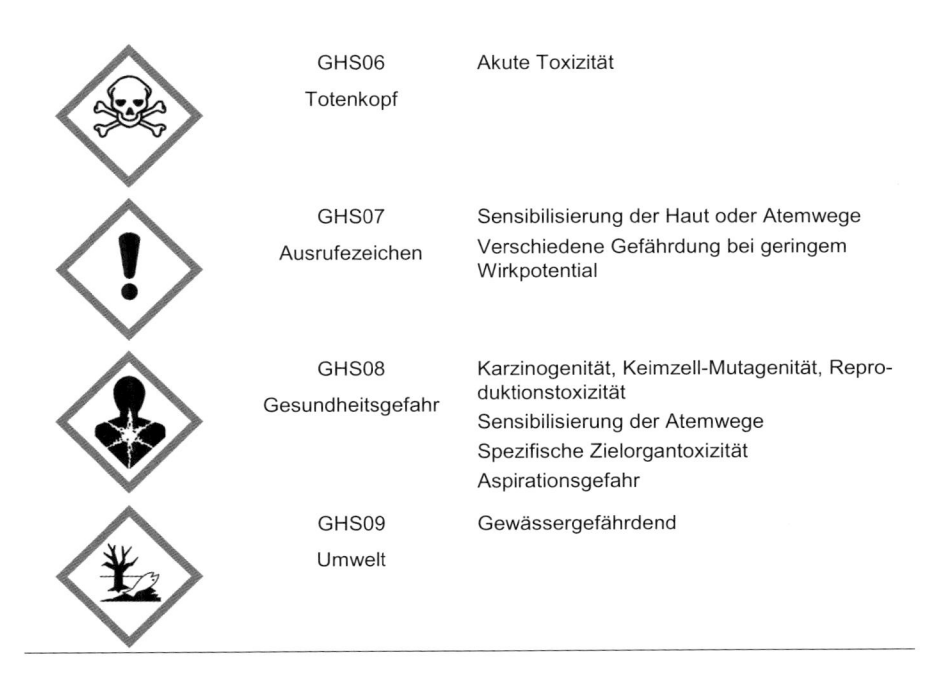

	GHS06	Akute Toxizität
	Totenkopf	
	GHS07	Sensibilisierung der Haut oder Atemwege
	Ausrufezeichen	Verschiedene Gefährdung bei geringem Wirkpotential
	GHS08	Karzinogenität, Keimzell-Mutagenität, Reproduktionstoxizität
	Gesundheitsgefahr	Sensibilisierung der Atemwege
		Spezifische Zielorgantoxizität
		Aspirationsgefahr
	GHS09	Gewässergefährdend
	Umwelt	

Dieser Abschnitt kann keinen vollständigen Überblick über alle Gefahren im chemischen Laboratorium bieten, man informiere sich deshalb auch in den Broschüren der Berufsgenossenschaft und den anderen angegebenen Literaturstellen.

Bei sachgemäßem Umgang mit den Chemikalien und dem fachgerechtem Einsatz der geeigneten Apparaturen kann ein sicheres und unfallfreies Arbeiten im Labor erwartet werden.

1.1.2 Arbeitsplatzgrenzwert (AGW)

Der beste Schutz vor Gesundheitsgefährdung durch gefährliche Stoffe ist natürlich, jeden Kontakt mit ihnen völlig auszuschließen. In der Praxis ist das nur in wenigen Fällen möglich (z.B. in völlig abgeschlossenen Apparaturen). Realistischer ist die Einhaltung von **festgelegten Grenzwerten**, die eine mögliche Gesundheitsgefährdung auf ein vertretbares Minimum reduzieren. Bedeutung besitzen diese Grenzwerte im gewerblichen und industriellen Bereich, wo Personen nur mit einer begrenzten, definierten Anzahl von Gefahrstoffen während der gesamten Arbeitszeit in Berührung kommen.

Für **Laboratorien an Hochschulen** oder in **Forschungslabors** ist die Kontrolle von Grenzwerten problematisch. Hier wird in der Regel mit vielen unterschiedlichen Stoffen gearbeitet, die meist nur kurzfristig eingesetzt werden. Zudem gelten Grenzwerte nur für einzelne Stoffe, in Gemischen können sich die Wirkungen der einzelnen Komponenten verstärken oder abschwächen. Modellrechnungen zeigen aber, dass bei laborüblichen Arbeiten mit kleinen

Mengen unter einem Abzug (mit einer Saugleistung nach DIN 12924, Teil 1) die Grenzwerte in der Regel nicht überschritten werden.

Der Begriff ‚**Arbeitsplatzgrenzwert**' wurde in der Gefahrstoffverordnung vom 23.12.2004 neu aufgenommen und ersetzt den alten Begriff ‚Maximale Arbeitsplatzkonzentration' (MAK).

Der Arbeitsplatzgrenzwert (AGW) ist die Konzentration eines Stoffes in der Luft am Arbeitsplatz, bei der im Allgemeinen die Gesundheit der Arbeitnehmer nicht beeinträchtigt wird. Die Beurteilung erfolgt unter der Annahme einer Exposition von täglich 8 Stunden bei 40 Stunden/Woche. Kurzfristige Überschreitungen des AGW-Wertes werden durch Kurzzeitwerte geregelt.

AGW-Werte werden in ml/m^3 Luft (= ppm) oder mg/m^3 Luft angegeben. Sie werden in der TRGS 900 – Grenzwerte in der Luft am Arbeitsplatz – als Luftgrenzwerte bekannt gegeben und jährlich aktualisiert.

Für einige Stoffe kann kein Grenzwert für eine gesundheitsgefährdende Wirkung angegeben werden; die Gefahr einer Schädigung verringert sich zwar mit der Konzentration des Stoffes, kann aber nie völlig ausgeschlossen werden. Dies betrifft vor allem krebserregende Stoffe der Kategorien 1 und 2. Um zumindest eine Minimierung der Risiken zu erreichen, wurde für diese Stoffe bis 2004 die ‚Technische Richtkonzentration' (TRK) angegeben. Sie wurde als die Konzentration definiert, die nach dem ‚Stand der Technik' eingehalten werden kann. Diese Definition widerspricht dem Schutzkonzept der neuen Gefahrstoffverordnung, weswegen die TRK vollständig weggefallen ist.

1.1.3 Biologischer Grenzwert (BGW)

Auch der Begriff ‚Biologischer Grenzwert' (BGW) wurde in der Gefahrstoffverordnung vom 23.12.2004 neu eingeführt und ersetzt den bisherigen ‚Biologischen Arbeitsplatztoleranzwert' (BAT). Der Biologische Grenzwert ist die Konzentration eines Stoffes oder seines Umwandlungsproduktes im Körper oder die dadurch ausgelöste Abweichung eines biologischen Indikators von seiner Norm, bei der im Allgemeinen die Gesundheit der Arbeitnehmer nicht beeinträchtigt wird.

Im Gegensatz zum Arbeitsplatzgrenzwert ist der biologische Grenzwert also ein Maß für die tatsächlich in den Körper aufgenommene Menge eines Stoffes. Er wird durch regelmäßige arbeitsmedizinische Untersuchungen kontrolliert. Bislang existieren nur für wenige Stoffe Werte (ca. 50 Einzelstoffe bzw. Stoffgruppen).

1.1.4 Wassergefährdungsklassen (WGK)

Die Wassergefährdungsklasse (WGK) leitet sich aus dem Wasserhaushaltsgesetz ab und wird in der ‚Verwaltungsvorschrift wassergefährdende Stoffe' (VwVwS) definiert [8]. Sie ist besonders wichtig für die Lagerung und den Transport von Chemikalien. Wassergefährdende Stoffe werden in drei Kategorien eingeteilt:

WGK 1:   schwach wassergefährdende Stoffe
WGK 2:   wassergefährdende Stoffe
WGK 3:   stark wassergefährdende Stoffe

Nicht wassergefährdende Stoffe werden nicht eingestuft. Die Bewertung erfolgt unter anderem nach der biologischen Abbaubarkeit, Bioakkumulation und toxikologischen Daten. Eine Liste der offiziell eingestuften Stoffe wird vom Bundesministerium für Umwelt, Naturschutz und Reaktorsicherheit herausgegeben [8], alle anderen Stoffe müssen vom Hersteller bzw. Betreiber nach vorgeschriebenen Kriterien selbst eingestuft werden. Für die Arbeit im Labor hat die Wassergefährdungsklasse keine besondere Bedeutung.

1.2 Allgemeine Regeln für das Arbeiten im Labor

1.2.1 Zugang zu den einschlägigen Informationen

Informieren Sie sich vor Beginn eines Versuches über die Eigenschaften aller eingesetzten Chemikalien, Intermediate und Reaktionsprodukte sowie den fachgerechten Einsatz der Arbeitsmethoden.

Hinweise auf das Gefahrenpotential von Chemikalien findet man:

- auf Etiketten der **Chemikalienpackung** und in den **Chemikalienkatalogen**,
- auf **Wandtafeln** mit den Daten der wichtigsten Chemikalien,
- in **Betriebsanweisungen**,
- in **Sicherheitsdatenblättern** (stellen die Hersteller auf Anforderung zur Verfügung),
- in der **Stoffliste im Anhang VI der GHS-Verordnung 1272/2008** [1],
- in **Nachschlagewerken**, z.B. dem sogenannten *Kühn-Birett* [5,6].

Meistens können die wichtigsten Informationen auch den **Hausdatenbanken** oder den **Internet-Seiten der Chemikalienhersteller** [7] entnommen werden. Eine sehr gute und umfangreiche Informationsquelle ist die frei zugängliche **Gefahrstoffdatenbank der Länder (GDL)** [4].

Vor Beginn eines Versuchs ist sicherzustellen, dass alle benötigten Chemikalien in ausreichender Menge zur Verfügung stehen. Darüber hinaus sind Materialien bereitzustellen, die der Entsorgung oder Desaktivierung der eingesetzten Chemikalien dienen.

1.2.2 Allgemeine Sicherheitseinrichtungen

Informieren sie sich über die vorhandenen **Sicherheitseinrichtungen**: Wo sind die nächsten **Brandmelder**, **Telefone** mit Notruf, **Feuerlöscher**, **Löschdecken**, **Augenduschen**, **Notduschen**, **Fluchtwege** und **Notausstiege**? Die Funktionsfähigkeit der Notduschen und der Augenduschen ist regelmäßig zu überprüfen. Feuerlöscher müssen auch nach einmaligem Gebrauch zum Nachfüllen gegeben werden.

Sicherheitseinrichtungen müssen stets funktionsfähig und erreichbar sein und dürfen deshalb nicht verstellt oder missbraucht werden. Defekte Geräte müssen unverzüglich gemeldet werden.

Die **Fluchtwege** sind frei zu halten. Dazu gehören auch die Wege im Labor und im Gebäude. Stellen sie keine Hindernisse in die Fluchtwege, halten sie die Türen der Laborschränke geschlossen.

Brandschutztüren sollen im Brandfall die Ausbreitung von Feuer und Rauch verhindern. Deshalb dürfen sie auf keinen Fall blockiert werden.

Abzüge dienen generell dem Schutz vor Chemikalien (Gase, Dämpfe, Stäube etc.). Sie müssen mit einer Funktionsanzeige ausgestattet sein. Wenn eine Störung angezeigt wird, darf in diesem Abzug nicht weitergearbeitet werden. Für die einwandfreie Funktion muss der Frontschieber stets so weit wie möglich geschlossen gehalten werden. Eine optimale Absaugwirkung kann nur bei genauer Regelung der Frischluftzufuhr und der abgesaugten Luftmenge erreicht werden. Offene Türen und Fenster wirken sich negativ auf den Regelkreis – und damit auf die Absaugwirkung – aus, obwohl der subjektive Eindruck (Zufuhr von Frischluft) täuscht.

Mit Chemikalien, die als sehr giftig, giftig, sensibilisierend, krebserzeugend, fruchtschädigend oder erbgutverändernd gekennzeichnet sind, darf prinzipiell nur im Abzug gearbeitet werden.

1.2.3 Persönliche Schutzausrüstung und Hygiene

Die **Kleidung** sollte nicht aus Kunstfasern bestehen, sie können im Brandfall schmelzen und dadurch großflächige Brandwunden verursachen. Überdies besteht die Gefahr der **elektrostatischen Aufladung**, die zur Zündung explosionsfähiger Gemische führen kann.

Bei Verunreinigung der Kleidung durch Chemikalien muss diese sofort ausgezogen werden. Deshalb sollte immer Ersatzkleidung bereitgehalten werden. Über der Kleidung muss ein **Labormantel** getragen werden. Er ist keine Schutzkleidung im engeren Sinn, kann aber den Kontakt von Chemikalien mit der Kleidung verhindern oder zumindest verzögern. Als Material wird Baumwolle empfohlen, der Mantel sollte lang und vorne schließbar sein. Kunstfasern sind – wie bei der Kleidung (siehe oben) – ungeeignet. Ein mit Chemikalien verunreinigter Mantel muss sofort ausgezogen werden und darf erst nach der Reinigung wieder verwendet werden. Labormäntel können auch unbemerkt mit Chemikalien kontaminiert sein und dürfen deshalb außerhalb des Laborbereiches nicht getragen werden.

Schuhe müssen geschlossen und trittsicher sein, also keine Sandalen oder hohe Absätze!

Im Labor ist prinzipiell immer eine **Schutzbrille** mit seitlichem Spritzschutz oder eine Korbbrille zu tragen. ‚Normale' Brillen sind nicht ausreichend. Für Brillenträger gibt es ‚Überbrillen', die über der optischen Korrekturbrille getragen werden können, besser ist eine eigene Schutzbrille mit geschliffenen Gläsern. Schutzbrillen dienen nicht nur dem Schutz beim eigenen Experimentieren, auch der Nachbar stellt eine Gefährdung dar!

Kontaktlinsen sollten im Labor vermieden werden. Wenn trotz Schutzbrille eine Chemikalie in das Auge zwischen die Hornhaut und Kontaktlinse gelangt, kann das Spülen des Auges wirkungslos bleiben, das Auge wird stärker geschädigt.

Handschuhe sollen verhindern, dass die Haut mit Chemikalien in Berührung kommt, die dann vom Körper aufgenommen werden. Das Material der Handschuhe muss gegenüber den verwendeten Chemikalien beständig sein, gleichzeitig darf der Tastsinn durch zu dicke Materialstärken nicht eingeschränkt werden, damit die sichere Handhabung der Apparaturen und Geräte nicht verhindert wird. Schutzhandschuhe für den Laboreinsatz müssen die Anforderungen nach DIN EN 374 erfüllen und mit einer CE-Kennzeichnung versehen sein. Die Auswahlkriterien geeigneter Schutzhandschuhe werden in der GUV-Regel 195 definiert [3].

In der Laborpraxis gibt es keine Handschuhe, die diese Kriterien universell erfüllten. Latex ist gut beständig gegenüber Aceton, aber unbeständig gegenüber Kohlenwasserstoffen, für Nitrilkautschuk ist die Beständigkeit gerade umgekehrt. Zu beachten ist, dass die Haut bei längerem Tragen der Handschuhe durch Schwitzen aufquillt und dadurch das Eindringen von Chemikalien erleichtert wird. Die Chemikalienbeständigkeit der verschiedenen Handschuhe ist auf der Verpackung vermerkt oder kann den Informationsbroschüren bzw. den Internet-Seiten der Hersteller entnommen werden.

Beim normalen Arbeiten im Labor ist die Dauer und damit auch die Gefahr direkter Hautkontakte mit Chemikalien relativ gering. Sie beschränkt sich auf das Abwiegen, Abmessen, Umfüllen oder Absaugen von Chemikalien und das Spülen von Geräten. Hier sollten Einmalhandschuhe verwendet werden und unmittelbar nach Beendigung der Arbeit ausgezogen werden.

Zum Arbeiten mit sehr giftigen, giftigen, ätzenden, hautreizenden, allergenen, krebserzeugenden, fruchtschädigenden oder erbgutverändernden Stoffe siehe Kapitel 1.4.

Beim **Umgießen und Umfüllen** von Chemikalien sind in der Regel Flüssigkeitstrichter bzw. Pulvertrichter zu verwenden. Beim Abmessen von Flüssigkeiten empfiehlt sich die Verwendung von Pipetten mit *Peleus*-Ball oder Saugkolben-Pipetten.

Waagen, elektrische Geräte (Heizplatten, Heizhauben) oder Messgeräte (z.B. Spektrometer) dürfen auf keinen Fall kontaminiert werden. Refraktometer müssen nach der Messung sofort gereinigt werden.

Kontaminierte Bereiche (z.B. durch Verschütten von Chemikalien) müssen sofort gereinigt werden.

Lange Haare dürfen aus Sicherheitsgründen nicht offen getragen werden. Sie könnten sich in den rotierenden Antriebwellen mechanischer Rührmotoren verfangen oder in Chemikalien tauchen.

Vor Beginn der Laborarbeit sollten die Hände mit einer Hautcreme eingerieben werden; für den Chemiebereich gibt es spezielle Hautschutzpräparate. Diese Cremes sollen vor allem das Entfetten der Haut durch Lösungsmittelkontakt verhindern, sie sind auf keinen Fall ein Ersatz für Schutzhandschuhe! Geeignete Hautschutzpräparate und deren Verwendung müssen vom Arbeitgeber in einem **Hautschutzplan** festgelegt werden.

Wenn der Verdacht besteht, dass Chemikalien mit der Haut in Berührung kamen, müssen die entsprechenden Hautstellen sofort mit Wasser und Seife gründlich gereinigt werden. Nach der experimentellen Arbeit sind die Hände zu waschen. Nach dem Waschen das Eincremen nicht vergessen!

Essen und Trinken im Labor ist nicht gestattet, Lebensmittel dürfen nicht im Labor oder in den Laborkühlschränken aufbewahrt werden.

1.2.4 Weitere allgemeine Vorsichtmaßnahmen im Labor

Der **Transport von Chemikalien** in zerbrechlichen Gefäßen (z.B. Glasflaschen) darf nur in bruchsicheren Behältern erfolgen, im einfachsten Fall werden stabile Kunststoffeimer verwendet.

Die **Aufbewahrung** von Substanzen im Labor darf nur in verschlossenen (Schliffstopfen, Schraubdeckel) und gekennzeichneten Gefäßen erfolgen. Die Beschriftung muss deutlich lesbar und beständig sein, auf keinen Fall dürfen wasserlösliche Stifte verwendet werden. Am besten geeignet sind mit Bleistift beschriftete Klebeetiketten. Rundkolben müssen gegen Umkippen gesichert sein, Korkringe sind wenig geeignet, besser sind Bechergläser geeigneter Größe, in die der Kolben eingestellt wird.
Zur Aufbewahrung von Chemikalien dürfen keine Lebensmittelpackungen oder solche Gefäße, die damit verwechselt werden können, verwendet werden (z.B. Getränkeflaschen, Marmeladengläser).

Chemikalienbehälter, die länger aufbewahrt werden, müssen **vollständig gekennzeichnet** werden:

- Genauer und vollständiger Substanzname. Formeln und Abkürzungen können zusätzlich angegeben werden, aber nicht ausschließlich.
- Gefahrenpiktogramm(e) und Signalwort,
- H- und P-Sätze,
- Name des Besitzers oder des Herstellers.

Für die Kennzeichnung von Standflaschen in chemischen Laboratorien kann auch die von den gesetzlichen Unfallversicherern (DGUV) vorgeschlagene ‚Vereinfachte Kennzeichnung' zurückgegriffen werden. Diese Kennzeichnung kombiniert die Piktogramme mit kurzen, aussagekräftigen Phrasen, die das Gefahrenpotential nennen.

Die vereinfachte Kennzeichnung empfiehlt sich auch bei kleinen Chemikalienmengen für den ‚Handgebrauch' und zur Kennzeichnung von Reaktionsgemischen oder Zwischenprodukten, die vor der weiteren Bearbeitung kurz aufbewahrt werden (z.B. über Nacht oder über das Wochenende). Hier sind zusätzlich der Name des Bearbeiters, Versuchsnummer und ergänzende Hinweise wie ‚*Mutterlauge*', ‚*Destillation: Fraktion 2*' oder ‚*wässrige Phase*' erforderlich.

Apparaturen müssen sicher aufgebaut werden und dürfen nur unter ständiger Kontrolle betrieben werden. Besonderes Augenmerk ist zu richten auf folgende Aspekte:

- Korrekter, spannungsfreier Aufbau der Apparatur.
- Die verwendeten Glasgeräte dürfen keine Sprünge aufweisen.
- Der Druckausgleich zwischen Apparatur und Atmosphäre muss sichergestellt sein.
- Die Kühlung muss vor dem Versuch angeschlossen werden und auf Dichtigkeit überprüft werden. Kühlwasserschläuche sind auf jeden Fall zu sichern und ein Kontakt mit dem Heizbad oder der Heizplatte ist auszuschließen.
- Heizquellen (z.B. Heizbäder) müssen sich ohne irgendeine Manipulation an der Apparatur leicht entfernen lassen. Verwenden sie dazu eine Hebebühne.
- Ist eine exotherme Reaktion zu erwarten, so muss ein Kühlbad bereitgehalten werden.

Der betriebssichere Aufbau von Reaktionsapparaturen wird in den folgenden Kapiteln beschrieben. Apparaturen, die über längere Zeit betrieben werden (z.B. über Nacht), dürfen nur in speziell ausgestatteten Räumen betrieben werden (Nachtlabor). Hier sind zusätzliche Maßnahmen notwendig:

- Die Apparatur muss mit dem Namen des Bearbeiters, Reaktionsgleichung, Angaben zum Lösungsmittel, Solltemperatur, Beginn und Ende der Reaktion gekennzeichnet werden.
- Die Apparatur muss bis zum Erreichen eines stabilen, konstanten Betriebs beaufsichtigt werden (Abklingen von exothermen Reaktionen, gleichmäßiges Sieden). Vor Verlassen des Labors muss nochmals der sichere Zustand überprüft werden (Kontrolle der Badtemperatur, Wasserkühlung etc.).
- Als Heizquellen dürfen nur Heizplatten mit zusätzlicher Temperaturüberwachung (Kontaktthermometer) und Ölbäder verwendet werden. Elektrische Heizhauben können in der

Regel nicht über ein zusätzliches Kontaktthermometer gesichert werden und sind deshalb ungeeignet.

1.2.5 Entsorgung von Chemikalien

Alle Reste von Chemikalien sowie Abfälle, die bei der Aufarbeitung von Reaktionen anfallen, müssen ordnungsgemäß entsorgt werden. Reaktive Substanzen müssen vor der Entsorgung deaktiviert werden. Chemikalienabfälle dürfen nicht in den Hausmüll gegeben werden. Sie müssen – nach Gruppen getrennt – in entsprechenden Behältern gesammelt werden. Die Klassifizierung der Behälter kann in den Instituten unterschiedlich sein, informieren sie sich über die örtlichen Gegebenheiten. Die Entsorgung wird in Abschnitt 1.8 beschrieben.

1.3 Gefahren durch reaktive Chemikalien

1.3.1 Kenndaten

In der Laborpraxis gehen große Gefahren von Chemikalien aus, die explosionsgefährlich sind, sich an der Luft oder bei Kontakt mit anderen Substanzen entzünden oder selbstentzündlich sind. Gase und leichtflüchtige Verbindungen können mit Luft explosionsfähige Gemische bilden. Aus der Kenntnis der gefährlichen Eigenschaften und der physikalischen Daten dieser Substanzen lassen sich Vorsichtsmaßnahmen treffen, die den gefahrlosen Umgang mit diesen Chemikalien ermöglichen. Der Beurteilung der Gefahren dienen einige Kenndaten:

Flammpunkt: Der Flammpunkt ist die Temperatur bei Normaldruck, bei der sich Dämpfe einer brennbaren Substanz an der Luft durch eine Zündquelle (offenes Feuer oder Funken) entzünden können.

Explosionsgrenzen: Der Konzentrationsbereich, in dem Gas/Luft- oder Dampf/Luft-Mischungen durch eine Zündquelle zur Explosion gebracht werden können.

Zündtemperatur: Die Zündtemperatur ist die Temperatur bei Normaldruck, bei der sich Dämpfe einer brennbaren Substanz an der Luft oder einem heißen Gegentand von selbst entzünden können (Zündpunkt).

Die **Flammpunkte** organischer Lösungsmittel können bereits bei tiefen Temperaturen erreicht werden (z.B. bei –40 °C für Diethylether), aber auch relativ hohe Flammpunkte werden bei labortypischen Arbeiten wie Rückflusskochen oder Destillieren leicht überschritten. Deshalb müssen beim Erhitzen organischer Verbindungen grundsätzlich Rückflusskühler aufgesetzt werden.

Die Explosionsgrenzen von Gas/Luft- oder Dampf/Luft-Gemischen variieren in einem weiten Bereich. In Tabelle 1.2 sind die Explosionsgrenzen für häufig eingesetzte Solventien aufgelistet.

Die **Zündtemperaturen** liegen meist sehr hoch (z.B. Diethylether: 180 °C, Cyclohexan 260 °C), die Selbstentzündung im Labor stellt deshalb eine geringe Gefahrenquelle dar. Eine Ausnahme ist **Schwefelkohlenstoff**, der manchmal als Lösungsmittel eingesetzt wird. Seine Zündtemperatur liegt bei 95 °C und die Dämpfe sind schwerer als Luft. Bei unzureichender Kühlung können CS_2-Dämpfe aus dem Rückflusskühler entweichen, nach unten fallen und sich an einer heißen Heizplatte entzünden. Deshalb sollte mit Schwefelkohlenstoff unbedingt im Abzug, am besten mit direkter Schlauchableitung vom Rückflusskühler hinter die Abzugsprallwand gearbeitet werden!

Tabelle 1.2: Siedepunkt, Flammpunkt, Explosionsgrenzen und Zündtemperatur einiger häufig eingesetzter Solventien.

Substanz	Sdp. (1013 hPa)	Flammpunkt	Explosionsgrenzen [Vol-%]	Zündtemperatur
Wasserstoff	−252.8 °C	−240 °C	4.0–75.6	560 °C
Acetylen	−84 °C	305 °C	1.5–100	325 °C
Diethylether	34.6 °C	−40 °C	1.7–36	180 °C
n-Pentan	36.1 °C	−49.4 °C	1.4–8	285 °C
Dichlormethan	40 °C	– –	13–22	605 °C
Schwefelkohlenstoff	46.5 °C	−30 °C	1–60	95 °C
Aceton	56.2 °C	−20 °C	2.6–13	465 °C
Chloroform	61 °C	– –	– –	982 °C
Methanol	64.5 °C	11 °C	5.5–36.5	455 °C
Tetrahydrofuran	66 °C	−20 °C	1.5–12.4	245 °C
Essigsäureethylester	77 °C	−4 °C	2.1–11.5	460 °C
Ethanol	78.3 °C	12 °C	3.5–15	425 °C
Cyclohexan	81 °C	−18 °C	1.2–8.3	260 °C
Toluol	110.6 °C	4 °C	1.2–8	535 °C
Essigsäure	118 °C	39 °C	4–19.9	485 °C

1.3.2 Extrem entzündliche, leichtentzündliche und entzündliche Substanzen

Entzündliche Flüssigkeiten werden entsprechend ihren Flamm- und Siedepunkten in drei Kategorien eingeteilt:

Kriterien	Signalwort	Kategorie
Flammpunkt < 23 °C und Siedepunkt ≤ 35 °C	Gefahr	Kategorie I H224: Flüssigkeit und Dampf extrem entzündbar
Flammpunkt < 23 °C und Siedepunkt > 35 °C	Gefahr	Kategorie II H225: Flüssigkeit und Dampf leicht entzündbar
Flammpunkt > 23 °C und Flammpunkt ≤ 60 °C	Achtung	Kategorie III H226: Flüssigkeit und Dampf entzündbar

Entzündbare Feststoffe und Gase werden nach ähnlichen Kriterien eingestuft und erhalten je nach Kategorie das Signalwort ‚Gefahr' oder ‚Achtung' und die entsprechenden H-Sätze. Analog werden auch an Luft selbstentzündliche Stoffe (z.B. Aluminiumalkyle) oder Substanzen, die bei Berührung mit Wasser leicht entzündliche Gase bilden (z.B. Natrium), mit dem Flammen-Piktogramm zusammen mit dem entsprechenden Signalwort und dem H-Satz gekennzeichnet.

Vorsichtsmaßnahmen:

Stellen Sie sicher, dass im Umkreis von 5 m alle offenen Flammen gelöscht sind. Lassen Sie Gefäße mit entzündlichen Substanzen nie offen stehen, auch nicht für kurze Zeit. Erhitzen Sie entzündliche Substanzen nur in Apparaturen mit ausreichend dimensionierten Kühlern.

Arbeiten Sie mit hochentzündlichen Substanzen nur im Abzug. Informieren Sie sich vor der Verwendung dieser Substanzen über geeignete Löschmittel (siehe Abschnitt 1.7.1) und deren Standort.

Chemikalien, die mit Wasser unter Bildung von leichtentzündlichen Gasen abreagieren (H260, H261 oder H262), dürfen nur in wasserfreien, trockenen Apparaturen eingesetzt werden. Die Glaskühlschlangen in den normalen Rückflusskühlern können bei heftigen Reaktionen brechen, es empfiehlt sich der Einsatz von **Metallkühlern** (Kühlschlangen aus Metall). Kontrollieren Sie vor Beginn des Versuchs die Dichtigkeit der Kühlschlangen. Bei diesen Versuchen dürfen zum Heizen keine Wasserbäder verwendet werden!

Pyrophore Substanzen (H250) dürfen nur unter Inertgasatmosphäre umgesetzt werden. Hierbei gelten die Anweisungen für das Arbeiten unter Schutzgas (siehe Kap. 11).

Flüssigkeiten können sich beim Umfüllen durch Reibung **elektrostatisch aufladen**. Ein plötzlicher Potentialausgleich (Funke) kann dann eine Dampf/Luft-Mischung zünden. Verwenden Sie beim Umfüllen größerer Volumina (> 5 L) nur geerdete Gefäße. Reiben Sie die Gefäße nie unmittelbar vor der Verwendung mit einem trockenen Tuch ab. Lassen Sie die Flüssigkeit beim Umfüllen immer langsam an der Gefäßwand herunter laufen.

Auch die **Kleidung** (vor allem Kunstfaserkleidung) kann sich elektrostatisch aufladen: Wenn sie beim Berühren von Metallen oder sonstigen Gegenständen einen ‚elektrischen Schlag' erhalten, ist Ihre Kleidung ungeeignet!

1.3.3 Explosionsgefährliche Substanzen

Stoffe, die sich durch Schlag, Reibung, Erwärmung, Feuer oder andere Zündquellen auch ohne Beteiligung von Luftsauerstoff explosionsartig zersetzen können, z.B. organische Peroxide, Metallazide, oder Metallsalze der Pikrinsäure, werden mit dem Piktogramm ‚**Explodierende Bombe**' und dem Signalwort ‚Gefahr' gekennzeichnet. Auch hier gibt es verschiedene Gefährdungskategorien mit den entsprechenden H-Sätzen.

Die Explosionsgefährlichkeit wird oft durch den Zusatz von Wasser oder anderen inerten Substanzen verringert (Phlegmatisierung).

Vorsichtsmaßnahmen:

Explosionsgefährliche Stoffe sind nur in möglichst geringen Mengen zu handhaben und immer kühl zu lagern. Hitzeeinwirkung, Schlag, Reibung und Metallspatel vermeiden. Auf keinen Fall verreiben oder mörsern!

Häufig besitzen Reaktionen mit explosionsgefährlichen Stoffen eine Induktionsperiode, d.h., die Reaktion setzt erst ab einer bestimmten Temperatur oder verzögert ein, kann dann aber sehr heftig werden (z.B. Radikalreaktionen mit organische Peroxiden als Radikalstarter). Diese Reaktionen erfordern eine ständige Überwachung, ein Kühlbad für den Fall zu heftiger Reaktion ist bereitzustellen. Versichern Sie sich vor der Aufarbeitung, dass in der Reaktionsmischung keine explosionsgefährlichen Stoffe mehr vorhanden sind (im Falle von Peroxiden z.B. durch Kaliumiodid/Stärke-Papier, Blaufärbung bei Anwesenheit von Peroxiden).

1.3.4 Brandfördernde Substanzen

Stoffe, die selbst nicht brennen, aber durch Kontakt mit anderen, brennbaren Substanzen diese entzünden können oder die Heftigkeit eines Brandes erhöhen, werden mit dem Piktogramm ‚Flamme über Kreis' gekennzeichnet.

In der Regel handelt es sich um **starke Oxidationsmittel** (z.B. Kaliumpermanganat, konzentrierte Salpetersäure, Chromschwefelsäure).

Vorsichtsmaßnahmen:

Brandfördernde Stoffe dürfen auf keinen Fall unkontrolliert mit brennbaren Materialien (z.B. Lösungsmittel, Filterpapier) oder Reduktionsmitteln in Berührung kommen, sie dürfen auch nicht zusammen gelagert werden. Versichern Sie sich vor der Aufarbeitung eines Reaktionsansatzes, dass kein Überschuss an Oxidationsmitteln mehr vorhanden ist, ansonsten muss desaktiviert werden (z.B. durch Verdünnen mit Wasser und anschließender kontrollierter Reduktion). Reste brandfördernder Stoffe dürfen auf keinen Fall in den Sonderabfall gegeben werden. Hier könnte es zu unkontrollierten Reaktionen kommen bis zu Verpuffungen und Herausschleudern von Material.

Häufig besitzen Reaktionen mit Oxidationsmitteln eine Induktionsperiode, d.h., die Reaktion setzt erst verzögert ein, kann dann aber sehr heftig werden. Diese Reaktionen erfordern eine ständige Überwachung; ein Kühlbad für den Fall zu heftiger Reaktion ist bereitzustellen.

1.3.5 Weitere Gefahren durch die Reaktivität von Chemikalien ohne eigene Piktogramme

Nach dem ‚alten' EU-Recht gab es eine Reihe von Gefahrenhinweisen, die in der GHS-Klassifizierung entweder nicht oder nur unzureichend abgedeckt werden. Deshalb wurde für die Europäische Gemeinschaft die Liste der H-Sätze durch zusätzliche EUH-Sätze erweitert, z.B.:

‚EUH001: In trockenem Zustand explosionsgefährlich' für Stoffe, die z.B. durch Zusatz von Wasser oder in Lösung phlegmatisiert sind und in dieser Form gefahrlos verwendet werden können.

‚EUH006: Mit und ohne Luft explosionsfähig'.

‚EUH014: Reagiert heftig mit Wasser' für Stoffe, die mit Wasser (und meist auch mit niederen Alkoholen, Säuren und Basen) zu einer heftigen, exothermen Reaktion führen.

‚EUH018: Bei Gebrauch Bildung explosionsfähiger/leichtentzündlicher Dampf/Luftgemische möglich'.

‚EUH019: Kann explosionsfähige Peroxide bilden' für Stoffe, die selbst keine Explosionsgefahr darstellen, aber mit Luft (oft unter Einwirkung von Licht und Metallspuren) leicht Peroxide bilden (z.B. Diethylether, THF und andere Ether). Die Peroxide reichern sich bei einer Destillation im Sumpf an und können dann explodieren. Lösungsmittel, die zur Bildung von Peroxiden neigen, müssen in braunen Flaschen aufbewahrt werden und mit Stabilisatoren versetzt werden, um die Peroxidbildung zu verhindern. Dennoch sollten immer folgende Vorsichtsmaßnahmen getroffen werden:

Prüfen Sie vor der Destillation immer auf Peroxide (z.B. mit KI/Stärke-Papier oder speziellen Teststäbchen). Destillieren Sie problematische Lösungsmittel nie bis zur Trockne. **Achtung**: Bei der Destillation wird auch der Stabilisator entfernt, im Destillat können sich sehr rasch Peroxide neu bilden. Für weitere Informationen siehe Kapitel 12.

1.4 Gefahren durch giftige (toxische) Chemikalien

Bei der Giftigkeit wird prinzipiell zwischen **akuter Wirkung** und **nicht akuter Wirkung** unterschieden. Bei der akuten Wirkung setzt die Schädigung sofort oder nach kurzer Zeit ein, ein Zusammenhang zwischen Dosis und Wirkung lässt sich bestimmen. Für krebserzeugende, erbgutverändernde, fruchtschädigende, sensibilisierende oder auf sonstige Weise chronisch schädigende Stoffe kann keine Beziehung zwischen Dosis und Wirkung aufgestellt werden. Eine Schädigung kann (muss aber nicht) bereits bei einmaligen Kontakt erfolgen, die Wirkung tritt aber unter Umständen erst nach Jahren auf.

Die Einstufung giftiger Substanzen erfolgt hauptsächlich nach ihrer akuten Toxizität, die durch Tierversuche ermittelt wird. Die Kenngrößen sind der **LD_{50}**-Wert für die Aufnahme über die Haut (dermal) oder durch Verschlucken (oral) und der **LC_{50}**-Wert für die Aufnahme über die Atmungsorgane (Inhalation). Der Wert (in mg/kg Körpergewicht oder mg/l Luft bei 4 h Expositionsdauer) gibt die Menge oder Konzentration an, bei der 50% der Versuchstiere verenden.

Chronische Toxizitäten werden durch die Gefahrensymbole nur unzureichend dargestellt, hier muss auf die entsprechenden H-Sätze geachtet werden (siehe unten!).

Die orale Aufnahme von Chemikalien und daraus resultierende Vergiftungen spielen im Labor praktisch keine Rolle, viel wichtiger sind die mögliche Aufnahme durch Einatmen von Dämpfen oder Stäuben und die Aufnahme durch die Haut.

1.4.1 Akut toxische Substanzen

Giftige Stoffe werden in vier Klassen eingeteilt. Die Einstufung erfolgt nach dem Aufnahmeweg und den LD_{50}- bzw. LC_{50}-Werten aus Tierversuchen:

Aufnahme durch Verschlucken:

Kategorie	Piktogramm Signalwort	H-Satz	LD_{50} (oral) [mg/kg Körpergewicht]
1	Totenkopf Gefahr	H300: Lebensgefahr bei Verschlucken	≤ 5
2	Totenkopf Gefahr	H300: Lebensgefahr bei Verschlucken	5–50
3	Totenkopf Gefahr	H301: Giftig bei Verschlucken	50–300
4	Ausrufezeichen Achtung	H302: Gesundheitsschädlich bei Verschlucken	300–2000

Vorsichtsmaßnahmen:

Die normalen Vorsichtsmaßnahmen sind ausreichend. Beim Pipettieren von Flüssigkeiten darf nicht mit dem Mund angesaugt werden. Man verwende Pipetten mit *Peleus*-Ball oder Saugkolben-Pipetten.

Aufnahme durch die Haut:

Kategorie	Piktogramm Signalwort	H-Satz	LD_{50} (dermal) [mg/kg Körpergewicht]
1	Totenkopf Gefahr	H310: Lebensgefahr bei Hautkontakt	≤ 50
2	Totenkopf Gefahr	H310: Lebensgefahr bei Hautkontakt	50–200
3	Totenkopf Gefahr	H311: Giftig bei Hautkontakt	200–1000
4	Ausrufezeichen Achtung	H312: Gesundheitsschädlich bei Hautkontakt	1000–2000

Substanzen, die besonders leicht über die Haut aufgenommen werden können, sind in der **TRGS 900** und **TRGS 905** mit dem Buchstaben **H** (für hautresorptiv) gekennzeichnet. Im

Allgemeinen können Flüssigkeiten wegen der größeren Kontaktfläche besser aufgenommen werden als Feststoffe. Achten Sie aber auch auf Stäube, die beim Umfüllen eventuell auf feuchten oder schweißnassen Händen oder Armen haften bleiben.

Vorsichtsmaßnahmen:

Wenn der Hautkontakt nicht sicher ausgeschlossen werden kann, müssen bei giftigen und sehr giftigen Stoffen Schutzhandschuhe verwendet werden. Nach Hautkontakt mit gefährlichen Stoffen müssen die betroffenen Hautstellen sofort gründlich mit Wasser und Seife gereinigt werden. Falls andere Reinigungsmittel notwendig sind, werden sie durch einen P-Satz spezifiziert.

Aufnahme durch die Atmungsorgane:

Kategorie	Piktogramm Signalwort	H-Satz	LC_{50} (inhal.) [mg/l Luft] 4 h Expositionsdauer
1	Totenkopf Gefahr	H330: Lebensgefahr beim Einatmen	≤ 0.5
2	Totenkopf Gefahr	H330: Lebensgefahr beim Einatmen	0.5–2
3	Totenkopf Gefahr	H331: Giftig beim Einatmen	2–10
4	Ausrufezeichen Achtung	H332: Gesundheitsschädlich beim Einatmen	10–20

Der häufigste Aufnahmeweg bei leichtflüchtigen Substanzen ist das Einatmen, ihre Flüchtigkeit kann über den Dampfdruck abgeschätzt werden. Naturgemäß ist bei Raumtemperatur der Dampfdruck von Flüssigkeiten höher als der von Feststoffen, Ausnahmen sind leicht sublimierbare Feststoffe wie z.B. Iod, Adamantan oder *p*-Benzochinon. Nicht unterschätzt werden darf das Einatmen von Stäuben, die beim Umfüllen oder Pulvern von Feststoffen entstehen.

Vorsichtsmaßnahmen:

Gefäße mit leichtflüchtigen Stoffen sind immer verschlossen zu halten. Flüssigkeiten sollten nicht abgewogen, sondern mit Messzylindern, Pipetten oder Spritzen im Abzug abgemessen werden. Bei Staubentwicklung muss ebenfalls unter dem Abzug gearbeitet werden.

1.4.2 Ätzende und reizende Substanzen

Beruht die schädliche Wirkung eines Stoffes nicht auf der Toxizität durch Aufnahme in den Körper, sondern auf der direkten Einwirkung auf die Haut oder Schleimhäute (Mund, Lunge, Magen etc.), wird der Stoff als ätzend oder reizend eingestuft.

Wird die Haut innerhalb von 4 h vollständig zerstört, wird der Stoff mit dem Piktogramm GHS05 (Verätzung) zusammen mit dem Signalwort ‚Gefahr' und H314: ‚Verursacht schwere Verätzungen der Haut und schwere Augenschäden' gekennzeichnet.

Ist die schädliche Wirkung auf die Haut begrenzt auf Reizungen, wird der Stoff mit dem Piktogramm GHS07 (Ausrufezeichen) zusammen mit dem Signalwort ‚Achtung' und H315: ‚Verursacht Hautreizungen' eingestuft.

Ätzende Stoffe sind alle starken Säuren und Laugen. Schwache sowie verdünnte Säuren und Laugen wirken meist reizend. Beachten Sie, dass auch viele organische Basen (z.B. Amine oder Alkalialkoholate) bzw. ihre Lösungen ätzend sind.

Viele organische Lösungsmittel sind als reizend eingestuft. Ihre Wirkung beruht meist auf der Entfettung der Haut, sie wird rissig und spröde.

Die **Augen** sind besonders gefährdet, Verätzungen führen zur Trübung der Hornhaut, die vor allem bei Verätzungen mit Basen oft irreversibel ist.

Eine besondere Gefahr stellen Verätzungen mit **Flusssäure** (HF) dar. In diesem Fall bildet sich kein Schorf, der den Verlauf der Verätzungen normalerweise verzögert. Verätzungen mit Flusssäure verlaufen rasch und dringen sehr tief in das Gewebe ein.

Vorsichtsmaßnahmen:

Direkter Hautkontakt ist zu vermeiden, verwenden Sie für stark ätzende Substanzen immer Schutzhandschuhe. Nach Hautkontakt sofort mit viel Wasser abwaschen.
Der Augenschutz vor Spritzern ist durch die obligatorische Schutzbrille gewährleistet. Sollte dennoch eine ätzende Substanz in die Augen gelangen, ist das Auge bei weit geöffnetem Lidspalt mindestens 15 Minuten lang gründlich mit der Augendusche zu spülen, anschließend muss sofort der Augenarzt aufgesucht werden.

Ätzende, leichtflüchtige Substanzen immer im Abzug handhaben und die Gefäße stets verschlossen halten.

1.4.3 Krebserzeugende, erbgutverändernde und reproduktionstoxische Stoffe

Der Nachweis sogenannter **KMR-Eigenschaften** (K = krebserzeugend, M = mutagen = erbgutverändernd und R = reproduktionstoxisch = fortpflanzungsgefährdend) von Substanzen ist schwierig, ein eindeutiger Kausalzusammenhang für Menschen ist nur in wenigen Fällen nachgewiesen. Ergebnisse aus Tierversuchen, Tests an Zelllinien oder die Befunde epidemiologischer Studien sind oft strittig.

KMR-Stoffe werden in die **TRGS 905** ‚Verzeichnis krebserzeugender, erbgutverändernder oder fortpflanzungsgefährdender Stoffe' aufgenommen. Daneben nimmt die ‚**Senatskommission zur Prüfung gesundheitsschädlicher Arbeitsstoffe**' der DFG eigene Einstufungen vor, die dem ‚Ausschuss für Gefahrstoffe (AGS)' vorgeschlagen werden. Nach der Bewertung durch den AGS können diese Vorschläge in die TRGS 905 aufgenommen werden oder bis zum Vorliegen eindeutiger Daten zurückgestellt werden. Dies kann dazu führen, dass ein Stoff nach den Erkenntnissen der Senatskommission als krebserzeugend anzusehen ist, nach der Legaleinstufung aber auf dem Flaschenetikett kein Hinweis auf die krebserzeugende Eigenschaft gegeben wird.

KMR-Stoffe werden nach dem GHS in die Gefahrenklassen Karzinogenität (K), Keimzellmutagenität (M) und Reproduktionstoxizität (R) eingeordnet, jede Gefahrenklasse wird in drei Kategorien unterteilt:

Kategorie 1a: Die Wirkung beim Menschen ist bekannt und ein Kausalzusammenhang zwischen Wirkung und Exposition hinreichend nachgewiesen.

Kategorie 1b: Stoffe, die als wirksam für den Menschen angesehen werden sollten. Es bestehen hinreichende Anhaltspunkte zu der Annahme, dass die Exposition eines Menschen gegenüber dem Stoff eine Wirkung hervorruft. Diese Annahme beruht im Allgemeinen auf Langzeitversuchen bei Tieren oder Zelllinien oder auf sonstigen relevanten Informationen.

Kategorie 2: Stoffe, die wegen möglicher Wirkung beim Menschen Anlass zu Besorgnis geben, über die jedoch nur ungenügende Informationen vorliegen. Aus Tierversuchen liegen einige Anhaltspunkte vor, die jedoch nicht ausreichen, um einen Stoff in Kategorie 1b einzustufen.

Stoffe der Kategorie 1a und 1b werden mit dem Piktogramm GHS08 (Totenkopf) und dem Signalwort ‚Gefahr' eingestuft, Stoffe der Kategorie 2 mit Piktogramm GHS08 (Totenkopf) und dem Signalwort ‚Achtung'. Zusätzlich muss die Wirkungsweise und gegebenenfalls der Aufnahmeweg durch die entsprechenden H-Sätze spezifiziert werden.

Vorsichtsmaßnahmen:

Prinzipiell sollten krebserzeugende, mutagene und reproduktionstoxische Stoffen vermieden und durch weniger gefährliche Stoffe ersetzt werden. Wenn das nicht möglich ist, muss die Exposition auf ein Minimum beschränkt, also direkter Hautkontakt und Einatmen vermieden werden. Es sind dieselben Vorsichtsmaßnahmen wie beim Umgang mit sehr giftigen Stoffen zu treffen.

Schwangere Frauen dürfen nach der **Verordnung zum Schutze der Mütter am Arbeitsplatz (MuSchArbV)** mit krebserzeugenden, mutagenen und reproduktionstoxischen Stoffen überhaupt nicht in Berührung kommen.

1.4.4 Sensibilisierende Stoffe

Manche Stoffe können durch Einatmen oder Hautkontakt Allergien auslösen. Das GHS unterscheidet hier zwei Kategorien:

Sensibilisierung der Atemwege, Kategorie 1
Signalwort ‚Gefahr'
H334: Kann bei Einatmen Allergie, asthmaartige Symptome oder Atembeschwerden verursachen.

Sensibilisierung der Haut, Kategorie 1
Signalwort ‚Achtung'
H317: Kann allergische Hautreaktionen verursachen.

Vorsichtsmaßnahmen:

Hautkontakt und Einatmen sollten vermieden werden, insbesondere wenn bereits eine Überempfindlichkeit gegenüber dem betreffenden oder auch anderen Stoffen besteht.

1.4.5 Weitere toxische Eigenschaften

In die Gefahrenklassen ‚Spezifische Zielorgantoxizität' bei einmaliger bzw. wiederholter Exposition werden Stoffe eingeordnet, die gezielt bestimmte Organe schädigen. Die Organschädigung kann dabei sofort oder zeitverzögert auftreten und reversibel oder irreversibel sein. Auch hier gibt es wieder verschiedene Gefährdungskategorien. Soweit Erkenntnisse vorliegen, müssen die betreffenden Organe in den jeweiligen H-Sätzen genannt werden, ebenso der Expositionsweg.

Spezifische Zielorgantoxizität (bei einmaliger Exposition):

Kategorie 1
Signalwort ‚Gefahr'
H370: Schädigt die Organe.

Kategorie 2
Signalwort ‚Achtung'
H371: Kann die Organe schädigen.

Kategorie 3
Signalwort ‚Achtung'
H335 Kann die Atemwege reizen.
H336 Kann Schläfrigkeit und Benommenheit verursachen.

Spezifische Zielorgantoxizität (bei wiederholter Exposition):

Kategorie 1
Signalwort ‚Gefahr'
H372: Schädigt die Organe bei wiederholter oder längerer Exposition.

Kategorie 2
Signalwort ‚Achtung'
H373: Kann die Organe schädigen bei wiederholter oder längerer Exposition.

Vorsichtsmaßnahmen:

Generell sollten alle Gefahrstoffe mit Zielorgantoxizität mit derselben Vorsicht gehandhabt werden wie akut giftige Stoffe: Hautkontakt und Einatmen sollten vermieden werden.

Für Gefahrstoffe, die nach dem Verschlucken Schäden an den Atemwegen verursachen können, sieht das GHS eine eigene Gefahrenklasse ‚Aspirationsgefahr' mit nur einer Kategorie vor:

Kategorie 1
Signalwort ‚Gefahr'
H304: Kann bei Verschlucken und Eindringen in die Atemwege tödlich sein.

1.5 Gefahren für die Umwelt

Chemikalien können bei Freisetzung in die Umwelt Schäden anrichten, insbesondere wenn sie in das Abwasser gelangen. Im GHS werden diese Stoffe nach Kategorien in die Gefahrenklasse ‚Gewässergefährdend' eingestuft:

Akute Gefährdung, Kategorie 1
Signalwort ‚Achtung'
H400: Sehr giftig für Wasserorganismen

Chronische Gefährdung, Kategorie 1
Signalwort ‚Achtung'
H410: Sehr giftig für Wasserorganismen mit langfristiger Wirkung.

Chronische Gefährdung, Kategorie 2
'Kein Signalwort
H411: Giftig für Wasserorganismen, mit langfristiger Wirkung.

Kein Piktogramm   Chronische Gefährdung, Kategorie 3
H412: Schädlich für Wasserorganismen, mit langfristiger Wirkung.

Kein Piktogramm   Chronische Gefährdung, Kategorie 4
H413: Kann für Wasserorganismen schädlich sein, mit langfristiger Wirkung.

Für Gefahrstoffe, die die Ozonschicht schädigen, war im ursprünglichen GHS keine Gefahrenklasse vorgesehen. Sie wurde erst 2011 durch eine Änderungsverordnung aufgenommen.

Kategorie 1
Signalwort ‚Achtung'
H420: Schädigt die öffentliche Gesundheit und die Umwelt durch Ozonabbau in der äußeren Atmosphäre.

Im normalen Laborbetrieb werden alle gefährlichen Abfälle in besonderen Behältern gesammelt und einer ordnungsgemäßen Entsorgung zugeführt, so dass das Risiko einer Umweltschädigung eher gering ist (siehe Kapitel 1.8). Eine Ausnahme sind freiwerdende Dämpfe, die über die Abluft in die Atmosphäre gelangen können.

Das Abdampfen von Lösungsmitteln oder anderen flüchtigen Stoffen im Abzug ist nicht erlaubt, auch wenn es in (älteren) Vorschriften empfohlen wird. Verwenden Sie zum Entfernen von Lösungsmitteln Destillationsapparaturen oder Rotationsverdampfer. Zur Vakuumerzeugung sollten Wasserstrahlpumpen durch Membranpumpen mit Emissionskondensator ersetzt werden, dadurch wird der Eintrag von flüchtigen Stoffen in das Abwasser sehr wirkungsvoll reduziert. Reste von gefährlichen flüchtigen Chemikalien (z.B. Brom) dürfen nicht im Abzug durch Verdampfen „entsorgt" werden, sondern müssen unmittelbar durch chemische Reaktionen zu ungefährlichen und nicht reaktiven Stoffen umgesetzt (‚vernichtet') werden (z.B. Reduktion von Brom zu Bromid). Danach können sie in die entsprechenden Sonderabfallbehälter gegeben werden.

1.6 Weitere typische Gefahren im Labor

1.6.1 Schnittverletzungen

Schnittverletzungen sind die häufigsten Verletzungen im Labor, sie sind meist auf Unachtsamkeit und Missachtung der einfachsten Vorsichtmaßnahmen zurückzuführen:

- Achten Sie darauf, dass alle verwendeten Glasgeräte einwandfrei sind, d.h. keine Sprünge, Risse oder scharfen Kanten haben.
- **Scherben oder Glasbruch** (z.B. zerbrochene Pipetten, Glasrohre oder -stäbe) gehören ausschließlich in Sammelbehälter für Laborglasabfall. Fassen Sie Scherben nie mit der bloßen Hand, sondern nur mit (Tiegel-)Zangen, Pinzetten oder speziellen Schnittschutzhandschuhen an.
- Verwenden Sie zum **Aufziehen von Schläuchen** auf Glasrohre und Glasoliven-Anschlüsse oder beim Durchführen von Glasrohren durch Gummistopfen immer einige Tropfen Gleitmittel, z.B. Glycerin. Gewaltanwendung kann zu Bruch und gefährlichen Handverletzungen führen. Bei PVC-Schläuchen hilft Eintauchen in warmes Wasser. Versuchen Sie nie, **festsitzende Schläuche** mit Gewalt abzuziehen, man schneidet sie besser ab.
- Versuchen Sie nicht, **festsitzende Schliffverbindungen** durch kräftiges Ziehen zu lösen. Es besteht die Gefahr, dass sie zerbrechen. Sie können durch Klopfen mit einem Holzstück (z.B. Hammerstiel) und leichten Zug gelockert werden. Durch Erwärmen mit einem Heißluftföhn oder einem Gasbrenner können festgebackene Schliffe ebenfalls gelöst werden, die Apparatur darf dann aber keine Chemikalien enthalten, die sich entzünden können! Das Einlegen in ein Ultraschallbad, am besten bei ca. 60 °C, hat sich ebenfalls bewährt. Wenn nichts hilft, den Glasbläser aufsuchen.

1.6.2 Verbrennungen und Verbrühungen

Verbrennungen an heißen Gegenständen oder Verbrühungen durch heiße Öl- oder Wasserbäder kommen im Labor relativ häufig vor:

- Entnehmen Sie die Glasgeräte nie mit bloßen Händen aus dem (heißen) Trockenschrank.
- Lassen Sie Apparaturen prinzipiell immer erst abkühlen, bevor Sie sie abbauen. Wenn mit heißen Lösungen gearbeitet wird (z.B. Umkristallisation aus heißen Solventien mit an-

schließender Heißfiltration) empfiehlt es sich, den heißen Kolben in der Stativklammer eingespannt zu lassen und die Klammer als ‚Haltegriff' zu verwenden.
- Heiz- und Kältebäder sollten immer auf Laborhebebühnen stehen und sich durch einfaches Herunterdrehen der Hebebühne vollständig von der Apparatur entfernen lassen.
- Heiße Heizbäder dürfen ebenso wie Kältebäder (*Dewar*-Behälter mit Kältemischungen) nicht transportiert werden. Lassen Sie Heizbäder zuvor abkühlen und Kältebäder auf Raumtemperatur kommen.

1.7 Verhalten bei Laborunfällen

Informieren Sie sich vor dem Arbeiten im Labor über alle Sicherheitseinrichtungen (Fluchtwege, Notruftelefon, Feuermelder, Rettungstreffpunkte, Feuerlöscher, Notduschen, Augenduschen, Löschdecken, Absperrventile für Gas und Strom usw.). Nur dann können Sie bei einem Unfall schnell handeln. Aus Sicherheitsgründen ist es grundsätzlich nicht gestattet, allein im Labor zu arbeiten!

- Informieren Sie die Nachbarlabore und das technische Personal über den Unfall.
- Verletzte Personen müssen schnellstens in Sicherheit gebracht und wenn nötig ärztlich versorgt werden.
- Begeben Sie sich nie allein in Gefahr! Eine zweite Person muss die Sicherung übernehmen.

1.7.1 Laborbrände

- Bei **Personen** muss das Feuer so schnell als möglich mit der Löschdecke erstickt oder der Notdusche gelöscht werden. Bewährt haben sich auch kleine, tragbare Kohlendioxidlöscher.
- Laborbrände sollten generell **nicht mit Wasser** gelöscht werden! Alkalimetalle, Metallhydride und komplexe Metallhydride können mit Wasser explosionsartig reagieren. Wenn Wasser in heiße Ölbäder gelangt, kann das explosionsartig verdampfende Wasser das heiße Öl im weiten Umkreis verspritzen. Hinweise auf geeignete Löschmittel finden Sie im P-Satz 378.
- **Kalte Flammen**, z.B. von brennendem Ethanol, können mit einer Feuerlöschdecke oder einem Handtuch erstickt werden.
- Bei normalen Bränden sind **Kohlendioxidlöscher** die Methode der Wahl.
- Bei Gas- oder Schwelbränden sollte ein **Pulverlöscher** verwendet werden. Der Einsatz von Pulverlöschern führt dazu, dass das gesamte Labor mit einer weißen Pulverschicht bedeckt wird.
- **Brände von Alkali- und Erdalkalimetallen und Hydriden** lassen sich weder mit Kohlendioxid- noch mit Pulverlöschern bekämpfen, Kohlendioxid unterhält den Brand in

diesen Fällen sogar. Bei begrenzten Bränden kann das Abdecken mit **Sand** genügen, bei größeren Bränden müssen spezielle Metallbrandlöscher verwendet werden.
- Brände sind immer von unten nach oben zu bekämpfen. Halten Sie Abstand zum Brandherd (etwa 2 m).
- Veranlassen Sie, dass Neugierige den Unfallort verlassen.

Wenn die Löschversuche nicht unmittelbar zum Erfolg führen, müssen weitere Maßnahmen ergriffen werden:

- Lösen Sie Feueralarm aus (Feuermelder, Notruf über Telefon).
- Versuchen Sie, die Ausweitung des Brandes zu verhindern, soweit es ohne Gefahr möglich ist.
- Bringen Sie Lösungsmittelflaschen, Druckgasflaschen etc. aus dem Gefahrenbereich.
- Trennen Sie die Gaszufuhr über die zentralen Absperrventile.
- Trennen Sie die Stromversorgung über die Hauptsicherung.
- Schließen Sie die Fenster und Labortüren. Dadurch kann die Ausbreitung des Feuers für einige Zeit verhindert werden.

1.7.2 Erste Hilfe bei Verletzungen

- **Schnittwunden** nicht auswaschen. Es ist besser, sie erst einige Zeit bluten zu lassen, dabei werden Fremdkörper oder Chemikalien ausgespült. Dann wird die Wunde mit Verbandmaterial abgedeckt.
- **Brandverletzungen** müssen so schnell wie möglich mit fließendem, kaltem Wasser behandelt werden, die Behandlung sollte längere Zeit erfolgen.
- **Verätzungen oder Kontaminationen** der Haut mit Chemikalien werden ebenfalls mit fließendem, kaltem Wasser behandelt, wenn größere Hautpartien betroffen sind unter der Notdusche. Kleidung, die mit Chemikalien kontaminiert ist, muss unbedingt abgelegt werden. Ist die Chemikalie schlecht oder gar nicht wasserlöslich, wird zunächst Seife benutzt, anschließend wird mit Polyethylenglykol 400 gewaschen.
- Bei Verletzungen sollte nach der ersten Wundversorgung immer ein ausgebildeter Ersthelfer, bei größeren Verletzungen ein Arzt zu Rate gezogen werden. Informieren Sie den Arzt über den Unfallhergang und die verwendeten Chemikalien. Im Zweifelsfall Kontakt mit dem zuständigen Giftnotfallzentrum aufnehmen (Tabelle 1.3).
- Wenn Chemikalien in die Augen gelangt sind, ist eine mindestens 15-minütige Spülung des Auges bei weit geöffnetem Lidspalt nötig. Meistens ist der Verletzte nicht in der Lage, das Auge geöffnet zu halten, deshalb muss ein Helfer das Auge geöffnet halten. Nach der Erstversorgung ist ein Augenarzt aufzusuchen.
- Besteht der Verdacht, dass **giftige oder ätzende Stoffe inhaliert** wurden, muss der Betroffene rasch an die frische Luft gebracht und der Notarzt verständigt werden. Wenn vorhanden, kann bei Atemnot Cortison (z.B. Auxiloson-Spray) zur Lungenödem-Prophylaxe gegeben werden. Versuchen Sie Informationen über die Art des inhalierten Stoffes zu erhalten und informieren Sie den Notarzt.

- Wurden Chemikalien verschluckt, darf auf keinen Fall Erbrechen ausgelöst werden. Sofort den Notarzt verständigen. Inzwischen klären, welche Chemikalien verschluckt wurden, viel Wasser trinken lassen und das zuständige Giftnotfallzentrum (Tab. 1.3) konsultieren.

Tabelle 1.3: Giftnotrufzentralen in Deutschland.

Berlin	**BBGes – Giftnotruf Berlin**
	Institut für Toxikologie
	Klinische Toxikologie und Giftnotruf Berlin
	Karl-Bonhoeffer-Str. 285
	13437 Berlin
	Tel: 030-19240
	Fax: 030-3068-6721
	E-Mail: Mail@giftnotruf.de
	Internet: http://www.giftnotruf.de/
	Charité - Universitätsmedizin Berlin
	Campus Virchow Klinikum
	Klinik für Nephrologie und internistische Intensivmedizin, Giftinformation
	Augustenburger Platz 1
	13353 Berlin
	Tel: 030-450-653555
	Fax: 030-450-553915
	eMail: giftinfo@charite.de
	Internet: http://www.charite.de/rv/nephro/
Bonn	**Informationszentrale gegen Vergiftungen**
	Zentrum für Kinderheilkunde Universitätsklinikum Bonn
	Adenauerallee 119
	53113 Bonn
	Tel: 0228-19240
	Fax: 0228-287-3314
	E-Mail: GIZBN@ukb.uni-bonn.de
	Internet: http://www.meb.uni-bonn.de/giftzentrale/
Erfurt	**Gemeinsames Giftinformationszentrum der Länder Mecklenburg-Vorpommern, Sachsen, Sachsen-Anhalt, und Thüringen**
	Nordhäuser Str. 74
	99089 Erfurt
	Tel: 0361-730-730
	Fax: 0361-730-7317
	E-Mail: Info@ggiz-erfurt.de
	Internet: http://www.ggiz-erfurt.de
Freiburg	**Zentrum für Kinderheilkunde und Jugendmedizin Vergiftungs-Informations-Zentrale**
	Mathildenstr. 1
	79106 Freiburg
	Tel: 0761-19240
	Fax: 0761-270-4457
	E-Mail: giftinfo@uniklinik-freiburg.de
	Internet: http://www.giftberatung.de

Tabelle 1.3 (Fortsetzung): Giftnotrufzentralen in Deutschland.

Göttingen	**Giftinformationszentrum-Nord der Länder Bremen, Hamburg, Niedersachsen und Schleswig-Holstein (GIZ-Nord)**
	Universität Göttingen - Bereich Humanmedizin
Robert-Koch-Str. 40
37075 Göttingen
	Tel: 0551-383180
Fax: 0551-3831881
	E-Mail: giznord@giz-nord.de
Internet: http://www.Giz-Nord.de
Homburg	**Informations- und Beratungszentrum für Vergiftungsfälle**
	Universitätsklinik für Kinder- und Jugendmedizin
66421 Homburg / Saar
	Tel: 06841-19240
Fax: 06841-1628438
	E-Mail: giftberatung@uniklinikum-saarland.de
Internet: http://www.uniklinikum-saarland.de/de/einrichtungen/andere/giftzentrale
Mainz	**Giftinformationszentrum Rheinland-Pfalz/Hessen**
	Universitätsklinikum
Langenbeckstr. 1
55131 Mainz
	Tel: 06131-19240 oder 232466
Fax: 06131-232469 oder 176605
	E-Mail: giftinfo@giftinfo.uni-mainz.de
Internet: http://www.giftinfo.uni-mainz.de/
München	**Giftnotruf München**
	Toxikolog. Abt. der II. Med. Klinik und Poliklinik, rechts der Isar der Technischen Universität München
Ismaninger Str. 22
81675 München
	Tel: 089-19240
Fax: 089-41402467
	E-Mail: tox@lrz.tu-muenchen.de
Internet: http://www.toxinfo.org
Nürnberg	**Giftnotrufzentrale Nürnberg**
	Med. Klinik 2, Klinikum Nürnberg, Lehrstuhl Innere Medizin-Gerontologie, Universität Erlangen-Nürnberg
Prof.-Ernst-Nathan-Str. 1
90419 Nürnberg
	Tel: 0911-398 2451
Fax: 0911-398 2192
	E-Mail: giftnotruf@klinikum-nuernberg.de
Internet: http://www.giftinformation.de

1.7.3 Verschüttete Chemikalien

Sichern Sie die betreffende Stelle ab! Falls die Substanz im Abzug verschüttet wurde, wird der Frontschieber sofort geschlossen. Informieren Sie die Personen in der Umgebung! Die weitere Vorgehensweise richtet sich nach den Eigenschaften und der Menge der freigesetzten Chemikalien:

- Kleine Mengen verschütteter, **nicht reaktiver Flüssigkeiten** sollten mit einem Papiertuch oder Zellstoff aufgenommen werden. Bei leichtflüchtigen Substanzen lässt man dann das getränkte Papier im Abzug ausdampfen, bei schwerer flüchtigen Flüssigkeiten wird das getränkte Papier in einem Kunststoffbeutel verpackt in den entsprechenden Sammelbehälter für Feststoffe gegeben.
- Kleine Mengen von **Säuren, Laugen oder Salzen** (nicht Schwermetallsalze!) werden mit Wasser verdünnt und in das Abwasser gespült.
- **Reaktive Flüssigkeiten** sowie alle **größeren Flüssigkeitsmengen** werden mit Adsorptionsmaterial aufgenommen (z.B. Vermiculit oder Chemizorb®). Das getränkte Material muss falls nötig desaktiviert werden, danach in Kunststoffbeutel verpackt in die entsprechenden Sammelbehälter für Feststoffe geben.
- **Feststoffe** werden vorsichtig zusammengekehrt, Staubentwicklung sollte durch Anfeuchten mit wenig Wasser verhindert werden.
- Wenn **sehr reaktive oder giftige Stoffe** freigesetzt werden, muss das Labor sofort geräumt werden. Informieren Sie alle Personen! Die Entsorgung darf nur von erfahrenen Personen, evtl. mit Atemschutz und spezieller Schutzkleidung durchgeführt werden.
- Wurde **Quecksilber** freigesetzt (z.B. beim Bruch eines Thermometers) muss es sorgfältig zusammengekehrt werden. Große Kugeln werden mit einer Quecksilberzange aufgenommen, kleinere Kügelchen mit Hilfe eines speziellen Absorptionsmittels (z.B. Mercurisorb®). Alle quecksilberhaltigen Abfälle müssen in einem speziellen Behälter gesammelt werden. Ist Quecksilber auf den Boden gefallen, muss weiträumig (auch unter Schränken und zwischen den Bodenfugen) mit Absorptionsmittel gereinigt werden!

1.8 Entsorgung von Chemikalien – Recycling

Chemikalien dürfen niemals unkontrolliert in die Umwelt gelangen. Im Labor dürfen sie auf keinen Fall ins Abwasser gelangen. **Verunreinigte Chemikalien müssen der geordneten Entsorgung zugeführt werden**.

Zur sicheren Entsorgung von Chemikalien (Feststoffe, Flüssigkeiten) müssen die anfallenden Laborabfälle – nach Gruppen getrennt – in speziellen **Sonderabfallbehältern** gesammelt werden, um sie später entsprechend ihren Eigenschaften zu entsorgen.

Die Entsorgungskonzepte können an den verschiedenen Instituten unterschiedlich sein, informieren Sie sich!

Feststoffe werden einzeln verpackt und beschriftet (in Behältern oder in Plastiktüten) und getrennt nach anorganischen, organischen und schwermetallsalzhaltigen Stoffen in die Sammelbehälter für Feststoffe gegeben. Dadurch wird der direkte Kontakt von unverträglichen Substanzen verhindert.

Flüssigkeiten müssen in allen Fällen getrennt gesammelt werden:

- Organische, halogen- und wasserfreie Lösungsmittel
- Organische, halogenhaltige, wasserfreie Lösungsmittel
- Wässrige, halogenfreie Lösungsmittel und Waschwässer, verunreinigt mit organischen, halogenfreien Stoffen
- Wässrige, halogenhaltige Lösungsmittel und Waschwässer, verunreinigt mit organischen, halogenhaltigen Stoffen
- Wässrige Lösungen von Schwermetallen

Desaktivierung reaktiver Chemikalien

Chemikalienreste, die in die Sonderabfallbehälter gegeben werden, dürfen nicht reaktiv sein und keine unkontrollierten Reaktionen im Abfallbehälter verursachen, sie müssen vorher desaktiviert werden:

- **Natriumreste** werden in der nebenstehenden Apparatur durch Zutropfen von 2-Propanol oder Ethanol zu Natriumalkoholaten umgesetzt. Wenn die Wasserstoffentwicklung beendet ist, wird vorsichtig mit Wasser versetzt. Nach der Neutralisation mit verdünnter Schwefelsäure wird die Lösung in den Sonderabfallbehälter für halogenfreie, wässrige organische Solventien gegeben.
- **Alkalihydride, Alkaliamide und Natriumdispersionen** (häufig als Dispersion in Weißöl) werden in der gleichen Apparatur in einem inertem Lösungsmittel (z.B. Toluol) suspendiert. Unter Rühren tropft man langsam 2-Propanol oder Ethanol zu. Wenn die Umsetzung unter Wasserstoffentwicklung beendet ist, wird mit Wasser verdünnt, mit verdünnter Schwefelsäure neutralisiert und in den Sonderabfallbehälter für halogenfreie, wässrige organische Solventien gegeben.
- **Lithiumaluminiumhydrid** wird in der gleichen Apparatur in einem Ether (z.B. 1,4-Dioxan oder THF) aufgeschlämmt und tropfenweise unter Rühren mit einer 1:4-Mischung aus Ethylacetat und dem Ether versetzt. Dabei darf die Ethylacetat/Ether-Mischung nicht an der Kolbeninnenwand herunterlaufen, da sich sonst ‚Klumpen' bilden, die noch nicht hydrolysiertes Lithiumaluminiumhydrid einschließen. Wenn die Wasserstoffentwicklung beendet ist, wird zuerst vorsichtig Wasser zugegeben, anschließend mit verdünnter Schwefelsäure neutralisiert und in den Sonderabfallbehälter mit halogenfreien, wässrigen organischen Solventien gegeben.
- Viele **Hydrierkatalysatoren (z.B. *Raney*-Nickel)** sind pyrophor. Sie können sich im trockenen Zustand an der Luft spontan entzünden und dürfen nie direkt in den Sonderab-

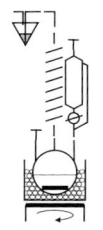

fall gegeben werden. Zur Entsorgung wird zu einer Suspension von *Raney*-Nickel in Wasser in der gleichen Apparatur vorsichtig konzentrierte Salzsäure zugetropft, bis sich eine klare Lösung gebildet hat. Nach der Neutralisation kann diese Lösung in den wässrigen Schwermetallabfall gegeben werden.

- Pyrophore **Edelmetallkatalysatoren** werden getrennt (unter Wasser) gesammelt und der Wiederaufbereitung zugeführt.
- **Anorganische Säurechloride** und **Anhydride** werden unter Rühren vorsichtig portionsweise in 2 M Natronlauge eingetragen. Nach Neutralisation mit verdünnter Salzsäure wird die Lösung in den Sonderabfallbehälter für halogenhaltigen, wässrigen anorganischen Sonderabfall gegeben. Die hydrolysierten Lösungen unproblematischer Säurechloride und Anhydride (z.B. Phosphorpentoxid, Phosphortrichlorid, Phosphoroxychlorid) können mit reichlich Wasser verdünnt ins Abwasser gegeben werden.
- **Organische Säurechloride** und **Anhydride** werden vorsichtig unter Rühren und Kühlung in Ethanol getropft. Nach Neutralisation mit 2 M Natronlauge wird die Lösung in den Sonderabfallbehälter für halogenhaltige, wässrige organische Solventien gegeben.
- **Brom** wird durch wässrige Sulfit- oder Thiosulfatlösung zu Bromid reduziert. Stark verdünnt mit Wasser kann die Lösung dem Abwassersystem zugeführt werden. Die Sulfit- bzw. Thiosulfatlösung muss vor Beginn des Versuchs in einem großen Becherglas bereitgestellt werden, damit alle mit Brom verunreinigten Geräte sofort gespült werden können. Auf keinen Fall dürfen Bromreste mit Aceton in Berührung kommen, da sich dabei stark tränenreizendes Bromaceton bildet.
- **Papierfilter** und andere feste Materialien (z.B. Trockenmittel), die noch lösungsmittelfeucht sind, lässt man im Abzug liegen, bis die Solventien abgedampft sind. Erst dann werden sie in Plastikbeutel verpackt in den Abfallbehälter für Feststoffe verbracht.

Redestillation (Recycling) von Lösungsmitteln – Recycling-Destillationslabor

Die Entsorgung von Chemikalien durch Spezialfirmen ist außerordentlich teuer. Um die Menge der organischen Solventien und damit auch die Entsorgungskosten zu reduzieren, empfiehlt es sich, Lösungsmittel, die in größeren Mengen eingesetzt werden, getrennt zu sammeln und destillativ zu reinigen, so dass sie wieder verwendet werden können.

Für die einzelnen Lösungsmittel stehen beschriftete Sammelbehälter auf. Das Recycling kann nur funktionieren, wenn die gebrauchten Lösungsmittel zuverlässig in die dafür vorgesehenen Behälter gegeben werden. Destillativ nicht trennbare Gemische können im Normalfall nicht recycelt werden – sie werden nicht getrennt gesammelt, sondern direkt der Entsorgung zugeführt.

Das **Recycling-Destillationslabor** sollte wegen der anfallenden Solvensmengen ein gesonderter Raum sein, gegebenenfalls ist eine Explosionsschutz-Ausstattung notwendig.

Die gesammelten einheitlichen Solventien werden zunächst in einem großen **Rotationsverdampfer** (25 L) von höher siedenden Verunreinigungen und Wasser abgetrennt (siehe auch

Kapitel 5.2.7). Lösungsmittel, die leicht Peroxide bilden, müssen vor der Destillation auf Peroxide überprüft werden. Am besten wird bereits zu den Sammelbehältern ein geeigneter Stabilisator gegeben.

In einem zum Destillationslabor gehörenden einfachen Gaschromatographen wird das Destillat auf mögliche Verunreinigungen geprüft. Das Rohdestillat wird anschließend über eine **Destillationskolonne** (~ 1 m) rektifiziert. Gut geeignet sind Destillationsanlagen mit programmierbarem, automatischem Fraktionswechsel.

Das Feindestillat wird anschließend erneut durch eine einfache GC-Analyse auf seine Reinheit überprüft. Ein geringer Wassergehalt kann noch über ein Molekularsieb entfernt werden. Ether, die Peroxide bilden, müssen wieder mit einem Stabilisator versetzt werden.

Meist ist es nicht möglich, eine 100%ige Reinheit der redestillierten Lösungsmittel zu erreichen. Es muss im Einzelfall entschieden werden, ob das redestillierte Solvens für eine Umsetzung geeignet ist. Deshalb sollten die redestillierten Solventien immer zusammen mit einem Analysenzertifikat abgegeben werden. Für Extraktionen (z.B. Ausschütteln bei der Aufarbeitung) ist die Verwendung der redestillierten Lösungsmittel in aller Regel ohne Einschränkung möglich.

Bei Aceton, das zur Reinigung verwendet wird („Spülöl") genügt die einfache Redestillation im Rotationsverdampfer. Bei den Kosten für reines Aceton und für dessen Entsorgung durch Spezialfirmen amortisieren sich allein dadurch die notwendigen Mittel für die Ausstattung eines Destillationslabors relativ schnell.

Wie erwähnt, müssen destillativ nicht trennbare Lösungsmittelgemische direkt der Entsorgung zugeführt werden. Definierte binäre Gemische, die in größeren Mengen in der Chromatographie eingesetzt werden, können aber durch einfache Destillation am Rotationsverdampfer und anschließender Trocknung über ein Molekularsieb zurückgewonnen werden. Die Zusammensetzung der destillierten Mischung wird überprüft (mit GC oder einfacher über den R_F-Wert von Testsubstanzen, siehe Kapitel 10, Chromatographie) und – wenn nötig – durch Zugabe einer der beiden Komponenten wieder auf die geforderte Zusammensetzung gebracht.

Literaturverzeichnis

[1] Text der Gefahrstoffverordung (GefStoffV), der Technischen Regeln für Gefahrstoffe (TRGS) und der wichtigsten EG-Richtlinien auf der Homepage der Bundesanstalt für Arbeitsschutz und Arbeitsmedizin (BAUA): http://www.baua.de und dort *Themen von A-Z – Gefahrstoffe*.

[2] Unfallverhütungsvorschriften und Regeln der Berufsgenossenschaft der Chemischen Industrie, Jedermann-Verlag Dr. Otto Pfeffer, Heidelberg (Jeweils neueste Fassung).

[3] Regelwerke des Bundesverbands der Unfallkassen: http://regelwerk.unfallkassen.de

[4] Gefahrstoffdatenbank der Länder: http://www.gefahrstoff-info.de

Siehe auch GESTIS-Datenbank (Gefahrstoffinformationssystem der Deutschen Gesetzlichen Unfallversicherung):
http://www.dguv.de/dguv/ifa/Gefahrstoffdatenbanken/GESTIS-Stoffdatenbank

[5] Kühn-Birett, *Merkblätter Gefährliche Arbeitsstoffe*, ecomed-Verlag.

[6] Dr. U. Welzenbacher, *Neue Datenblätter für gefährliche Arbeitsstoffe nach der Gefahrstoffverordnung*, WEKA Fachverlag Augsburg.

[7] Sammlung von Sicherheitsdatenblätter verschiedener Hersteller: http://www.eusdb.de

WWW-Seiten einiger Hersteller mit Sicherheitsdaten:

Firma Acros: http://www.acros.com

Firma Alfa Aesar: http://www.alfa.com

Firma Merck: http://www.merckmillipore.de/chemicals

Firma Sigma-Aldrich: http://www.sigmaaldrich.com

[8] Wassergefährdende Stoffe auf der Homepage des Umweltbundesamtes:
http://www.umweltbundesamt.de/wgs/index.htm

Kapitel 2

Glasgeräte und Reaktionsapparaturen

2.1 Schliff- und Schraubverbindungen

2.2 Bauteile für Schliffapparaturen

2.3 Standard-Reaktionsapparaturen

2.4 Standard-Destillationsapparaturen

2. Glasgeräte und Reaktionsapparaturen

Die meisten Geräte und Apparaturen im chemischen Labor bestehen aus Spezialglas. Es ist chemisch sehr widerstandsfähig und lässt die Beobachtung von Vorgängen in der Apparatur zu. Für Reaktionsapparaturen werden heute meist Borsilikatgläser (z.B. *Duran*, *Pyrex*, *Simax*) verwendet. Sie besitzen einen kleinen thermischen Ausdehnungskoeffizienten und sind daher gegen Temperaturwechsel relativ unempfindlich. Zu plötzliches Abkühlen oder sehr schnelles Aufheizen kann trotzdem zum Zerspringen des Geräts führen. Für sehr hohe thermische Belastungen eignen sich Geräte aus dem teuren und nur schwer zu bearbeitendem Quarzglas.

Für einfache Geräte wie Reagensgläser, Glasrohre und -stäbe, Pipetten und Siedekapillaren wird Kalknatronglas (z.B. *AR-Glas*) eingesetzt. Es zeichnet sich durch eine niedrigere Erweichungstemperatur aus und lässt sich relativ leicht bearbeiten (eine Bunsenbrennerflamme reicht bereits aus). Hier muss man auf die geringe Beständigkeit gegen Temperaturschwankungen achten.

Bauteile aus Gläsern mit ähnlichen Ausdehnungskoeffizienten lassen sich leicht und dauerhaft miteinander verschmelzen. Größere Glasapparaturen werden in der Praxis meist aus Bauteilen aufgebaut, die durch Schliffe und Verschraubungen miteinander verbunden werden. Die Bauteile sind flexibel einsetzbar und können auch leichter gereinigt werden.

2.1 Schliff- und Schraubverbindungen

2.1.1 Kegelschliffe (Normschliff)

Die gebräuchlichsten Schliffverbindungen im chemischen Labor sind **Kegelschliffe,** sie bestehen aus der kegelförmig innen geschliffenen Hülse und dem außen geschliffenen Kern. **Normschliffe** werden nach DIN 12 242 mit einem Kegel 1:10 und in standardisierten Größen angefertigt und sind dadurch austauschbar (Abb. 2.1). Die Kernstücke gibt es in einfacher Ausführung oder mit Abtropfring oder -spitze; die beiden letzteren Arten werden dann eingesetzt, wenn Flüssigkeiten durch den Schliff tropfen und Schlifffett auswaschen könnten (z.B. bei Rückflusskühlern, siehe Abschnitt 2.2.2). Gebräuchlich sind die Größen **NS 10/19, NS 14/23, NS 29/32** und **NS 45/40**. Die erste Zahl gibt die Weite in mm an, die zweite Zahl die Länge. Oft lässt man die Längenangabe weg und spricht nur von **NS 14-** oder **NS 29- Schliffen**.

Für spezielle Anwendungen, bei denen es auf besondere Dichtigkeit ankommt (z.B. für Arbeiten im Hochvakuum) gibt es auch so genannte **Langschliffe**, z.B. **NS 29/42**. Kegelschliffe sind prinzipiell starre Verbindungen, sie lassen sich nur um die Längsachse drehen. Sie müssen daher spannungsfrei befestigt werden.

Abb. 2.1: Normschliffverbindungen.

Schliffkern   Schliffhülse   Kernschliff mit
                                Abtropfring   Abtropfspitze

2.1.2 Kugelschliffe

Beim Aufbau großer Apparaturen sind Kegelschliffe wegen ihrer Starrheit problematisch. Es erfordert viel Übung und Geschick, eine große Apparatur spannungsfrei aufzubauen. In diesen Fällen ist die Verwendung von flexiblen **Kugelschliffverbindungen** von Vorteil. Kugelschliffe bestehen aus einer kugelförmig geschliffenen **Kugel** und der **Schale** (Abb. 2.2).

Abb. 2.2: Kugelschliff.

Kugel   Schale

Auch Kugelschliffe sind in verschiedenen Größen gebräuchlich, z.B. **KS 18**, **KS 28** oder **KS 35**. Die Zahl gibt den Kugeldurchmesser in mm an. Kugelschliffe müssen immer mit einer geeigneten Klammer fixiert werden.

2.1.3 Planschliffverbindungen (Flanschverbindungen)

Für Bauteile mit großem Durchmesser sind Kugel- und Kegelschliffe ungeeignet. Sie werden deshalb mit **Planschliffen** verbunden. Dabei werden die Geräte über plan geschliffene Glasflächen aufeinander gesetzt und mit speziellen Halteklammern oder Verschraubungen gegen Verrutschen fixiert. Im normalen Laborbetrieb werden Planschliffverbindungen seltener eingesetzt (z.B. bei Exsikkatoren oder Reaktionstöpfen mit Planschliffdeckeln, die fünf und mehr Schlifföffnungen tragen), bei Apparaturen im Technikumsmaßstab sind sie die Regel.

2.1.4 Behandlung von Schliffverbindungen

Auch Schliffverbindungen sind nicht per se vakuumdicht. Bei Kegelschliffen besteht außerdem die Gefahr, dass sie sich wegen der großen Schlifffläche beim Abbau der Apparatur nicht wieder lösen lassen ('Festbacken des Schliffs').

Deshalb müssen Schliffe vor dem Einsatz gefettet werden. Das **Schlifffett** soll sowohl die Dichtigkeit der Schliffverbindung gewährleisten als auch für eine leichte Lösbarkeit der Verbindung sorgen. Je nach Schliffart und Einsatzgebiet verwendet man verschiedene Fettsorten:

- Für Planschliffe, Kegelschliffe und Schliffhähne mit geringer Beanspruchung können weiche **Fette auf Vaselinebasis** eingesetzt werden. Es sind auch wasserlösliche Sorten im Handel, die leicht zu entfernen sind und ausreichende Beständigkeit gegenüber vielen organischen Lösungsmitteln besitzen, von Wasser und niederen Alkoholen dagegen gelöst werden.
- Für Kegel- und Kugelschliffe bei höherer Beanspruchung und Vakuumarbeiten sind vor allem **Siliconfette** mit unterschiedlichen Zähigkeiten und niedrigen Dampfdrucken im Handel.

Wichtig ist das richtige **Fetten der Schliffe**: Überschüssiges Fett wird durch Lösungsmittel oder Destillationsgut herausgelöst und führt zu schwer zu entfernenden Verunreinigungen, zu wenig Fett führt zu undichten und verbackenen Schliffverbindungen. Am besten wird auf die obere Hälfte des Schliffkegels ein dünner Schlifffettring aufgetragen und durch Drehen der Hülse gleichmäßig verteilt.

Die verwendeten Schliffe müssen völlig sauber und unbeschädigt sein. Eine richtig gefettete Schliffverbindung erscheint klar, ohne dass Schlifffett an den Enden austritt!

Nach dem Abbau der Apparatur müssen die Schliffe sorgfältig gereinigt werden. Das Fett wird zunächst mit einem weichen Papiertuch abgewischt. Die verbliebenen Schlifffettreste werden mit einem mit Petrolether, Cyclohexan oder Ethylacetat befeuchteten Papiertuch entfernt.

Die Reinigung der Schliffe ist wichtig, da beim Säubern der Apparatur insbesondere Reste von Silikonfett in die Apparatur gelangen können und diese mit einem dünnen, kaum wieder zu entfernenden Silikonfilm überziehen!

Festsitzende (verbackene) Schliffverbindungen versucht man unter Zug durch vorsichtiges Klopfen mit einem Hammerstiel zu lockern. Auch die Erwärmung der Hülse mit einem Heißluftgebläse kann zum Lösen der Verbindung führen. Ist der Schliff durch Substanzreste verklebt (z.B. teerartige Harze nach einer Destillation) kann man die verklebende Verunreinigung unter Umständen durch Stehen lassen in einem Lösungsmittelgemisch herauslösen. Bewährt hat sich auch das Einlegen der festsitzenden Schliffverbindung in ein Ultraschallbad.

Wenn das nichts hilft, bringt man die leere, saubere und trockene Apparatur mit dem festsitzenden Schliff am besten zum Glasbläser.

Wenn erforderlich, können Kegelschliffverbindungen durch spezielle **Klammern** (z.B. *KWS*-Klammern, *Keck*-Klemmen, Gabelklemmen) gegen ein Auseinandergleiten gesichert werden (Abb. 2.3a). **Spiralfedern** können ebenfalls zum Sichern von Kegelschliffen verwendet werden. Sie werden in angeschmolzene Glasdornen (Abb. 2.3b) oder am Schliff angebrachte Metallhaken eingehängt. Kugelschliff- und Planschliffverbindungen müssen in jedem Fall gesichert werden.

Abb. 2.3: Schliffsicherungen.

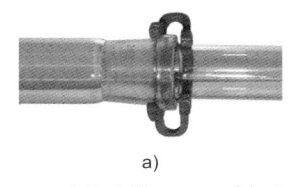

a)
mit *Keck*-Klemme gesicherte Schliffverbindung

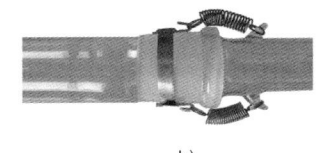

b)
mit Federn gesicherte Schliffverbindung
links: Metallhaken, rechts Glasdornen.

Soll ohne Schlifffett gearbeitet werden, da das Fett die Substanz möglicherweise verunreinigen könnte (z.B. bei analytischen Arbeiten), kann man statt Fett auch **Teflonhülsen** einsetzen, die über den Schliffkern gezogen werden. Es sind zwei Varianten im Handel:

- Dünne **Folien zum Einmalgebrauch**, sie werden vor allem bei fest aufgebauten Apparaturen eingesetzt.
- Dickere, **wieder verwendbare Teflonhülsen**. Hier ist unbedingt zu beachten, dass Teflon einen sehr viel höheren thermischen Ausdehnungskoeffizienten besitzt als Glas. Bei starker Temperaturbelastung oder großen Temperaturunterschieden kann es zum Sprengen der Glasschliffhülse kommen!

Beide Arten von Teflonhülsen ergeben mäßig dichte Schliffverbindungen, die für einfache Apparaturen ausreichend sind. Für höhere Ansprüche empfehlen sich dünne PTFE-Ringe (*Glindemann*-Ringe): Diese Dichtringe werden auf den Kernschliff aufgezogen in die Schliffhülse gesetzt und etwas angepresst. Wegen der kleinen Auflagefläche entsteht am Dichtring ein hoher Druck, der das PTFE fließen lässt. Die Stelle mit dem Dichtring erscheint bei richtiger Montage klar (wie bei einem gefetteten Schliff). Die so gedichteten Schliffverbindungen besitzen eine hervorragende Gas- und Vakuumdichtigkeit, lassen sich dabei aber leicht wieder trennen. Sie haben sich insbesondere bei Reaktionen mit sehr luft- und feuchtigkeitsempfindlichen Substanzen bewährt.

2.1.5 Spezielle Schliffe

Fettfreie kegel- oder kugelschliffartige Verbindungen werden von einigen Firmen (z.B. *Young*) angeboten (Abb. 2.4). Sie besitzen im Gegensatz zu den normalen Schliffverbindungen keine angerauten Schliffoberflächen. Im Schliffkern sind ein oder **zwei Dichtungsringe aus Teflon** oder speziellen Gummisorten in Nuten eingelassen, die beim Einschieben in die Hülse abdichten. Bei den Kugeln befindet sich dieser Ring unten an der Kugel.

Abb. 2.4: *Young*-Schliff mit Gummi- und Teflondichtring.

2.1.6 Rohr- und Schlauchverbindungen

Müssen rohrartige Bauteile wie Siedekapillaren, Thermometer oder Gaseinleitungsrohre in Apparaturen so eingesetzt werden, dass ihre Eintauchtiefe justierbar ist, können durchbohrte Gummistopfen verwendet werden (Abb. 2.5a). Das Rohr wird durch die Bohrung des Stopfens geschoben und auf die Apparaturöffnung gesetzt. Beim Einführen von Glasrohren besteht hohe Bruchgefahr: Das Glasrohr wird zum Schutz vor Schnittverletzungen mit einem Tuch umwickelt und mit Glycerin oder Silikonfett ‚geschmiert'.

Mit **Schraubverschlüssen** lassen sich derartige Verbindungen einfacher und sicherer herstellen (Abb. 2.5b): Auf das Rohr wird eine teflonummantelte, konische Gummidichtung gesteckt (die teflonbeschichtete Seite in Richtung der Apparatur) und mit einer durchbohrten Gewindekappe auf die Gewindeanschlussöffnung geschraubt. Beim Festziehen wird die Dichtung gegen das Glasrohr gedrückt, die **Rohrverbindung** wird dadurch abgedichtet und in der Höhe fixiert.

Für Normschliffapparaturen verwendet man ein kurzes Bauteil (Abb. 2.5c), das am unteren Ende einen Schliffkern, am oberen Ende mit einem Gewindeanschluss ausgestattet ist, in dem das Glasrohr fixiert ist (‚**Quickfit**').

Abb. 2.5: Rohrdurchführungen und Schlauchanschlüsse.

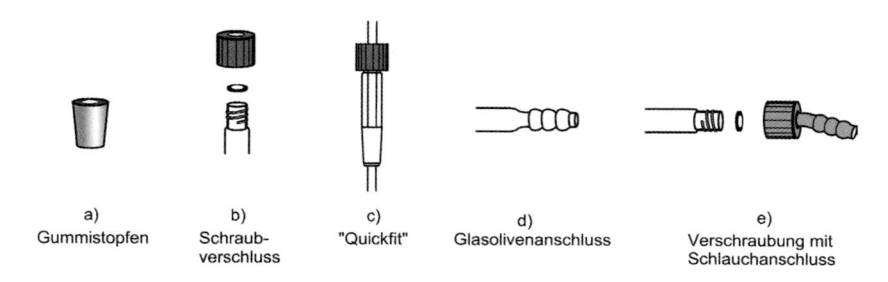

a) Gummistopfen
b) Schraubverschluss
c) "Quickfit"
d) Glasolivenanschluss
e) Verschraubung mit Schlauchanschluss

Wasser- und Vakuumschläuche werden über so genannte **Oliven** an Glasapparaturen angeschlossen (Abb. 2.5d). Das Aufziehen von Gummischläuchen wird durch etwas Glycerin oder Silikonöl erleichtert, bei relativ harten PE- oder PVC-Schläuchen haben sich das vorherige kurze Eintauchen des Schlauchendes in Aceton oder das Erwärmen mit einem Föhn bewährt.

Prinzipiell besteht beim Aufziehen von Schläuchen Verletzungsgefahr durch Bruch der Glasolive, deshalb werden auch hier zunehmend **Schraubverbindungen** eingesetzt: Hier hat die Apparatur keine Olive, sondern ist mit einem Gewindeanschluss ausgestattet, auf den eine Kunststoff-Schraubkappe mit Schlauchanschluss aufgeschraubt wird. Eine flache Gummischeibe in der Schraubkappe dichtet gegen das Glasgewinde ab (Abb. 2.5e). Dadurch wird das Verletzungsrisiko durch Glasbruch beim Aufziehen von Schläuchen auf Glasoliven ausgeschaltet.

Gewindeschraubanschlüsse sind in verschiedenen Gewindegrößen und -arten erhältlich. Üblich sind die Gewindearten GL und RD, sie unterscheiden sich in der Steigung und Ausformung des Gewindes und sind nicht austauschbar. Nicht zueinander passende Gewindearten werden nicht dicht!

Alle druckbelasteten Schlauchverbindungen (Wasserschläuche, Schläuche zum Einleiten von Gasen etc.) müssen unbedingt mit **Schlauchschellen** gegen Abplatzen gesichert werden. Festsitzende Schläuche nicht mit Gewalt abziehen, sondern abschneiden!

2.1.7 Hähne

Hähne werden zum Absperren oder Regulieren von Flüssigkeiten oder Gasen eingesetzt. Meist sind es **Schliffhähne aus Glas**. Die innen konisch geschliffene **Hülse** ist senkrecht zur Leitung angeordnet. Das mit einer Bohrung versehene **Küken** wird eingesteckt und mit einer Verschraubung gegen Herausfallen gesichert. Glasschliffhähne müssen wie alle Schliffverbindungen **gefettet** werden, dabei darf die Bohrung nicht mit Schlifffett zugeschmiert werden. Vor dem Zusammenbau ist darauf zu achten, dass Hülse und Küken zueinander passen, d.h., die Bohrung des Kükens muss in der Höhe des Durchgangsrohrs liegen (Abb. 2.6).

Abb. 2.6: Ein- und Zweigeschliffhahn und Spindelhahn.

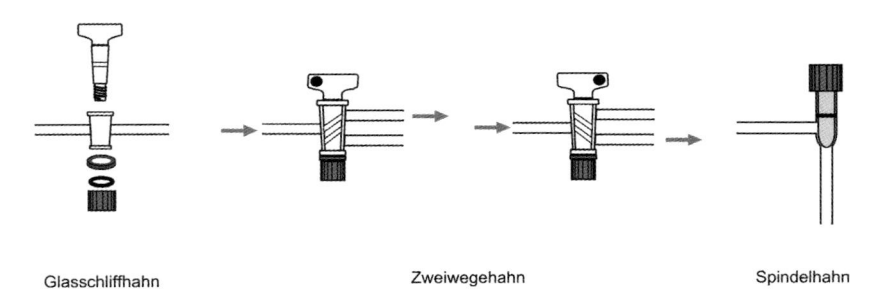

Glasschliffhähne sind in verschiedenen, genormten Größen mit unterschiedlichen Bohrungsdurchmessern im Handel. Soll Schlifffett vermieden werden, können **Schliffhähne mit Teflonküken** verwendet werden. In diesen Hähnen ist die Hülse innen nicht rau geschliffen, sondern poliert (sie erscheint nicht trüb sondern klar). Teflonküken dürfen nie in normale Hahnhülsen eingesetzt werden, sie „fressen sich" durch die hohe Reibung fest, umgekehrt zerstört ein Glasschliffküken den polierten Schliff der Hülse von Teflonhähnen.

Zum abwechselnden Arbeiten mit mehreren Medien (Vakuum und Schutzgas an der Apparatur) werden Zweiwegehähne eingesetzt (Abb. 2.6). Sie erlauben das wechselseitige Umschalten auf zwei Anschlüsse.

Zum feinen Regeln und Dosieren eignen sich einfache Schliffhähne nur eingeschränkt, hier verwendet man so genannte **Nadel- oder Spindelventile**: eine konische, durch ein Gewinde in der Höhe regelbare Spindel erlaubt ein feines Einstellen der Ventilöffnung. Solche Hähne werden z.B. in Büretten, Tropftrichtern oder als Auslaufhähne von Chromatographiesäulen verwendet.

2.2 Bauteile für Schliffapparaturen

2.2.1 Reaktionsgefäße

Umsetzungen mit nicht brennbaren und ungiftigen Substanzen können prinzipiell in offenen Gefäßen wie Bechergläsern oder *Erlenmeyer*-Kolben durchgeführt werden. Im organisch-präparativen Labor werden aber im Normalfall **Rundkolben mit Schliffen** als Standardreaktionsgefäße verwendet (Abb. 2.7). Die Kolbengrößen sind standardisiert (10, 25, 50, 100, 250, 500, 1000, 2000, 4000 und 6000 ml).

Abb. 2.7: Verschiedene Rundkolben.

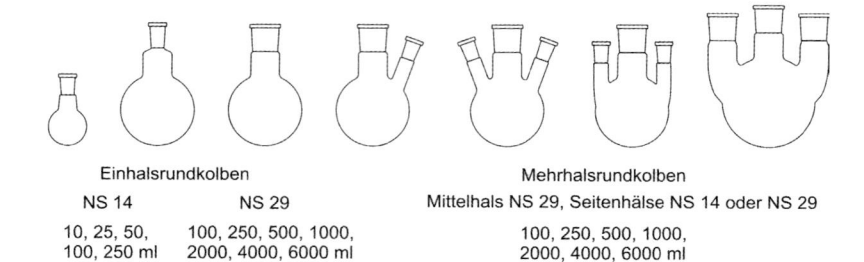

Einhalsrundkolben		Mehrhalsrundkolben
NS 14	NS 29	Mittelhals NS 29, Seitenhälse NS 14 oder NS 29
10, 25, 50, 100, 250 ml	100, 250, 500, 1000, 2000, 4000, 6000 ml	100, 250, 500, 1000, 2000, 4000, 6000 ml

Werden mehrere Schlifföffnungen benötigt, verwendet man **Zweihals-** oder **Dreihalsrundkolben**. Ab einer Größe von 1000 ml sind auch Ausführungen mit vier oder mehr Schlifföffnungen erhältlich. Aus Konstruktionsgründen sind Dreihalskolben mit weniger als 100 ml Volumen nicht möglich. Der mittlere Schliff dient gewöhnlich zur Aufnahme eines **mechani-**

schen Rührers mit NS 29-Rührhülse und ist daher festgelegt. Die seitlichen Schliffe können schräg oder gerade angesetzt und in verschiedenen Schliffgrößen ausgeführt sein. Gerade Seitenhälse erleichtern den Aufbau von komplizierteren Apparaturen (Abb. 2.7), bei kleinen Kolbengrößen bereitet das Aufsetzen von Geräten (Tropftrichter, Rückflusskühler) unter Umständen aber Probleme.

2.2.2 Kühler

Viele organisch-chemische Reaktionen müssen bei erhöhten Temperaturen durchgeführt werden. Siedende Lösungsmittel, Edukte oder Produkte verdampfen unter diesen Bedingungen und müssen wieder kondensiert werden. Wird das Kondensat in den Reaktionskolben zurückgeführt, spricht man von **Rückflusskühlern**, man arbeitet unter Rückfluss! Wird die siedende Verbindung in einem **absteigenden Kühler** in einer Vorlage aufgefangen, spricht man von einer **Destillation**.

Die einfachste – aber am wenigsten effektive – Form eines Kühlers ist ein einfaches Glasrohr, das durch die umgebende Luft gekühlt wird (**Luftkühler**, Abb. 2.8a). Es wird nur in besonderen Fällen eingesetzt, z.B. bei sehr hoch siedenden Flüssigkeiten oder bei Substanzen, die unterhalb 20 °C fest werden. In einer Variante wird der Dampf durch mehrere Verjüngungen im Steigrohr besser verwirbelt, die Kühlleistung steigt (**Kugelkühler**, Abb. 2.8b).

Abb. 2.8: Verschiedene Rückflusskühler.

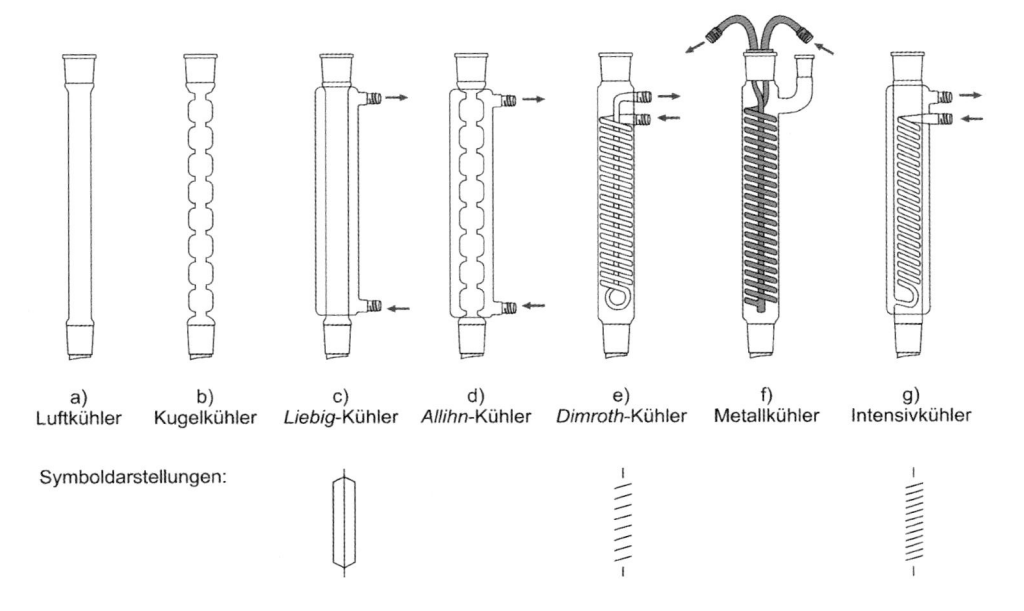

a) Luftkühler b) Kugelkühler c) *Liebig*-Kühler d) *Allihn*-Kühler e) *Dimroth*-Kühler f) Metallkühler g) Intensivkühler

Symboldarstellungen:

Wird das Glasrohr mit einem Mantel umgeben, durch den Kühlflüssigkeit (in der Regel Wasser) strömt, spricht man von einem ***Liebig*-Kühler** (Abb. 2.8c). Er wird häufig als Kühler in

Destillationsbrücken eingesetzt. Als Rückflusskühler besitzt er nur eine mäßige Kondensationsleistung. Ein Kugelkühler mit Kühlmantel (***Allihn*-Kühler**, Abb. 2.8d) besitzt eine etwas höhere Kondensationsleistung.

Der gebräuchlichste Rückflusskühler ist der so genannte ***Dimroth*-Kühler**. Hier wird die Kühlflüssigkeit in einer Glaswendel durch das Kühlerrohr geleitet. Er ist sehr effektiv und kann in einem weiten Temperaturbereich eingesetzt werden (Abb. 2.8e).

Der **Metallkühler** (Abb. 2.8f) ist eine Variante des *Dimroth*-Kühlers, er ist mit einer einsetzbaren Kühlschlange aus vernickeltem Kupfer oder Edelstahl ausgestattet. Er wird immer dann eingesetzt, wenn ein Bruch der Kühlwendel durch das austretende Kühlwasser explosionsartige Reaktionen bzw. Zersetzungen im Reaktionskolben verursachen kann, z.B. bei Reaktionen mit metallorganischen Verbindungen, Alkalimetallen, oder komplexen Metallhydriden (z.B. $LiAlH_4$, NaH oder $NaNH_2$).

Bei sehr leichtflüchtigen und niedrig siedenden Substanzen muss ein **Intensivkühler** (Abb. 2.8g) eingesetzt werden. Er ist im Prinzip eine Kombination von *Liebig*- und *Dimroth*-Kühler. Die Kühlflüssigkeit strömt zuerst durch die Glaswendel und wird danach durch einen äußeren Kühlmantel geleitet, dadurch wird eine sehr große Kühlfläche erreicht.

Bei allen Kühlern (außer beim Luftkühler) wird die Kühlflüssigkeit entgegengesetzt zur Strömungsrichtung des Dampfes geführt (**Gegenstromprinzip**). Dadurch lässt sich die maximale Kühlwirkung erzielen. In der Abbildung 2.8 ist der Kühlwasserfluss durch Pfeile angedeutet.

Auf die Schläuche und Anschlüsse der Kühlflüssigkeit muss besonders geachtet werden: Die Schläuche dürfen nicht spröde oder gar rissig sein, Schlauchverbindungen müssen durch Klemmen oder Schlauchschellen gesichert sein. Das Abspringen von Kühlwasserschläuchen kann ernste Folgen haben:

- Wasserschäden im Labor.
- Explosionsartiges Zerspritzen eines heißen Ölbades beim Zulaufen von Wasser – Brandgefahr!
- Löschen der Gasflamme, Ausströmen von Gas und Bildung explosiver Gas/Luft-Gemische.
- Brand- und Explosionsgefahr durch nicht mehr kondensierte, aus dem Reaktionskolben abdestillierende Lösungsmittel.

Die Kühlwasserschläuche sollten nicht zu lang sein. Es ist darauf zu achten, dass sie nicht abgeknickt sind, um ein Abplatzen der Schläuche zu verhindern.

Wird mit Wasser gekühlt, darf der Wasserstrom nicht zu stark sein: Die engen Kühlwendel besitzen einen erheblichen Strömungswiderstand, bei zu starkem Wasserfluss können die Schläuche abplatzen. Der Wasserfluss ist von Zeit zu Zeit zu überprüfen: Die Dichtungen in den Wasserhähnen können mit der Zeit quellen, dadurch kann der Kühlwasserzufluss völlig unterbrochen werden. Auch kann sich der Wasserdruck der öffentlichen Wasserversorgung im

Tagesverlauf stark ändern. Bewährt hat sich hier der Einbau einer einfachen **Kühlwasserflussanzeige** in die Schlauchleitung (**Wasserwächter!**).

2.2.3 Tropftrichter

Zum Zutropfen von Flüssigkeiten und Lösungen zum Reaktionsansatz über einen längeren Zeitraum verwendet man einen **Tropftrichter** mit Schliffverbindung (Abb. 2.9). Er kann direkt auf die Reaktionsapparatur aufgesetzt werden und erlaubt ein genaues Dosieren durch den Schliffhahn. Der Schliffhahn ist vor dem Einbau zu fetten. Die aufgebrachte Skalierung ist als Orientierung zu verstehen, ein exaktes Abmessen ist damit in der Regel nicht möglich. Um ein Verdampfen der zuzutropfenden Lösung zu vermeiden, benutzt man in der Regel einen **Tropftrichter mit Druckausgleich**. Hier kann der Tropftrichter oben mit einem Stopfen verschlossen werden, der Druckausgleich der gesamten Apparatur muss aber gewährleistet sein (vorzugsweise über einen aufgesetzten Rückflusskühler).

Abb. 2.9: Tropftrichter mit Symboldarstellung.

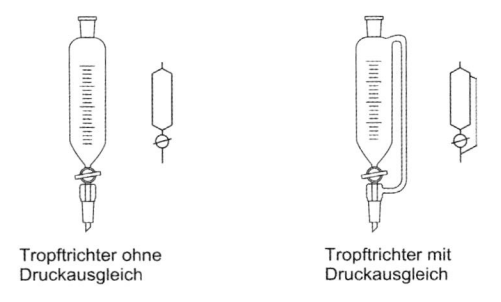

Tropftrichter ohne Druckausgleich

Tropftrichter mit Druckausgleich

2.2.4 Aufsätze und Übergangsstücke

In manchen Fällen reichen die vorhandenen Schlifföffnungen eines Reaktionskolbens nicht aus. Der **Zweihalsaufsatz** (***Anschütz*-Aufsatz**) erlaubt die Erweiterung um einen weiteren Schliff (Abb. 2.10a).

Abb. 2.10: *Anschütz*-Aufsatz und Übergangsstücke.

a)
Anschütz-Aufsatz

b)
Übergangsstücke

c)
Übergangsstück mit Olive

d)
Übergangsstücke mit Olive und Hahn

Die Verbindung von Glasgeräten mit unterschiedlichen Schliffgrößen ist mit **Übergangsstücken** möglich (Abb. 2.10b). Für den Anschluss von Schläuchen an Schliffe gibt es **Übergangsstücke mit Olive** (gerade oder gebogen) mit oder ohne Schliffhahn (Abb. 2.10c und d).

2.2.5 Trockenrohre und Blasenzähler

Viele Reaktionen müssen unter Ausschluss von Feuchtigkeit durchgeführt werden. Um zu verhindern, dass Feuchtigkeit aus der Luft in die Apparatur gelangt, wird ein **Trockenrohr** mit Schliff aufgesetzt (Abb. 2.11a). Das Trockenrohr wird zunächst mit etwas Glaswatte locker verschlossen, dann wird das gekörnte **Trockenmittel** eingefüllt (Abb. 2.11b). Man verschließt mit etwas Glaswolle und einem durchbohrten Gummistopfen. Vor dem Einsatz des Trockenrohrs prüfe man auf Durchlässigkeit.

Zum Schutz von Vorstößen vor dem Eindringen von Feuchtigkeit kann man einfache gerade Trockenrohre verwenden, die mit einem Stück Vakuumschlauch an die Olive des Vorstoßes angeschlossen werden (Abb. 2.11c).

Abb. 2.11 Trockenrohre und Blasenzähler.

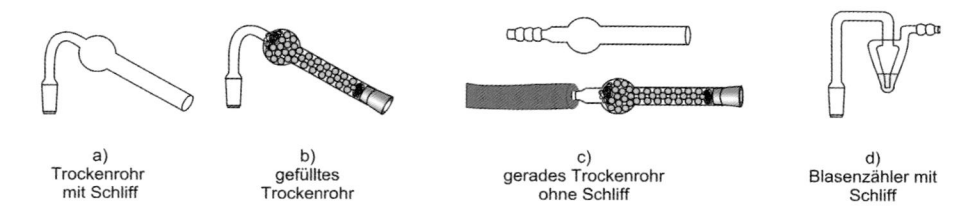

a) Trockenrohr mit Schliff
b) gefülltes Trockenrohr
c) gerades Trockenrohr ohne Schliff
d) Blasenzähler mit Schliff

Als **Trockenmittel** eignen sich grob gekörntes, **wasserfreies Calciumchlorid** oder besser gekörntes **Kieselgel mit Feuchtigkeitsindikator**. Es ist darauf zu achten, dass das Trockenrohr nicht durch zerfließendes Trockenmittel (z.B. bei Verwendung von Calciumchlorid) verstopft. Feine Trockenmittel besitzen einen zu großen Strömungswiderstand und sind daher ungeeignet.

Soll bei einer Reaktion die Bildung von Gasen beobachtet werden, verwendet man einen **Blasenzähler** (Abb. 2.11d). Hier wird das entstehende Gas durch eine Sperrflüssigkeit geleitet und an den durchperlenden Blasen registriert. Als Sperrflüssigkeit verwendet man möglichst inerte Flüssigkeiten, z.B. Paraffinöl.

Wenn in der Reaktionsapparatur ein Unterdruck entsteht, darf die Sperrflüssigkeit nicht in die Apparatur zurückgezogen werden. Das Einleitungsrohr ist deshalb so verdickt, dass die Sperrflüssigkeit aufgenommen werden kann.

2.2.6 Rühren

Reaktionsansätze müssen meist gerührt werden, insbesondere, wenn zwei nicht mischbare Phasen (fest/flüssig, flüssig/flüssig oder flüssig/gasförmig) vorliegen, eine Komponente zugetropft oder portionsweise zugegeben wird, ein rascher Temperaturausgleich der Reaktionsmischung mit dem Heiz- oder Kältebad erforderlich ist oder beim Rückflusskochen Siedeverzüge auftreten können.

Bei kleinen und nicht zu viskosen (zähen) Reaktionsmischungen wird meist ein **Magnetrührstab** (ein mit Teflon überzogener Stabmagnet) eingesetzt, der im Reaktionskolben von einem **Magnetrührer** angetrieben wird. Das Rühren erfolgt durch einen mit Motor angetriebenen Permanentmagnet oder – bei kleineren Rührern – durch ein mit Spulen erzeugtes, zirkulierendes Magnetfeld. Die Magnetrührer besitzen meist auch eine regelbare Heizplatte.

Magnetrührstäbe gibt es in zahlreichen Größen und Formen (Abb. 2.12). Für eine gute Durchmischung sollte der Rührstab nicht zu klein sein und gleichmäßig und ruhig im Kolben rotieren. Wird die Drehzahl des Magnetrührers zu hoch geregelt, springt der Rührstab im Kolben (Bruchgefahr) oder er bewegt sich gar nicht mehr. In diesen Fällen muss die Drehzahl reduziert werden. Manchmal kann es zur Stabilisierung der Rotation aber auch hilfreich sein, die Drehzahl zu erhöhen (Kreiseleffekt).

Abb. 2.12: Magnetrührstäbe.

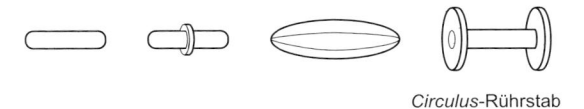

Circulus-Rührstab

Die Wahl des passenden Magnetrührstabs richtet sich nach der Kolbengröße und dem zu rührenden Medium:

Rührstäbe, die für den eingesetzten Rundkolben zu groß sind, laufen nicht ruhig, sie schlagen aus. Abhilfe schaffen die Verwendung eines kleineren Rührstabs, eines Rührstabs mit einem übergezogenen Teflonring oder eines elliptischen Rührstabs. Viskose, schwer zu rührende Mischungen oder Suspensionen erfordern dickere (stärkere) Rührstäbe oder hantelförmige ***Circulus*-Rührstäbe.**

Bei größeren Reaktionsansätzen, insbesondere wenn Niederschläge auftreten oder sich dichte Suspensionen bilden, versagen Magnetrührstäbe. In diesen Fällen muss mit einem **mechanischen Rührer** gearbeitet werden.

Im Labormaßstab wird zum mechanischen Rühren ein **KPG-Rührer** (**K**erngezogenes **P**räzisions-**G**lasgerät) verwendet (Abb. 2.13). Es handelt sich um einen Glasstab mit einem etwa 10 cm langen, genormten Präzisions-Zylinderschliff (**Rührwelle**), der durch eine dazu passend geschliffene Rührhülse (Schaft) mit NS 29-Kernschliff geführt wird. Der Zylinderschliff dient als Lager und dichtet gleichzeitig den Kolben ab (**Rührverschluss**).

Abb. 2.13: KPG-Rührer.

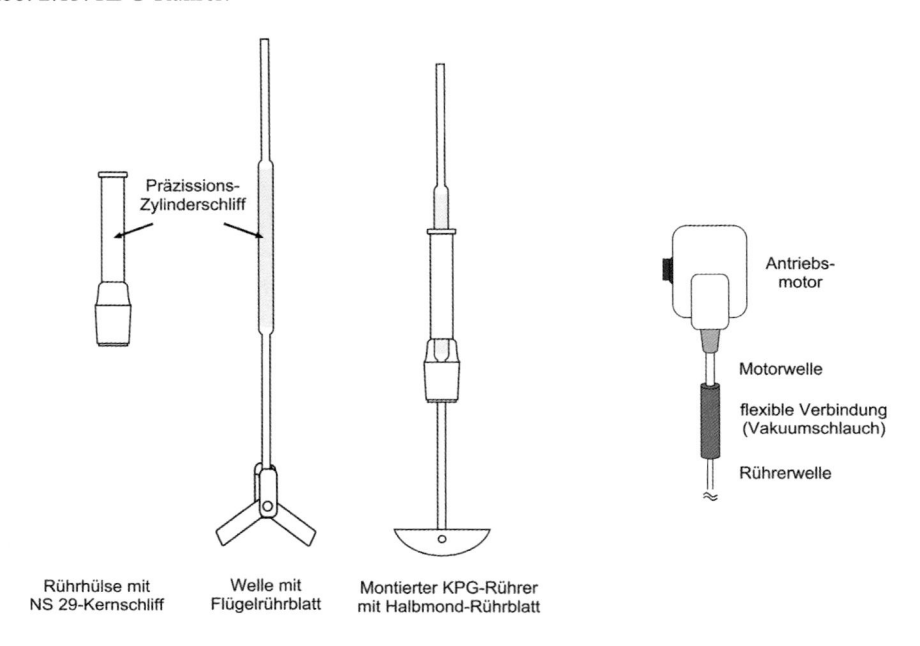

KPG-Rührer können mit verschiedenen Rührern ausgestattet sein. Am gebräuchlichsten sind **Rührblätter** mit zum Kolben passender Rundung oder **Flügelrührer**. Die Rührblätter bestehen wegen der guten Chemikalienbeständigkeit meistens aus Teflon.

KPG-Rührer müssen sehr sorgfältig behandelt werden. Vor dem Zusammenstecken von Rührer und Hülse müssen diese sorgfältig gereinigt werden. Die Achsen des Antriebsmotors und der Rührwelle müssen zusammenfallen, ein Verkanten kann zum ‚**Ausschlagen'** des **Rührers** und damit zur Zerstörung des Zylinderschliffs führen. Rührmotor und -welle werden deshalb mit einer **flexiblen Kupplung** verbunden. Im einfachsten Fall kann dazu ein etwa 7 cm langes Stück Vakuumschlauch verwendet werden, das die Antriebsachsen des Motors und der Rührwelle verbindet. Um ein Herausrutschen der Rührwelle zu verhindern (der Rührer kann den Reaktionskolben durchschlagen), werden die Verbindungsstellen mit Schlauchschellen gesichert.

Der Zylinderschliff muss mit einem Spezialfett sorgfältig geschmiert werden. Dieses Fett darf auch bei thermischer Beanspruchung (z.B. beim Rückflusskochen der Reaktionsmischung) seine Schmier- und Dichtwirkung nicht verlieren. Das Herauslösen des Fetts während der Reaktion durch siedendes Lösungsmittel kann zum „**Festfressen**" des Rührers führen.

Auch die **Rührhülse** kann sich während des Rührens lockern und herausgedreht werden und muss deshalb unbedingt angeklammert werden (siehe Abb. 2.19).

2.2.7 Heizen und Kühlen

Zum **Heizen** werden im Labor üblicherweise elektrische **Heizplatten** mit passenden **Heizbädern** verwendet. Die Heizplatte sollte eine Temperaturregelung besitzen, meist verwendet man **Magnetrührer mit Heizplatte**. Als Heizbad dient im einfachsten Fall ein Topf mit Wasser. Für Temperaturen über etwa 70 °C eignen sich **Wasserbäder** nicht, da zuviel Wasser verdampft. In diesen Fällen werden **Ölbäder** (Paraffinöl bis ca. 150 °C, Siliconöl bis ca. 220 °C) verwendet. Für höhere Temperaturen lassen sich **Metallbäder** aus niedrig schmelzenden Legierungen (z.B. *Wood'*sche **Legierung**, Schmp. 94 °C) verwenden.

Es ist unbedingt darauf zu achten, dass kein Wasser in die heißen Öl- oder Metallbäder gelangt, da die heiße Badflüssigkeit durch das verdampfende Wasser explosionsartig herausgeschleudert werden kann. Wenn dies geschehen ist, Heizung sofort abschalten und Heizbad runterfahren.

Wasserhaltige Ölbäder können durch vorsichtiges Aufheizen unter Umrühren bis 150 °C ‚ausgeheizt' werden. Im Handel sind auch mit Wasser mischbare Badflüssigkeiten aus **Polyethylenglycol 400** bzw. **600** erhältlich.

Die Reaktionsapparaturen können auch mit **elektrischen Heizhauben** (‚**Heizpilzen**') erhitzt werden. Der Heizpilz wird so am Stativ geklammert, dass zwischen Reaktionskolben und der Heizung ein Abstand von 1–2 cm besteht (Abb. 2.14).

Der Heizpilz besteht aus einem keramischen Fasergeflecht, in dem elektrische Heizdrähte eingearbeitet sind. Sie sind für alle Standardgrößen von Rundkolben erhältlich (50–2000 ml), die Heizleistung nimmt mit der Kolbengröße zu und ist so ausgelegt, dass Temperaturen von 350–500 °C erreicht werden. Bei einfachen Heizhauben ist die Temperaturregelung problematisch, meist werden 2 bis 4 Heizzonen nacheinander eingeschaltet. Ist eine Zone eingeschaltet, läuft diese Zone mit voller Leistung, d.h., dass auch beim Betrieb von nur einer Heizzone in diesem Bereich hohe Temperaturen auftreten.

2. Glasgeräte und Reaktionsapparaturen

Abb. 2.14: Elektrische Heizhaube.

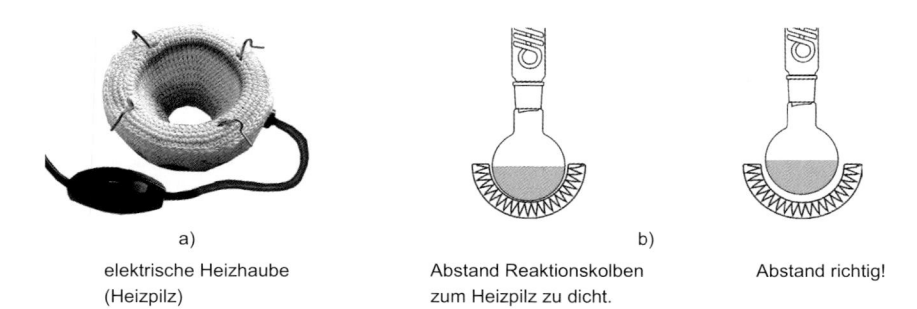

a)
elektrische Heizhaube
(Heizpilz)

b)
Abstand Reaktionskolben
zum Heizpilz zu dicht.

Abstand richtig!

Beim Einsetzen der Reaktionskolben in den Heizpilz ist darauf zu achten, dass sich die Flüssigkeitsoberfläche im Kolben nicht im Heizpilz befindet, da es hier zu thermischen Zersetzungen der Produkte kommen kann.

Der Reaktionskolben darf auch nicht auf dem Heizpilz aufsitzen, die Kolben können durch lokale Überhitzung zerbrechen (Abb. 2.14b).

Magnetrührer können beim Heizen mit Heizpilzen nicht verwendet werden, da ihr Magnetfeld zu schwach ist, um durch den Heizpilz hindurch zu rühren. Für Heizhauben ab 500 ml mit Bodenloch sind spezielle Magnetrührer im Handel erhältlich, die das Durchrühren ermöglichen.

Zum **Kühlen** von Reaktionsansätzen verwendet man am besten isolierende **Styroporgefäße** oder ***Dewar*-Gefäße**. Weniger geeignet sind einfache Aluminiumtöpfe oder Glasgefäße, die nur für Eis/Wasser- oder Eis/Kochsalz-Kühlmischungen eingesetzt werden können. Da diese Gefäße nicht isoliert sind, verbrauchen sich die Kühlmischungen rasch.
Für tiefere Kühltemperaturen ($T < -25\ °C$) müssen ***Dewar*-Gefäße**, die nach dem Prinzip der Thermoskannen gebaut sind, verwendet werden.

Dewar-Gefäße aus Glas sind mit Vorsicht zu verwenden. Auf Schlag oder Druck kann es zur Implosion des Vakuummantels kommen. Mittlerweile sind auch bruchsichere Kühlbadschalen aus Kunststoff erhältlich, die ähnlich gute Isolationseigenschaften wie *Dewar*-Gefäße besitzen und mit den gängigen Kältemischungen verwendet werden können.

Einige gebräuchliche Kältemischungen sind in Tabelle 2.1 aufgeführt.

Tabelle 2.1: Gebräuchliche Kältemischungen

Mischung in Gewichtsanteilen	Erreichte Temperatur [°C]
4 Wasser + 1 Kaliumchlorid	−12
1 Wasser+ 1 Ammoniumnitrat	−15
1 Wasser + 1 Natriumnitrat + 1 Ammoniumnitrat	−24
3 Eis (gemahlen) + 1 Natriumchlorid	−21
1.2 Eis (gestoßen) + 2 Calciumchlorid-Hexahydrat	−39
Trockeneis + Aceton, Ethanol oder 2-Propanol	−78
Flüssiger Stickstoff	−196

Achtung: Kältemischungen können bei Hautkontakt zu „Verbrennungen" führen.

2.2.8 Temperaturmessung

Zur Temperaturmessung werden fast immer Thermometer aus Glas eingesetzt. Je nach dem zu messenden Temperaturbereich werden verschiedene Thermometerflüssigkeiten verwendet. (Tab. 2.2).

Tabelle 2.2: Gebräuchliche Thermometerflüssigkeiten.

Füllung	Temperaturbereich [°C]
Quecksilber	−10 bis +700
Quecksilber/Thallium-Eutektikum	ca. −60 bis +5
Toluol oder Ethanol, gefärbt	−100 bis +30
Pentan, gefärbt	−200 bis +30

Im Normalfall decken **Thermometer mit Quecksilberfüllung** den in der Praxis wichtigsten Temperaturbereich von 0 bis 250 °C mit guter Genauigkeit ab, bei Bruch des Thermometers wird aber das giftige Quecksilber freigesetzt. Durch die Verwendung von teflonummantelten Thermometern kann diese Gefahr vermindert werden. Ist eine geringere Genauigkeit vertretbar, kann man auf Thermometer mit quecksilberfreien Ölfüllungen (Temperaturbereich etwa −20 bis +260 °C) ausweichen. Je nach der Reaktionsapparatur empfehlen sich verschiedene Thermometertypen:

Abb. 2.15: Thermometer.

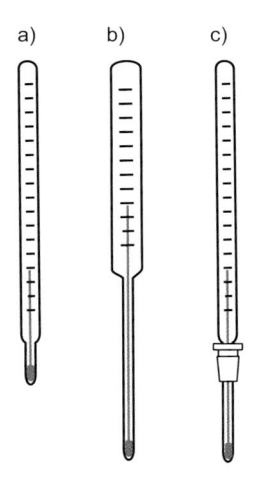

a) b) c)

Abb. 2.16: Thermometer in Destillationsapparaturen.

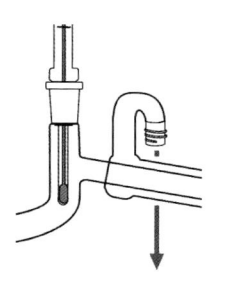

- **Universalthermometer** (Abb. 2.15a) werden als chemische Thermometer zur Temperaturmessung mit nicht zu hohen Ansprüchen an die Genauigkeit eingesetzt. Der Temperaturbereich liegt bei etwa −10 bis +250 oder 300 °C, die Genauigkeit liegt bei 0.5−1 °C. Zu beachten ist, dass Universalthermometer meist ganzeintauchend skaliert sind.
- **Stockthermometer** (Abb. 2.15b) besitzen einen verlängerten Schaft. Dadurch kann das Thermometer tief eingetaucht werden, ohne dass die Skala verdeckt wird.
- **Normschliffthermometer** (Abb. 2.15c) besitzen einen fest angeschmolzenen Normschliffkern am Thermometerschaft. Sie eignen sich besonders für den Einbau in Apparaturen (z.B. Destillationsapparaturen). Die Eintauchtiefe ist durch den Schliffkern fest vorgegeben und muss zur Apparatur passen. Oft wird sowohl bei der Apparatur als auch beim Schliffthermometer die **Einbautiefe** angegeben, sie ist der Abstand vom oberen Schliffende bis zur Unterkante des Thermometers.

Beim Einsatz von Thermometern in Destillationsapparaturen ist darauf zu achten, dass die Quecksilberkugel etwas unterhalb des unteren Rands des absteigenden Kühlers steht, so dass sie vom heißen Dampf vollständig umspült wird (Abb. 2.16). Andernfalls werden falsche Siedetemperaturen abgelesen.

Kältethermometer decken den tiefen Temperaturbereich (−200 bis ca. +30 °C) ab. Sie werden meist als Stockthermometer zur Temperaturkontrolle von Kältebädern eingesetzt.
Achtung: Kältethermometer sind sehr empfindlich! Rasche Temperaturänderungen (z.B. schnelles Eintauchen in sehr kalte Medien) führen meist zum Riss des Fadens und machen das Thermometer unbrauchbar.

Elektronische Thermometer werden auch im Labor immer häufiger eingesetzt. Sie bestehen meist aus dem Messgerät mit Stromversorgung und einem separaten Messfühler (Thermoelement) mit Sensor. Gemessen wird die temperaturabhängige Widerstandsänderung des Sensors (Pt 100 oder NiCr-Ni). Sensor und Messgerät müssen zueinander passen! Durch die kleinen Maße der Sensoren ist eine sehr rasche und wenig träge Messung auch bei großen Temperaturänderungen möglich. Der Außenmantel des Messfühlers besteht meist aus Edelstahl. Für korrosive Medien sind auch glas- oder teflonummantelte Messfühler erhältlich, allerdings wird die Temperaturmessung durch die schlechte Wärmeleitfähigkeit der Umhüllung träger.

2.3 Standard-Reaktionsapparaturen

Nachfolgend werden die am häufigsten eingesetzten Standard-Reaktionsapparaturen beschreiben.

2.3.1 Erhitzen unter Rückfluss

Die einfachste Reaktionsapparatur für Umsetzungen in siedenden Flüssigkeiten (Abb. 2.17) besteht aus einem Rundkolben (NS 14, NS 29) (1) mit aufgesetztem Rückflusskühler (2) und Magnetrührstab (3). Der Aufbau der Apparatur beginnt mit der Befestigung des Kolbens am Stativ mit einer Stativklammer (4) in einer Höhe, die es erlaubt, dass das Heizbad (5) mit dem Magnetrührer (mit Heizplatte) (6) mit der Hebebühne (7) soweit heruntergefahren werden kann, dass Magnetrührer und Heizbad problemlos von der Apparatur entfernt werden können.

Abb. 2.17: Einfache Standard-Reaktionsapparatur.

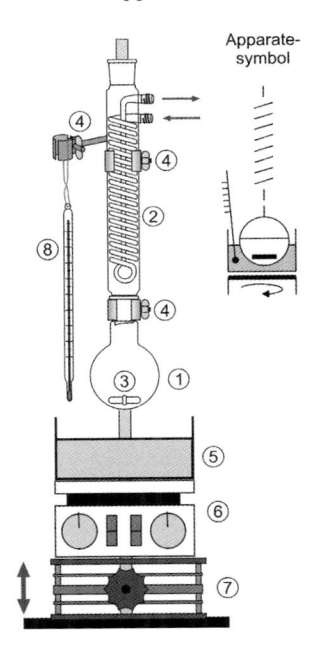

Die **Klammerung des Kolbens** muss fest sein, da sie die gesamte Apparatur trägt. Die Apparatur muss exakt über der Stativplatte aufgebaut werden, da ansonsten **Kippgefahr** besteht! Besser ist es, die Apparatur an einem fest installierten Stativgestänge aufzubauen. Die **Kolbengröße** ist so zu wählen, dass er nach Zugabe aller Solventien und Reagenzien maximal zu ¾ gefüllt ist.

Der **Rückflusskühler** wird im oberen Drittel mit einer weiteren Stativklammer (4) locker fixiert, eine zu feste Klammerung kann zu Spannungen und zum Bruch der Apparatur führen! Die Apparatur muss völlig senkrecht stehen.

Die **Kühlwasserschläuche** (mit Wasserwächter im Ablauf) müssen mit Schlauchschellen gesichert und auf Dichtigkeit geprüft werden, damit kein Wasser in das Ölbad gelangen kann.

Die Apparatur wird jetzt – nach Wegnahme des Rückflusskühlers – über einen Trichter bzw. Pulvertrichter mit den Edukten und Solventien beschickt. Substanzreste im Pulvertrichter werden mit einem Teil des eingesetzten Solvens in den Kolben gespült. Wenn nötig, wird die Schliffhülse gereinigt und der jetzt gefettete Rückflusskühler wieder aufgesetzt. Die Kühlwasserschläuche werden nochmals auf Dichtigkeit geprüft; falls erforderlich, wird der Kühlwasserfluss nachgeregelt.
Jetzt werden das Heizbad und der Magnetrührer mit der Hebebühne so weit hochgefahren, dass das Niveau des heißen Heizbades etwas unterhalb des Flüssigkeitsspiegels im Reaktions-

kolben bleibt (anderenfalls können sich am Flüssigkeitsrand Krusten von Edukten und/oder Produkten bilden).

Nachdem noch ein Thermometer (8) in das Heizbad gehängt wurde, um die Badtemperatur zu kontrollieren, wird langsam bis zum **Sieden der Reaktionsmischung** aufgeheizt. Die Temperatur wird so eingestellt, dass sich ein mäßiger Rückfluss einstellt; die **Kondensation des Solvens** sollte bereits im unteren Drittel des Rückflusskühlers erfolgen.

Die obere Schliffoffnung des Rückflusskühlers darf auf keinen Fall verschlossen werden, da ansonsten ein **Überdruck** in der Apparatur entsteht, der schlimmstenfalls zum Bersten führen kann. Mögliche Gasentwicklungen führen zum gleichen Effekt.

2.3.2 Varianten der einfachen Standard-Reaktionsapparatur

- Während der Reaktion entsteht ein Gas. Die **Gasentwicklung** soll zur Kontrolle des Reaktionsablaufs beobachtet werden (Abb. 2.18a):

Auf den oberen Schliff des Rückflusskühlers wird ein **Blasenzähler** (9) mit einer geeigneten, gegenüber der Reaktionsmischung inerten Sperrflüssigkeit aufgesetzt. Das Durchperlen des entweichenden Gases kann so beobachtet werden.

- Die Reaktion soll unter **Feuchtigkeitsausschluss** durchgeführt werden (Abb. 2.18b):

Zunächst muss darauf geachtet werden, dass alle Bauteile wirklich trocken sind (zuvor einige Stunden in den Trockenschrank legen). Auf den oberen Schliff des Rückflusskühlers wird ein Trockenrohr (10) mit geeigneter Füllung (z.B. Kieselgelgranulat oder grob gekörntes Calciumchlorid) aufgesetzt. Durch das Trockenrohr wird das Eindiffundieren von (feuchter) Umgebungsluft verlangsamt.

Abb. 2.18: Varianten der einfachen Standard-Reaktionsapparatur mit Apparatursymbolen.

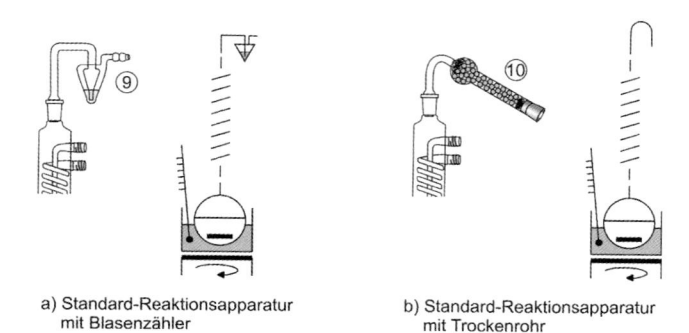

a) Standard-Reaktionsapparatur mit Blasenzähler

b) Standard-Reaktionsapparatur mit Trockenrohr

2.3 Standard-Reaktionsapparaturen

2.3.3 Mehrhalskolben-Apparaturen

Die am häufigsten eingesetzte Standard-Reaktionsapparatur in der organisch-chemischen Synthese ist der Dreihalskolben (1) mit **KPG-Rührer** (3), Rückflusskühler (2) und Tropftrichter mit Druckausgleich (9). Zu der gerührten, siedenden Reaktionslösung wird ein Reaktionspartner zugetropft.

Für den Aufbau der Apparatur gilt grundsätzlich die in 2.3.1 beschriebene Vorgehensweise. Abbildung 2.19 zeigt die fertig aufgebaute Apparatur.

Der Aufbau beginnt mit dem Dreihalskolben (1), der am mittleren Schliff an der Stativstange in einer Höhe festgeklammert wird, wie dies bei der einfachen Apparatur (2.3.1, Abb. 2.17) beschrieben wird ((4): Stativklammern, (5): Heizbad, (6): Heizplatte, (7): Hebebühne).

Abb. 2.19: Reaktionsapparatur mit mechanischem Rührer und Tropftrichter.

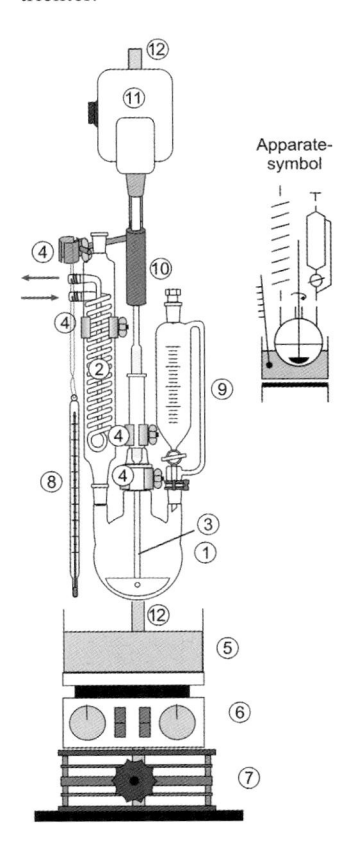

Anschließend wird der KPG-Rührer (3) auf den zentralen Schliff aufgesetzt. Die Rührwelle wird nur soweit gefettet, wie sie im Zylinderschliff der Hülse läuft. Bei Flügelrührblättern ist beim Einsetzen darauf zu achten, dass sie in eine korrekte Position gebracht werden (Flügel auf entgegengesetzten Seiten). Die Rührhülse wird ebenfalls fest geklammert, um ein Lockern während des Rührens zu verhindern. Am besten platziert man die Stativklammer so, dass sie unmittelbar oberhalb der Verdickung des Kernschliffes sitzt und ein Hochrutschen der Hülse somit verhindert wird. Der Kolben mit Rührer muss absolut senkrecht stehen, wenn nötig, wird die Apparatur ausgerichtet.

Nun wird der **Rührmotor** (11) so am Stativ (12) befestigt, dass die Motorwelle genau in der Achse der Rührwelle liegt. Die Klammerung des Motors muss sehr fest sein. Die flexible Verbindung (10) zwischen Antriebswelle und KPG-Rührer wird durch ein etwa 10 cm langes Stück Vakuumschlauch hergestellt. (Sichern der Verbindung evt. durch Schlauchschellen!). Die Höhe des Rührers muss so justiert werden, dass das Rührblatt etwa 0.5 cm Abstand zum Kolbenboden hat. Weder Rührblatt noch die Rührwelle dürfen im Reaktionskolben aufsitzen, ansonsten besteht Bruchgefahr! Ein Testlauf des Rührers zeigt, ob er ruhig läuft, die Apparatur darf dabei nicht merklich vibrieren. Eventuell muss die Ausrichtung von Welle und Motor korrigiert werden.

Der **Rückflusskühler** (2) wird (bei abgeschaltetem Rührmotor!) auf einen Seitenhals gesetzt, der **Tropftrichter (NS 14) mit Druckausgleich** (9) auf den anderen. Alle Schliffverbindungen werden gefettet. Sowohl der Kühler als auch der Tropftrichter müssen ausreichend Abstand zur Rührwelle (10) und dem Rührmotor haben, es darf nirgends zu Berührungen kommen (auch auf ausreichend Abstand zu den Sicherungen der flexiblen Verbindung achten!). Der Kühler wird durch eine Stativklammer (4) locker geklammert. Eine zu feste Klammerung kann durch Vibrationen beim Rühren leicht zu Bruch der Apparatur führen. Der Tropftrichter wird mit einer Schliffklemme gesichert. Nach dem Anbringen eines Thermometers (8) zur Kontrolle der Heizbadtemperatur ist die Apparatur einsatzbereit. In Abbildung 2.20 ist der Aufbau der Apparatur nochmals schematisch dargestellt.

Abb. 2.20: Aufbau einer Apparatur mit mechanischem Rührer.

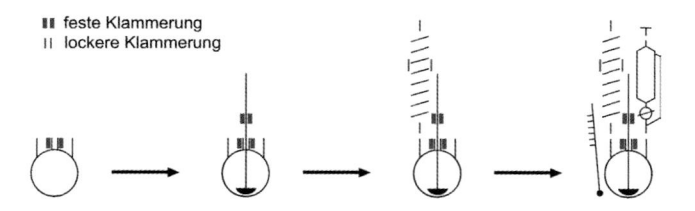

II feste Klammerung
II lockere Klammerung

2.3.4 Varianten der Dreihalskolben-Apparatur – portionsweise Zugabe eines Feststoffs während der Reaktion

Zu der Reaktionsmischung soll ein Feststoff über einen längeren Zeitraum portionsweise zugegeben werden. Dabei ist mit einer Erwärmung der Reaktionsmischung zu rechnen, die mit einem **Innenthermometer** verfolgt werden soll. Den Aufbau der Apparatur zeigt Abb. 2.21.

Abb. 2.21:

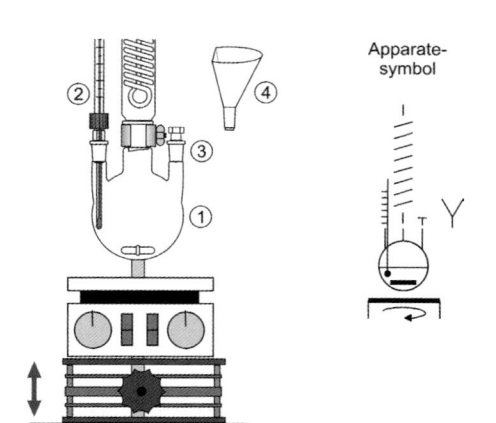

In eine Schlifföffnung des 3-Halskolbens (1) wird (evt. über ein Übergangsstück) mit Hilfe eines Schraubverschlusses („**Quickfit**") ein Stockthermometer (2) eingesetzt. Das Thermometer muss in der Höhe so justiert werden, dass die Thermometerkugel möglichst tief in die Reaktionsmischung eintaucht, der Rührstab aber nicht anschlagen kann. Das Thermometer darf nicht unter Spannung stehen (z.B. durch Anstoßen an die Kolbeninnenwand).

Die zweite Schlifföffnung dient der Zugabe des Feststoffes, sie ist zunächst mit einem Schliffstopfen (3) verschlossen.

Die feste Substanz wird über einen Schlifftrichter mit sehr breitem und kurzem Auslauf (**Feststofftrichter**) (4) zugegeben. Besonders geeignet sind Trichter, die an einer Seite abgeflacht sind. Nach jeder Zugabe wird der Trichter sofort wieder entfernt und die Schliffarmöffnung wieder mit dem Stopfen verschlossen. Am besten verwendet man einen **Kunststoffschliffstopfen** (in diesem Fall muss der Schliff nicht gefettet werden). Die Gefahr, dass Substanzreste am Schlifffett kleben bleiben und der Schliff dadurch beim Verschließen beschädigt wird oder nicht mehr dichtet, ist geringer. Für ein bequemes Zugeben des Feststoffes sollten Rechtshänder am besten den rechten Schliff verwenden, Linkshänder den linken.

In Abbildung 2.22 sind die Apparatesymbole weiterer **Dreihalskolben-Varianten** abgebildet.

Abb. 2.22: Verschiedene Varianten der Dreihalskolben-Apparatur.

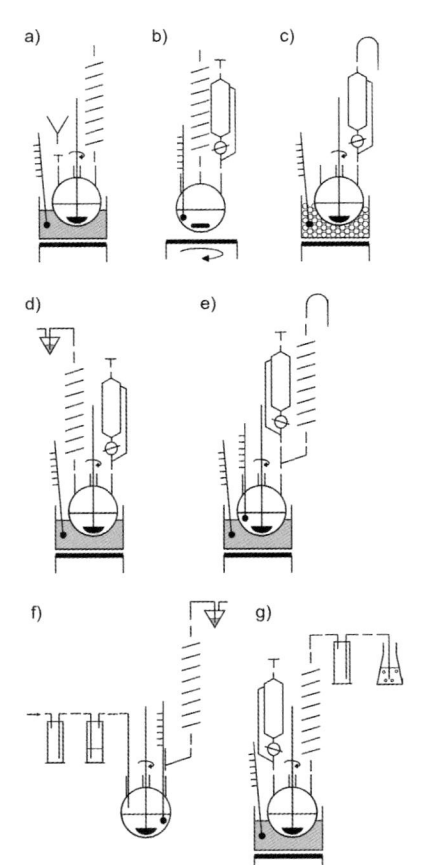

Abb. 2.22a: Wie bei Abbildung 2.21 Zugabe einer Festsubstanz während der Reaktion, es muss aber mechanisch gerührt werden, Rückfluss.

Abb. 2.22b: Zutropfen eines Edukts während der Reaktion, magnetisches Rühren, Rückfluss, Messung der Innentemperatur.

Abb. 2.22c: Zutropfen eines Edukts während der Reaktion in einem Kältebad, Messung der Innentemperatur, mechanisches Rühren, Rückflusskühler nicht erforderlich.

Abb. 2.22d: Zutropfen eines Edukts während der Reaktion, mechanisches Rühren, Rückfluss, Beobachtung einer Gasentwicklung mit dem Blasenzähler.

Abb. 2.22e: Während der Reaktion wird eine Reaktionskomponente zugetropft, das Reaktionsgemisch enthält flüchtige Bestandteile und ist feuchtigkeitsempfindlich; durch die Verwendung eines sogenannten *Anschütz*-Aufsatzes erreicht man, dass eine vierte NS-Schliffarmöffnung zur Verfügung steht.

Abb. 2.22f: Während der Reaktion wird ein Gas – als Schutzgas oder Reaktionspartner – eingeleitet. Der Aufbau der Reaktionsapparatur mit KPG-Rührer, Innenthermometer, Rückflusskühler und Gaseinleitungsrohr wird durch die Verwendung eines *Anschütz*-Aufsatzes erreicht. Ein auf dem Rückflusskühler aufgesetzter Blasenzähler indiziert entweichende Gase und zeigt den ‚Gasstrom' an.

Abb. 2.22g: Bei der Reaktion entweichende aggressive Gase werden in einer nachgeschalteten Waschflüssigkeit in einem *Erlenmeyer*-Kolben absorbiert. Um die Gefahr der Zurücksteigens der Absorptionsflüssigkeit zu vermeiden, empfiehlt sich – wie auch bei allen Gaseinleitungsoperationen – das Zwischenschalten einer **Waschflasche** (man achte auf deren ‚Schaltung'!).

2.4 Standard-Destillationsapparaturen (siehe Kapitel 5)

Einfache Destillationsapparatur mit absteigendem Kühler (Abb. 2.23).

Auf den zu maximal ¾ gefüllten Destillationskolben wird ein absteigender Kühler (*Claisen-Brücke*) mit Vorstoß und Vorlagekolben gesetzt (Abb. 2.23). Für weitere Hinweise siehe Kapitel 5.

Abb. 2.23: Einfache Destillationsapparatur (NS 14).

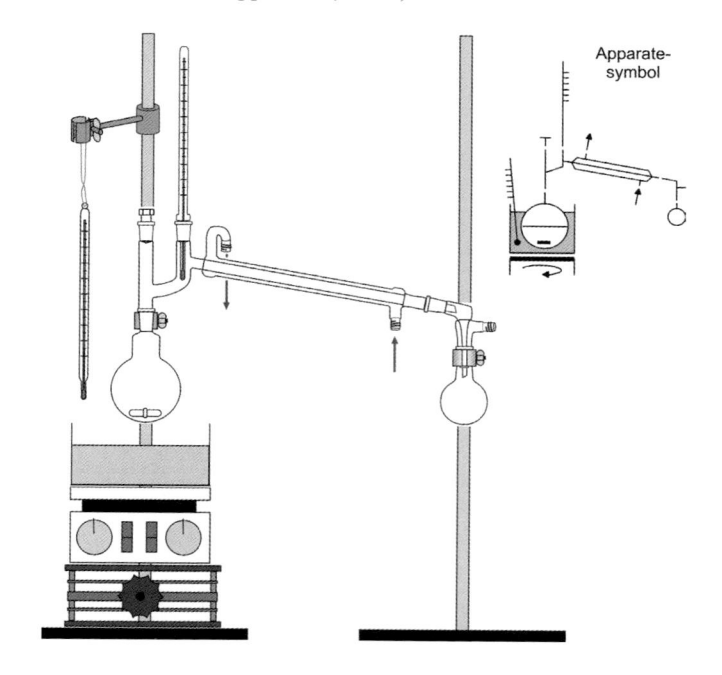

Destillationsapparatur NS 14.5 mit *Vigreux*-Kolonne mit Vakuummantel (Abb. 2.24), absteigendem Kühler, Vorstoß und ‚Spinne' mit 4 Vorlagekölbchen.

Abb. 2.24: Destillationsapparatur mit *Vigreux*-Kolonne.

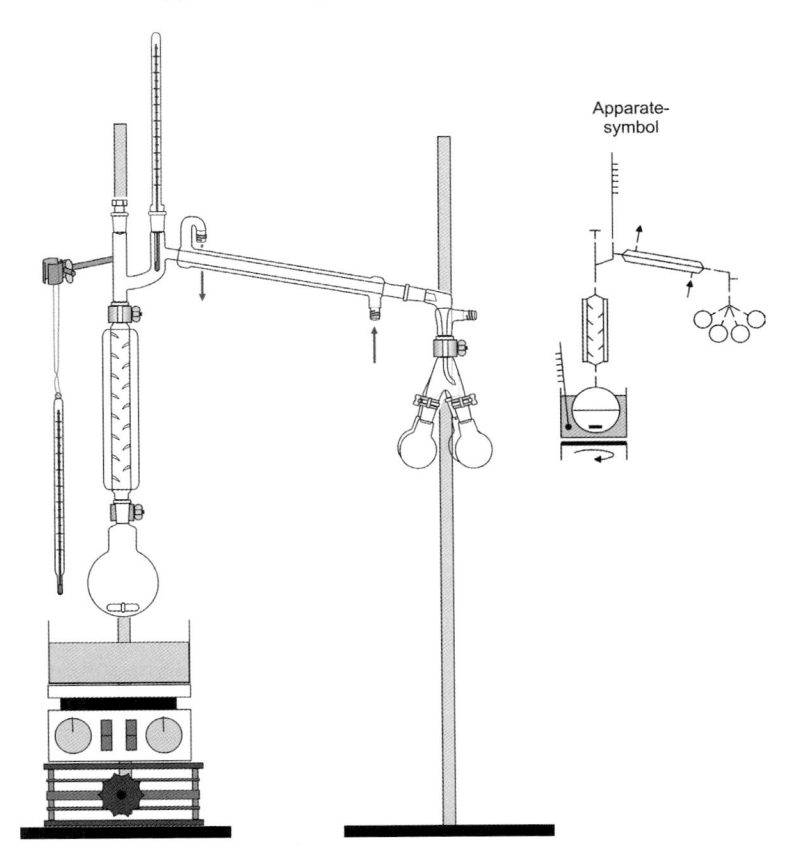

2. Glasgeräte und Reaktionsapparaturen

Feststoff-Destillationsapparatur: Destillationskolben mit angeschmolzenem *Anschütz*-Aufsatz und absteigendem Rohr (Abb. 2.25). Der Vorlagekolben wird ohne Kühler angeschlossen. Zur Kühlung wird ein schwacher Wasserstrahl über den Vorlagekolben geleitet und mit einem an den Trichterauslauf angeschlossenen Schlauch dem Abwasser zugeführt. Die Vorlage übernimmt mit der angeschmolzenen Öffnung mit Olive zugleich die Funktion des Vorstoßes, z.B. zum Anlegen von Vakuum.

Abb. 2.25: Feststoffdestille.

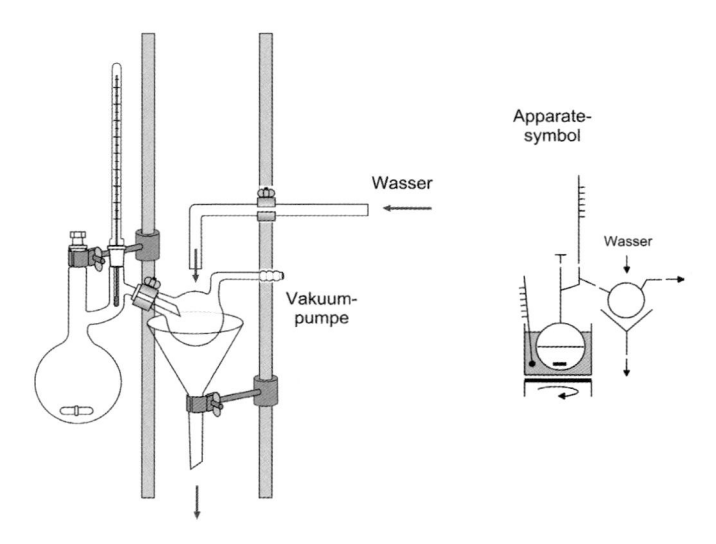

Erhitzen der Reaktionsmischung in einem Rundkolben unter Rückfluss und kontinuierlicher Abscheidung von Reaktionswasser (Abb. 2.26).

Bei Reaktionen, bei denen während der Umsetzung Wasser gebildet wird (z.B. H^+-katalysierte Bildung von Acetalen und Ketalen aus Aldehyden bzw. Ketonen und Alkoholen oder H^+-katalysierte Veresterung von Carbonsäuren mit Alkoholen), lassen sich die Produktausbeuten wesentlich verbessern, wenn man das Reaktionswasser kontinuierlich aus dem Reaktionsgemisch entfernt und damit dem Reaktionsgleichgewicht entzieht.

Dies geschieht zweckmäßig durch ‚azeotrope Destillation'. Cyclohexan (Sdp. 81 °C) bildet z.B. mit Wasser ein Azeotrop (9% Wasser, 81% Cyclohexan, Sdp. 68.9 °C, mit dessen Hilfe man das Wasser aus dem Reaktionsgemisch ‚auskreisen' (‚ausschleppen') kann, Cyclohexan ist der sogenannte ‚Schlepper'.

Da sich Wasser praktisch nicht in kondensiertem Cyclohexan löst, besteht das azeotrope Destillat aus einer Cyclohexan- und einer Wasserphase.

Mit Hilfe des ‚**Wasserabscheiders**' (Abb. 2.26), in dessen ‚Bürettenteil' das azeotrope Kondensat eintropft, kann man das sich absetzende spezifisch schwerere Wasser abtrennen (die Bürettengraduierung erlaubt zugleich, die Menge des abgeschiedenen Wassers zu bestimmen), während das spezifisch leichtere Cyclohexan in den Reaktionskolben zurückläuft.

Abb. 2.26: Wasserabscheider für spezifisch leichtere Lösungsmittel.

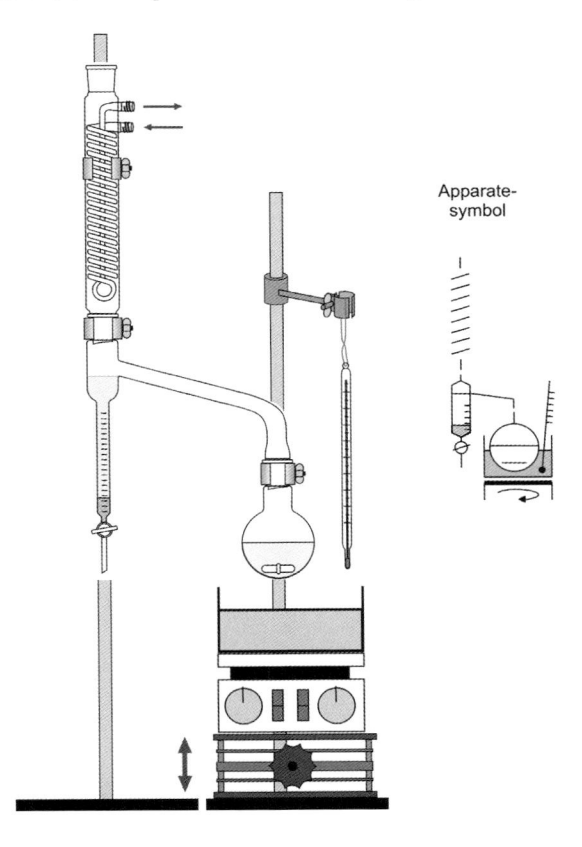

Kapitel 3

Klassische Methoden zur Charakterisierung organischer Verbindungen

3.1 Der Schmelzpunkt

3.2 Der Siedepunkt

3.3 Der Brechungsindex, Refraktometrie

3.4 Der spezifische Drehwert [α], Polarimetrie

3. Klassische Methoden zur Charakterisierung organischer Verbindungen

3.1 Der Schmelzpunkt

Definition: Die Temperatur, bei der eine kristalline Substanz von der festen in die flüssige Phase übergeht, bezeichnet man als den **Schmelzpunkt** (Schmp.) oder **Fließpunkt** (Fp.). Bei dieser Temperatur bricht das Kristallgitter zusammen.

3.1.1 Physikalische Grundlagen

Der Zusammenhang zwischen der festen (kristallinen), der flüssigen und der gasförmigen Phase einer Verbindung wird durch das **Zustandsdiagramm** (**Phasendiagramm**) wiedergegeben. Abbildung 3.1 zeigt das Zustandsdiagramm von Wasser.

Abb. 3.1: Zustandsdiagramm von Wasser.

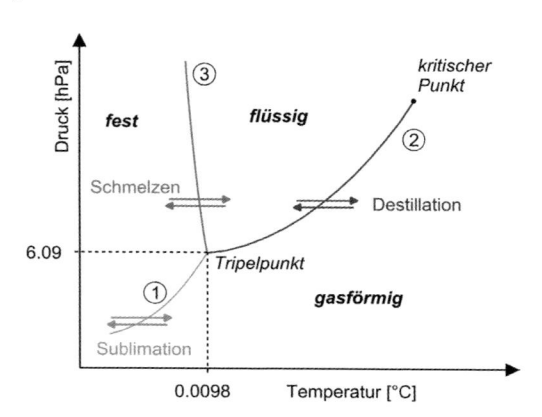

Jede Substanz besitzt eine **Sublimationsdruckkurve** (Kurve 1), eine **Dampfdruckkurve** (Kurve 2) und eine **Schmelzdruckkurve** (Kurve 3). Die Kurven grenzen die Existenzgebiete der Phasen voneinander ab.

Entlang der Sublimationsdruckkurve steht die Festsubstanz mit der Gasphase im thermodynamischen Gleichgewicht. Auf der linken Seite liegt der kristalline, auf der rechten Seite der gasförmige Zustand vor. Im Grunde ist diese Kurve nichts anderes als die Dampfdruckkurve $p(T)$ des festen Zustands (z.B. von Eis).

Die **Dampfdruckkurve** $p(T)$ beschreibt die Phasengrenze zwischen Flüssigkeit und Gas. Entlang dieser Kurve steht der flüssige Zustand eines Stoffes mit seiner Gasphase im thermodynamischen Gleichgewicht, die Phasenübergänge werden als **Verdampfen** (Übergang von flüssig nach gasförmig) bzw. **Kondensieren** (Übergang von gasförmig nach flüssig) bezeichnet. Die Dampfdruckkurve endet auf der rechten Seite am **kritischen Punkt**. Rechts vom kritischen Punkt kann der flüssige Zustand nicht mehr vom gasförmigen Zustand unterschieden werden, man spricht von **überkritischen Gasen**.

Der Phasenübergang vom festen in den flüssigen Zustand wird durch die **Schmelzdruckkurve** $p(T)$ gekennzeichnet. Links von ihr liegt eine Substanz kristallin, auf der rechten Seite als Schmelze (Flüssigkeit) vor. Die Übergänge werden als **Schmelzen** bzw. **Kristallisieren** bezeichnet.

Der Schnittpunkt der Kurven 1, 2 und 3 ist der **Tripelpunkt**, hier haben die feste und die flüssige Phase den gleichen **Dampfdruck** (Eis/Wasser/Wasserdampf: $p = 6.09$ hPa, $T = 0.0098$ °C). Kristall, Schmelze und Dampf stehen miteinander im thermodynamischen Gleichgewicht.

Schmelzpunkte und Siedepunkte sind bei gegebenem Druck **charakteristische physikalische Stoffkonstanten** und eignen sich prinzipiell zur Charakterisierung, z.T. auch zur Identifizierung chemischer Verbindungen. Tabelle 3.1 gibt hierfür einige Beispiele.

Tabelle 3.1: Beispiele für stoffspezifische Schmelzpunkte.

Monobromphenole Schmp. [°C]	o-Bromphenol 5.6	m-Bromphenol 32	p-Bromphenol 64
Dichlorbenzole Schmp. [°C]	o-Dichlorbenzol –17	m-Dichlorbenzol –26	p-Dichlorbenzol 53
Pentane Schmp. [°C]	Isopentan –160	n-Pentan –130	Neopentan –17

Die Beispiele zeigen, dass die Schmelzpunkte mit zunehmender Molekülsymmetrie ansteigen.

Wie auch aus dem Phasendiagramm von Wasser (Abb. 3.1) zu ersehen ist, ist die Schmelzkurve in der Regel sehr steil. Tabelle 3.2 gibt die Druckabhängigkeit des Schmelzpunkts von Wasser wieder.

Tabelle 3.2: Druckabhängigkeit des Schmelzpunkts von Wasser.

Äußerer Druck (at)	Schmp. (°C)
1	0.0
590	–5.0
2045	–22.0
8040	+15.0

3.1.2 Eutektische Gemische

Sehr hoch- oder nichtschmelzende Verunreinigungen, die sich in der Schmelze der Substanz nicht lösen, beeinflussen den Schmelzpunkt nicht. Der Schmelzfluss wird aber nicht klar und täuscht somit ein unvollständiges Schmelzen der Probe vor; eine exakte Bestimmung ist nicht möglich.

Ist die Verunreinigung ebenfalls eine kristalline Substanz mit einem ‚normalen' Schmelzpunkt, dann beobachtet man eine **Absenkung des Schmelzpunktes (Schmelzpunktsdepression)**, deren Größe von Art und Menge der Verunreinigung abhängig ist.

Physikalische Grundlagen

Das nachstehende Zustandsdiagramm (Abb. 3.2) gibt die Verhältnisse wieder. Geschmolzenes α-Naphthol (Schmp. 96 °C) besitzt einen von der Temperatur abhängigen Dampfdruck (Kurve 1), der bei der Zugabe von Naphthalin als ‚Verunreinigung' nach dem **Raoult'schen Gesetz** mit zunehmender Naphthalinkonzentration zunehmend kleiner wird (Kurven 2, 3). Die **Dampfdruckkurve** wird nach unten verschoben.

Eine analoge Beziehung gilt für die Schmelzdruckkurve. Hier verschiebt sich die Schmelzdruckkurve von 1-Naphthol mit zunehmender Verunreinigung nach links. Die Konsequenz daraus ist, dass der Schmelzpunkt mit zunehmender Verunreinigung von T_{S1} = (96 °C) → T_{S2} absinkt (**Schmelzpunktsdepression**), bis bei einem Schmelzpunkt von T_{SE} = 62 °C die Zusammensetzung des ‚Eutektikums' (60% α-Naphthol und 40% Naphthalin) erreicht wird. Das **Eutektikum** gibt die am ‚**eutektischen Punkt**' vorliegende Mischung an. Unterhalb von T_{SE} ist das System α-Naphthol/Naphthalin in jeder Zusammensetzung fest.

Abb. 3.2: Zustandsdiagramm von 1-Naphthol mit zunehmenden Mengen von Naphthalin als Verunreinigung.

Abb. 3.3: Schmelzdiagramm des binären Systems 1-Naphthol/Naphthalin.

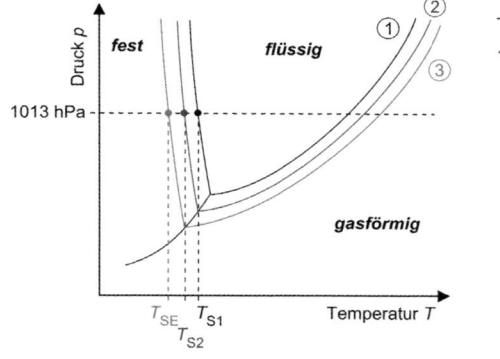

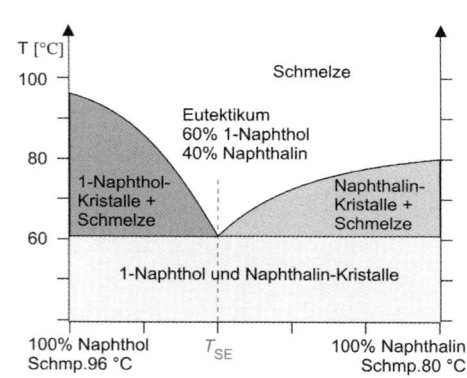

Reines 1-Naphthol hat einen scharfen Schmelzpunkt, d.h. das Temperaturintervall (= **Schmelzbereich**) von Beginn des Schmelzvorgangs bis zur klaren Schmelze ist kleiner als 1 °C. Mit zunehmender Beimischung von Naphthalin wird der Schmelzbereich größer und die klare Schmelze bereits bei niedrigeren Temperaturen erreicht. Das **Schmelzdiagramm** des binären Systems 1-Naphthol/Naphthalin (Abb. 3.3) veranschaulicht das Schmelzverhalten über den gesamten Mischungsbereich bei Normaldruck.

In den Bereichen rechts und links des Eutektikums (Abb. 3.3: 60% 1-Naphthol, 40% Naphthalin, Schmp. 62 °C) befinden sich noch Naphthalin- bzw. 1-Naphthol-Kristalle in der Schmelze, die Folge ist eine Vergrößerung des Intervalls, in dem sich eine klare Schmelze bildet (**Schmelzintervall**). Bei einer Zusammensetzung von 80% 1-Naphthol / 20% Naphthalin liegt das Schmelzintervall bei 62–88 °C (siehe Abb. 3.3).

Mit Ausnahme der sehr seltenen Fälle einer echten Mischkristallbildung (**Isomorphie**) – bei der sich die verschiedenen Molekülsorten ohne Störung im Kristallgitter vertreten können – zeigen alle Mischungen chemisch verschiedener, kristalliner Verbindungen eine **Schmelzpunktsdepression** mit Vergrößerung des Schmelzintervalls ähnlich dem abgebildeten Schmelzdiagramm.

- Der scharfe Schmelzpunkt einer Verbindung (Schmelzintervall 0.5–1.0 °C) ist ein einfaches und zuverlässiges Kriterium für deren Reinheit. Bei geringen Verunreinigungen (< 1%) ist eine Schmelzpunktdepression wie auch die Vergrößerung des Schmelzintervalls mit dem Auge nicht mehr zu erkennen, hier liegt die Nachweisgrenze. Tabelle 3.3 gibt einen Überblick über die Nachweisgrenzen von Verunreinigungen mit verschiedenen spektroskopischen und chromatographischen Methoden.
- Wenn eine authentische Vergleichsprobe zur Verfügung steht, kann eine organische Verbindung durch die Bestimmung eines **Mischschmelzpunktes**, der keine Depression aufweisen darf (siehe unten), auch identifiziert werden. Normalerweise werden organische Verbindungen durch die Darstellung von **Derivaten** charakterisiert, deren Schmelzpunkte bei bekannten Verbindungen Tabellenwerten entnommen werden können. Wenn zwei verschiedene Derivate derselben Verbindung die in den Tabellen angegebenen Schmelzpunkte aufweisen, ist die Verbindung im Normalfall identifiziert.

Für erstmals synthetisierte Verbindungen sind diese Methoden der Identifizierung natürlich nicht brauchbar.

Tabelle 3.3: Nachweisgrenzen von Verunreinigungen.

Methode	Nachweisgrenze von Verunreinigungen
Schmelzpunkt	ca. 1%
IR-Spektroskopie	ca. 3–5%
UV-Spektroskopie	ca. 1–3%
NMR-Spektroskopie	ca. 3–5%
Dünnschichtchromatographie	ca 1%
Gaschromatographie	< 0.1%

3.1.3 Bestimmung des Schmelzpunkts

Schmelzpunktapparatur nach *Thiele*

Die Schmelzpunktbestimmung erfolgt meist in so genannten **Schmelzpunktröhrchen**: Die Substanzprobe wird in einem einseitig abgeschmolzenen Glasröhrchen, ⌀ ca. 1.0–1.5 mm, Länge ca. 7–8 cm (Schmelzpunktröhrchen, Schmelzpunktkapillare) etwa 3–5 mm hoch eingefüllt.
Nach dem Einfüllen der Substanz (Eindrücken des Röhrchens in die Substanz) klopft man die Probe vorsichtig nach unten. Am Besten lässt man das Röhrchen in einem 30–40 cm hohen Glasrohr mehrmals auf eine harte Unterlage (Labortisch) fallen. Nach dieser Operation muss

aber unbedingt geprüft werden, ob die Abschmelzung unbeschädigt ist, da die Substanz ansonsten in die Heizflüssigkeit gelangt.

In der Schmelzpunktapparatur nach *Thiele* (Abb. 3.4) wird eine Heizflüssigkeit (Paraffinöl, Höchsttemperatur 180 °C oder Silikonöl, Höchsttemperatur 200–250 °C) mit einem Bunsenbrenner an der mit einem Kupfernetz überzogenen Stelle vorsichtig aufgeheizt. Das aufsteigende Glasknie erlaubt ein rasches, gleichmäßiges Aufheizen durch Wärmekonvektion.
Das Thermometer (chemisches Thermometer, 0–250 °C) wird mit einem durchbohrten und ausgeschnittenen (Abb. 3.4) Korkstopfen zentrisch im Gerät befestigt. Der Ausschnitt erlaubt eine durchgehende Ablesung der Thermometerskala.

Abb. 3.4: Schmelzpunktapparatur nach *Thiele*.

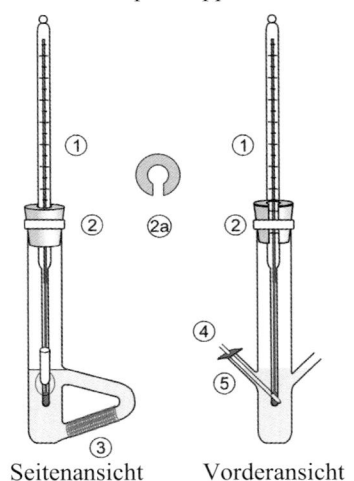

1 Thermometer
2 Korkstopfen zur Thermometerhalterung
2a Querschnitt des Korkstopfens mit Bohrung und Ausschnitt
3 Kupferdrahtnetz
4 Schmelzpunktröhrchen
5 Halterung des Röhrchens (Schlauchstück oder Filterpapier)

Seitenansicht   Vorderansicht

Das Schmelzpunktröhrchen wird nun durch die seitlichen Ansätze des Schmelzpunktapparates so eingeführt, dass die Substanzprobe sich unmittelbar vor der Thermometerkugel befindet (Thermometerhöhe genau einstellen!). Um das ‚Wegrutschen' des Röhrchens zu vermeiden, kann es mit einem durchstochenen kleinen Stück Filterpapier oder Gummischlauch fixiert werden. Bei Schmelztemperaturen über 200 °C muss der gemessene Wert an Hand einer **Eichtabelle** korrigiert werden. Die individuelle Eichung erfolgt mit Hilfe von käuflichen Eichsubstanzen.

Anschließend wird langsam erhitzt, die Probe wird dabei genau beobachtet und Veränderungen werden zusammen mit der Temperatur protokolliert. Der Schmelzbeginn zeigt sich durch Tröpfchenbildung an der Glaswand des Röhrchens oder Abrundung von Ecken und Kanten der Kristallsplitter; das Ende ist erreicht, wenn eine klare Schmelze vorliegt. Die Werte von Schmelzbeginn bis zur Bildung der klaren Schmelze geben das Schmelzintervall an.
Weitere Veränderungen der Probe (Sintern = Zusammenbacken der Substanz ohne zu schmelzen, Gasentwicklung, Verfärbung, Zersetzung, Sublimation usw.) müssen ebenfalls proto-

kolliert werden, da hieraus Rückschlüsse auf Verunreinigungen oder auf chemische bzw. physikalische Veränderungen möglich sind.

Eine einwandfreie Schmelzpunktbestimmung setzt die **langsame** Erwärmung der Probe voraus, da die Wärmeübertragung vom Heizmedium auf die Probe und der Schmelzvorgang selbst eine gewisse Trägheit aufweisen. Eine Aufheizgeschwindigkeit von 1–2 °C/min im Bereich des Schmelzpunkts ist in den meisten Fällen ausreichend, schnelleres Aufheizen täuscht einen zu hohen Schmelzpunkt und ein zu großes Schmelzintervall vor.

Bei unbekannten Substanzen ist eine Aufheizgeschwindigkeit von 1–2 °C/min nicht praktikabel. Deshalb schätzt man in diesen Fällen zuerst mit relativen hohen Aufheizraten (ca. 10–15 °C/min) die ungefähre Lage des Schmelzpunktes ab. Nach Abkühlen des Gerätes auf etwa 20 °C unterhalb des abgeschätzten Schmelzpunktes wird die exakte Messung mit einer frischen Substanzprobe und langsamer Aufheizgeschwindigkeit durchgeführt.

Alle Schmelzpunkte werden normalerweise in offenen Röhrchen unter Normaldruck bestimmt. Bei leicht flüchtigen Substanzen (z.B. durch Sublimation) muss das Röhrchen zugeschmolzen werden (protokollieren!). Wenn es sich um literaturbekannte Stoffe handelt, wird den eigenen Werten der Literaturwert – evtl. mit Quellenangaben – in Klammern gegenübergestellt:

Schmp. 134–135 °C (Lit.: 135–136 °C)
Schmp. 245–247 °C unter Zersetzung im abgeschmolzenen Röhrchen (Lit. 240–244 °C, Zers.)

Schmelzpunktapparatur nach *Tottoli*

Bei der Schmelzpunktapparatur nach *Tottoli* wird Öl als Wärmeüberträger eingesetzt, das Öl wird zum gleichmäßigen Aufheizen mit einem kleinen elektrischen Turbinenrührer umgepumpt. Die Heizung erfolgt ebenfalls elektrisch durch eine geregelte Heizspirale. Die Temperaturmessung erfolgt in der Regel elektronisch über einen Thermofühler, bei älteren Geräten über ein Thermometer.

Der Vorteil gegenüber der *Thiele*-Apparatur ist die geregelte elektrische Heizung, die konstante Aufheizraten erlaubt und eine gleichmäßigere Temperaturverteilung der Heizflüssigkeit ermöglicht.

3. Klassische Methoden zur Charakterisierung organischer Verbindungen

Bestimmung hoher Schmelzpunkte mit dem Kupferblock

Abb. 3.5: Schmelzpunktbestimmung im Kupferblock.

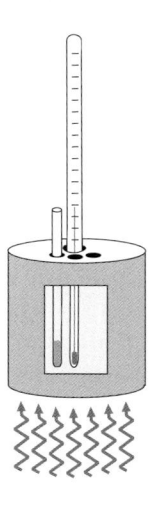

Bei Schmelzpunktbestimmungen im Kupferblock (Abb. 3.5) werden die Schmelzpunktröhrchen in Bohrungen eines massiven Metallblocks gestellt. Durch eine Bohrung auf der Vorderseite mit eingesetzter Lupe kann das Schmelzverhalten beobachtet werden. Durch den Metallblock wird die Wärme recht gleichmäßig im Probenraum verteilt, die Wärmeübertragung auf das Schmelzpunktröhrchen erfolgt durch die Luft im Probenraum. Der Kupferblock wird im einfachsten Fall mit einem Bunsenbrenner aufgeheizt, moderne Geräte besitzen eine elektrische Heizung mit elektronischer Regelung.

Da der Kupferblock kein Öl als Wärmeübertragungsmedium benutzt, können auch höhere Schmelzpunkte problemlos gemessen werden. Der Nachteil ist eine trägere Wärmeübertragung über die Luft, deswegen darf nur relativ langsam aufgeheizt werden. Im Übrigen gelten alle obigen Hinweise zur Schmelzpunktbestimmung (z.B. Thermometerkorrektur).

Im Handel werden auch Geräte zur automatischen Bestimmung des Schmelzpunkts nach dem Kupferblock-Prinzip angeboten. Abbildung 3.6a zeigt das Messprinzip: Das Schmelzpunktröhrchen (2) sitzt hier zwischen einer Lichtquelle (1) und einem Detektor (4) (Photozellen). Feste (kristalline) Proben streuen das einfallende Licht, am Detektor wird nur eine geringe Transmission beobachtet. Beim Schmelzen nimmt die Lichtstreuung ab, die Transmission der Probe nimmt zu.

Abb. 3.6: Automatische Schmelzpunktbestimmung.

a) Messprinzip

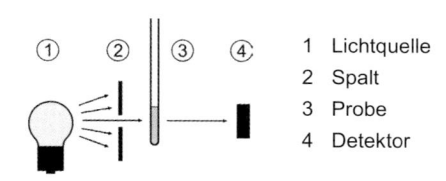

① ② ③ ④
1 Lichtquelle
2 Spalt
3 Probe
4 Detektor

b) Transmissionskurve

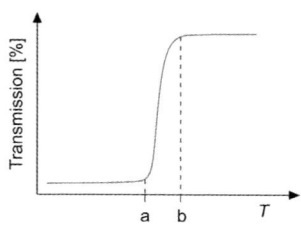

Die Auftragung der Transmission gegen die Temperatur zeigt im Schmelzbereich einen sprunghaften Anstieg der Kurve (Abb. 3.6b). Aus der Transmissionskurve kann der Schmelzbereich (a bis b) bestimmt werden. Einige Geräte werten die Kurve auch automatisch aus.

Mikroskopische Bestimmung des Schmelzpunkts: Heizmikroskop nach *Kofler*

Eine besonders präzise und trotzdem einfache Methode ist die Schmelzpunktbestimmung unter dem **Heizmikroskop nach *Kofler*** (Abb. 3.7). Dazu wird die Substanzprobe auf einem dünnen Glasobjektträger auf den elektrischen Heiztisch (2) gelegt und mit einem zweiten Objektträger abgedeckt. Durch eine Bohrung im Heiztisch wird die Probe von unten (also im Durchlicht) beleuchtet (3), bei Bedarf kann auch ein Polarisationsfilter in den Strahlengang gebracht werden. Die Beobachtung erfolgt durch ein Mikroskop (1).

Diese Methode erlaubt Schmelzpunktbestimmungen im weiten Temperaturbereich bis T > 300 °C. Zur Temperaturmessung müssen geeichte Thermometersätze eingesetzt werden. Grundsätzlich ist auch die individuelle Erstellung einer Eichkurve mit käuflichen Substanzen möglich.

Abb. 3.7: Heizmikroskop nach *Kofler*.

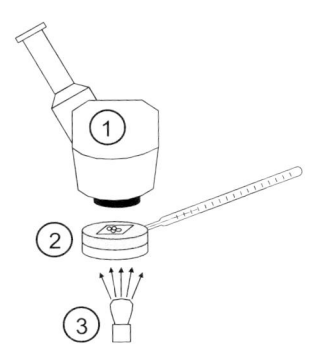

Der Vorteil des *Kofler*-Heiztisches liegt nicht nur im geringen Substanzbedarf sondern vor allem in der besseren Beobachtung der Probe. Veränderungen der Probe wie Sublimation, Kristallumwandlungen, Abspaltung flüchtiger Substanzen usw. können leichter erkannt werden und liefern unter Umständen wichtige Zusatzinformationen.

3.1.4 Bestimmungen von Mischschmelzpunkten

Die eindeutige Identifizierung von Substanzen nur durch den Schmelzpunkt ist nicht möglich, viele Substanzen besitzen einen sehr ähnlichen Schmelzpunkt. Die nahezu zweifelsfreie Identifizierung erfolgt über den **Mischschmelzpunkt** (siehe Kapitel 3.1.2 ‚Eutektische Gemische') **mit einer authentischen Probe**. Das folgende Beispiel veranschaulicht die Vorgehensweise:

Aus der einfachen Schmelzpunktbestimmung einer farblosen, unbekannten Substanz ergibt sich ein Schmelzpunkt von 134–135 °C. Es könnte sich also um Harnstoff (Schmp. 132–133 °C), Acetylsalicylsäure (Schmp. 135–136 °C) oder Malonsäure (Schmp. 135–136 °C) handeln. Nun werden jeweils Mischungen der unbekannten Substanz mit Proben der in Frage kommenden Reinsubstanzen (authentische Proben) durch gründliches Verreiben in einer kleinen Achatreibschale oder durch Verpressen zwischen zwei Glasplatten hergestellt und die Schmelzpunkte dieser Mischungen bestimmt. Während die Schmelzpunkte der Mischungen mit Harnstoff und Malonsäure deutlich niedriger liegen als der Schmelzpunkt der unbekannten Substanz (außerdem wird das Schmelzintervall signifikant größer), ist bei der Mischung mit Acetylsalicylsäure keine Änderung des Schmelzverhaltens zu beobachten.

Harnstoff und Malonsäure verhalten sich in den Mischungen offenbar wie eine Verunreinigung (Schmelzpunktdepression, breites Schmelzintervall), Acetylsalicylsäure nicht. Bei der unbekannten Substanz muss es sich also ebenfalls um Acetylsalicylsäure handeln.

3.2 Der Siedepunkt

(siehe auch Kapitel 5.1 ‚Destillation – Physikalische Grundlagen')

In kristallinen Stoffen nehmen die Ionen oder Moleküle feste Gitterplätze ein. Die Moleküle einer Flüssigkeit sind dagegen beweglich, ständig entweichen Moleküle durch die Flüssigkeitsoberfläche in den umgebenden Gasraum (**Verdampfung**) und kehren wieder in die Flüssigkeit zurück (**Kondensation**).

In einem abgeschlossenen System stellt sich ein Gleichgewicht zwischen Verdampfung und Kondensation ein; jede Flüssigkeit besitzt also einen charakteristischen, von der Temperatur abhängigen **Dampfdruck**. Mit steigender Temperatur steigt der Dampfdruck einer Verbindung in charakteristischer Weise. Der Dampfdruck bei 20 °C kann als Maß für die ‚**Flüchtigkeit**' einer Verbindung bei Raumtemperatur dienen. Die Abhängigkeit des Dampfdrucks einer Flüssigkeit von der Temperatur wird durch die **Dampfdruckkurve** dargestellt.

Im offenen System kann sich der einer bestimmten Temperatur entsprechende Dampfdruck nicht einstellen, da die Flüssigkeit rasch verdunstet. Wird der Dampfdruck einer Verbindung gleich dem über dieser Verbindung herrschenden Druck, dann siedet die Verbindung (**Sdp.**: Siedepunkt, **Kp.**: Kochpunkt). Während des Siedens einer Substanz dient die zugeführte Energie dem Verdampfen der Flüssigkeit.

Einheitliche Substanzen zeigen während des gesamten Siedevorgangs einen konstanten Siedepunkt; er ist bei gegebenem Druck eine charakteristische Stoffkonstante. Der Siedepunkt lässt sich für jeden Druck aus der Dampfdruckkurve ablesen. Mit fallendem äußerem Druck sinkt auch der Siedepunkt.

3.2.1 Bestimmung des Siedepunkts

Analytische Bedeutung des Siedepunkts

Obwohl der Siedepunkt für reine Verbindungen eine charakteristische Stoffkonstante darstellt, ist die analytische Bedeutung vergleichsweise gering: Verunreinigungen bewirken zwar im Allgemeinen eine Siedepunkterhöhung, doch ist der Effekt deutlich geringer als beispielsweise beim Schmelzpunkt. Deshalb wird bei Flüssigkeiten neben dem Siedepunkt auch der Brechungsindex (siehe Abschnitt 3.3) angegeben.

Bestimmung des Siedepunkts im Mikromaßstab nach *Siwolobow*

Abb. 3.8: Schmelzpunktbestimmung nach *Siwolobow*.

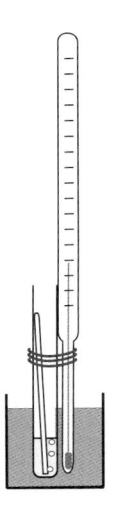

Ein Mikroreagenzglas wird etwa 1 cm hoch mit der Substanz gefüllt, als Siedekapillare dient ein Schmelzpunktröhrchen, das mit der Öffnung nach unten in das Reagenzglas gestellt wird. Das Reagenzglas wird mit einem Gummi so an einem Thermometer befestigt, dass sich die Quecksilberkugel auf Höhe der zu untersuchenden Flüssigkeit befindet (Abb. 3.8). Nun wird in einem kleinen Ölbad langsam erhitzt. Sobald eine Kette kleiner Gasbläschen aufsteigt, wird die Temperatur abgelesen. Das Heizbad wird wieder abgekühlt und sobald die Kette der Gasbläschen abreißt, wird nochmals die Temperatur abgelesen. Der Mittelwert der beiden Temperaturen ergibt den Siedepunkt der Probe mit einer Genauigkeit von ±2 °C.

Bestimmung des Siedepunkts im Makromaßstab

Bei genügend großen Probemengen kann der Siedepunkt natürlich auch im Makromaßstab in ‚konventionellen' Apparaturen bestimmt werden, Abbildung 3.9 zeigt eine geeignete Apparatur. Es ist darauf zu achten, dass das Ölbad nur bis zum Flüssigkeitsspiegel in das Heizbad eintaucht, um eine Überhitzung zu vermeiden. Ebenso wichtig ist, dass das Thermometer mit Hilfe eines sogenannten ‚Quickfits' so weit eingeführt wird, dass sich die Quecksilberkugel im Knie des *Anschütz*-Aufsatzes (d.h. in der Höhe der ‚Abzeigung') befindet und vollständig vom Dampf umspült wird. Wenn die Substanz etwa 5 Minuten unter Rückfluss steht, wird die Temperatur am Innenthermometer abgelesen.

Abb. 3.9: Apparatur zur Siedepunktbestimmung im Makromaßstab.

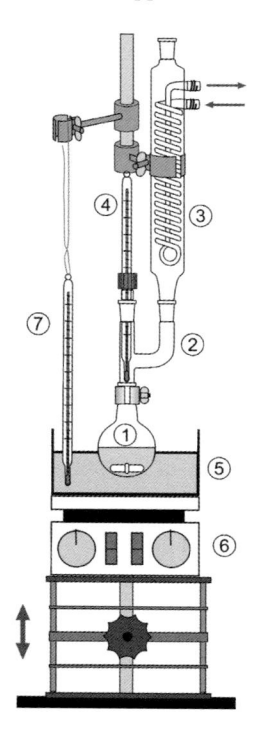

1   Rundkolben mit Substanzprobe und Magnetrührstab (um Siedeverzüge zu verhindern)
2   *Anschütz*-Aufsatz
3   Rückflusskühler
4   Innenthermometer (mit Quickfit befestigt)
5   Heizbad (Ölbad)
6   Elektrische Heizplatte mit Magnetrührer
7   Heizbadthermometer zur Kontrolle der Heizbadtemperatur

3.3 Der Brechungsindex, Refraktometrie

3.3.1 Physikalische Grundlagen

Wenn ein Lichtstrahl von einem optischen Medium in ein anderes übergeht, wird ein Teil des Lichtstrahls an der Grenzfläche reflektiert, der Rest dringt in das zweite Medium ein und breitet sich dort in einer neuen Richtung (d.h. mit neuer Geschwindigkeit) weiter aus (Abb. 3.10). Dieses Phänomen ist unter der Bezeichnung ‚**optische Brechung**' bekannt. Die Richtungsänderung des Lichtstrahls hängt dabei von den Eigenschaften der beiden Medien ab.

Abb. 3.10: Optische Brechung.

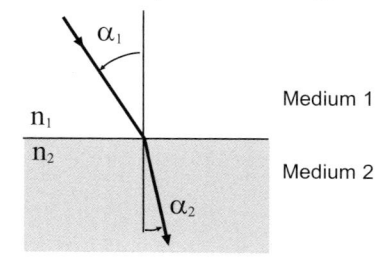

Es gilt das Gesetz von **_Snellius_**:

$$\frac{\sin \alpha_1}{\sin \alpha_2} = \frac{c_1}{c_2} = \frac{n_2}{n_1}$$

α_1 = Einfallswinkel
α_2 = Ausfallswinkel
c_1 = Lichtgeschwindigkeit im Medium 1
c_2 = Lichtgeschwindigkeit im Medium 2
n_1 = Brechungsindex im Medium 1
n_2 = Brechungsindex im Medium 2

Der **Brechungsindex** ist – wie die Lichtgeschwindigkeit – auf die Ausbreitung elektromagnetischer Wellen im Vakuum bezogen. Damit ergibt sich mit c = Lichtgeschwindigkeit im Vakuum:

$$n_1 = \frac{c}{c_1}$$

Da Licht bei unterschiedlichen Wellenlängen unterschiedlich gebrochen wird (**Dispersion**) und die Brechung, insbesondere von Flüssigkeiten, stark von der Temperatur abhängt, werden diese beiden Parameter angegeben. Üblich ist der **Bezug auf die Natrium-D-Linie (λ = 589 nm) und T = 20 °C, Schreibweise:** n_D^{20}.

Da der Brechungsindex eine **Stoffkonstante** ist und zum Teil sehr empfindlich auf Verunreinigungen reagiert, wird er häufig als Reinheitskriterium und **zur Charakterisierung von Flüssigkeiten** angeführt. Weitere Vorteile sind der geringe Substanzbedarf (bei *Abbé*-Refraktometern einige Tropfen) sowie die einfache und schnelle Messung.

3.3.2 Prinzip des *Abbé*-Refraktometers

Das Prinzip der **Bestimmung des Brechungsindex** mit Hilfe des *Abbé*-**Refraktometers** beruht auf der Beobachtung des sogenannten **Grenzwinkels γ**. Auf die Verwendung von monochromatischem Licht kann in der Praxis wegen der Achromasie des Grenzwinkels der Brechung verzichtet werden. Es tritt zwar zunächst ein Farbsaum an der Hell/Dunkel-Grenze auf, der jedoch mit Hilfe eines Kompensators korrigiert werden kann.

Tritt Licht aus einem optisch dünneren Medium mit n_1 in ein optisch dichteres Medium mit n_2 und $n_2 > n_1$ ein, so werden alle Lichtstrahlen zum Lot hin gebrochen, sie werden auf einen Winkelbereich 2γ zusammengedrängt. Außerhalb dieses Winkelbereiches wird kein Lichtstrahl beobachtet, es entsteht eine Hell/Dunkel-Grenze am Grenzwinkel γ der Brechung. Der Winkel γ gehört zu dem streifenden Lichtstrahl (Abb. 3.11).

Abb. 3.11: Grenzwinkel der Totalreflexion.

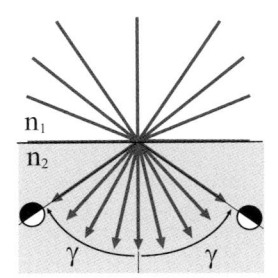

Dabei gilt: $\sin\gamma = \dfrac{n_2}{n_1}$

Durchführung der Messung:

Zuerst muss sichergestellt werden, dass der Thermostat die gewünschte Messtemperatur (in der Regel 20 °C) am Refraktometer einstellt.

Das Beleuchtungsprisma (mit rauher Oberfläche) wird aufgeklappt und 2–3 Tropfen der Probenflüssigkeit werden mit einem Glasstab oder einer Pipette aufgebracht. Es soll ein gleichmäßiger, dünner Film entstehen, dazu klappt man am besten das Prisma ein- bis zweimal auf und zu, anschließend wird es verriegelt.

Zur Messung wird am Triebknopf solange gedreht, bis im rechten Okular eine Hell/Dunkel-Grenze erkennbar ist (Abb. 3.12). Mit dem Kompensator wird die Grenzlinie scharf gestellt, danach wird die Grenzlinie nochmals mit dem Triebknopf in den **Schnittpunkt des Fadenkreuzes** gelegt. Jetzt kann im linken Okular an einer Skala der **Brechungsindex auf vier Dezimalstellen genau abgelesen werden**. Zuletzt vergewissert man sich nochmals, ob die Grenzlinie noch im Fadenkreuz liegt und die Temperatur noch konstant gehalten wurde.

Nach Ende der Messung werden die Prismen sofort mit einem weichen Papiertuch und mit Aceton gereinigt!

Abb. 3.12: Blick durch die beiden Okulare eines Refraktometers bei korrekt eingestellter Grenzlinie. In diesem Fall beträgt der Brechungsindex $n_D^{20}=1.3678$.

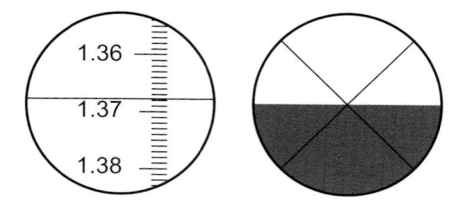

Mögliche Fehler:

- Es wird keine scharfe Grenze im Sehfeld beobachtet: Die Probenmenge ist zu gering oder die Substanz zu leichtflüchtig. Probenmenge erhöhen oder etwas Probensubstanz mit einer Pipette bei geschlossenen Prismen in den vorgesehenen Kanal geben.
- Das Sehfeld bleibt immer dunkel: Möglicherweise gelangt kein Licht durch das Probenprisma, den Lichtspiegel nachjustieren bzw. die Beleuchtung kontrollieren.
- Es werden systematisch falsche Brechungsindices erhalten: Die Temperatur des Messprismas weicht von der Solltemperatur ab, nachregeln; das Gerät ist dejustiert, Überprüfung mit Wasser ($n_D^{20}=1.3330$).

3.4 Der spezifische Drehwert [α], Polarimetrie

3.4.1 Physikalische Grundlagen

Optisch aktive chemische Verbindungen drehen die **Schwingungsebene von linear polarisiertem Licht** um einen bestimmten, charakteristischen Winkel α (Abb. 3.13). Der **Drehwinkel α** kann positiv (im Uhrzeigersinn) oder negativ sein.

Abb. 3.13: Drehung der Schwingungsebene von linear polarisiertem Licht durch eine optisch aktive Substanz.

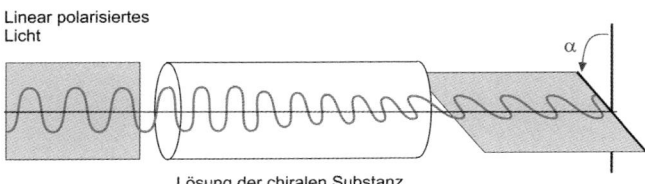

Der Drehwinkel α hängt von der Substanz, der Schichtdicke l, der Temperatur und – soweit benötigt – auch vom Lösungsmittel ab. Man gibt in der Regel den spezifischen Drehwert $[\alpha]_D^{20}$ an; der Zusammenhang ist:

$$\alpha = [\alpha]_\lambda^T \frac{c \cdot l}{100}$$

oder

$$[\alpha]_\lambda^T = \alpha \frac{100}{c \cdot l}$$

- T: Temperatur in °C, oft 20 °C
- λ: Wellenlänge (D bedeutet die Wellenlänge der Natrium-D-Linie ($\lambda = 589$ nm)
- α: abgelesener Winkel
- c: Konzentration in g/100 ml Lösung
- l: Schichtdicke in dm.

Die **Einheit** des spezifischen Drehwerts lautet Grad·10^{-1}·cm^2·g^{-1}, die Angabe nur von Grad ist daher unkorrekt. Meist wird gar keine Einheit angegeben und angenommen, dass die Einheit bekannt ist. Um Verwechslungen beim besonders entscheidenden Vorzeichen zu vermeiden, wird auch ein positives Vorzeichen explizit angegeben. Da der Drehwinkel auch vom **Lösungsmittel** und der **Konzentration** (durch Wechselwirkungen der Substanz mit dem Lösungsmittel) abhängt, werden sowohl das Lösungsmittel als auch die Konzentration c mit angegeben, z.B.:

(S)-Phenylalanin, $[\alpha]_D^{20} = +35$ ($c = 0.02$ g·ml^{-1} in Wasser)

(R)-Phenylethanol, $[\alpha]_D^{20} = +44$ (in Substanz)

3.4.2 Messprinzip

In einem einfachen optischen Polarimeter (Abb. 3.14) tritt der Lichtstrahl aus der **monochromatischen Lichtquelle** (1) durch den ersten, feststehenden **Polarisator** (2) (z.B. ein *Nicol'*sches **Prisma**) und wird dadurch linear polarisiert. Nach dem Durchgang durch die **Probenküvette** (3) trifft er auf einen zweiten, drehbaren Polarisator (4) (den **Analysator**). Im Okular müssen nun durch Drehen des Analysators zwei Halbfelder auf gleichmäßige Helligkeit gebracht werden (5). Der Drehwinkel kann auf einer Winkelskala abgelesen werden und liefert den gemessenen Wert α.

Abb. 3.14: Prinzip eines optischen Polarimeters.

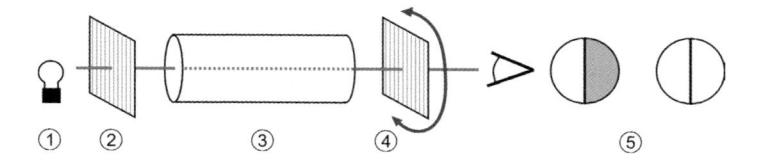

Fehlerquellen:

- Die Lösung in der Küvette ist nicht blasenfrei.
- Der Drehwinkel kann mehrdeutig sein (Drehwinkel von +70° bzw. –290° erscheinen z.B. identisch!). Abhilfe schafft eine zweite Messung mit unterschiedlicher Konzentration oder Schichtdicke. In der Praxis wird dies aber kaum vorkommen, weil für einen zweideutigen Drehwinkel von 180° bei typischen Werten von $c = 0.1$ g·ml^{-1} und $d = 1$ dm ein spezifischer Drehwert von 18000 (!) vorliegen müsste. Das wird selbst bei Helicenen und anderen extrem stark drehenden Verbindungen nicht annähernd erreicht.

Kapitel 4

Trennung, Reinigung und chemische Analytik organischer Verbindungen

4.1 Trenn- und Reinigungsmethoden – ein Überblick

4.2 Nachweis von Heteroelementen

4.3 Chemischer Nachweis funktioneller Gruppen

Literaturverzeichnis

4.1 Trenn- und Reinigungsmethoden – ein Überblick

Gleich, ob eine chemische Reaktion mit mäßiger, befriedigender oder mit sehr guter Ausbeute abläuft, so gut wie immer wird es erforderlich sein, das Reaktionsprodukt aus der Reaktionsmischung zu isolieren und zu reinigen. Nach der Reaktion wird die Zielverbindung typischerweise in einem Lösungsmittel vorliegen, in dem zudem überschüssige Reagenzien, die abreagierten Reagenzien, Hydrolyseprodukte, Salze, Nebenprodukte oder Ähnliches enthalten sind. In analoger Weise ist bei der Isolierung von Naturstoffen aus pflanzlichen oder tierischen Materialien eine Trennung der zum Teil recht komplexen Substanzmischungen notwendig. Auch wenn sich die Verfahren zur Isolierung und Reinigung häufig ähneln, lohnt es sich doch zu überlegen, welche der Verfahren im jeweils vorliegenden Fall geeignet sind und welche eher ungünstig sind.

Sollte das Produkt während der Reaktion oder im Verlaufe des Aufarbeitungsprozesses aus der Lösung ausgefallen sein, ist es möglicherweise durch Filtration isolierbar (Kap. 6). Umgekehrt lassen sich auch feste Nebenprodukte abfiltrieren und somit entfernen. Liegt das Produkt in der Reaktionsmischung gelöst vor, wird man es typischerweise in einem Extraktionsprozess zunächst von Salzen und anderen wasserlöslichen Nebenprodukten befreien (Kap. 9). Gelingt es, das Produkt durch Protonierung oder Deprotonierung wasserlöslich zu machen, kann es in einem Extraktionsprozess auch von Nebenprodukten abgetrennt werden, die sich bevorzugt in einer organischen Phase lösen. Beispielsweise kann man ein Amin von vielen organischen Nebenprodukten abtrennen, indem man es bei saurem pH-Wert zwischen Wasser und einem organischen Lösungsmittel partitioniert, wobei das dabei gebildete Ammoniumsalz überwiegend in der Wasserphase vorliegt und alle organischen Nebenprodukte bevorzugt im organischen Lösungsmittel verbleiben. Analog können Carbonsäuren und andere saure Verbindungen bei basischem pH-Wert von organischen Nebenprodukten abgetrennt werden.

Nach der Extraktion liegt das Produkt in aller Regel in einem organischen Lösungsmittel vor, das zunächst destillativ (meist im Rotationsverdampfer) entfernt wird. Liegt das Produkt in Wasser gelöst vor, kann es ebenfalls im Rotationsverdampfer vom Wasser befreit werden. Insbesondere wenn das Produkt empfindlich ist und die dazu erforderlichen vergleichsweise hohen Temperaturen nicht unbeschadet überstehen würde, bietet sich auch die überaus milde Methode der Gefriertrocknung (Lyophilisierung, Kap. 8.4) an, die häufig für die Trocknung von Peptiden und anderen Naturstoffen genutzt wird. Ist das Lösungsmittel (weitgehend) entfernt, wird man eine geeignete Reinigungsmethode zur Anwendung bringen.

Kristalline Substanzen werden vorteilhaft durch Umkristallisation gereinigt (Kap. 7), in Einzelfällen – bei ausreichend niedrigem Sublimationspunkt – ist aber auch eine Sublimation (Kap. 8) eine günstige Reinigungsmethode, die zu besonders hohen Produktreinheiten führen kann. Verbindungen mit ausreichend niedrigem Siedepunkt können destillativ gereinigt werden (Kap. 5). Sowohl die Umkristallisation als auch die Destillation eignen sich für im Prinzip beliebig große Substanzmengen, während die meisten anderen Reinigungsverfahren bei vertretbarem Zeit- und Kostenaufwand nur für vergleichsweise kleine Substanzmengen Anwendung finden können. So eignet sich eine chromatographische Reinigung (heutzutage meist als Flash-Chromatographie durchgeführt; Kap. 10) zwar im Prinzip für die Aufreinigung aller nicht zu polaren Substanzklassen, normalerweise können allerdings kaum mehr als einige Gramm in einem Durchlauf getrennt werden. Nochmals deutlich geringere Substanzmengen lassen sich mit Hilfe von Mitteldruckchromatographie (MPLC) oder Hochdruckflüssigkeitschromatographie (HPLC) auftrennen. Die ‚klassischen' Trennmethoden der organischen Chemie wie Extraktion, Kristallisation und Destillation werden deshalb auch heute noch in vielen Bereichen eingesetzt und sind speziell in der präparativen organischen Chemie und bei der Naturstoffisolierung von Bedeutung.

Für zwitterionische Verbindungen wie Aminosäuren, gelegentlich aber auch für Amine und einige weitere Stoffklassen bietet sich die Ionenaustauschchromatographie an, die in Kapitel 10.3.8 näher beschrieben wird.

4.2 Nachweis von Heteroelementen

Die Trennung von chemischen Substanzen in einem Trennungsgang spielt in der praktischen Ausbildung, aber auch im Arbeitsleben eines Chemikers eine immer geringere Rolle. Auf diesen Aspekt wird deswegen in diesen ‚Arbeitsmethoden' nicht mehr eingegangen. Bei Interesse oder Bedarf an Informationen zum Trennungsgang für organisch chemische Verbindungen sei auf die 2. Auflage dieses Buchs verwiesen. Gelegentlich wird es aber noch nützlich sein, wenn man Heteroelemente in organischen Verbindungen auch mit chemischen Methoden nachweisen kann. Die entsprechenden Verfahren werden daher im Folgenden beschrieben.

Nachweis von Halogen (*Beilstein*-Probe)

$$\text{Organische Halogenverbindung} \xrightarrow[\text{Pyrolyse}]{\text{CuO}} \text{Kupferhalogenide}$$

Ein Kupferdraht ($\varnothing$ ca. 1 mm, 10–15 cm lang, in einem Korkstopfen) wird im Abzug in der entleuchteten Flamme des Bunsenbrenners am vorderen Ende ausgeglüht, bis keine Flammenfärbung mehr erkennbar ist. Dann wird der weitgehend abgekühlte Draht mit etwas Substanz benetzt und langsam seitlich an den Flammenrand geführt. Eine grüne bis blaugrüne Flammenfärbung durch flüchtige Kupferhalogenide zeigt bei dieser sehr empfindlichen Probe die Anwesenheit von Halogen.

Achtung: Bei der *Beilstein*-Probe können Dioxine entstehen! Der Nachweis darf nur im Abzug durchgeführt werden.

Nachweis von Schwefel, Halogen, Stickstoff und Phosphor (*Lassaigne*-Probe)

Der reduzierende Aufschluss organischer Substanzen mit Natrium erlaubt den Nachweis von Schwefel, Halogen und Stickstoff in einer Substanzprobe.

$$(C, H, O, N, S, Hal) \xrightarrow[\text{Rotglut}]{\text{Na}} NaCN, Na_2S, NaCNS, NaHal$$

Achtung: Natrium reagiert mit Tetrachlormethan und anderen polyhalogenierten Verbindungen sowie mit organischen Aziden, Diazoestern, Diazoniumverbindungen, Nitromethan und einigen anderen Nitroverbindungen sehr heftig, zum Teil explosionsartig! Vergewissern Sie sich, dass derartige Verbindungen nicht vorliegen! Arbeiten Sie beim Aufschluss unbedingt mit Schutzbrille sehr vorsichtig im Abzug mit heruntergezogenem Frontschieber.

Aufschluss: In einem kleinen Reagenzglas (10 mm×60 mm) wird zu 1–2 Spatelspitzen bzw. 1–2 Tropfen Substanz ein erbsengroßes, frisch geschnittenes Stückchen Natrium gegeben und in der Sparflamme des Bunsenbrenners vorsichtig erhitzt, bis das Metall zu einer Kugel schmilzt. Durch Schütteln wird ein möglichst inniger Kontakt zwischen Natrium und Substanz erreicht. Siedet die Substanz, erhitzt man so, dass der Rückfluss der Substanz von der Reagenzglaswand immer wieder auf die geschmolzene Metalloberfläche trifft. Vorsicht: Das Reagenzglas wird sehr heiß, benutzen Sie einen Reagenzglashalter!

Es kommt zur Rauchentwicklung, flüchtige Reaktionsprodukte können sich entzünden (die Reagenzglasöffnung immer vom Körper weghalten!). Wenn die heftige Reaktion beendet ist, erhitzt man noch etwa 1–2 Minuten zur Rotglut und lässt das Reagenzglas in ein mit etwa 20 ml destilliertem Wasser gefülltes 100 ml-Becherglas fallen. Das Reagenzglas zerspringt, restliches Natrium kann sich entzünden. Nun wird noch 1–2 Minuten aufgekocht und von den Rückständen abfiltriert.

Nachweis von Schwefel

3–5 ml des Filtrats werden mit einigen Tropfen Eisessig angesäuert und mit wenig 1 M Bleiacetatlösung versetzt. Ein schwarzbrauner Niederschlag oder eine entsprechende schwarze Eintrübung zeigen Schwefel an. Bei zu hohem Schwefelgehalt kann diese Probe versagen.

Nachweis von Halogen

3–5 ml des Filtrats werden mit 2 M HNO_3 angesäuert und mit 1%iger $AgNO_3$-Lösung versetzt. Die Silberhalogenidfällung oder eine Trübung zeigen Halogen an.

Bei Anwesenheit von Schwefel oder Stickstoff kann das Filtrat nicht direkt mit Ag^+ auf Halogen geprüft werden. In diesem Fall versetzt man das Filtrat mit 1–2 Tropfen 5%iger $Ni(NO_3)_2$-Lösung, um Cyanid und Sulfid zu entfernen, schüttelt gut durch und filtriert von den Niederschlägen ab. Das Filtrat wird dann mit 2 M HNO_3 angesäuert und mit 1%iger $AgNO_3$-Lösung versetzt.

Nachweis von Stickstoff

3–5 ml des Filtrats werden mit einem Körnchen $Fe(NH_4)_2(SO_4)_2 \cdot 6\,H_2O$ und 2–3 Tropfen $FeCl_3$-Lösung versetzt und – falls nötig – mit wenig Lauge alkalisch gemacht. Es wird noch etwa eine Minute zum Sieden erhitzt, danach wird die abgekühlte Lösung mit 2 M Salzsäure angesäuert. Ein blauer Niederschlag („Berliner Blau") oder eine entsprechende Färbung zeigen Stickstoff an.

Nachweis von Phosphor

3–5 ml der wässrigen Lösung werden mit 0.5 ml konz. HNO_3 versetzt, anschließend wird 1 ml einer 5%igen wässrigen Lösung von Ammoniummolybdat zugegeben. Man erhitzt einige Minuten in einem siedenden Wasserbad. Wenn die Probe Phosphor enthielt, färbt sich die Lösung gelb und es scheidet sich schließlich ein gelber Niederschlag ab. Im Zweifelsfall kann die Niederschlagsbildung durch Anreiben der gelben Lösung mit einem Glasstab induziert werden.

4.3 Chemischer Nachweis funktioneller Gruppen

Spektroskopischer Nachweis

Viele funktionelle Gruppen lassen sich an ihren charakteristischen IR-Absorptionen erkennen. Einige Verbindungsklassen wie Aldehyde, Carbonsäuren oder Aromaten lassen sich auch im ^{1}H-NMR-Spektrum aufgrund der Tieffeldverschiebung der Signale der H-Atome (C$\underline{H}$O, COO$\underline{H}$) charakterisieren. In Sonderfällen können auch UV- und Massenspektren zum Nachweis funktioneller Gruppen herangezogen werden. An dieser Stelle sei auf die einschlägige Literatur bzw. auf die Tabellen zur IR- und NMR-Spektroskopie im Kap. 13 verwiesen.

Nachweis von Säuren und Basen

- Verbindungen, deren Acidität mindestens der von Carbonsäuren entspricht (p$K_S \leq 5$) oder deren Basizität mindestens der von aliphatischen Aminen entspricht (p$K_B \leq 5$) verfärben Universalindikatorpapier deutlich (Tab. 4.2). Man bringt einige Kriställchen oder einen Mikrotropfen auf das (eventuell mit 50%igem Ethanol) angefeuchtete Indikatorpapier.

- Zum Nachweis von Carbonsäuren (pK_S < 6) gibt man zu einer gesättigten NaHCO$_3$-Lösung auf einem Uhrglas ein Kriställchen der Verbindung. Durch den Rückstoß der CO$_2$-Entwicklung ‚fährt der Kristall Schiffchen'!

Tabelle 4.2: pK_S und pK_B-Werte von sauren und basischen Verbindungsklassen

Säuren	pK_S	Basen	pK_B
Carbonsäuren	3–5	Carboxylat-Ionen	11–9
Phenole	6–10	Phenolat-Ionen	8–4
aromatische Ammonium-Ionen	1–5	aromatische Amine	13–9
aliphatische Ammonium-Ionen	9–11	aliphatische Amine	5–3
Sulfonsäuren	≈ –5	Sulfonat-Ionen	≈ 21

Nachweis von Alkenen mit Brom

Klassische Reagenzlösung: 2%ige Lösung von Brom in Tetrachlorkohlenstoff

Brom: Sdp. 59 °C, Gefahr: H330-H314-H400, P210-P273-P304+P340-P305+P351+P338-P309+P310-P403+P233.
Tetrachlorkohlenstoff: Sdp. 77 °C, Gefahr: H301+H311+H331-H351-H372-H412-H420, P273-P280-P302+P352-P304+P340-P309+P310.

Alternative Reagenzlösung: 2%ige Lösung von Brom in Eisessig

Brom: Sdp. 59 °C, Gefahr: H330-H314-H400, P210-P273-P304+P340-P305+P351+P338-P309+P310-P403+P233.
Eisessig: Sdp. 118 °C, Gefahr: H226-H314, P280-P301+P330+P331-P307+P310-P305+P351+P338.

Brom und Tetrachlorkohlenstoff sind sehr giftig, bei CCl$_4$ besteht zudem der Verdacht auf krebserzeugende Wirkung beim Menschen. Der Nachweis darf nur unter dem Abzug und mit Schutzhandschuhen durchgeführt werden. Nach Möglichkeit sollte die alternative Reagenzlösung bevorzugt werden.

Eine Lösung von etwa 50 mg oder 2 Tropfen der Probe in etwa 1 ml Lösungsmittel (Tetrachlorkohlenstoff bei der klassischen Reagenzlösung, ansonsten Cyclohexan oder Eisessig) wird tropfenweise mit der Bromlösung versetzt bis die Färbung bestehen bleibt. Die Beobachtung (rasche, langsame oder gar keine Entfärbung) wird protokolliert, in Zweifelsfällen sollte eine Blindprobe durchgeführt werden. Wenn mehr als 2–3 Tropfen Bromlösung verbraucht werden, um die Bromfarbe etwa eine Minute lang zu erhalten, findet wahrscheinlich eine Substitution (C–H → C–Br) statt, die sich bei Verwendung der klassischen Reagenzlösung auch an entweichendem Bromwasserstoff erkennen lässt (Gasbläschen in der Lösung, ein angefeuchtetes Indikatorpapier im Dampfraum zeigt Säure an). Die alternative Reagenzlösung erlaubt den Nachweis von HBr nicht.

Diese Störung des Alkennachweises durch Substitution wird hauptsächliche durch aromatische Amine und Phenole mit freier *o*- oder *p*-Stellung sowie durch einige Carbonylverbindungen verursacht.

Nachweis von Alkenen mit Permanganatlösung (*Baeyer*'sche Probe)

$$\text{Alken} \xrightarrow{\text{KMnO}_4, \text{H}_2\text{O}} \text{Diol} + \text{MnO}_2 + \text{KOH}$$

Reagenzlösung: 2%ige wässrige Kaliumpermanganatlösung

Kaliumpermanganat: Gefahr: H272-H302-H410, P210-P273.

Eine Lösung von etwa 50 mg oder 2 Tropfen der Probe in etwa 2 ml 95%igem Aceton wird tropfenweise mit der Permanganatlösung versetzt, bis die Färbung bestehen bleibt. Die Beobachtung (rasche, langsame oder gar keine Entfärbung) wird protokolliert, in Zweifelsfällen sollte eine Blindprobe durchgeführt werden. Wenn mehr als ein Tropfen Reagenzlösung verbraucht wird, ist der Test positiv. Die Lösung färbt sich schließlich braun durch gebildetes MnO_2.

Substanzen wie Aldehyde, Ameisensäure, mehrwertige Phenole, Aminophenole und Endiole aus α-Hydroxycarbonylverbindungen werden ebenfalls von Permanganat oxidiert. Diese stark reduzierenden Verbindungen reagieren – im Gegensatz zu Alkenen – mit dem *Tollens*-Reagenz.

Nachweis von Aldehyden mit ammoniakalischer Silbernitratlösung (*Tollens*-Reagenz)

Aldehyde unterscheiden sich von Ketonen durch ihre Reduktionswirkung, z.B. gegenüber ammoniakalischer Silbersalzlösung.

$$R-\overset{+1}{C}HO + H_2O \longrightarrow R-\overset{+3}{C}OOH + 2\,e^{\ominus} + 2\,H^{\oplus}$$

$$2\,Ag^{\oplus} + 2\,e^{\ominus} \longrightarrow 2\,Ag$$

$$R-CHO + 2\,Ag^{\oplus} + H_2O \longrightarrow R-COOH + 2\,Ag + 2\,H^{\oplus}$$

Reagenzlösung: 5%ige wässrige Silbernitratlösung

Silbernitrat: Gefahr: H272-H314-H410, P273-P280-P301+P330+P331-P305+P351+P338-P309+P310.

In einem sauberen Reagenzglas werden 2 ml 5%ige AgNO$_3$-Lösung vorgelegt und mit einem Tropfen 2 M NaOH versetzt. Durch vorsichtiges Zutropfen von 2 M Ammoniaklösung wird der Niederschlag gerade wieder aufgelöst. Zu dieser Reagenzlösung wird etwa 1 ml einer Lösung des Aldehyds (ca. 0.05–0.10 g) in Methanol oder Ethanol (aldehydfrei, Blindprobe!) gegeben. Wenn ein Aldehyd vorliegt, bildet sich beim vorsichtigen Erwärmen an der Reagenzglas-Innenseite ein glänzender Silberspiegel.

Identifizierung organischer Verbindungen durch Bildung von Derivaten

Die Identifizierung einer organischen Verbindung kann erfolgen, indem diese durch Reaktion der funktionellen Gruppen in geeignete Derivate überführt werden. Deren Schmelzpunkt erlaubt nach Abgleich mit Werten aus Tabellenwerken die Identifizierung der Verbindung. Dabei ist Zuordnung nach Darstellung **nur eines Derivats** in den meisten Fällen nicht möglich. So sind die Schmelzpunkte der 3,5-Dinitrobenzoate von 1-Butanol (64 °C) und 2-Pentanol (62 °C) so nahe beieinander liegend, dass eine Zuordnung nicht möglich ist. Erst die Darstellung eines zweiten Derivats kann eine Entscheidung herbeiführen. Die Schmelzpunkte der *p*-Nitrobenzoate: 1-Butanol (35 °C) und 2-Pentanol (17 °C) erlauben schließlich die endgültige Zuordnung.

Da mit Hilfe solcher Derivate erstens nur bekannte Verbindungen identifiziert werden können und zweitens heute leistungsfähige spektroskopische Methoden (insbesondere die IR- und NMR-Spektroskopie) zur Verfügung stehen, spielt das Herstellen von Derivaten in der chemischen Ausbildung heute kaum noch eine Rolle und soll daher auch in diesen ‚Arbeitsmethoden' nicht weiter vertieft werden. In seltenen Einzelfällen mag eine Kenntnis dieser Verfahren weiterhin nützlich sein. Für diese Fälle wird auf die 2. Auflage der ‚Arbeitsmethoden' und weitere am Ende dieses Kapitels angegebene Literatur verwiesen.

Literaturverzeichnis

Monographien mit Nachschlagetabellen für die Identifizierung organischer Verbindungen:

W. J. Criddle, G. P. Ellis, *Spectral and Chemical Characterization of Organic Compounds – A Laboratory Handbook*, 3rd ed., John Wiley & Sons, New York, **1990**.

R. L. Shriner, R. C. Fuson, D. Y. Curtin, T. C. Morill (Ed.), *The Systematic Identification of Organic Coumpounds, a Laboratory Manual*, 6th ed., John Wiley & Sons, New York, **1980**.

N. D. Cheronis, J. B. Entrikin, E. M. Hodnett, *Semimicro Qualitative Organic Analysis: The Systematic Identification of Organic Compounds*, 3rd ed., Interscience Publisher, New York, **1965**.

N. D. Cheronis, J. B. Entrikin, *Identification of Organic Compounds*, Interscience Publishers, New York, **1963**.

Siehe auch:

H. Laatsch, *Die Technik der Organischen Trennungsanalyse. Eine Einführung*, Georg-Thieme-Verlag, Stuttgart, **1988**.

Kapitel 5

Destillation

Gängige Verfahren und Apparaturen

5.1 Physikalische Grundlagen

5.2 Einstufendestillation

5.3 Mehrstufendestillation (Rektifikation)

5.4 Destillation azeotroper Mischungen

Spezielle Verfahren und Apparaturen

5.5 Halbmikro- und Mikrodestillationsapparaturen

5.6 Vakuumpumpen – Vakuummessgeräte

      Literaturverzeichnis

Die Destillation ist die vielseitigste Methode zur Reinigung von Flüssigkeiten durch Abtrennung von schwerflüchtigen Verunreinigungen und zur Trennung von Flüssigkeitsgemischen. Voraussetzung ist, dass sich die Substanzen ohne Zersetzung bei Normaldruck oder bei vermindertem Druck verdampfen lassen.

5.1 Physikalische Grundlagen

Moleküle einer Flüssigkeit entweichen ständig durch die Flüssigkeitsoberfläche in den umgebenden Gasraum (**Verdampfung**) und kehren wieder in die Flüssigkeit zurück (**Kondensation**).

In einem **abgeschlossenen System** stellt sich ein Gleichgewicht zwischen Verdampfung und Kondensation ein; jede Verbindung besitzt einen charakteristischen, von der Temperatur abhängigen Dampfdruck, der mit steigender Temperatur steigt (Abb. 5.1 und Tab. 5.1).

In einem **offenen System** kann sich der zu einer bestimmten Temperatur gehörende Dampfdruck nicht einstellen, da die Gasphase ‚unendlich groß' ist. Es geht ständig Substanz von der flüssigen Phase in die Gasphase über. Die Temperatur, bei der der Dampfdruck einer Verbindung den Außendruck erreicht, ist der **Siedepunkt** (Sdp.). Die zur Verdampfung eines Mols einer Verbindung am Siedepunkt benötigte Energie ist die **Verdampfungsenthalpie** ($\Delta H_{verd.}$). **Siedepunkt** und $\Delta H_{verd.}$ sind **Stoffkonstanten**. Die Verdampfungsenthalpie wird durch Heizung des Destillationskolbens in einem Heizbad aufgebracht.

In der Destillationsapparatur (siehe Kapitel 5.2) wird der Dampf im Kühler kondensiert und in einem getrennten Gefäß aufgefangen (Übergang flüssig → gasförmig → flüssig). Dadurch kann eine Flüssigkeit von schwer verdampfbaren Verunreinigungen getrennt werden.

5.1.1 Druckabhängigkeit des Siedepunkts

Den Zusammenhang zwischen Temperatur und Dampfdruck einer Verbindung gibt die Gleichung von *Clausius-Clapeyron* wieder:

$$\frac{d \ln p}{dT} = \frac{\Delta H_{verd}}{RT^2}$$

p	Dampfdruck
ΔH_{verd}	molare Verdampfungswärme
T	abs. Temperatur
R	Gaskonstante

Gleichung 5.1

Durch Integration erhält man:

$$\ln p = -\frac{\Delta H_{verd}}{RT} + const. \quad \text{bzw.} \quad \log p = -\frac{\Delta H_{verd}}{2.303 \cdot RT} + const'.$$

Gleichung 5.2

5.1 Physikalische Grundlagen

Das Auftragen von ln p bzw. log p gegen $1/T$ ergibt nach Gleichung 5.2 eine Gerade, die sich konstruieren lässt, wenn man die Siedepunkte einer Verbindung bei mindestens drei verschiedenen Drucken kennt (Abbildung 5.1).

Tabelle 5.1: Dampfdrucke verschiedener Verbindungen. Im Bereich der grau unterlegten Bereiche sind die Verbindungen bei Normaldruck gasförmig.

Temperatur T [°C]	Dampfdruck (hPa [Torr])				
	Wasser	Diethylether	Ethanol	n-Pentan	n-Heptan
0	6.10 [4.58]	246.6 [185]	16.0 [12]	244 [183]	14.6 [11]
10	12.28 [9.21]	389.2 [292]	32.0 [24]	376 [282]	28 [21]
20	23.3 [17.5]	589 [442]	58.6 [44]	560 [420]	48 [36]
30	42.4 [31.8]	862 [647]	105 [79]	814 [611]	77 [58]
40	73.7 [55.3]	1228 [921]	180 [135]	1164 [873]	123 [92]
50	123.3 [92.5]	1702 [1277]	296 [222]	1590 [1193]	188 [141]
60	199.1 [149.4]		470 [353]	2139 [1605]	279 [209]
70	311.5 [233.7]		722 [542]	2824 [2119]	403 [302]
80	473.3 [355.1]		1084 [813]	3645 [2735]	569 [427]
90	700.8 [525.8]		1582 [1187]	4662 [3498]	785 [589]
100	1013 [760.0]			5878 [4410]	1060 [795]
110	1433 [1075]				1398 [1049]
120	1986 [1490]				1026 [1367]
Sdp. bei (1013 hPa / 760 Torr)	100 °C	34.6 °C	78.3 °C	36.2 °C	98.4 °C

Abb. 5.1: Dampfdruckkurven von Diethylether, Ethanol und Wasser.

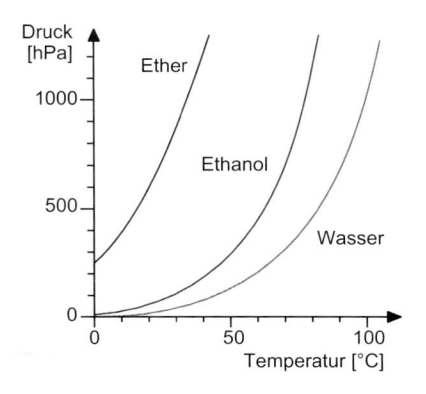

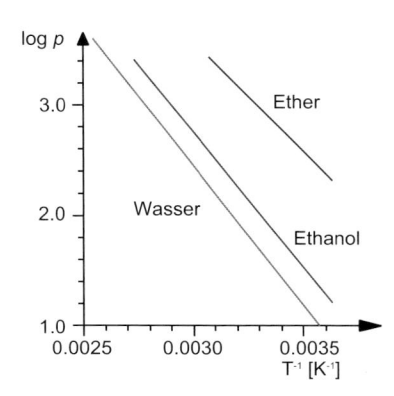

Destillationen bei Normaldruck (1013 hPa bzw. 760 Torr) sollte man nur bei Siedetemperaturen zwischen 35 °C und maximal 170 °C durchführen, bei höheren Temperaturen besteht die Gefahr der thermischen Zersetzung.

Nach Gleichung 5.1 bzw. 5.2 lässt sich die Siedetemperatur durch Verringerung des Drucks herabsetzen; der Siedepunkt entspricht dann der Temperatur, bei der der Dampfdruck gleich dem angelegtem Druck ist (Destillation im Vakuum, (siehe 5.2.4). Abbildung 5.2 zeigt die Auftragung von log p gegen $1/T$ (**Nomogramm**) für einige ausgewählte Verbindungen.

5. Destillation

Abb. 5.2: Nomogramm der Druckabhängigkeit des Siedepunkts verschiedener Flüssigkeiten.

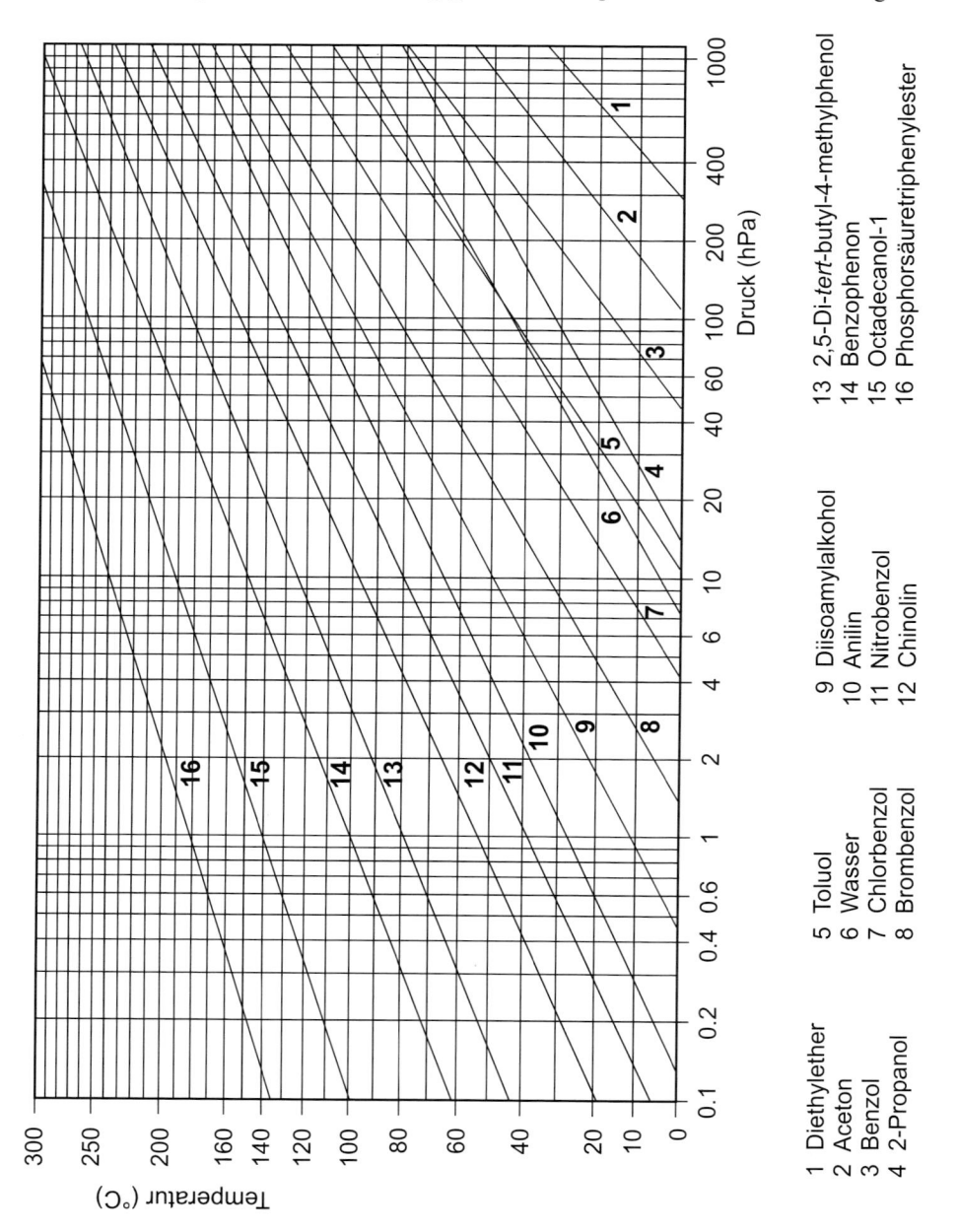

1 Diethylether
2 Aceton
3 Benzol
4 2-Propanol
5 Toluol
6 Wasser
7 Chlorbenzol
8 Brombenzol
9 Diisoamylalkohol
10 Anilin
11 Nitrobenzol
12 Chinolin
13 2,5-Di-*tert*-butyl-4-methylphenol
14 Benzophenon
15 Octadecanol-1
16 Phosphorsäuretriphenylester

Als Faustregel für die Verminderung der Siedepunkte bei Reduzierung des Druckes gilt:

Reduzierung des Druckes auf	Erniedrigung des Siedepunktes um
die Hälfte	~ 15 °C
20 hPa (15 Torr)	~ 100 °C
10^{-1}–10^{-3} hPa ($7.5 \cdot 10^{-2}$–$7.5 \cdot 10^{-4}$ Torr)	~ 150–170 °C

Zur Erzeugung von verminderten Drucken werden Vakuumpumpen verwendet (siehe Abschnitt 5.6).

5.1.2 Ideale Mischungen

Für das Verhalten der Dampfdrucke einer idealen Mischung zweier chemisch ähnlicher, inerter und unbegrenzt mischbarer Verbindungen gilt das **Raoult'sche Gesetz**.

> Der Dampfdruck einer Mischung ist gleich der Summer der Partialdrucke der beiden Komponenten, die Partialdrucke sind proportional den molaren Anteilen der Verbindung in der flüssigen Phase.

Für binäre, ideale Mischungen gilt:

$$P_{Misch} = p_A + p_B; \quad p_A = x_A \cdot P_A^O; \quad p_B = x_B \cdot P_B^O$$

P_{Misch} Gesamtdampfdruck über der Mischung
p_A, p_B Partialdruck der Verbindung A bzw. B über der Mischung
         (A sei die leichter flüchtige Komponente)
P_A^O, P_B^O Dampfdruck der reinen Verbindungen A bzw. B
x_A, x_B Molenbrüche für die Verbindungen A bzw. B

Durch Addition erhält man: $p_A + p_B = x_A P_A^O + x_B P_B^O$

Division unter Verwendung von $x_B = 1 - x_A$ liefert:

$$\frac{p_A}{p_B} = \frac{P_A^O}{P_B^O} \cdot \frac{x_A}{1 - x_A} \quad \text{mit} \quad \frac{P_A^O}{P_B^O} = \alpha \qquad \text{Gleichung 5.3}$$

α = Dampfdruckverhältnis der reinen Verbindungen A und B

Die **Partialdrucke** p_A und p_B im Dampfraum sind mit dem Gesamtdruck P_{Misch} außerdem über die Molenbrüche y_A bzw. y_B im Dampfraum verknüpft durch:

$$p_A = P_{Misch} \cdot y_A \quad \text{und} \quad p_B = P_{Misch} \cdot y_B = P(1 - y_A)$$

Durch Einsetzen von p_A und p_B in Gleichung 5.3 erhält man:

$$\frac{y_A}{(1-y_A)} = \frac{P_A^O}{P_B^O} \cdot \frac{x_A}{(1-x_A)} \quad oder: \quad \frac{y_A}{(1-y_A)} = \alpha \cdot \frac{x_A}{(1-x_A)} \qquad \text{Gleichung 5.4}$$

Der Wert α verknüpft die relative Konzentration x (als Molenbruch) der Komponenten A und B in der flüssigen Phase mit deren relativer Konzentration y (als Molenbruch) im Dampfraum.

Durch Umformung von Gleichung 5.4 erhält man die Beziehung für den Molenbruch der leichter flüchtigen Komponente:

$$y_A = \frac{1}{\frac{1-x_A}{\alpha \cdot x_A} + 1} \qquad \text{Gleichung 5.5}$$

In Tabelle 5.2 wird der Molenbruch y_A der leichter flüchtigen Komponente im Dampf in Abhängigkeit von ihrem Anteil x_A in dem zu trennenden Gemisch der Substanzen A und B sowie dem Dampfdruckverhältnis angegeben. Die Bedingungen für eine Anreicherung von $y_A > 95\%$ sind grau unterlegt dargestellt.

Tabelle 5.2: Anreicherung der leichter flüchtigen Komponente in der Gasphase (y_A) bei unterschiedlichen Startbedingungen (x_A in der flüssigen Phase) für verschiedene Werte von α.

Molenbruch x_A		0.90	0.50	0.10
$\alpha = 5$ (ΔSdp. ~35 °C);	y_A	0.98	0.83	0.36
$\alpha = 10$ (ΔSdp. ~50 °C);	y_A	0.99	0.90	0.53
$\alpha = 20$ (ΔSdp. ~70 °C);	y_A	0.99	0.95	0.69

ΔSdp.: Siedepunktsdifferenz zwischen Verbindung A und B.

Aus den Werten der Tabelle 5.2 ergibt sich die Faustregel:

Bei einer Einstufendestillation lassen sich zwei Komponenten A und B, $x_A = 0.50$ nur dann mit einer Reinheit von etwa 95% trennen, wenn die Siedepunktsdifferenz mindestens 70 °C beträgt.

Mit abnehmender Konzentration der niedriger siedenden Komponente – z.B. im Verlauf der Destillation – sinkt der Reinheitsgrad des Destillats stark. Die Trennung von Mischungen mit Siedepunktsdifferenzen kleiner als 70 °C erfordert eine Mehrstufendestillation.

Im **Dampfdruckdiagramm** werden die Dampfdruckkurve und die Zusammensetzung der Gasphase in ein Diagramm eingetragen. Die beiden Kurven begrenzen ein Zweiphasengebiet, innerhalb dessen Dampf und Flüssigkeit im thermodynamischen Gleichgewicht koexistieren.

In der Praxis wird die Destillation bei konstantem Druck durchgeführt. Deshalb werden statt der Dampfdruckdiagramme in der Regel **Siedediagramme** verwendet. Die Beziehung zwischen Siedepunkt und Zusammensetzung der Mischung kann nicht einfach berechnet werden, die Siedediagramme werden deshalb experimentell bestimmt. Abbildung 5.3 zeigt den Zusammenhang zwischen Partial- und Gesamtdruck, Dampfdruckdiagramm und Siedediagramm für die ideale Mischung Benzol und Toluol.

Abb. 5.3: Partial- und Gesamtdruck, Dampfdruckdiagramm und Siedediagramm für die ideale Mischung Benzol und Toluol.

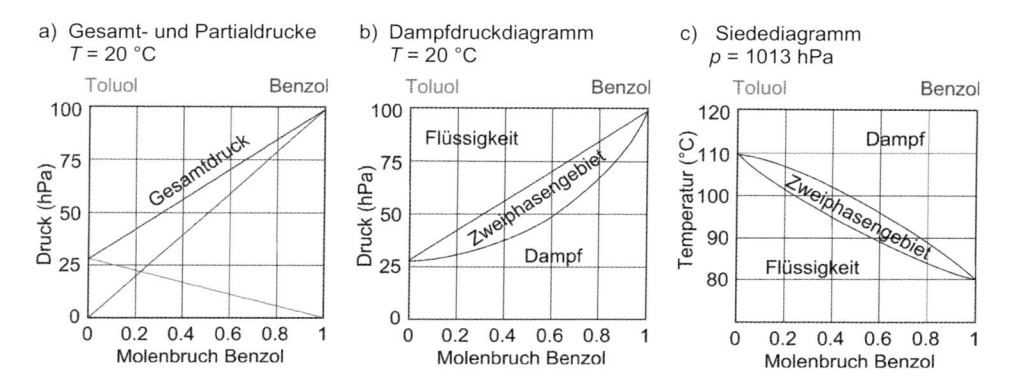

Die praktische Bedeutung der Siedediagramme wird in Abschnitt 5.3 ‚Rektifikation' besprochen.

5.1.3 Nicht ideale Mischungen

In idealen Mischungen sind die Wechselwirkungen der reinen Komponenten A bzw. B weitgehend vergleichbar mit den Wechselwirkungen zwischen den verschiedenen Molekülarten A/B bzw. B/A. Nur in diesen Fällen gilt das *Raoult*'sche Gesetz exakt: Der Gesamtdruck dieser Mischung ändert sich linear mit der Zusammensetzung der Mischung (Abb. 5.3a).

In nicht idealen Mischungen sind die Wechselwirkungen zwischen verschiedenartigen Komponenten unterschiedlich (entweder größer oder kleiner) zu den Wechselwirkungen der reinen Komponenten. In diesen Fällen erhält man im Siedediagramm Kurven mit Minima oder Maxima (Abb. 5.4). Die durch die jeweiligen Extrema beschriebenen Mischungen werden als **azeotrope Mischungen** oder kurz **Azeotrope** bezeichnet. Azeotrope Mischungen verhalten sich bei der Destillation wie reine Stoffe: Bei der Destillation solcher nicht idealen Mischungen ist die vollständige Trennung der einzelnen Komponenten nicht möglich (siehe Kapitel 5.3).

Abb. 5.4: Siedediagramme nicht idealer Mischungen ($p = 1013$ hPa).

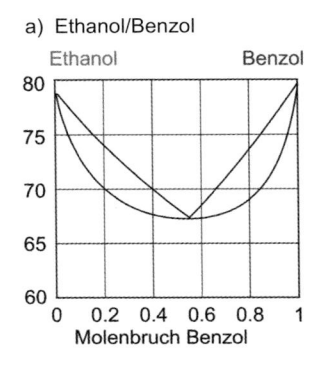

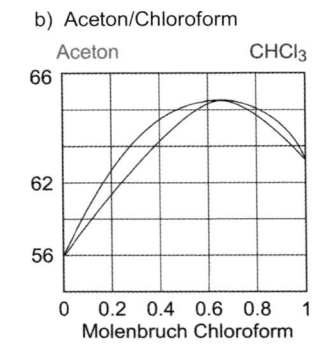

a) Ethanol/Benzol

b) Aceton/Chloroform

5.2 Einstufendestillation

Bei der Destillation wird die zu destillierende Flüssigkeit, das **Destillationsgut**, in einer Destillationsapparatur zum Sieden erhitzt. Der entweichende Dampf wird durch Wasserkühlung so kondensiert, dass das **Destillat** nicht in den Destillationskolben zurückfließt, sondern in einer **Vorlage** aufgefangen wird.

Einstufendestillation = Einmaliges Verdampfen und Kondensieren der Verbindung

Anwendung:
- Reinigung von Flüssigkeiten durch Abtrennung von Verunreinigungen mit sehr hohen Siedepunkten.
- Abtrennung von Lösungsmitteln aus Lösungen von höher siedenden Verbindungen oder Feststoffen.

Für die Destillation sollte die Siedetemperatur bei Normaldruck im Bereich von 30–150 °C liegen; bei höherer Temperatur besteht häufig die Gefahr der Zersetzung des Destillationsgutes, bei tieferen Temperaturen ist die Kondensation der Dämpfe durch Wasserkühlung nicht mehr möglich.

Eine Verbindung mit hohem Siedepunkt z.B. 300 °C bei Normaldruck (1013 hPa) muss man bei vermindertem Druck destillieren. Nach der Faustregel (Kap. 5.1.1) kann der Siedepunkt durch Verringerung des Druckes auf 0.01 hPa um etwa 150 °C abgesenkt werden, die Destillation kann dadurch im optimalen Temperaturbereich durchgeführt werden.

5.2.1 Aufbau und Inbetriebnahme einer einfachen Destillationsapparatur (Abb. 5.5)

Abb. 5.5: Einfache Destillationsapparatur.

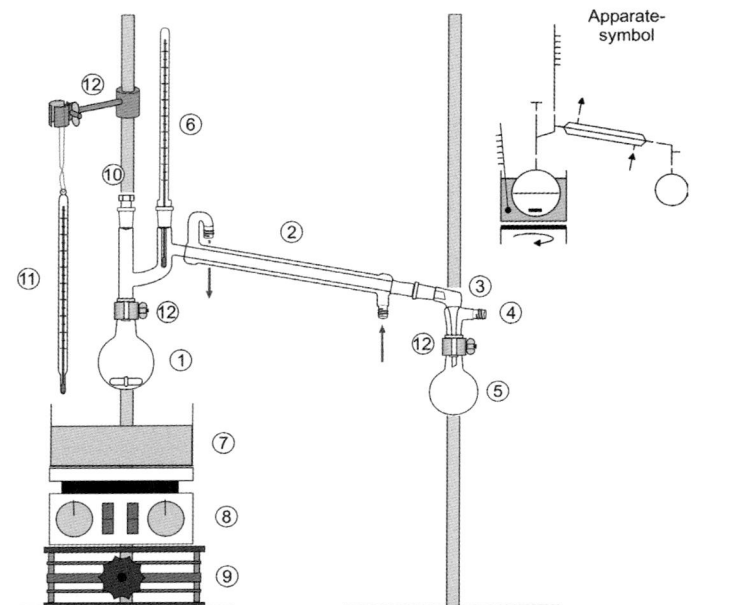

1 Destillationskolben
2 *Claisen*-Brücke (Destillationsbrücke mit absteigendem Kühler)
3 Vorstoß mit
4 Anschluss für ein Trockenrohr oder eine Vakuumpumpe
5 Vorlagekolben
6 Thermometer
7 Heizbad
8 Magnetrührer
9 Hebebühne
10 NS 14.5-Schliffstopfen
11 Heizbadthermometer
12 Stativklammern

Aufbau der Apparatur

- Man beginnt mit dem Anklammern eines mit Magnetrührstab tarierten **Destillationskolbens** (1) mittig über der Stativplatte, er muss in einer Höhe eingespannt werden, dass Heizquelle und Heizbad rasch und mühelos nach unten entfernt werden können. Dazu verwendet man zweckmäßig eine **Laborhebebühne** (9), mit der sich der **Magnetrührer** (8) mit regulierbarer Heizplatte und das **Heizbad** (7) herauf- und herunterfahren lassen.
- Der tarierte **Vorlagekolben** (5) wird an einem zweiten Stativ geklammert (12). Der Abstand der senkrechten Stativstange und die Höhe der Klammerung werden so eingestellt, dass sich die *Claisen*-Brücke zusammen mit dem Vorstoß problemlos auf den Destillationskolben (1) und den Vorlagekolben (5) setzen lässt.
- Anschließend wird die **Claisen-Brücke** (*Claisen*-Aufsatz mit absteigendem **Liebig-Kühler**) (2) zusammen mit dem **Vorstoß** (3) aufgesetzt. Die mit Schlauchklemmen gesicherten **Kühlwasserschläuche** werden so angeschlossen, dass das frische Kühlwasser von unten in den *Liebig*-Kühler einströmt (**Gegenstromprinzip**). Danach werden die Schlauchanschlüsse auf Dichtigkeit überprüft. Es ist darauf zu achten, dass bei einer möglichen Undichtigkeit kein Wasser ins Ölbad gelangt und die Schläuche nicht mit der Heizplatte oder dem Heizbad in Berührung kommen können.

- Jetzt wird das abgewogene **Destillationsgut** mit Hilfe eines Trichters in den tarierten Destillationskolben (1) gefüllt.
- Hierauf wird das Schliffthermometer (6) auf die *Claisen*-Brücke aufgesetzt. Die **Quecksilberkugel** muss knapp unterhalb des Übergangs zum absteigenden Kühler sitzen, nur dann kann sie vom Dampf vollständig umspült werden. Das Thermometer wird mit einer Schliffklammer gesichert, die zweite Schlifföffnung mit einem Glasstopfen (10) verschlossen. Zur Messung der Heizbadtemperatur wird ein Thermometer (11) eingetaucht.
- Da in jeder Destillationsapparatur eine von der Größe der Apparatur abhängige Menge Destillationsgut zurückgehalten wird (**Retentionsvolumen**), muss die Apparatur der Menge des Destillationsgutes angepasst werden: Der Destillationskolben sollte mindestens zur Hälfte, maximal zu zwei Drittel gefüllt sein.
- Die seitliche Oliven- oder Schrauböffnung (4) am Vorstoß darf nicht verschlossen werden. Sie dient dem Druckausgleich, dem Anschluss an eine Vakuumleitung oder der Verbindung mit einem Trockenrohr (vgl. Kap. 2.2.5). **Nie in einer völlig verschlossenen Apparatur destillieren! Explosions- und Feuergefahr durch Überdruck!**

Vorbereitung der Destillation

- Um während der Destillation Siedeverzüge (explosionsartige Verdampfung) im Destillationskolben zu vermeiden, gibt man vor Beginn der Destillation entweder einen **Magnetrührstab** oder **Siedesteine** in den Destillationskolben. (Wird der Destillationskolben zwischenzeitlich abgekühlt, müssen vor erneutem Erwärmen **frische** Siedesteine zugegeben werden!)
- Um eine Massenbilanz erstellen zu können, müssen Vorlagekolben und Destillationskolben (am besten zusammen mit Magnetrührstab oder Siedesteinen) vor dem Einbau gewogen (tariert) werden. Am besten stellt man sie auf einen Korkring, der mitgewogen wird.
- Das Kühlwasser wird vorsichtig angestellt, bei zu starkem Wasserdruck besteht die Gefahr, dass die Wasserschläuche abplatzen. Bei der Verwendung von Ölbädern kann Wasser in das heiße Öl gelangen, das durch das verdampfende Wasser explosionsartig herausgeschleudert wird (Brand- und Verbrennungsgefahr!).
- Der Destillationskolben wird bis unter den Schliffansatz in das noch kalte Heizbad eingetaucht. So wird ein maximaler Wärmekontakt gewährleistet. Bei höher siedenden Flüssigkeiten sollte der Destillationsaufsatz durch Umwickeln mit Aluminiumfolie gegen Wärmeverluste geschützt werden. Dadurch vermeidet man die Kondensation des Destillationsgutes bereits im oberen Teil des Destillationskolbens bzw. im Destillationsaufsatz.
- Bei der Destillation von leichtflüchtigen, hochentzündlichen, giftigen oder aggressiven Substanzen unter Normaldruck wird auf die Olive am Vorstoß (4) ein Schlauch aufgezogen, der hinter die Abzugsprallwand geführt wird. Die Entzündung von nicht kondensierten entzündbaren Dämpfen durch offene Flammen oder heiße Oberflächen wird so vermieden. Freiwerdende giftige oder aggressive, leicht flüchtige oder gasförmige Substanzen sollten in geeigneten Waschflüssigkeiten absorbiert werden.

Durchführung der Destillation

- Das Heizbad wird langsam bis zum Sieden des Destillationsgutes aufgeheizt, dabei müssen die Apparatur und die Temperatur des Heizbades ständig überwacht werden. Wenn das erste Destillat in den Vorlagekolben tropft, protokolliert man Ölbadtemperatur, Siedetemperatur und die Zeit.
- Von diesem Zeitpunkt an sollte die Heizbadtemperatur konstant bis leicht steigend sein (sie liegt meist etwa bei 30–50 °C oberhalb des Siedepunktes), die Destillationsgeschwindigkeit sollte ca. 2–4 Tropfen/Sekunde betragen. Der Siedepunkt bei einer einheitlichen Substanz sollte während der gesamten Destillation innerhalb eines Intervalls von ca. 2 °C konstant bleiben. Eine zu niedrige Badtemperatur führt zu falschen Siedetemperaturen, da der Dampf die Thermometerkugel nicht ausreichend umspült. Eine zu hohe Badtemperatur verfälscht den Siedepunkt ebenfalls, da der Dampf überhitzt wird. Bei starker Überhitzung (zu hohe Badtemperatur) besteht die Gefahr des Überschleuderns oder Überschäumens des Destillationsgutes (Brandgefahr!).
- Der Kühlwasserfluss muss während der Destillation immer wieder kontrolliert werden. Die unvollständige Kondensation brennbarer Dämpfe (z.B. Diethylether, Petrolether) kann zu Bränden führen. Der Kühlwasserfluss lässt sich mit einem einfachen Durchflussmesser (,**Wasserwächter**') in der Wasserzuleitung beobachten.
- Während der Destillation sollten alle 5–10 min die Ölbadtemperatur und die Siedetemperatur registriert werden.
- Das Ende der Destillation erkennt man an der abfallenden Siedetemperatur. Jetzt werden nochmals die Siedetemperatur, Badtemperatur und die Zeit protokolliert. Im Normalfall destilliert man aus Sicherheitsgründen nie bis zur Trockene des Destillationskolbens! Im Destillationsrückstand (Sumpf) könnten sich Substanzen befinden, die sich bei Überhitzung explosionsartig zersetzen. Vor allem Ether bilden beim längeren Stehen durch Autoxidation Peroxide, die sich thermisch explosionsartig zersetzen können (siehe Kap. 12.5.3).
- Man entfernt das Heizbad und lässt die Apparatur abkühlen, danach wird sie in umgekehrter Reihenfolge abgebaut. Abschließend werden durch Rückwiegen des Vorlagekolbens bzw. des Destillationskolbens die Menge des Destillats und deren Brechungsindex sowie die Menge des Rückstands bestimmt und protokolliert. Aus der Differenz von Einwaage und der Summe des Destillats und des Rückstands wird der Substanzverlust bestimmt. Abschließend werden der Siedepunkt und der Brechungsindex der destillierten Substanz – wenn möglich – mit Literaturdaten verglichen. Zu einem vollständigen Protokoll gehören auch Angaben über die verwendete Apparatur (auch die Größe), Beobachtungen während der Destillation (z.B. Schäumen) und eine Beschreibung des Destillats.

Beispiel eines Destillationsprotokolls:

Destillation von Ethanol unter Normaldruck in einer NS 14-Destillationsapparatur mit 100 ml Destillations- und Vorlagekolben:

Einwaage: 65.2 g verunreinigtes Ethanol, schwach gelblich.

Zeit	Ölbadtemperatur	Siedetemperatur	Menge Destillat	n_D^{20}
13:05–13:25	108–115 °C	77–78 °C	59.8 g	1.3620

Destillationsrückstand: 4.10 g
Verlust bei der Destillation: 1.30 g
Destillat: 59.8 g Ethanol, farblose Flüssigkeit, Sdp. 77–78 °C, n_D^{20} = 1.3620
(Lit: Sdp. 78 °C, n_D^{20} = 1.3621)

5.2.2 Fraktionierende Einstufendestillation (Abb. 5.6)

In der Praxis steht man meist vor dem Problem, dass die zu destillierende Substanz mit Substanzen verunreinigt ist, die selbst destillieren. Dies führt dazu, dass der Siedepunkt während der Destillation nicht konstant bleibt, in diesem Fall ist der Vorlagekolben zu wechseln. Sehr einfach gelingt dies durch Verwendung einer so genannten **Spinne** (14) zusammen mit einem Vorstoß mit gebogenem Auslauf (13) (**Vorstoß nach *Bredt***): Durch einfaches Drehen können mehrere **Vorlagekolben** (5) (meist vier) in den Auslauf des Vorstoßes gedreht werden (Abb. 4.6). Die einzelnen Fraktionen werden nach der Destillation getrennt untersucht (z.B. durch Bestimmung der Brechungsindizes).

- Der **Aufbau der Apparatur** erfolgt analog zur einfachen Destillationsapparatur. Statt des Vorlagekolbens wird die Spinne so geklammert, dass sie zwar fest, aber noch drehbar ist. Die tarierten und nummerierten Destillationskolben werden mit Federn oder Klemmen an die Spinne fixiert.
- Die **Durchführung der Destillation** ist analog zur einfachen Destillation. Der Destillationskolben und alle Vorlagekolben müssen vorher tariert worden sein. Im ersten Vorlagekolben sammelt man das Destillat bis zum konstanten Siedepunkt, dann dreht man zum zweiten Kolben. Ändert sich die Siedetemperatur signifikant (mehr als 2 °C), dreht man den nächsten Kolben in den Auslauf und so weiter. Abbildung 5.7 zeigt schematisch die beiden häufigsten Destillationsverläufe.
- Das **Destillationsprotokoll** für eine fraktionierende Destillation entspricht dem der einfachen Destillation, die Fraktionen werden durchgehend nummeriert. Die Einteilung der Fraktionen in **Vorlauf, Hauptlauf, Nachlauf** ist eine Interpretation der erhaltenen Ergebnisse, sie erfolgt erst am Schluss unter Berücksichtigung der Mengen und der Brechungsindizes.

5.2 Einstufendestillation

Abb. 5.6: Apparatur zur fraktionierenden Destillation.

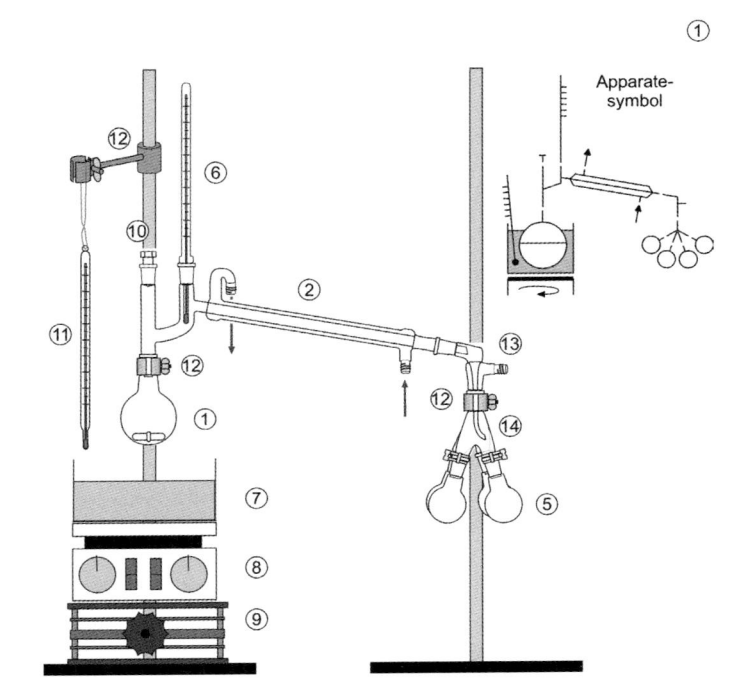

1. Destillationskolben mit Magnetrührstab
2. *Claisen*-Brücke (Destillationsbrücke mit absteigendem Kühler)
5. 4 Vorlagekolben
6. Thermometer
7. Heizbad
8. Magnetrührer
9. Hebebühne
10. NS 14.5-Schliffstopfen
11. Heizbadthermometer
12. Stativklammern
13. Vorstoß mit gebogenem Auslauf
14. Spinne

Abb. 5.7: Typische Destillationsabläufe.

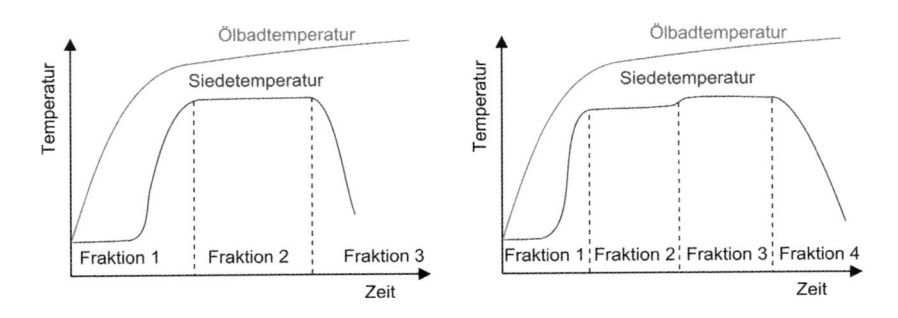

Es ist möglich (z.B. wegen verschiedener Ölbadtemperaturen), dass zwei Fraktionen mit etwas unterschiedlichen Siedepunkten (1–3 °C) identisch sind (gleicher Brechungsindex) und deshalb vereinigt werden können.

Beispiel eines Destillationsprotokolls:

Fraktionierende Destillation von Toluol unter Normaldruck. Destillationsapparatur mit 100 ml Destillationskolben und verschiedenen Vorlagekolben (1×100, 3×25 ml).

Einwaage: 63.2 g verunreinigtes Toluol, schwach gelblich.

Fraktion	Zeit	Ölbadtemperatur	Siedetemperatur	Destillat	n_D^{20}
1	13:25–13:30	130–135 °C	bis 109 °C	2.42 g	1.4930
2	13:30–13:45	135–140 °C	109–111 °C	40.50 g	**1.4959**
3	13:45–13:55	140–143 °C	111–112 °C	15.04 g	**1.4960**
4	13:55–13:58	143–145 °C	112–103 °C	1.02 g	1.4965

Destillationsrückstand: 3.10 g
Verlust bei der Destillation: 1.12 g

Wegen der fast identischen Brechungsindizes und der sehr ähnlichen Siedepunkte können die Fraktionen 2 und 3 als Hauptlauf vereinigt werden.

Ausbeute: 59.8 g Toluol, farblose Flüssigkeit, Sdp. 109–112 °C, n_D^{20} = 1.4959
(Lit.: Sdp. 110.6 °C, n_D^{20} = 1.4960)

5.2.3 Anwendungsbereiche der Einstufendestillation

Bei Gemischen destillierbarer Verbindungen ist der Dampfdruck der Mischung gleich der Summe der Partialdrucke beider Verbindungen (Gesetz von *Raoult*, siehe Kapitel 5.1.2). Eine Trennung mehrerer Komponenten mit der einfachen Destillationsapparatur ist nur in folgenden Fällen möglich:

- Die Flüssigkeit enthält nichtflüchtige oder schwerflüchtige Verunreinigungen, z.B. gelöste Salze, fein verteilte (nicht filtrierbare) feste Partikel, dunkle Zersetzungs- oder Polymerisationsprodukte.
- Die Flüssigkeit enthält ein leichtflüchtiges Lösungsmittel, in dem das schwerflüchtige bzw. nichtflüchtige Reaktionsprodukt gelöst ist (z.B. nach dem Ausschütteln einer Verbindung aus einem Reaktionsansatz).
- Die Flüssigkeit enthält mehrere Komponenten, die sich in den Siedepunkten um mindestens 70 °C unterscheiden. In diesem Fall lassen sich die Komponenten destillativ trennen. Zwischen den Hauptfraktionen der reinen Produkte können Zwischenfraktionen mit entsprechenden Produktgemischen liegen.

5.2.4 Einstufendestillation bei vermindertem Druck

Destillationen bei Normaldruck (1013 hPa bzw. 760 Torr) sollte man nur bei Siedetemperaturen zwischen 35 °C und maximal 170 °C durchführen, bei höheren Temperaturen besteht die Gefahr der thermischen Zersetzung. Die Siedetemperatur lässt sich durch Destillation im Vakuum herabsetzen (siehe Kap. 5.1.1).

Aufbau und Inbetriebnahme einer Apparatur für die Destillation bei verminderten Drucken

Prinzipiell kann die Destillationsapparatur für die fraktionierende Destillation bei Normaldruck (Abb. 5.6) verwendet werden:

Die Apparatur (Abb. 5.8) wird über dickwandige **Vakuumschläuche** (1) (Innendurchmesser 6–8 mm) an die Vakuumpumpe (Vakuumpumpen und Vakuummessgeräte, Kap. 5.6) angeschlossen. **Achtung**: Zu lange Schlauchleitungen bzw. zu kleine lichte Weiten des Vakuumschlauches verschlechtern das Vakuum in der Apparatur drastisch.

Zur Verminderung des Drucks in der Destillationsapparatur verwendet man je nach angestrebtem Druckbereich verschiedene Vakuumpumpen:

- Membranpumpen, Wasserstrahlpumpen (Grobvakuum)   16 bis 19 hPa (12–14 Torr)
- Drehschieberpumpen (Feinvakuum) 10^{-1} bis 10^{-3} hPa
- Öldiffusionspumpen (Hochvakuum) 10^{-3} bis 10^{-6} hPa

Vorbereitung der Destillation bei vermindertem Druck

- Vor dem Aufbau der Apparatur sind sämtliche Glasteile auf Sprünge oder ‚Sternchen' zu untersuchen, schadhafte Glasgeräte können beim Evakuieren implodieren!
- Mit der zwischengeschalteten *Woulff'schen Flasche* (3) lässt sich die unter Vakuum stehende Apparatur bei geschlossenem Absperrventil (5) zur Vakuumpumpe belüften. Insbesondere beim Anfahren der Destillation kann Destillationsgut überschäumen. Die *Woulff'*sche Flasche (auf die richtige Schaltung achten!) fängt das Produkt auf und verhindert so eine Verunreinigung der Pumpe.
- **Dichtigkeit der Apparatur**: Die leere Apparatur – ohne Destillationsgut – wird bei geschlossenem Hahn (4) an die Vakuumpumpe angeschlossen (vorsichtiges Öffnen des Absperrhahns (5). Wenn das der Pumpe entsprechende Endvakuum auch nach ‚Hin- und Herdrehen' der Schliffverbindungen nicht erreicht wird, hat die Apparatur ein ‚**Leck**'. In diesem Fall sind die Schliffverbindungen zu überprüfen und evtl. nachzufetten.
- Wenn die Apparatur dicht ist, wird in die nicht evakuierte Apparatur mit aufgesetztem Trichter das Destillationsgut eingefüllt.

5. Destillation

Abb. 5.8: Apparatur zur einfachen Destillation unter vermindertem Druck.

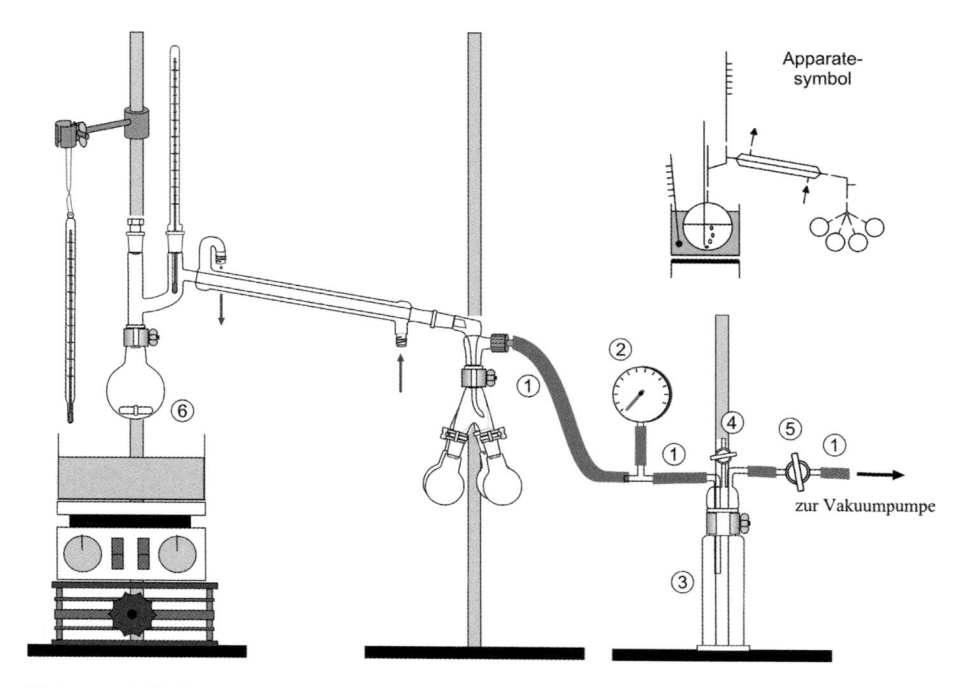

Variante mit Siedekapillare:

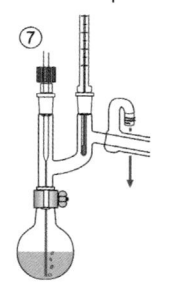

1 Vakuumschläuche
2 Vakuummessgerät
3 *Woulff*sche Flasche
4 Hahn zum Belüften der Apparatur
5 Hahn zum Absperren von der Vakuumpumpe
6 Magnetrührstab
7 Siedekapillare

- Zur Vermeidung von Siedeverzügen während der Destillation (plötzliches, explosionsartiges Verdampfen des Destillationsgutes) wird während der Destillation mit einem Magnetrührstab und Magnetrührer gerührt. Alternativ kann auch eine **Siedekapillare** (7) eingesetzt werden, die im Vakuum eine Kette kleiner Luftperlen durchlässt. Prinzipiell ist auch die Verwendung hochaktiver, poröser Siedesteinchen möglich, die Wirksamkeit der Siedesteinchen lässt bei Vakuumdestillationen allerdings rasch nach, besonders, wenn das Destillationsgut sehr viskos ist.
- Bei der Destillation sinkt die über die Gasphase transportierte Stoffmenge (und Wärmemenge) mit fallendem Druck stark ab; der Abstand zwischen der Flüssigkeitsoberfläche und des Heizbads zum absteigendem Kühler sollte daher möglichst klein sein. Deshalb muss dieser Teil der Apparatur gegen Wärmeverluste mit Alufolie isoliert werden.

Durchführung der Destillation bei vermindertem Druck:

- Zuerst wird der Destillationskolben in das kalte Ölbad eingetaucht und der Magnetrührmotor eingeschaltet.
- Bei geschlossenem Belüftungshahn (4) wird durch vorsichtiges Öffnen des Absperrhahns (5) Vakuum angelegt. Häufig kommt es hierbei zu einem Aufschäumen des Destillationsguts, in diesem Fall wird der Hahn (5) wieder geschlossen, nach dem Abklingen des Schäumens wird der Vorgang wiederholt.
- Werden Siedesteine oder eine Siedekapillare verwendet, muss bei voll angelegtem Vakuum geprüft werden, ob die Siedekapillare (feines Perlen) bzw. die Siedesteinchen (schwaches Gasen) funktionieren, im Zweifelsfalle müssen Kapillare bzw. Siedesteinchen erneuert werden.
- Das Heizbad wird langsam aufgeheizt, bis die Substanz zu sieden beginnt (erster Vorlagekolben).
- Nach dem Erreichen eines konstanten Siedepunkts wird die Vorlage gewechselt (zweiter Vorlagekolben).
- Wenn gegen Ende der Destillation die Siedetemperatur fällt, wird die Vorlage erneut gewechselt.
- Wie in Kapitel 5.2.2 beschrieben ist ein **Destillationsprotokoll** zu führen. Neben der Siedetemperatur ist der Druck anzugeben, bei dem die entsprechende Fraktion übergegangen ist.
  Achtung: Ein während der Destillation schlechter werdendes Vakuum führt zu einem Anstieg der Siedetemperatur, wodurch eine neue Fraktion vorgetäuscht wird.
- Nach dem Ende der Destillation wird zuerst das Heizbad entfernt. Erst nach Abkühlen der Apparatur wird der Absperrhahn (5) zur Vakuumpumpe geschlossen und die Apparatur vorsichtig belüftet (Hahn 4).

Wenn eine Drehschieberpumpe (Ölpumpe) verwendet wird, muss verhindert werden, dass leichtflüchtige Bestandteile des Destillationsguts in die Pumpe gelangen – was zu einer deutlichen Verschlechterung des Vakuums führt:

- Im Grobvakuum („Wasserstrahlvakuum', ca. 10 hPa) bis ~80–90 °C Badtemperatur werden zunächst leicht flüchtige Anteile abdestilliert. Anschließend entfernt man das Heizbad wieder und lässt abkühlen. Erst danach wird die Apparatur an die Drehschieberpumpe angeschlossen und die Destillation im Feinvakuum fortgesetzt.
- Geringe Mengen von im Ölpumpenvakuum flüchtigen Produkten werden durch zwei auf –78 °C gekühlte Kühlfallen (Aceton/Trockeneis) vor der Pumpe kondensiert. Effektiver ist die Kühlung mit flüssigem Stickstoff (–196 °C).

5.2.5 Anwendungsbereiche der Einstufendestillation bei vermindertem Druck

Für die Anwendungsbereiche gilt im Prinzip das unter 5.2.3 Gesagte.

- Die Substanz wird von nicht oder schwer flüchtigen Verunreinigungen, z.B. gelösten Salzen, fein verteilten (nicht filtrierbaren) festen Partikeln, dunklen Zersetzungs- oder Polymerisationsprodukten abgetrennt.
- Die Flüssigkeit besteht aus mehreren Komponenten, die sich auch bei vermindertem Druck im Siedepunkt um mindesten 70–80 °C unterscheiden. In diesem Fall lassen sich die Komponenten destillativ trennen. Zwischen den Hauptfraktionen der reinen Produkte liegen aber Zwischenfraktionen aus entsprechenden Produktgemischen.

5.2.6 Destillation unbekannter Produktgemische

- Bei unbekannten Produktgemischen destilliert man zunächst mit einer Destillationsapparatur mit Spinne bei Atmosphärendruck bis zu einer Badtemperatur von etwa 100–150 °C.
- An den erkalteten Destillationsrückstand wird nun Wasserstrahlvakuum angelegt (wenn nötig, muss das Destillationsgut zuvor in ein kleineres Kölbchen überführt werden). Man destilliert auch hier bis zu einer Badtemperatur von etwa 150 °C.
- Der erkaltete Destillationsrückstand wird anschließend mit der Ölpumpe bei vermindertem Druck destilliert. Wenn die Gefahr besteht, dass Produktgemische bei längerer thermischer Belastung Veränderungen oder Zersetzungen erfahren, wird das Gemisch zunächst in einer einfachen Destillationsapparatur im Ölpumpenvakuum vollständig – ohne auf eine Trennung zu achten – abdestilliert. Die Vorlage muss mit Aceton/Trockeneis oder mit flüssigem Stickstoff gekühlt werden, damit leichtflüchtige Komponenten nicht verloren gehen. Das Destillat kann anschließend wie oben beschrieben destillativ aufgearbeitet werden.

5.2.7 Spezielle Apparaturen zu Einstufendestillation

Rotationsverdampfer

Der Rotationsverdampfer ist besonders geeignet für die rasche und schonende Abdestillation größerer Lösungsmittelmengen (50 ml bis mehrere Liter) bei vermindertem Druck (bis zu ca. 20 hPa = 15 Torr). Im Gegensatz zur oben beschriebenen ‚normalen' Destillation wird die Heizbadtemperatur konstant gehalten und der Siedepunkt des Lösungsmittels durch kontrollierte Absenkung des Drucks eingestellt.

Für eine rasche Destillation wählt man eine Temperaturdifferenz zwischen der Badtemperatur und dem Siedepunkt von etwa 20 °C, gleichzeitig muss die Temperaturdifferenz zwischen Siedepunkt und Kühler auch etwa 20 °C betragen, um eine ausreichende Kondensation der Dämpfe zu gewährleisten. In der Praxis stellt man für ein optimales Destillationsergebnis die

Heizbadtemperatur auf 60 °C ein (Kühlwassertemperatur < 20 °C). Der Arbeitsdruck muss nun so gewählt werden, dass das Lösungsmittel bei 40 °C siedet. Deshalb wird am Rotationsverdampfer mit geregeltem Vakuum gearbeitet. In Tabelle 5.3 sind die Parameter für die gebräuchlichsten Lösungsmittel aufgeführt.

Der Destillationskolben (1) rotiert im Heizbad, dadurch bildet sich auf der gesamten Oberfläche des Kolbens ein dünner Flüssigkeitsfilm, der laufend erneuert wird. Diese große Oberfläche erlaubt eine rasche Destillation. Der Dampf steigt durch die Hohlwelle (2) in den Kühler (4), wo er kondensiert wird und in den Auffangkolben (5) tropft (Abb. 5.9).

Zwischen dem Rotationsverdampfer und dem Drucksensor ist eine **Woulff'sche Flasche** zum Schutz des Sensors und der Pumpe.

Abb. 5.9: Schematischer Aufbau eines Rotationsverdampfers.

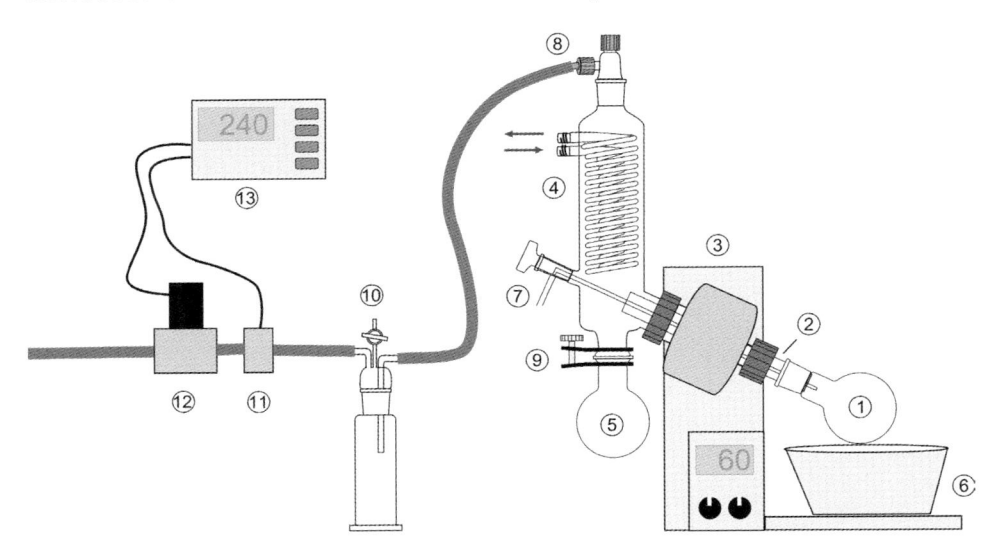

1 Destillationskolben
2 rotierende massive Hohlwelle (Dampfdurchführungsrohr)
3 Motor mit Regler für die Rotationsgeschwindigkeit
4 Kühler
5 Auffangkolben
6 Heizbad
7 Hahn mit Ansaugstutzen in den Destillationskolben
8 Anschluss zur Vakuumpumpe
9 Schraubklammern
10 *Woulff*'sche Flasche
11 Drucksensor
12 Magnetventil
13 Controller

- Bei hohen Destillationsgeschwindigkeiten kann das Lösungsmittel im Kühler möglicherweise nicht mehr vollständig kondensiert werden. Deshalb ist als Vakuumpumpe eine ‚chemiefeste' Membranpumpe vorzuziehen: Auf der ‚Auspuffseite' der Pumpe werden Lösungsmitteldämpfe über einen Kühler unter Normaldruck kondensiert.

- Wenn die Siedepunktdifferenz zwischen Lösungsmittel und Produkt kleiner als 60–80 °C ist, kann das Produkt bereits mitverdampfen (Ausbeuteverluste!).
- Der Destillationskolben darf maximal zur Hälfte gefüllt werden, ansonsten kann bei starkem Schäumen Lösung überspritzen.
- Manche Lösungen oder Flüssigkeiten neigen prinzipiell zu starkem Schäumen. In diesen Fällen destilliert man nur kleinere Mengen und führt das Destillationsgut portionsweise oder kontinuierlich über den Einlass (7) aus einem Vorratsgefäß zu.
- Niedrig siedende Flüssigkeiten (z.B. *n*-Pentan oder Diethylether) werden bei Normaldruck abdestilliert. Um Überdruck in der Apparatur zu vermeiden, muss der Belüftungshahn der *Woulff*'schen Flasche geöffnet sein.

Tabelle 5.3: Parameter häufig verwendeter Lösungsmittel am Rotationsverdampfer.

Lösungsmittel	Einzustellender Druck [hPa] für Sdp. bei 40 °C
Aceton	555
Benzol	235
tert-Butylmethylether	500
Chloroform	475
Cyclohexan	235
Dichlormethan	Normaldruck!
Diethylether	Normaldruck!
Dioxan	105
Essigsäure	45
Essigsäurethylester (Ethylacetat)	240
Ethanol	175
n-Heptan	120
n-Hexan	335
Methanol	335
Methylethylketon (2-Butanon)	245
n-Pentan	Normaldruck!
1-Propanol	65
2-Propanol	135
Tetrahydrofuran (THF)	355
Toluol	75
Wasser	70
Xylol	25

5.2.8 Destillation von Festsubstanzen

Auch Feststoffe lassen sich destillieren, wenn ihre Schmelzpunkte nicht zu hoch liegen. Da aber die Gefahr besteht, dass die Produkte bereits im Kühler wieder kristallisieren und die Apparatur verstopfen, muss mit speziellen Destillationsapparaturen gearbeitet werden. Es empfiehlt sich folgende (nicht im Handel erhältliche) Apparatur, die auch für die Destillation hochviskoser Substanzen geeignet ist (Abb. 5.10a, b):

Abb. 5.10: Feststoffdestillationsapparatur.

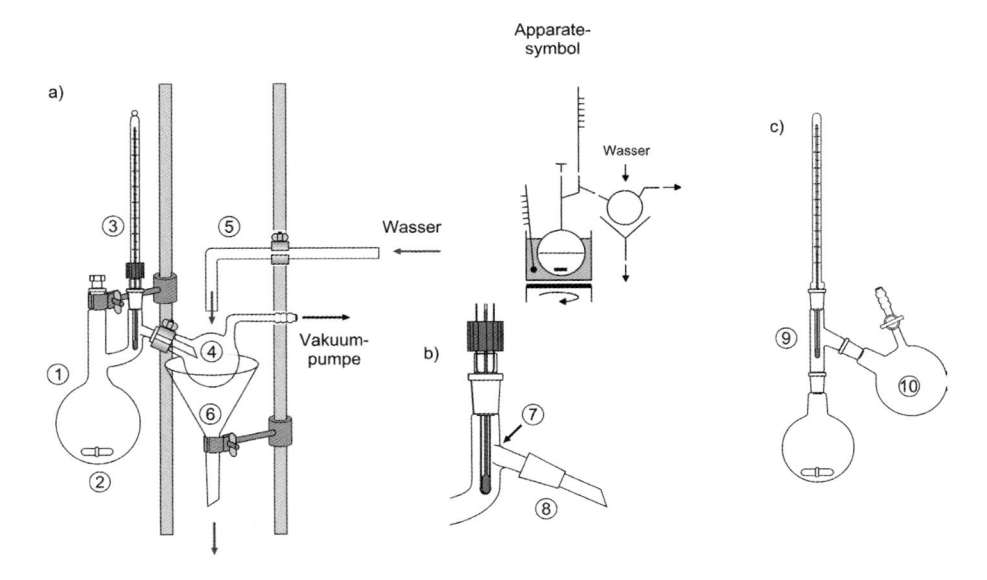

1 Destillationskolben (Mindestgröße 10 ml) mit angeschmolzenem *Claisen*-Aufsatz und seitlich absteigendem Rohr für das Destillat (Ø 10 mm, Länge 5–8 cm). Das absteigende Rohr besitzt an der Anschmelzung am *Claisen*-Aufsatz einen Spritzschutz (7), der das Überspritzen von Produkt erschwert.
2 Magnetrührer
3 Thermometer mit Schraubverschluss (Quickfit).
4 Vorlagekolben mit Vakuumanschluss
5 Glasrohr für Kühlwasser
6 Trichter für Kühlwasserablauf
7 Spritzschutz
8 Schliffverbindung mit weitlumiger Durchführung
9 *Liebig*-Aufsatz
10 *Schlenk*-Kolben

Ersatzweise kann die Feststoffapparatur auch aus handelsüblichen Bauteilen zusammengesetzt werden (Abb. 5.10c) Durch die zusätzlichen Schliffverbindungen und längeren Wege kann es jedoch leichter zur Kristallisation des Produktes an den Glaswänden und damit zum Verstopfen der Apparatur kommen.

Für spezielle Destillationsapparaturen, z.B. zur Destillation kleiner Mengen (Mikrodestillation, Kugelrohrdestillation), siehe Kapitel 5.5.

5.3 Mehrstufendestillation (Rektifikation)

Bei Siedepunktsunterschieden von weniger als 60–80 °C führt eine einfache Destillation nicht mehr zur Auftrennung eines Gemisches in die reinen Komponenten. Durch **Mehrstufendestillation = Rektifikation** gelingt meist eine Trennung oder wenigstens eine Anreicherung der Komponenten.

Im folgenden Siedediagramm (Abb. 5.11) des ideal mischbaren Systems Benzol/Toluol wird das Prinzip der fraktionierenden Destillation erläutert.

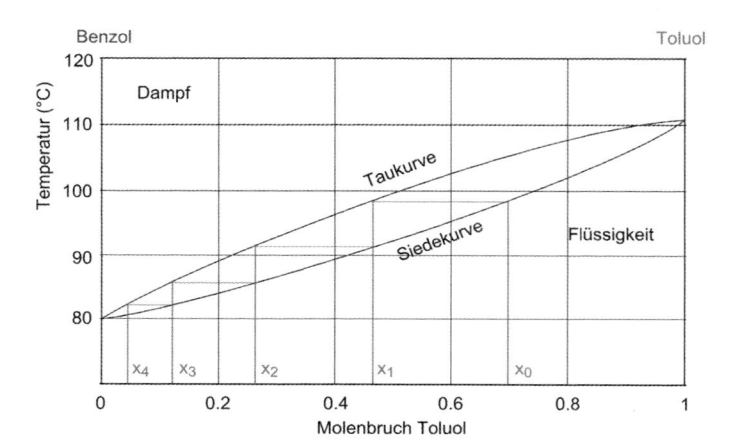

Abb. 5.11: Siedediagramm des Systems Benzol/Toluol.

Man geht von einem Gemisch der Zusammensetzung x_0 (70% Toluol, 30% Benzol) aus:

- Am Siedepunkt der Mischung (= Schnittpunkt mit der ‚Siedekurve') ist der Dampf mit der leichter flüchtigen Komponente (Benzol) angereichert. Die Zusammensetzung entspricht dem Molenbruch x_1 (Schnittpunkt der ‚Taukurve' mit dem Siedepunkt der ursprünglichen Mischung, ca. 47% Toluol, 53% Benzol). Wird der Dampf kondensiert, ist bereits eine gewisse Anreicherung erreicht.
- Mit dem erhaltenen Kondensat der Zusammensetzung x_1 wird eine weitere Destillation durchgeführt, die Zusammensetzung des Kondensats dieser Destillation entspricht dem Molenbruch x_2 usw.
- Nach der 4. Destillation erreicht man im Kondensat die Zusammensetzung x_4, entsprechend 5% Toluol und 95% Benzol.
- Natürlich ändert sich durch jede Kondensatentnahme die Zusammensetzung der flüssigen Phase, sie wird immer in Richtung der höher siedenden Komponente (Toluol) angereichert. Deshalb dürfen nur kleine Kondensatmengen entnommen werden.

Um das Flüssigkeitsgemisch in die reinen Komponenten zu trennen, müsste man eine große Zahl kleiner Fraktionen auffangen und diese noch mehrmals erneut destillieren (x_0 nach x_1, x_1

nach x_2 usw.). Eine solche diskontinuierlich verlaufende fraktionierende Destillation ist experimentell sehr aufwendig und unrationell. Eine effektive Trennung gelingt durch eine kontinuierliche fraktionierende Destillation mit ‚**Destillationskolonnen**‘, die eine Mehrstufendestillation erlauben.

5.3.1 Apparaturen für Mehrstufendestillationen

Im Gegensatz zur Einstufendestillation ist die Mehrstufendestillation eine in einem Arbeitsgang sich ‚**unendlich wiederholende Destillation**‘ in einer Destillationskolonne. Es sind noch Trennungen von Komponenten möglich, deren Siedepunktdifferenz nur 5–20 °C beträgt. Apparaturen für fraktionierende Destillationen bestehen aus der **Destillationskolonne** (Abb. 5.12) und einem **Kolonnenkopf** (Abb. 5.13). Eine vollständige Apparatur ist in Abbildung 5.14 dargestellt.

Destillationskolonnen

Eine Destillationskolonne ist im Prinzip ein vertikales Rohr zwischen Destillationskolben (‚Blase‘) und Kühler, in dem ein Teil des im Kolonnenkopf kondensierten Dampfes als Kondensat zur ‚Blase‘ zurückfließt. Das Kondensat unterliegt an der Phasengrenzfläche mit dem aufsteigenden heißen Dampf einem Wärme- und Stoffaustausch; ein Teil der herabfließenden Flüssigkeit wird wieder verdampft, gleichzeitig kondensiert ein Teil des aufsteigenden Dampfes. Wie das Siedediagramm (Abb. 5.11) zeigt, wird bei jeder Teilverdampfung bevorzugt die tiefer siedende Komponente im Dampf, bei jeder Teilkondensation dagegen bevorzugt die höher siedende Komponente im Kondensat angereichert (‚**Gegenstromdestillation**‘). Auf diese Weise erfolgt automatisch eine gegenüber der einfachen Destillation vervielfachte Trennung. Dieses Verfahren nennt man **Rektifikation**. In Abbildung 5.12 sind zwei typische Destillationskolonnen gezeigt.

In einer Destillationskolonne muss nach dem Gesagten zur Einstellung des thermodynamischen Gleichgewichts (Gas $\rightleftharpoons$ Flüssigkeit) an jedem Punkt der Kolonne ein sehr intensiver Stoff- und Wärmeaustausch zwischen flüssiger und dampfförmiger Phase erfolgen. Dies wird erreicht durch eine Vergrößerung der Oberfläche, an der ein solcher Austausch erfolgen kann, sowie durch Verlängerung der Strömungswege. Eine Störung dieses Gleichgewichts (z.B. durch kalte Außenluft) vermindert die Trennleistung der Säule. Deshalb isoliert man Kolonnen grundsätzlich durch einen verspiegelten Vakuummantel.

Die Wahl der Kolonnenart hängt vom Trennproblem ab: Füllkörperkolonnen sind bei gleicher Länge effektiver als *Vigreux*-Kolonnen, sie besitzen bei gleicher Länge eine größere Zahl theoretischer Böden. Nachteilig ist das sehr viel größere **Retentionsvolumen** (Menge des in der Kolonne verbleibenden Produkts, Betriebsinhalt). Deshalb werden im Labor häufiger *Vigreux*-Kolonnen eingesetzt, Füllkörperkolonnen eignen sich besser für die Destillation großer Mengen (z.B. Lösungsmittelreinigung).

Abb. 5.12: Verschiedene Kolonnen.

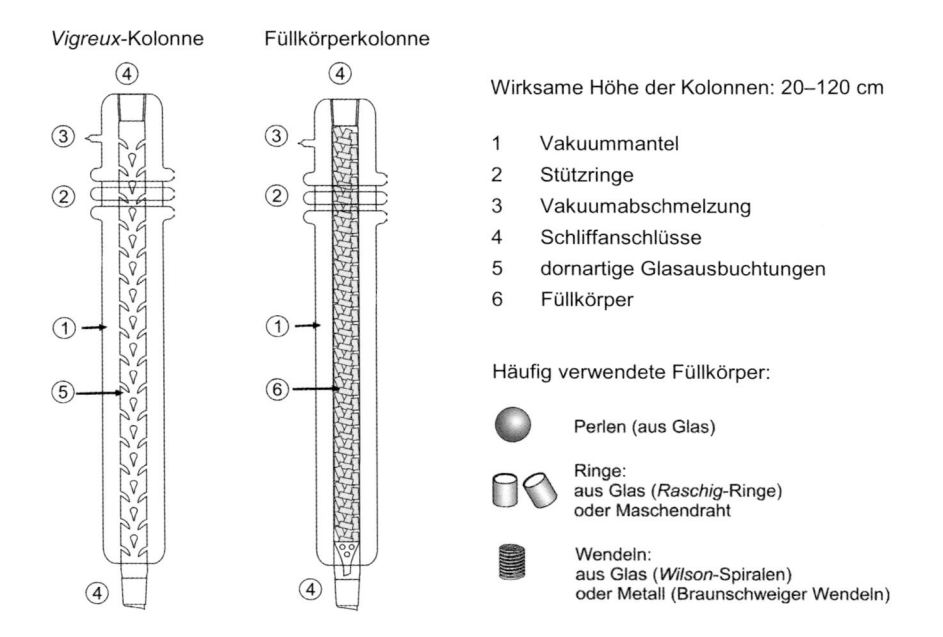

Vigreux-Kolonne   Füllkörperkolonne

Wirksame Höhe der Kolonnen: 20–120 cm

1 Vakuummantel
2 Stützringe
3 Vakuumabschmelzung
4 Schliffanschlüsse
5 dornartige Glasausbuchtungen
6 Füllkörper

Häufig verwendete Füllkörper:

Perlen (aus Glas)

Ringe:
aus Glas (*Raschig*-Ringe)
oder Maschendraht

Wendeln:
aus Glas (*Wilson*-Spiralen)
oder Metall (Braunschweiger Wendeln)

Muss unter vermindertem Druck destilliert werden, sind Füllkörperkolonnen wenig geeignet. Durch die Füllung erhöht sich der Strömungswiderstand, dadurch ergibt sich eine deutliche Druckdifferenz innerhalb der Kolonne. Besser geeignet sind in diesem Fall *Vigreux*-Kolonnen. Ist eine höhere Trennleistung erforderlich, empfehlen sich Ringspalt- oder Drehband-Kolonnen (siehe Kapitel 5.5).

5.3.2 Destillations-Kolonnenkopf

Jede Abnahme von Destillat am Kopf der Kolonne bedeutet eine Störung des thermodynamischen Gleichgewichts Dampf/Flüssigkeit in der Kolonne. **Die Trennwirkung ist also abhängig von der Destillationsgeschwindigkeit.**

Durch einen **Destillations-Kolonnenkopf** (Abb. 5.13), der den absteigenden Kühler bei einer einfachen Destillation ersetzt, kann man das Verhältnis der Menge von entnommenem Destillat (D) und Rücklauf (R) – das **Rücklaufverhältnis** $V = R/D$ – steuern. Wie oben gezeigt wurde, bedeutet ein hohes Rücklaufverhältnis zwar optimale Trennwirkung, aber auch lange Destillationszeiten und eine hohe thermische Belastung des zu trennenden Gemisches.

Abb. 5.13: Handgeregelter Destillations-Kolonnenkopf.

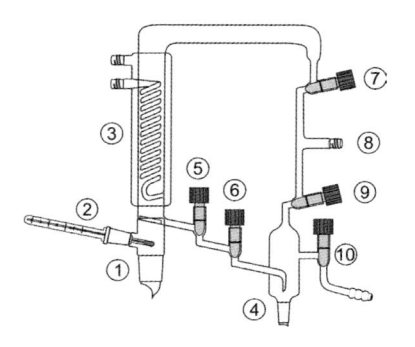

1 Kernschliff mit Abtropfspitze (wird auf die Kolonne gesetzt)
2 Thermometer
3 Kühler
4 Kernschliff zum Vorlagekolben
5, 6 Spindelhähne im Destillatablauf
7, 9 Vakuumabsperrhähne
8 Vakuumanschluss
10 Belüftungshahn für Vorlagekolben

Kolonnendestillation bei Normaldruck

Der Kolonnenkopf wird mit Schliff 1 auf die Kolonne gesetzt und der erste Vorlagekolben am Schliff 4 befestigt. Die Hähne 7, 9 und 10 stehen offen. Zunächst wird Hahn 5 geschlossen, Hahn 6 kann geöffnet werden. Der Destillationskolben wird erhitzt. Nach einiger Zeit stellt sich am Kühler (3) ein gleichmäßiger Rückfluss ein. Jetzt kann Hahn 5 vorsichtig bis zum gewünschten Rücklaufverhältnis geöffnet werden.
Zum Wechsel der Vorlage wird Hahn 6 geschlossen, nach Wiederöffnung von 6 kann mit eingestellten Rücklaufverhältnis weiterdestilliert werden.

Kolonnendestillation im Vakuum

Der Kolonnenkopf wird mit Schliff 1 auf die Kolonne gesetzt und der erste Vorlagekolben am Schliff 4 befestigt. Die Hähne 6, 7, 9 stehen offen, Hahn 5 und 10 sind geschlossen. Am Anschluss 8 wird das Vakuum angelegt. Erst danach darf mit dem Aufheizen des Destillationskolbens begonnen werden. Nachdem sich ein konstanter Rückfluss eingestellt hat, wird am Hahn 5 das Rücklaufverhältnis eingestellt.
Wechsel der Vorlage: Die Hähne 6 und 9 werden geschlossen, mit Hahn 10 wird die Vorlage 4 belüftet. Nach Wechsel der Vorlage werden die Hähne 10 und 7 geschlossen und durch Öffnen von Hahn 9 wird die Vorlage evakuiert. Wenn das Endvakuum erreicht ist, werden die Hähne 7 und 6 wieder geöffnet.
Beenden der Destillation (Aufhebung des Vakuums in der Kolonne): Zuerst wird das Heizbad entfernt. Nach Abkühlen der Apparatur werden die Hähne 6, 7 und 9 geschlossen. Die Vorlage wird durch Öffnen von Hahn 10 belüftet. Die Verbindung zur Vakuumpumpe 8 wird getrennt und durch langsames Öffnen von Hahn 7 wird die Kolonne belüftet.

5.3.3 Destilllationskolonnen – physikalische und theoretische Grundlagen – theoretische Bödenzahl – theoretische Trennstufen – Trennstufenhöhe

Die **Trennwirkung einer Destillationskolonne** wird durch den Faktor n_{th} beschrieben, um den der Molenbruch y_A (*Raoult*'sches Gesetz) der Komponente A in der Dampfphase angereichert worden ist.

$$\frac{y_A}{1-y_A} = \left(\frac{P_A^O}{P_B^O}\right)^{n_{th}} \cdot \frac{x_A}{1-x_A}$$ n_{th}: Zahl der theoretischen Trennstufen („Böden')

Die Zahl der ‚Böden' einer Destillationskolonne lässt sich experimentell ermitteln bzw. abschätzen [10].

Der effektive Wirkungsgrad einer Destillationskolonne nimmt zu:
- mit der Länge der Kolonne (siehe Trennstufenhöhe),
- mit der Intensität des Dampf/Flüssigkeitsaustausches,
- mit abnehmender Destillationsgeschwindigkeit (großer Rücklauf und geringe Entnahme von Destillat),
- mit der Wärmeisolierung der Kolonne (bei gut isolierten Kolonnen liegt die Badtemperatur nur 10–20 °C oberhalb des Siedepunktes der übergehenden Fraktion). Bei hoch siedenden Flüssigkeiten oder sehr langen Kolonnen arbeitet man mit elektrisch beheizten Mänteln, deren Temperatur schwach unterhalb der Siedetemperatur gehalten wird. Bei einer schlecht isolierten Kolonne liegen die erforderlichen Badtemperaturen zur Destillation weitaus höher als bei gut isolierten Kolonnen. Zusammen mit einem hohen Rücklaufverhältnis (siehe oben) kann dies zur partiellen Zersetzung des Destillationsguts führen.
- Der Wirkungsgrad einer Destillationskolonne wird durch die **Zahl der effektiv erreichten Böden (Trennstufen)** bestimmt. Die Trennstufenhöhe gibt an, wie viel Zentimeter der Kolonne notwendig sind, um die Wirkung von einem theoretischen Boden zu erzielen.

$$\text{Trennstufenhöhe (cm)} = \frac{\text{Höhe der Kolonne (cm)}}{\text{Zahl der theoretischen Böden}(n_{th})}$$

Trennleistungen gebräuchlicher Destillationskolonnen

Vigreux-Kolonne:

Trennstufenhöhe 6–12 cm (0.08–0.16 theoretische Böden/cm). Mäßige Trennwirkung, geringer Betriebsinhalt, geringer Druckverlust; die *Vigreux*-Kolonne eignet sich nur für einfache Trennprobleme kleiner Substanzmengen bei Atmosphärendruck und im Vakuum.

Füllkörperkolonne:

Die Trennleistung ist abhängig von der Art der verwendeten Füllkörper:

Füllkörper	Trennstufenhöhe	Theoretische Böden
Raschig-Ringe	6–9 cm	0.11–0.16/cm
Braunschweiger Wendeln	2–3 cm	0.33–0.50/cm

Da bei den Füllkörperkolonnen sowohl Betriebsinhalt als auch Druckverluste stark ansteigen (1 m-Kolonne: Betriebsinhalt 50 ml, Druckabfall 5–10 hPa), sind sie nur bei größeren Mengen Destillationsgut bei Atmosphärendruck sinnvoll.

50–100 Trennstufen sind bei Destillationskolonnen nur mit erheblichem Aufwand zu verwirklichen, während 1000–10000 Trennstufen bei der präparativen Gaschromatographie und der Hochdruckflüssigkeitschromatographie (siehe Kap. 10.3 und 10.4) leicht zu erreichen sind.

Praxis der Mehrstufendestillation (Kolonnendestillation) – Allgemeine Hinweise und Ratschläge

Neben den oben behandelten Grundlagen der Kolonnendestillation sind in der Praxis noch weitere Kenngrößen der Kolonnen von Bedeutung. Abbildung 5.14 zeigt die komplette Destillationsapparatur mit Füllkörperkolonne und Kolonnenkopf und das Apparatesymbol. Die Bezifferungen sind in den Abbildungen 5.12 und 5.13 aufgeführt.

- Der Betriebsinhalt oder das **Retentionsvolumen** einer Kolonne ist die in der Kolonne befindliche Substanzmenge, die zur Rektifikation nötig ist und die daher am Schluss auch in der Kolonne bleibt und nicht als Destillat übergeht.
- Der **Druckverlust** in der Kolonne ist die Druckdifferenz zwischen Destillationskolben und Kolonnenkopf. Der Druckverlust sollte möglichst klein sein, um die Siedetemperatur bei Vakuumdestillationen genügend senken zu können.
- Die optimalen Forderungen – große Trennstufenzahl/cm, hohe Belastbarkeit, geringer Betriebsinhalt und geringer Druckverlust – schließen sich gegenseitig aus. Der jeweils beste Kompromiss richtet sich nach dem Trennproblem. Dabei ist insbesondere auch die thermische Dauerbelastbarkeit des Destillationsgutes zu berücksichtigen.
- Die **Belastbarkeit** der Kolonne gibt an, wie viel aufsteigender Dampf und rücklaufendes Kondensat in der Kolonne pro Zeiteinheit tragbar sind, ohne dass die Kolonne flutet („absäuft"). Die Belastbarkeit soll möglichst groß sein, um die Destillationsdauer abzukürzen.

5. Destillation

Abb. 5.14: Destillationsapparatur mit Kolonne und Kolonnenkopf und Apparatesymbol.

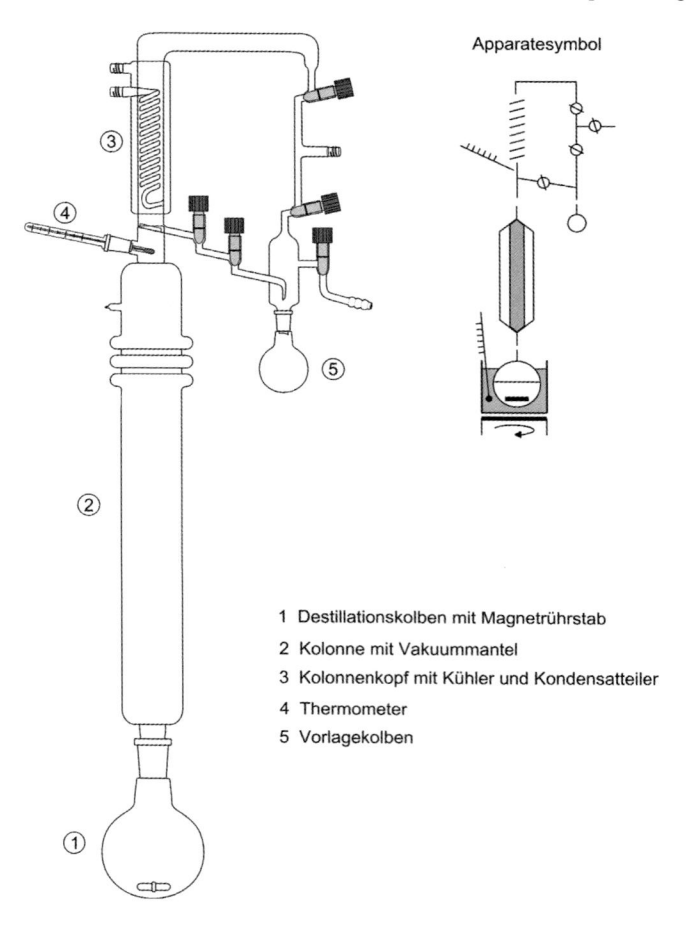

1 Destillationskolben mit Magnetrührstab
2 Kolonne mit Vakuummantel
3 Kolonnenkopf mit Kühler und Kondensatteiler
4 Thermometer
5 Vorlagekolben

Die **notwendige Zahl der theoretischen Böden** einer Kolonne für die Trennung zweier Substanzen A und B ist umso größer, je kleiner die Siedepunktsdifferenz ist (Abb. 5.15, Tab. 5.4).

Tabelle 5.4: Für die Trennung von 2 Flüssigkeiten erforderliche theoretische Bodenzahl (n_{th}).

Sdp.-Differenz [°C]	Erforderliche theor. Bodenzahl (n_{th}) bei einer beabsichtigten Trennung von		
	90%	99%	99.9%
80	1	2	4
40	2	5	7
10	8	20	40
1	80	200	~280

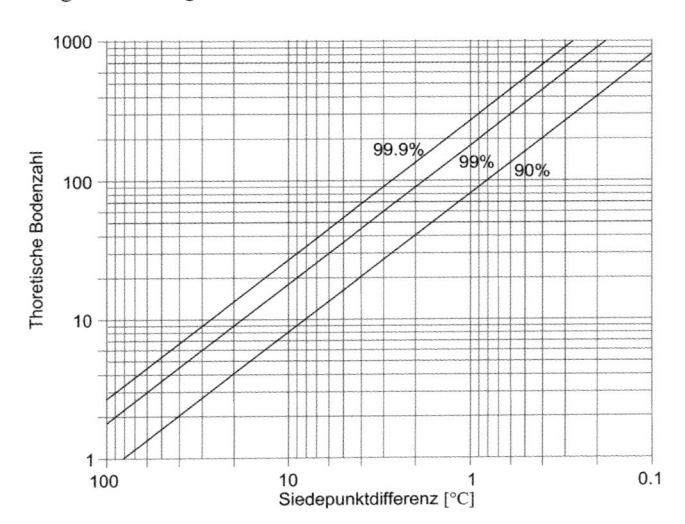

Abb. 5.15: Benötigte Bodenzahl für die Trennung binärer Systeme bei 90.0, 99.0 und 99.9%iger Trennung.

Jede Entnahme von Destillat stört das thermodynamische Gleichgewicht der Destillation: Die Trennung der beiden Komponenten verschlechtert sich. Die Beeinflussung des Trenneffekts – effektive Zahl der theoretischen Böden – durch das **Rücklaufverhältnis** zeigt Abbildung 5.16.

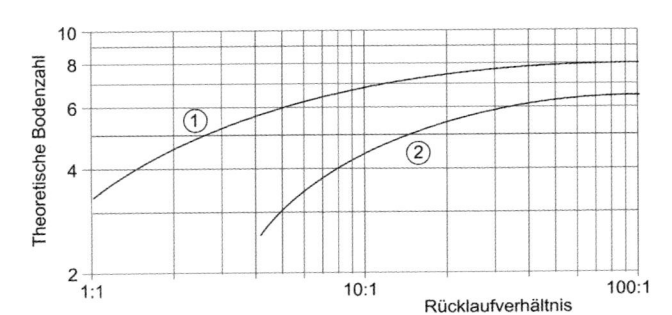

Abb. 5.16: Abhängigkeit des Trenneffekts einer Kolonne vom Rücklaufverhältnis.

Bei der wirksameren Kolonne (1) ist die maximale Zahl der theoretischen Böden $n_{th} \cong 8$, sie wird bei $V = 70:1$ erreicht; bei $V = 10:1$ verringert sich die Bodenzahl auf $n_{th} \cong 6.7$; bei Kolonne (2) ist n_{th} (maximal) $\cong 6.5$, dieser Wert wird erst bei $V = 100:1$ erreicht; bei $V = 10:1$ ist $n \cong 4.4$.

5.4 Destillation azeotroper Mischungen

Mischungen, die ein Azeotrop bilden, können durch Destillation prinzipiell nicht getrennt werden. Die azeotrope Mischung verhält sich bei der Destillation wie eine reine Flüssigkeit.

5.4.1 Siedeverhalten mischbarer Flüssigkeiten mit Azeotrop

Am Beispiel der nicht idealen Mischung Ethanol/Benzol wird der typische Verlauf der Destillation einer binären Mischung von Flüssigkeiten mit Azeotropbildung (Abb. 5.17) erläutert.

Geht man von einer Zusammensetzung von 80% Ethanol und 20% Benzol (x_0) aus, reichert sich die azeotrope Mischung (ca. 45% Ethanol, 55% Benzol) im Dampf an, in der kondensierten Phase wird Ethanol angereichert. Bei der Destillation über eine Kolonne mit 3 theoretischen Böden erhält man im Destillat (über x_1 und x_2) eine Mischung x_3 mit dem Siedepunkt von ca. 67 °C, die der azeotropen Zusammensetzung entspricht.
Gleichzeitig reichert sich in der flüssigen Phase (über x'_1 und x'_2) Ethanol bis zu einer Zusammensetzung x'_3 an, der Siedepunkt der flüssigen Phase steigt dabei an.

Wird die Destillation mit einer Zusammensetzung rechts vom Azeotrop (z.B. 80% Benzol, 20% Ethanol) begonnen, erhält man im Destillat ebenfalls die azeotrope Mischung, in der flüssigen Phase reichert sich das Benzol an.

Abb. 5.17: Siedediagramm der Mischung Ethanol/Benzol.

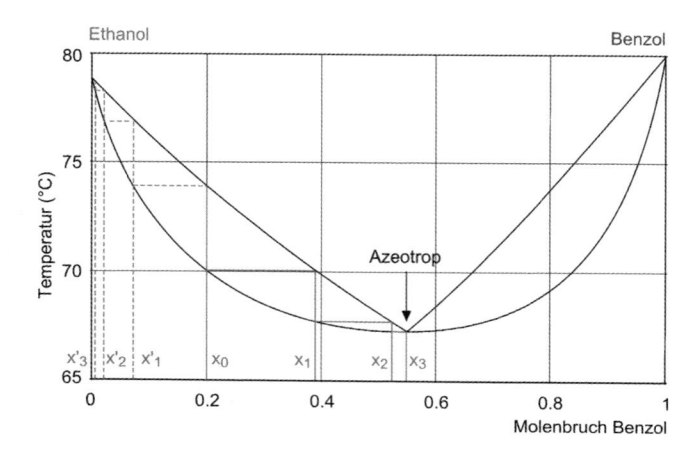

Durch Destillation kann also prinzipiell nur eine der beiden Komponenten rein gewonnen werden, die andere nur als Mischung mit der azeotropen Zusammensetzung. Der azeotrope Punkt kann bei der Destillation nicht überwunden werden.

Um Flüssigkeitsgemische mit azeotropem Verhalten dennoch zu trennen, gibt es verschiedene Möglichkeiten:

- Destillation bei vermindertem Druck: Die Dampfdruckkurven der zwei Flüssigkeiten besitzen unterschiedliche Steigungen. Dadurch wird bei niedrigen Temperaturen die relative Flüchtigkeit der nieder siedenden Komponente erhöht. Durch Destillation im Vakuum kann bei niedrigeren Temperaturen gearbeitet werden, der azeotrope Punkt verschiebt sich in Richtung der schwerer flüchtigen Komponente und verschwindet im Idealfall ganz.
- Entfernung einer Komponente durch Ausfrieren: Unterscheiden sich die Schmelzpunkte der Flüssigkeiten deutlich, kann die höher schmelzende Komponente eventuell durch Abkühlen zumindest teilweise kristallisiert und durch Filtration aus der Mischung entfernt werden. Dadurch wird der azeotrope Punkt überwunden.
- Entfernung einer Komponente durch Extraktion: In einigen Fällen kann eine Komponente durch Extraktion aus der Mischung entfernt werden (im obigem Beispiel kann Ethanol durch Extraktion mit Wasser weitgehend entfernt werden). Auch dadurch wird der azeotrope Punkt überwunden.
- Chemische Umsetzung einer Komponente: Im Beispiel der Mischung Ethanol/Benzol kann Ethanol durch Umsetzung mit Natrium oder Natriumhydrid in das Ethanolat überführt werden. Anschließend lässt sich Benzol einfach abdestillieren.
- Bildung höherer Azeotrope: Durch Zugabe einer weiteren Substanz kann sich ein Azeotrop höherer Ordnung bilden. Ein Beispiel ist die destillative Darstellung von wasserfreiem Ethanol: Ethanol bildet mit Wasser ein Azeotrop (ca. 96 Gewichts-% Ethanol, 4% Wasser). Durch Zugabe von Benzol bildet sich ein ternäres Azeotrop (19 Gewichts-% Ethanol, 74% Benzol, 7% Wasser, Sdp. 65 °C). Das ternäre Azeotrop destilliert zunächst so lange ab, bis alles Wasser aus der Mischung entfernt ist, danach geht das binäre Azeotrop Benzol/Ethanol (32 Gewichts-% Ethanol, 68% Benzol) über, bis im Destillationsrückstand reines Ethanol übrigbleibt.

5.4.2 Siedeverhalten nicht mischbarer Flüssigkeiten mit Azeotrop

Während der Gesamtdampfdruck bei homogenen Mischungen nach dem *Raoult*'schen Gesetz vom Molenbruch der Komponenten bestimmt wird, ist bei nicht mischbaren Systemen der Gesamtdruck stets gleich der Summe der Dampfdrucke beider Komponenten (unabhängig von der Zusammensetzung der Komponenten). Normalerweise besitzen die Mischphasen kleinere Partialdrucke als der Normaldruck, deshalb liegt der Siedepunkt des Mischsystems niedriger als die Siedepunkte der einzelnen Komponenten. Bei der Kondensation des Dampfes erfolgt die spontane Entmischung der Komponenten.

Bei den wichtigsten praktischen Beispielen ist eine der beiden Komponenten Wasser (siehe Tab. 5.5). Abbildung 5.18 zeigt das Siedediagramm der azeotropen Mischung Wasser/Toluol.

Tabelle 5.5: Azeotrope Gemische mit Wasser.

Komponenten	Organisches Solvens Sdp. [°C]	Azeotrop Sdp. [°C]	Wassergehalt im Azeotrop
H_2O/CH_2Cl_2	40.1	38.8	1%
H_2O/MTB	55.0	53.0	4%
H_2O/Ethylacetat	78.0	70.0	9%
H_2O/CCl_4	77.0	66.0	4%
H_2O/Cyclohexan	81.0	70.0	9%
H_2O/Benzol	80.6	69.2	9%
H_2O/Toluol	110.6	84.1	20%

Abb. 5.18: Schematisches Siedediagramm der Mischung Wasser/Toluol.

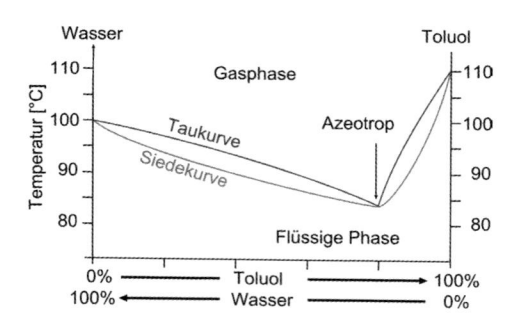

Die Destillation azeotroper Gemische mit Wasser wird in der organischen Chemie vielfältig genutzt:

- zur destillativen Abtrennung von Reaktionswasser,
- zur Wasserdampfdestillation,
- zur Trocknung organischer Solventien (siehe Kapitel 12 ‚Reinigung und Trocknung organischer Solventien').

5.4.2.1 Kontinuierliche Entfernung von Reaktionswasser aus einem Reaktionsgemisch durch azeotrope Destillation

Bei zahlreichen Reaktionen, bei denen Wasser ein Reaktionsprodukt ist (z.B. Veresterungen, Acetal-, Ketal-, Enamin-Bildungen), kann man durch kontinuierliche Entfernung des Reaktionswassers das Gleichgewicht in Richtung der Produkte verschieben. Die oben aufgeführten Azeotrope ermöglichen es, mit Hilfe eines ‚**Wasserabscheiders**' das organische Solvens im Kreislauf zu führen, das Wasser wird hierbei ‚**ausgekreist**' bzw. ‚**ausgeschleppt**' (Abb. 5.19).

Die azeotrope Mischung von Wasser und Cyclohexan enthält beispielsweise 9% Wasser (Tab. 5.5). Die Löslichkeit von Wasser in Cyclohexan beträgt bei Raumtemperatur indes nur etwa 0.01%! Wird der Dampf dieser Mischung mit der Zusammensetzung des Azeotrops kondensiert, tritt spontane Entmischung der Phasen ein.

Prinzip des Wasserabscheiders (Abb. 5.19):

Das aus dem Reaktionskolben (1) über (2) abdestillierende Azeotrop wird im Rückflusskühler (3) kondensiert und tropft in das graduierte Trennrohr (4) des Wasserabscheiders.

Abb 5.19: Apparaturen zum Auskreisen von Wasser.

a) Wasserabscheider (*Dean-Stark*-Falle) zum Auskreisen von Wasser mit spezifisch leichteren Solventien (Benzol, Toluol, Cyclohexan).
b) Wasserabscheider zum Auskreisen von Wasser mit spezifisch schwereren Solventien (z.B. Chloroform, Dichlormethan).
c) Wasserabscheider zum Auskreisen von Wasser mit spezifisch schwereren Solventien mit Möglichkeit zur Entnahme des Reaktionswassers.

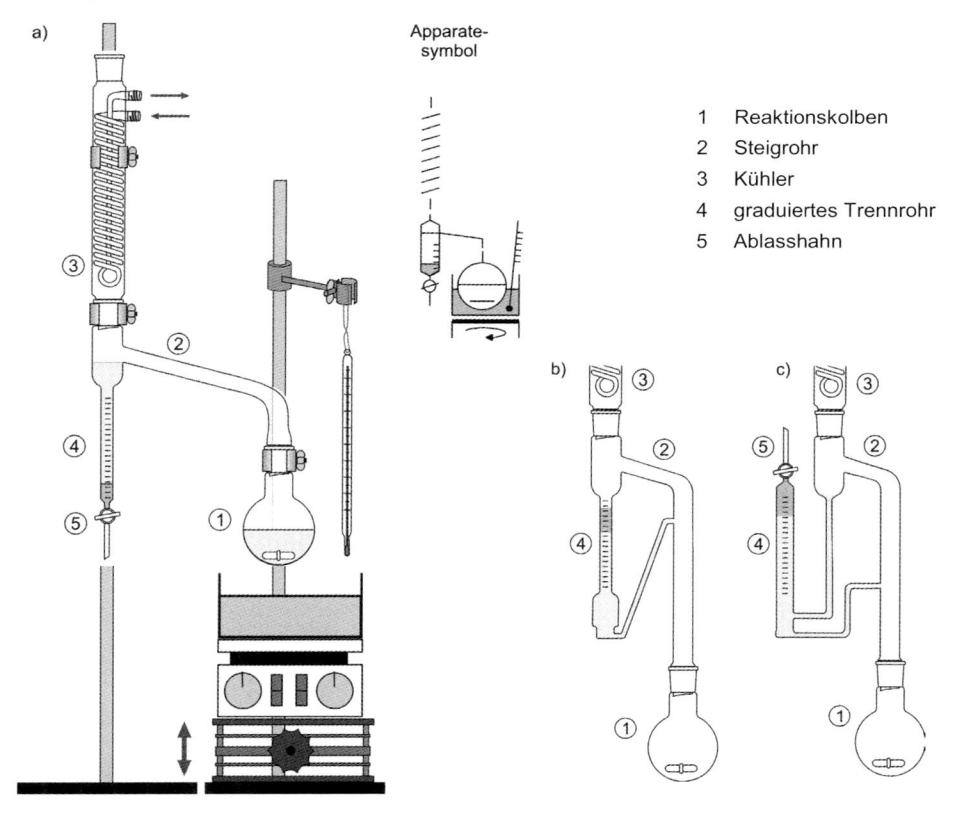

1 Reaktionskolben
2 Steigrohr
3 Kühler
4 graduiertes Trennrohr
5 Ablasshahn

Beim Auskreisen mit **spezifisch leichteren Lösungsmitteln** setzt sich das spezifisch schwerere Wasser im Trennrohr ab, das organische Solvens fließt in den Reaktionskolben zurück (Abb. 5.19a). Bei spezifisch schwereren Solventien setzt sich das organische Lösungsmittel unten ab (z.B. Chloroform) und wird in den Reaktionskolben zurückgeführt (Abb. 5.19b, c). Die Graduierung erlaubt in beiden Fällen die kontinuierliche Messung der Wasserbildung und damit die Verfolgung des Reaktionsablaufs.

5.4.2.2 Wasserdampfdestillation

Die Wasserdampfdestillation ist eine Variante der azeotropen Destillation. Einer Mischung von Substanzen wird bewusst Wasser zugesetzt. Dadurch können die Bestandteile der Mischung, welche ein Azeotrop mit Wasser bilden, sehr schonend destillativ abgetrennt werden (Voraussetzung: Der Dampfdruck der organischen Verbindung ist bei 100 °C größer als 10 hPa und die Verbindung ist nicht oder kaum mit Wasser mischbar). Die Wasserdampfdestillation wird häufig zur Auftrennung komplexer Mischungen aus natürlichen Pflanzenmaterialien (Isolierung ‚etherischer Öle') genutzt, kann aber auch in einigen Fällen bei der Trennung von Produktmischungen aus organischen Synthesen eingesetzt werden (z.B. Trennung von *p*-Benzochinon/Hydrochinon oder *o*-Nitrophenol/*p*-Nitrophenol). Bei der Destillation gehen Wasser und Substanz in einem konstanten Verhältnis über, man kann also die übergetriebene Menge Substanz pro Zeiteinheit steigern, wenn man eine möglichst große Wassermenge destilliert.

Apparaturen zur Wasserdampfdestillation:

Einfache Wasserdampfdestillation

Im einfachsten Fall wird die Suspension von Wasser und der zu reinigenden Substanz in einer einfachen Destillationsapparatur bis zum Sieden erhitzt. Für eine raschere Destillation wird das Substanz/Wasser-Gemisch im Heizbad auf 100 °C erhitzt und noch zusätzlich überhitzter Wasserdampf in den Destillationskolben eingeleitet (der Wasserdampf wird in speziellen Dampfgeneratoren erzeugt).

Abb. 5.20: Apparatesymbol für eine Wasserdampfdestillationsapparatur.

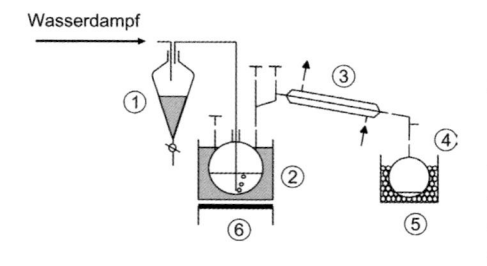

1 Scheidetrichter zur Abtrennung von Kondenswasser
2 Auf etwa 100 °C erhitzter Destillationskolben mit dem Destillationsgut in wässriger Suspension
3 *Liebig*-Kühler bzw. *Claisen*-Brücke
4 Vorlage
5 Eisbad zur Kühlung der Vorlage
6 Heizplatte

Der Kühlwasserstrom darf nicht zu schwach sein, sonst kann die große Menge Wasserdampf nicht vollständig kondensiert werden. Der Vorlagekolben wird zusätzlich mit Eis gekühlt.

Das Ende der Destillation erkennt man daran, dass das Destillat nicht mehr trüb ist.

Am Ende der Destillation wird zuerst der Ablasshahn des Scheidetrichters (1) geöffnet, erst dann darf der Wasserdampfgenerator abgeschaltet werden. Wird das nicht beachtet, kann beim Abkühlen der heiße Inhalt des Destillationskolbens über das Dampfeinleitungsrohr in den Scheidetrichter und möglicherweise weiter in den Wasserdampfgenerator zurückgesaugt werden.

Aus dem erkalteten Wasserdampfdestillat werden kristalline Verbindungen abgesaugt, flüssige Produkte im Scheidetrichter abgetrennt oder in organischen Solventien aufgenommen.

Wasserdampfdestillation unter gleichzeitiger Extraktion des Produktes mit einem organischen Solvens

Der nachstehend abgebildete Aufsatz (Abb. 5.21) ist das ‚Kernstück' dieser speziellen Wasserdampfdestillationsapparatur:

Abb. 5.21: Phasenteiler für die Wasserdampfdestillation unter gleichzeitiger Extraktion mit einem spezifisch schwereren Lösungsmittel und Apparatesymbol.

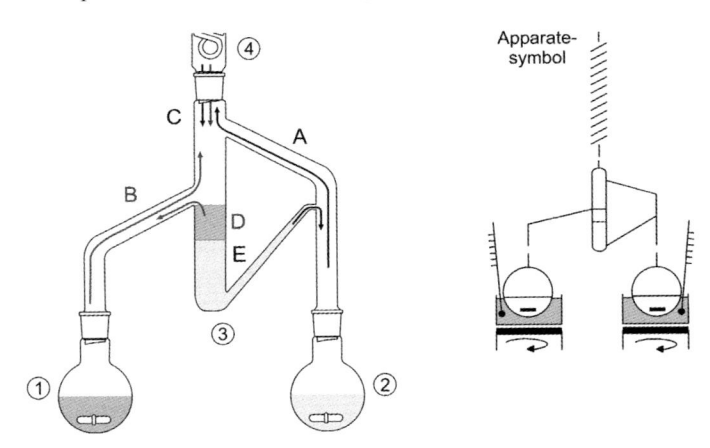

1   Kolben mit Wasser und der zu isolierenden Substanz
2   Kolben mit organischem Lösungsmittel
3   Phasenteiler
4   Rückflusskühler
A   Aufsteigender Dampf des organischen Lösungsmittels
B   Aufsteigender Wasserdampf mit der zu isolierenden Substanz
C   Kondensat (Wasser, Substanz, organisches Lösungsmittel)
D   Wasserüberlauf
E   Organisches Lösungsmittel mit gelöster Substanz

Beschreibung der Funktionsweise:

Man erhitzt das Wasser mit dem Produkt im Destillationskolben 1 zum Sieden, hier findet die Wasserdampfdestillation statt. Gleichzeitig wird in der Vorlage 2 Dichlormethan zum Sieden erhitzt. Bei der gemeinsamen Kondensation der Dämpfe extrahiert das organische Solvens das durch den Wasserdampf mitgeführte Produkt. Im Phasenteiler wird das in Dichlormethan gelöste Produkt von der Wasserphase getrennt und in den Kolben 2 geleitet; die Wasserphase fließt in den Koben 1 zurück. Durch die kontinuierliche Arbeitsweise kann auf das Einleiten von Wasserdampf verzichtet werden; durch die Rückführung kommt man mit einem geringen Wasservolumen aus. Außerdem erübrigt sich durch die gleichzeitige Extraktion auch das nachträgliche Ausschütteln des destillierten Produkts aus einem großen Wasservolumen. Dieser Methode erlaubt beispielsweise die Reinigung von ca. 10 g *o*-Nitrophenol/Stunde durch Wasserdampfdestillation.

Für die gleichzeitige Extraktion mit einem spezifisch leichteren Lösungsmittel werden die beiden Kolben 1 und 2 vertauscht.

Destillation (spezielle Verfahren und Apparaturen)

5.5 Halbmikro- und Mikrodestillationsapparaturen

5.5.1 Variable Halbmikrodestillationsapparatur (5–80 ml)
(Zur Destillation bei Atmosphärendruck und im Vakuum)

Die abgebildete, inzwischen auch handelsübliche Destillationsapparatur (Abb. 5.22) [11] empfiehlt sich bei Flüssigkeitsmengen von etwa 5–80 ml. Die Apparatur zeichnet sich durch sehr kurze Wege für Dampf und Kondensat aus, Substanzverluste und das Vermischen von Fraktionen werden vermieden. Bei Vakuumdestillationen muss man zur Vermeidung von Siedeverzügen mit dem Magnetrührer arbeiten. Der Knick im *Anschütz*-Aufsatz dient als Spritzschutz.

Wenn verschiedene Fraktionen nicht zu erwarten sind, kann man an den Vorstoß direkt einen Kolben anschließen (7).

Bei sehr kleinen Mengen (2–10 ml) kann man an Stelle von Kolben auch konisch zulaufende Röhrchen mit Schliff verwenden (8). Als Variante ist auch eine Spinne mit Schraubanschlüssen im Handel, an die direkt kleine **Präparategläschen mit Gewinde**, sogenannte ‚**Vials**' angeschlossen werden können.

Abb. 5.22: Halbmikrodestillationsapparatur (10–80 ml).

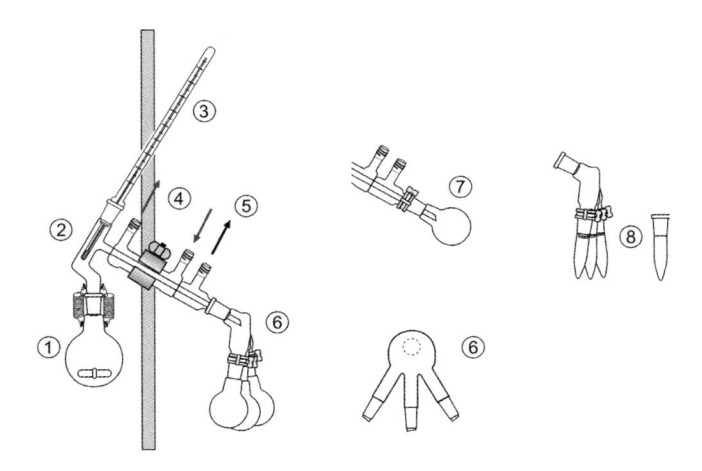

1 Destillationskolben NS 14
2 Destillationsaufsatz mit angeschmolzenem kurzem *Liebig*-Kühler mit Schliff- oder Schraubenanschluss für Thermometer.
3 Thermometer
4 Kühlwasser
5 Vakuumanschluss
6 Spinne (NS 14) mit 3 Kölbchen
7 Direkter Anschluss eines Vorlagekolbens
8 Glasröhrchen als Vorlage für kleine Destillatmengen

5.5.2 Kugelrohrdestillation (0.5–10 ml)
(Zur Destillation im Vakuum, auch Feststoffdestillation)

Auf den Destillationskolben (1) werden ‚Destillationskugeln' (2) (A–C) aufgesetzt und auf die Glashohlwelle (4) gesteckt. Die Hohlwelle – und damit auch der Destillationskolben mit den Kugeln – wird von einem Motor in der Längsachse gedreht und durch den Heizofen im Luftbad geheizt. Man verzichtet auf das Innenthermometer und registriert lediglich die Ofentemperatur [12].

Der Destillationskolben 1 wird mit den Kugeln A und B in den Heizofen gebracht. Die letzte Kugel C dient als Vorlage, sie muss außerhalb der Heizzone bleiben. Zur thermischen Isolierung wird die Irisblende (6) am Ausgang des Heizofens geschlossen. In der Regel wird am Hahn (5) Vakuum angelegt. Die Destillation von Kugel zu Kugel verläuft rasch und schonend (kurze Abstände). Wegen der Rotation erneuert sich die Oberfläche ständig. Die letztlich als Vorlage benutzte Kugel C muss – um Verluste zu vermeiden – sehr gut (am besten mit Trockeneis) gekühlt werden.

Abb. 5.23: Schematische Darstellung einer Kugelrohrdestillationsapparatur.

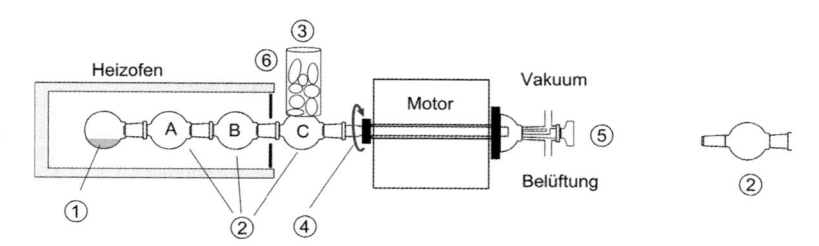

1   Rundkolben mit Destillationsgut
2   Destillationskugeln A–C
3   Glasrohr gefüllt mit Trockeneis
4   rotierende Glashohlwelle
5   Zweiwegehahn
6   Irisblende

Drei Vorlagekugeln erlauben auch eine gewisse Fraktionierung. Man heizt zunächst die Kugeln 1, A und B vorsichtig auf und destilliert das leichtflüchtigste Produkt in Kugel C. Hierauf werden nur noch die Kugeln 1 und A geheizt, B wird zur Vorlage für die 2. Fraktion usw. Es empfiehlt sich, die leichtflüchtigen Fraktionen in C und B vor Fortsetzung der Destillation wegzunehmen.

5.5.3 Kurzwegdestillation und Mikrodestillation über einen Bogen (Krümmer)
(Halbmikro- oder Mikrodestillation)

Abb. 5.24: a) Kurzwegdestillation, b) Mikrodestillation über einen Bogen.

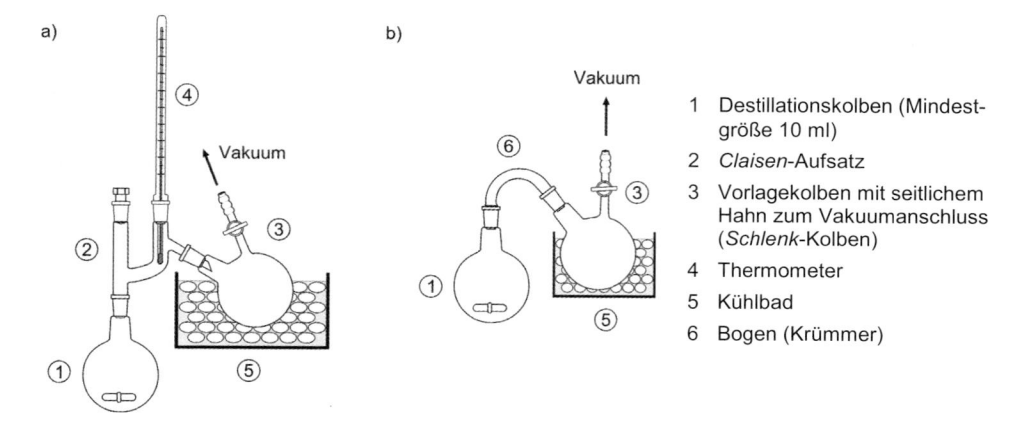

1   Destillationskolben (Mindestgröße 10 ml)
2   *Claisen*-Aufsatz
3   Vorlagekolben mit seitlichem Hahn zum Vakuumanschluss (*Schlenk*-Kolben)
4   Thermometer
5   Kühlbad
6   Bogen (Krümmer)

In beiden Apparaturen wird der Vorlagekolben mit Aceton/Trockeneis oder flüssigem Stickstoff gekühlt, um Substanzverluste zu vermeiden. Auf diese Weise können vor allem schwer destillierbare Substanzen und Feststoffe destilliert werden, da der Destillationsweg kurz ist. Der Destillationskolben kann mit einem Heißluftgebläse zusätzlich geheizt werden.

5.5.4 Mikrodestillation in Glasrohren

Abb. 5.25: a) Mikrodestillationsapparatur mit Luftkühlung, b) Mikrodestillationsapparatur für leichtflüchtige Produkte.

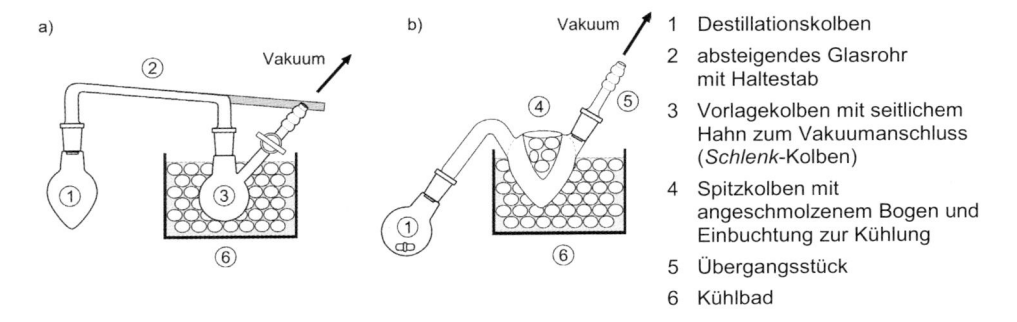

1 Destillationskolben
2 absteigendes Glasrohr mit Haltestab
3 Vorlagekolben mit seitlichem Hahn zum Vakuumanschluss (*Schlenk*-Kolben)
4 Spitzkolben mit angeschmolzenem Bogen und Einbuchtung zur Kühlung
5 Übergangsstück
6 Kühlbad

Beide in Abbildung 5.25 dargestellten Apparaturen (NS 10) sind für die Destillation kleiner Mengen geeignet. Während man die Variante a) für Substanzen mit relativ hohen Siedepunkten verwendet (die Luftkühlung reicht zur Kondensation weitgehend aus), wird die Variante b) bei leichter flüchtigen Produkten bevorzugt; der Spitzkolben als Vorlage ist innen eingebuchtet zur Aufnahme von Trockeneis.

Beide Apparaturen sind auch für die Destillation luftempfindlicher Substanzen geeignet, da die Vorlage vor der Destillation mit Schutzgas gespült werden kann.

5.5.5 Destillationsaufsatz zur Destillation großer Flüssigkeitsmengen

Der in Abbildung 5.26 dargestellte Aufsatz eignet sich zur Destillation größerer Mengen stark schäumender und spritzender Substanzen bei Normaldruck oder im Vakuum. Auch bei der raschen Destillation großer Wassermengen (z.B. bei der Wasserdampfdestillation, siehe Kapitel 5.4.2.2) ist dieser Aufsatz von Vorteil.

Abb. 5.26: Spezialaufsatz für die Destillation großer Flüssigkeitsmengen.

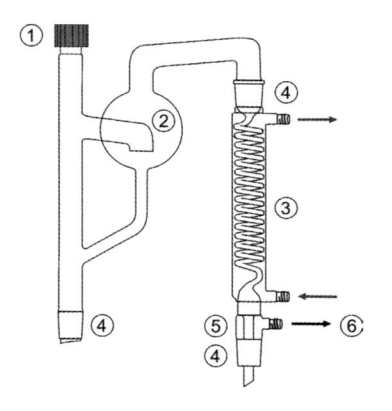

1   Schraubverschluss für Thermometer
2   Spritzschutz
3   Schlangenkühler
4   Schliffverbindungen NS 29
5   Angeschmolzener gerader Vorstoß mit
6   Vakuumanschluss

5.5.6 Ringspaltkolonnen

Die Ringspaltkolonne (Abb. 5.27) besteht aus zwei konzentrischen Rohren. Der aufsteigende Dampf wird durch den Spalt zwischen innerem und äußerem Rohr geführt. Das Kondensat läuft in spiralförmige Nuten an den dampfberührenden Seiten der Rohre zurück. Das führt zur Verwirbelung des Dampfes und einem effektiven Stoffaustausch zwischen Dampf und Kondensat. Die Kolonnen haben bei mäßigem Durchsatz eine große Wirkung (Trennstufenhöhe 0.5–1 cm), verbunden mit sehr geringem Betriebsinhalt und Druckverlust.

Mit Ringspaltkolonnen können Mengen bis zu mehreren Litern, aber auch – wegen des kleinen Retentionsvolumens – kleine Mengen bis 5 ml bei Atmosphärendruck und auch im Vakuum rektifiziert werden. Besonders wichtig für eine optimale Trennwirkung ist die exakt senkrechte Aufstellung der Ringspaltkolonne [13].

Abb. 5.27: Schematische Darstellung einer Ringspaltkolonne.

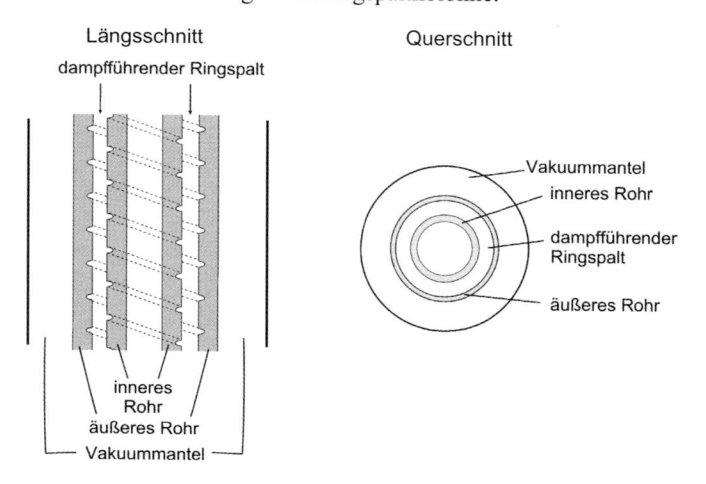

5.6 Vakuumpumpen – Vakuummessgeräte [14]

5.6.1 Druck – Definition und Einheiten

Der Druck ist zusammen mit der Temperatur und dem Volumen eine der Zustandsgrößen, die ein makroskopisches System beschreiben. Der Druck ist dabei physikalisch als Quotient der Normalkraft F auf eine Fläche durch den Flächeninhalt A definiert:

$$p = \frac{dF}{dA}$$

Aus dieser Definition ergibt sich nach dem internationalen SI-Einheitensystem für die **Einheit des Drucks**:

$$[p] = \frac{\text{Newton}}{\text{Meter}^2} = \text{Pascal oder } \frac{\text{N}}{\text{m}^2} = \text{Pa}$$

Andere zulässige Einheiten sind:

1 bar = 10^5 Nm^{-2} = 10^5 Pa = 0.1 MPa und 1 mbar = 1 hPa

Außerdem sind – vor allem in der älteren Literatur – noch folgende Druckeinheiten zu finden:

1 dyn = 1 g·cm·s^{-2} = 10^{-5} N (Einheit des früher gebräuchlichen cgs-Systems)
1 Torr = 133.3224 Pa = 1.33 hPa = 1.33 mbar
1 at = 1 kp·cm^{-2} (technische Atmosphäre, 1 kp = 9.81 N, 1 at = 0.981 bar)
1 atm = 760 Torr (physikalische Atmosphäre, 1 atm = 1.013 bar = 1.033 at)

Die SI-Einheiten (Système International d'Unitès) wurden 1977 nach Vereinbarungen der ISO (International Organisation for Standardisation) eingeführt. In Deutschland sind diese Einheiten für den Druck in der DIN 1314 definiert.

Einige wichtige Definitionen der Vakuumtechnik:

Totaldruck im Vakuumraum: Summe der Partialdrucke aller im Gasraum befindlichen (nicht kondensierbaren) Gase und (kondensierbaren) Dämpfe, z.B.: Wasserdampf aus der Atmosphäre, Öldampf aus der Pumpe etc.

Enddruck im Vakuum: Der niedrigste mit einer bestimmten Anordnung (Pumpe + Behälter) erreichbare Druck. Der Enddruck ist die Summe der Partialdrucke der im Vakuumraum noch verbleibenden nicht kondensierbaren Gase. Bei den Pumpenkenndaten werden meist die Endpartialdrucke angegeben. Während bei den zweistufigen Drehschieberpumpen der Endpartialdruck ca. 10^{-4} mbar beträgt, erreicht der Endtotaldruck durch die Dämpfe (Wasser, Öl) im Vakuumraum nur Werte von 10^{-2} mbar. Der Enddruck einer Pumpe wird nicht nur vom

Saugvermögen, sondern auch vom Dampfdruck der verwendeten Dichtungs-, Treib- und Schmiermittel bestimmt.

Saugvermögen S einer Pumpe: Gasvolumen, das in der Zeiteinheit durch den Ausgangsquerschnitt der Pumpe strömt.

$$S = \frac{dV}{dt}$$

Arbeitsdruck p: Der in einer Destillationsapparatur niedrigste erreichbare Druck. Dieser hängt ab:

- vom Enddruck der Pumpe (P_{end})
- vom effektiven Saugvermögen (S_{eff}) (siehe unten)
- von der sogenannten Leckrate q_L
- von der Gasabgabe der Apparatur

$$p = \frac{q_L}{S_{eff}} + P_{end}$$

Effektives Saugvermögen S_{eff}: Saugvermögen an der Apparatur (l/s)

mit: L = Strömungsleitwert (siehe unten)

$$S_{eff} = \frac{S \cdot L}{S + L}$$

Strömungsleitwert L: Der Strömungsleitwert ist ein Maß für den Strömungswiderstand einer Leitung bzw. Apparatur. Der Strömungsleitwert ist dabei definitionsgemäß der reziproke Wert des Strömungswiderstandes R.

Um das Saugvermögen einer Pumpe gut auszunutzen, muss der Strömungsleitwert L möglichst groß werden.

Für hintereinander geschaltete Bauteile gilt:

$$\frac{1}{L_{Ges}} = \sum_i \frac{1}{L_i}$$

Für parallel geschaltete Bauteile gilt:

$$L_{Ges} = \sum_i L_i$$

Mit Hilfe des *Hagen-Poiseuille*'schen Gesetzes kann der Druckabfall Δp für die laminare Strömung von Gasen in Röhren abgeschätzt werden. Es gilt:

$$\Delta p = \frac{8V \cdot L}{r^4}$$

mit: V = Strömungsgeschwindigkeit
n = Zähigkeit des Gases
L = Länge des Rohres
r = Radius des Rohres

Der Druckverlust wächst linear mit dem Abstand L zwischen Destillationsgut und Pumpe und sinkt mit dem Quotienten $1/r^4$! Außerdem sinkt die Leitfähigkeit einer Leitung mit jeder Krümmung stark ab.

5.6.2 Wasserstrahlpumpen

Wasserstrahlpumpen sind die einfachsten Vakuumpumpen im Labor (Abb. 5.28): Der Wasserstrahl wird beim Durchtritt durch die **Lavaldüse** (3) auf hohe Geschwindigkeit beschleunigt und in eine Staudüse expandiert, durch die er aus dem Pumpengehäuse austritt. Der aus der Düse austretende Wasserstrahl transportiert in seinen äußeren Schichten die abzusaugenden Gas- bzw. Luftmoleküle ab. Die Wasserstrahlpumpe gehört also zu den sogenannten ‚**Treibmittelpumpen**'.

Abb. 5.28: Bauprinzip einer Wasserstrahlpumpe.

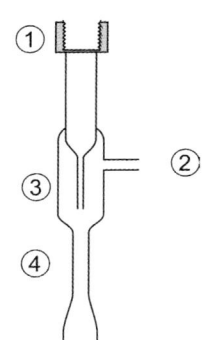

1 Wasseranschluss mit Gewinde
2 Ansaugstutzen
3 Lavaldüse
4 Staudüse

Der Endtotaldruck wird durch den Dampfdruck des Wassers bei der Wassertemperatur bestimmt, das Saugvermögen ist vom Wasserdruck abhängig.

Technische Daten der Wasserstrahlpumpe:

Saugvermögen bei einem Wasserdruck von 4 bar	200–400 l/h
Endtotaldruck bei einer Wassertemperatur von 12 °C	16 mbar (12 Torr)
Auspumpzeit für einen 5 L-Behälter (großer Exsikkator)	6–10 min
Wasserverbrauch	200–500 l/h

Da beim Absinken des Wasserdrucks das Wasser in die unter Vakuum stehende Apparatur ‚zurückschlagen' kann, enthalten viele Wasserstrahlpumpen ein **Rückschlagventil**. Eine ‚Sicherheitsflasche' dient als Auffanggefäß beim evt. Zurückschlagen des Wassers und zugleich als ‚Druckpuffer' zum Ausgleich von Druckschwankungen.

Der Nachteil der Wasserstrahlpumpen ist weniger das geringe Saugvermögen als der recht **hohe Wasserverbrauch** und die Tatsache, dass alle abgesaugten Substanzen in die Kanalisation gelangen. Deshalb ist man heute bestrebt, Ersatzlösungen für Wasserstrahlpumpen im Laborbereich zu finden.

5.6.3 Membranpumpen

Membranpumpen können Wasserstrahlpumpen weitgehend ersetzen. Ihr Einsatzbereich liegt ebenfalls im Grobvakuumbereich, bei geeigneter Schaltung können bis zu 10 mbar (2-stufig) oder 2 mbar (3-stufig) erreicht werden. Der Vorteil von Membranpumpen liegt in ihrer hohen Saugleistung (etwa 2 m^3/h) und – bei geeigneter Ausstattung (PTFE-Beschichtung) – in der geringen Empfindlichkeit gegenüber den geförderten Medien.

Das **Arbeitsprinzip einer Membranpumpe** ähnelt dem einer Hubkolbenpumpe, durch die flexible Membran werden jedoch ein geringeres Totvolumen und damit ein besseres Endvakuum erreicht:

Eine zwischen Zylinderkopf und Gehäuse eingespannte Membran wird über ein Pleuel auf und nieder bewegt. Die Membran trennt dabei den **Antriebsraum** vom **Förderraum**. Wird die Membran nach unten bewegt, wird Gas bzw. Dampf über das Einlassventil in den Förderraum gesaugt und bei der anschließenden Aufwärtsbewegung der Membran komprimiert und über das Auslassventil ausgestoßen. Die ausgestoßenen Dämpfe können durch einen nachgeschalteten Kühler (mit Wasserkühlung) kondensiert werden.

Membranpumpen sind aus Gründen des Umweltschutzes den Wasserstrahlpumpen vorzuziehen: Lösungsmitteldämpfe können nicht in das Abwasser gelangen, mit nachgeschaltetem Kühler können sie bis zu 99% kondensiert werden. Der wesentlich geringere Wasserverbrauch ist ein weiteres Argument für ihren Einsatz.

Abb. 5.29: Funktionsweise der Membranpumpe.

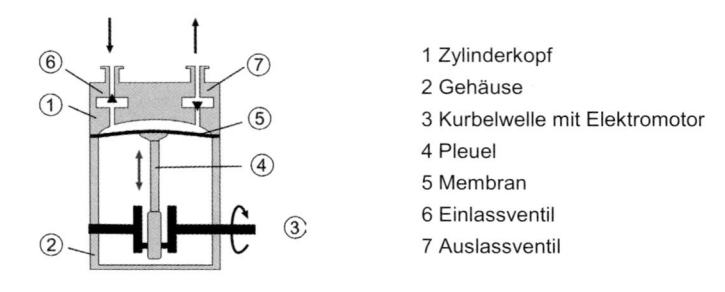

1 Zylinderkopf
2 Gehäuse
3 Kurbelwelle mit Elektromotor
4 Pleuel
5 Membran
6 Einlassventil
7 Auslassventil

5.6.4 Drehschieberpumpen (Ölpumpen)

Drehschieberpumpen sind **ein- oder zweistufige** Vakuumpumpen, die bis in den Feinvakuumbereich (10^{-3} hPa bzw. mbar) eingesetzt werden können. Abbildung 5.30 zeigt das Bauprinzip und die Funktionsweise dieser Pumpen.

In dem Pumpenzylinder (1) dreht sich ein exzentrisch gelagerter Rotor (2). Zwei federbelastete Schieber sorgen für die Abdichtung des Schöpfraumes. Wenn der Schieber an der Ansaugöffnung (4) vorbei gleitet, entsteht ein Schöpfraum mit sichelförmigem Querschnitt, in den das abgesaugte Gas einströmt (A und B). Durch weitere Drehung des Rotors wird der Schöpfraum abgeschlossen (C). Im weiteren Verlauf wird das Gas durch die Verkleinerung des Schöpfraums zunächst komprimiert (D). Sobald der Schieber die Auslassöffnung freigibt, kann das komprimierte Gas über das Auslassventil in den Gasraum der Pumpe ausgestoßen werden (E) und gelangt durch die Auspufföffnung (6) aus der Pumpe. Der Pumpvorgang (pro Rotorumdrehung zweimal) setzt sich aus den drei Phasen Ansaugen – Komprimieren – Ausstoßen – zusammen.

Abb. 5.30: Aufbau und Funktionsweise von Drehschieberpumpen.

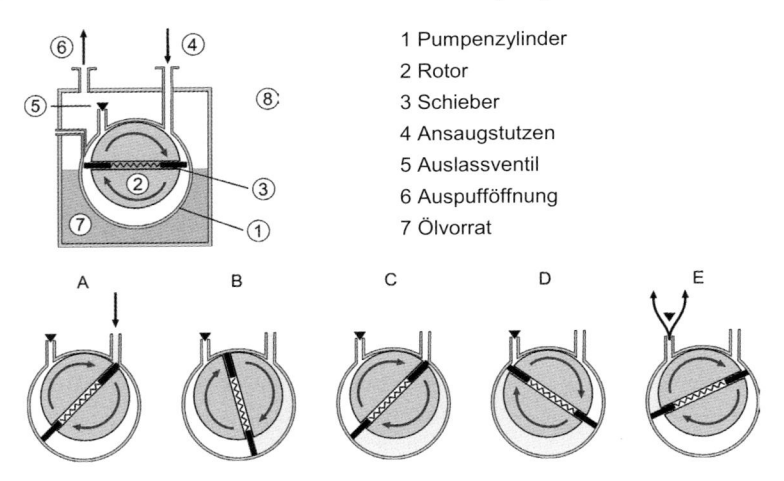

1 Pumpenzylinder
2 Rotor
3 Schieber
4 Ansaugstutzen
5 Auslassventil
6 Auspufföffnung
7 Ölvorrat

Der **Pumpenkörper ist von Öl umgeben** (Ölkapselung). Vom Ölvorrat (7) im Pumpengehäuse wird über eine Pumpe den Lagerstellen und Schiebern ständig Öl zugeführt. Neben der Schmierung sorgt der Ölfilm auch für die Abdichtung der gleitenden Teile. Das angesaugte Öl wird zusammen mit dem geförderten Gas durch das Ventil (5) wieder in den Ölvorrat gefördert. Schmutz und evtl. vorhandene Verschleißteilchen werden mit dem Öl aus dem Arbeitsraum in den Ölvorrat gespült. Sie lagern sich auf dem Boden des Pumpengehäuses ab und können nicht mehr in den Ölkreislauf gelangen.

Bei einer **zweistufigen Drehschieberpumpe** wird an der Auslassöffnung an Stelle des Ventils eine zweite, synchron laufende Drehschieberpumpe nachgeschaltet. Bei der Förderung großer Gasvolumnia ist die Abtrennung des mit dem Gas mitgeförderten Öls im Gasraum der

Pumpe nicht mehr ausreichend, zusammen mit dem Gas gelangt das Öl in Form feiner Tröpfchen (Ölnebel) über die Auspufföffnung ins Freie. In diesem Fall sollte unbedingt ein Ölnebelfilter nachgeschaltet werden.

Technische Daten von Drehschieberpumpen für den Laboreinsatz:

	einstufige Pumpen	zweistufige Pumpen
Saugvermögen ($m^3 \cdot h^{-1}$)	1.75–2.50	2.50–7.60
Endpartialdruck ohne Gasballast (mbar)	$3 \cdot 10^{-2}$	$2.5 \cdot 10^{-4}$
Endtotaldruck mit Gasballast (mbar)	$3 \cdot 10^{-1}$	$< 1.3 \cdot 10^{-2}$

Wie Abbildung 5.31a zeigt, bleibt bei Drehschiebervakuumpumpen das Saugvermögen bis 1 mbar konstant, vermindert sich bis 0.1 mbar um etwa 10% und fällt gegen den Enddruck rasch ab. Hieraus resultiert für einstufige Drehschiebervakuumpumpen der Einsatz bis etwa 0.1 mbar. Wie gezeigt, **ist der Endtotaldruck im Vakuumraum die Summe aller Partialdrucke der nichtkondensierbaren Gase und des Öldampfes**. Da sich nicht kondensierte Dämpfe aus dem Destillationsgut im Pumpenöl lösen, wird der Endtotaldruck dadurch noch erheblich verschlechtert. Um dies zu verhindern, müssen **die nicht kondensierten Dämpfe aus dem Destillationsgut in Kühlfallen mit Aceton/Trockeneis** oder besser noch **mit flüssigem Stickstoff vor der Pumpe ausgefroren werden**.

Produkte, die bei der Destillation korrosive Gase, z.B. Chlorwasserstoff, abgeben, dürfen nicht mit Ölpumpen destilliert werden, da die Metallteile der Pumpe angegriffen werden.

Erreicht die Pumpe auch ohne Belastung das Endvakuum nicht mehr, ist ein Ölwechsel erforderlich.

Abb. 5.31: Charakteristische Kennkurven einer einstufigen Ölpumpe.

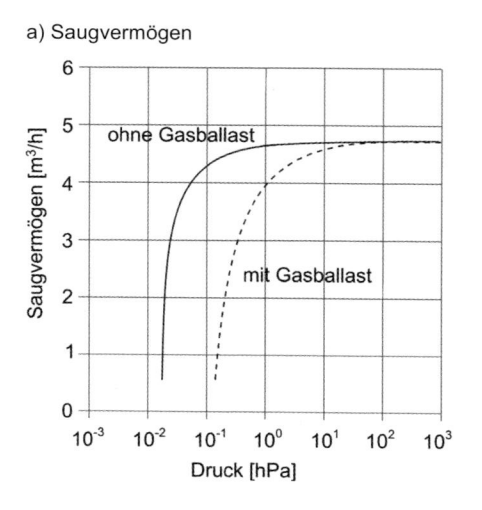

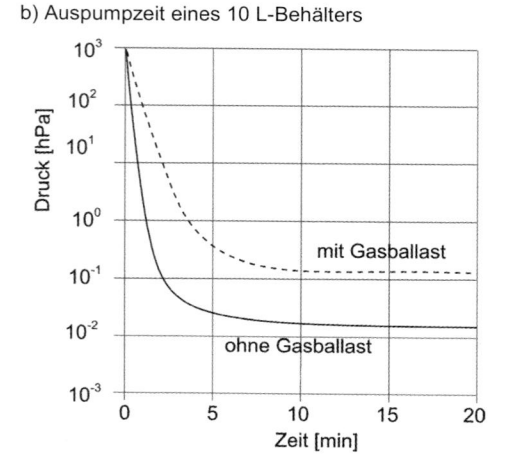

a) Saugvermögen

b) Auspumpzeit eines 10 L-Behälters

Gasballast

Werden Dämpfe angesaugt, können diese nur bis zu ihrem **Sättigungsdampfdruck** bei der Betriebstemperatur der Pumpe komprimiert werden. Bei höherer Verdichtung kondensiert ein Teil des Dampfes im Pumpenraum. Beispielsweise kann **ein Luft/Wasserdampf-Gemisch bei 70 °C Pumpentemperatur nur bis zu einem Wasser-Partialdruck von 312 mbar verdichtet werden. Bei weiterer Kompression kondensiert der Wasserdampf.** Die Folge ist eine Vermischung des Wassers mit dem Pumpenöl und eine Verschlechterung des erreichbaren Enddruckes!

Um diese Kondensation zu verhindern, wird zu Beginn der Kompression in den Schöpfraum der Pumpe so viel Luft eingelassen, dass das Luft/Dampf-Gemisch während der Kompression den für das Öffnen des Auslassventils nötigen Druck erreicht, noch ehe der Dampf den zur Pumpentemperatur gehörigen Sättigungsdruck erreicht hat. **Der Dampf wird mit der Luft in die Atmosphäre ausgestoßen, bevor er kondensieren kann.** Die zusätzliche Luft nennt man den **Gasballast**, das für die Dosierung notwendige Ventil das **Gasballastventil**. Der erreichbare Enddruck verschlechtert sich dabei etwa um eine Zehnerpotenz, die Auspumpzeiten verlängern sich ebenfalls.

In der Praxis ist die Gasballastmenge so dosiert, dass das Kompressionsverhältnis nicht größer als etwa 10:1 wird. Das bedeutet, dass der Partialdruck der angesaugten Dämpfe nur so hoch sein darf, dass diese bei der Verdichtung um den Faktor 10 bei der Betriebstemperatur der Pumpe noch nicht kondensieren können. Aus diesem Grunde ist es zweckmäßig, die Pumpe vor der Benutzung etwa 30 Minuten warmlaufen zu lassen.

5.6.5 Vakuumpumpen für das Hochvakuum

Die genaue Ausführung von Pumpen und Apparaturen für das Hochvakuum kann hier nur angedeutet werden. Prinzipiell gilt für alle Hochvakuum- und Ultrahochvakuumpumpen, dass das Vakuum nicht in einer Stufe erreicht werden kann, sondern dass eine oder mehrere ‚**Vorpumpen**' vor die eigentliche Hochvakuumpumpe geschaltet werden müssen. Gleichzeitig ergeben sich aus der **Theorie der Laminarströmung** eine ganze Reihe von Randbedingungen für die Dimensionierung von Pumpe und Apparatur. Hier werden nur zwei Pumpentypen kurz behandelt:

Dampfstrahl- und Diffusionspumpen

Bei den Dampfstrahlpumpen werden geeignete ‚**Treibmittel**' (z.B. hoch siedende Mineralöle, Silikonöle oder Quecksilber) durch eingebaute elektrische Heizwendeln zum Sieden erhitzt. Der erzeugte **Dampfstrom** wird nun den Düsen zugeführt. Diese Düsen (**Lavaldüsen**) sind so konstruiert, dass der **Dampfstrahl auf Überschallgeschwindigkeit** beschleunigt und in einem bestimmten Winkel auf das Pumpengehäuse gelenkt wird. Das Pumpengehäuse wird gekühlt, das dampfförmige Treibmittel kondensiert und wird als Flüssigkeit wieder in das Siedegefäß zurückgeführt. Die **Pumpwirkung** kommt – ähnlich wie bei der Wasserstrahlpumpe – **durch die Transportfähigkeit des Dampfstrahls für Gase** zustande. Das abzupumpende Gas wird hierbei so stark komprimiert, dass es durch eine geeignete **Vorvakuumpumpe** (in der Regel eine Ölpumpe) abgesaugt werden kann. Bei Dampfstrahlpumpen ist die Dampfdichte im Strahl sehr hoch, so dass nur die äußeren Randschichten des Dampfstrahls vom abzusaugenden Gas durchsetzt werden. Dampfstrahlpumpen besitzen den Vorteil, schon ab Drucken von 10^{-2} bis 1 mbar einsatzfähig zu sein, der Nachteil ist ihr geringes spezifisches Saugvermögen.

Bei Diffusionspumpen ist die **Dampfdichte im Treibdampfstrahl (Quecksilber- oder Öldampfstrahl)** sehr niedrig. Dadurch können die Gasmoleküle nahezu vollständig in den Dampfstrahl eindiffundieren. So kann der größte Teil der im Dampfstrom aufgenommenen Moleküle abgesaugt werden. Aus diesem Grund ist das **Saugvermögen von Diffusionspumpen** bezogen auf die Fläche der Ansaugöffnung außerordentlich hoch und über den ganzen Arbeitsbereich (von etwa 10^{-3} bis zu 10^{-7} mbar) konstant. Um ihren Arbeitsdruck zu erreichen, **benötigen Diffusionspumpen für den Betrieb immer eine entsprechend dimensionierte Vorvakuumpumpe** (in der Regel eine zweistufige Ölpumpe).

Turbomolekularpumpen

Turbomolekularpumpen sind im Prinzip sehr **schnell laufende Turbinen** (bis zu 50,000 Umdrehungen/Minute). Trifft ein Molekül auf die rotierende Schaufel, so erfährt es einen Impuls tangential in der Bewegungsrichtung der Rotorschaufel. Durch geeignete Konstruktion von Rotor und Stator der Turbine werden die Moleküle bevorzugt in die Saugrichtung der Turbomolekularpumpe beschleunigt. Da dieses Prinzip erst im Bereich der Molekularströmung (ab etwa 10^{-3} mbar) einsatzfähig ist, muss auch für Turbomolekularpumpen das notwendige **Vorvakuum mit ausreichend dimensionierten Vorvakuumpumpen** eingestellt werden. Die extremen Drehzahlen stellen hohe Ansprüche an die mechanischen Bauteile, der Vorteil dieser Pumpen liegt in der Erzeugung eines kohlenwasserstofffreien Vakuums bis in den Bereich von 10^{-11} mbar bei einem gleichzeitig hohen und über weite Bereiche konstanten Saugvermögen. Der wichtigste Einsatzbereich für Turbomolekularpumpen in der Chemie ist die **Erzeugung von Hochvakuum in der Massenspektrometrie**.

5.6.6 Druckmessung

Die Geräte zur Druckmessung werden vom Vakuumbereich und der erforderlichen Genauigkeit bestimmt. Die früher gebräuchlichen Quecksilbermanometer werden wegen der hohen Giftigkeit von Quecksilber kaum noch verwendet, sie werden durch mechanische oder elektronische Druckmessgeräte ersetzt. Im Folgenden wird eine Übersicht der gebräuchlichsten Vakuummessgeräte für das Grob- und Feinvakuum gegeben:

Feder-Vakuummeter

Für den Bereich des Grobvakuums sind relativ einfache und billige Feder-Vakuummeter erhältlich: Das Innere eines kreisförmig gebogenen und an einem Ende befestigten Rohrs wird an das zu messende Vakuum angeschlossen. Durch den äußeren Luftdruck wird diese ‚Rohrfeder' mehr oder wenig stark verbogen und über eine Mechanik wird ein Zeigerwerk betätigt. Da diese Druckmessung vom äußeren Luftdruck abhängig ist, kann die Genauigkeit nur etwa ±10 mbar betragen – solange nicht auf den äußeren Luftdruck korrigiert wird. Feder-Vakuummeter werden deshalb dort eingesetzt, wo nur eine grobe Kontrolle des Drucks notwendig ist.

Membran-Vakuummeter

Ein etwas anderes Messprinzip liegt den Membran-Vakuummetern zugrunde: Sie bestehen aus einer evakuierten Dose, die mit einer dünnen Membran gegen den Messraum abgedichtet ist. Je nach Druckdifferenz zwischen dem Messraum und dem Referenzdruck im Inneren der Dose beult sich die Membran mehr oder weniger aus. Diese mechanische Bewegung wird gemessen:

- Mechanische Übertragung auf Zeiger: Auflösung ca. 0.1 mbar.
- Die Membran bildet eine Platte eines Plattenkondensators, die zweite Platte befindet sich im Inneren der Referenzdose. Gemessen wird die Änderung der Kapazität des Kondensators durch die Änderung des Plattenabstands: Auflösung bis zu 10^{-3} mbar.
- Auf die Membran werden Halbleiterwiderstände aufgebracht und die Änderung des Stromflusses bei einer Verformung der Membran gemessen. Auch hier sind Auflösungen bis zu 10^{-3} mbar möglich.

In der Regel werden Membran-Vakuummeter im Grobvakuum und Feinvakuum bis etwa 0.1 mbar eingesetzt. Die Möglichkeit der elektronischen Messung wird vor allem bei der Druckregelung (Vakuumkonstanter) genutzt.

Beim Einsatz von Membran-Vakuummetern im Labor ist es kaum vermeidbar, dass die Membran mit korrosiven Substanzen in Berührung kommt, es können sich auch Verunreinigungen auf der Membran abscheiden. Dadurch wird die Membranoberfläche verändert, was zu falschen Druckmessungen oder zur Zerstörung der Membran führt. Im chemischen Laboreinsatz sollte deshalb besser ein Messgerät mit „chemiefester" Membran eingesetzt werden. Hier ist auf der medienberührenden Seite eine chemisch inerte Keramikschicht aufgebracht, die auch von stark korrosiven Gasen und Dämpfen nur wenig angegriffen wird. Ablagerungen auf der Membranoberfläche können gegebenenfalls mit Lösungsmittel entfernt werden.

Pirani-Vakuummeter

Die Wärmeleitfähigkeit von Gasen hängt annähernd linear vom Druck des Gases ab. Dieser physikalische Zusammenhang kann zur Druckmessung herangezogen werden.

Im Messkopf des *Pirani*-Vakuumeters befindet sich – ähnlich wie bei einer klassischen Glühbirne – ein feiner Draht (meistens aus Wolfram), der von Strom durchflossen wird und sich dabei aufheizt. Die Wärme wird an das umgebene Gas abgegeben. Bei niedrigen Drucken wird die Wärmeabgabe an das Gas geringer, dadurch nehmen die Temperatur und damit sein elektrischer Widerstand zu. Bei höherem Gasdruck kann mehr Wärme an das Gas abgeführt werden, die Drahttemperatur und der Widerstand nehmen ab. In der Praxis ist es einfacher, den Widerstand des Drahtes konstant zu halten, gemessen wird die dazu nötige Spannung.

Pirani-Vakuummeter werden in der Regel im Feinvakuumberich bis etwa 10^{-4} mbar eingesetzt. Streng genommen hängt die Wärmeleitfähigkeit von Gasen von ihrer Art ab, für genaue Messungen muss die Messzelle entsprechend kalibriert werden. In der Regel sind die Messzellen auf Stickstoff bezogen, die Genauigkeit ist ausreichend für die Vakuummessung im Laboreinsatz. Alterung, Korrosion und Ablagerungen von Substanzen auf dem Messdraht können zu sehr großen Änderungen der Wärmeabgabe und damit zu falschen Messwerten führen. Zum Schutz der *Pirani*-Messzelle erfolgt die Druckmessung deshalb normalerweise zwischen der Kühlfalle und der (Drehschieber-)Pumpe.

Vakuumkonstanter (Vakuumcontroller)

Vor allem bei Destillationen im Vakuum ist ein konstanter Druck während der gesamten Destillationsdauer von entscheidender Bedeutung. Wird bei einem Druck gearbeitet, der dem effektiv erreichbaren Enddruck einer Vakuumpumpe entspricht (ca. 16 mbar bei der Wasserstrahlpumpe, 10^{-2} mbar bei einer zweistufigen Ölpumpe), stellt diese Bedingung kein Problem dar. In allen anderen Fällen muss das Vakuum auf andere Weise eingestellt werden.

Am einfachstem ist es, über ein im Nebenschluss geschaltetes Nadelventil eine regelbare Menge Permanentgas (Luft) einzulassen. Diese Variante ist nur bei Pumpen mit relativ geringem Saugvermögen praktikabel. Werden Kühlfallen zur Kondensation benutzt, muss auf die Schaltung geachtet werden: Der Gaseinlass muss sich zwischen Kühlfalle und Pumpe befinden.

Das in der Laborpraxis bessere Verfahren drosselt das Saugvermögen der Vakuumpumpe durch ein geeignetes Ventil. Dieses Verfahren ist in allen heute gebräuchlichen Vakuumkonstantern realisiert:

Ein im Nebenschluss geschaltetes Vakuummeter (4) misst laufend den Arbeitsdruck in der Apparatur. Wird ein einstellbarer Schwellendruck überschritten, so öffnet die Regelung ein in die Saugleitung zur Pumpe eingefügtes Ventil (3), die Pumpe (1) evakuiert die Apparatur.

Sobald der Schwellendruck wieder unterschritten wird, wird auch das Saugleitungsventil geschlossen. Die Belüftung der Apparatur erfolgt meistens durch den Controller über ein eingebautes Belüftungsventil (5). Zur Belüftung der Pumpe muss ein handbetätigtes Ventil (Hahn) (2) vorhanden sein. Die *Woulff*'sche Flasche (6) schützt das Ventil und den Sensor vor mitgerissenen Flüssigkeitströpfchen. Wird eine Drehschieberpumpe verwendet, muss zusätzlich eine Kühlfalle (7) vor die Pumpe geschaltet werden; bei Membranpumpen entfällt sie.

Abb. 5.32: Schaltung eines Vakuumkonstanters.

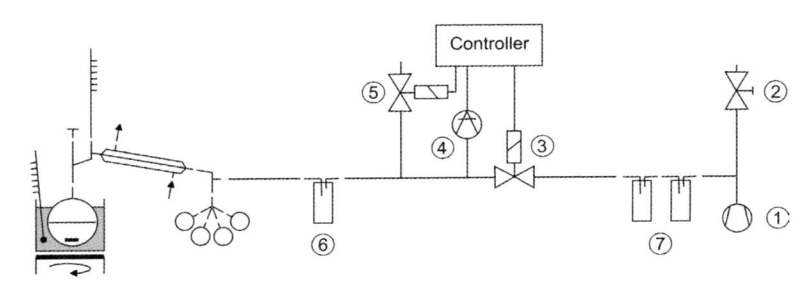

1	Vakuumpumpe	5	elektromagnetisch betätigtes Belüftungsventil
2	handbetätigtes Belüftungsventil	6	*Woulff*'sche Flasche
3	elektromagnetisch betätigtes Saugleitungsventil	7	Kühlfalle
4	Drucksensor		

Die Druckmessung- und Regelung erfolgt in modernen Vakuumkonstantern elektronisch, die Ventile werden über Elektromagneten geschaltet. Ein häufiges Problem bei der Verwendung von Pumpen mit hoher Saugleistung an relativ kleinen Apparaturen sind die raschen Druckänderungen beim Öffnen des Saugleitungsventils. Diese Druckänderungen können entweder durch einen ausreichend großen Ausgleichsbehälter oder besser durch ein kurzes Rohrstück mit geringem Querschnitt (Drossel) gedämpft werden.

Werden zur Vakuumerzeugung Membranpumpen eingesetzt (bis zu 2 mbar), kann ein anderes Regelprinzip angewandt werden: Das Saugleitungsventil entfällt, dafür steuert der Vakuumcontroller die Motordrehzahl und damit das Saugvermögen der Pumpe. Diese Regelung vermeidet rasche Druckänderungen und ist insbesondere für Destillationen besser geeignet.

Literaturverzeichnis

[1] G. M. Barrow, *Physical Chemistry*; 6th Edition, McGraw Hill, New York **1996**; Deutsche Ausgabe: *Physikalische Chemie*, 6. Auflage, Springer Verlag: Heidelberg, **2000**.

[2] K. Sigwart, *Destillieren und Rektifizieren*, in: *Houben-Weyl, Methoden der Organischen Chemie*, Bd. I/1, 781–887; Georg-Thieme-Verlag, Stuttgart, **1958**.

[3] W. Frank und D. Kutsche, *Die schonende Destillation;* Krausskopf-Verlag GmbH, Mainz, **1969**.

[4] E. Krell, *Einführung in die Trennverfahren*, VEB Deutscher Verlag für Grundstoffindustrie, Leipzig, **1975**.

[5] E. Krell *Handbuch der Laboratoriumsdestillation*, *3. Aufl.* Dr. A. Hüthig Verlag, Heidelberg, Basel, Mainz, **1976**; daselbst umfangreiche weitere Literaturangaben.

[6] K. Schwetlick, *Organikum*, Wiley-VCH Verlag GmbH, Weinheim, *23. Aufl.*, **2009**.

[7] R. Timmermans, *Physicochemical Constants of Binary Systems, 2*, Interscience Publ, Inc. New York, **1959**.

[8] H. Röck, *Destillation im Laboratorium, Extraktive und azeotrope Destillation* in *Fortschritte der Physikalischen Chemie*; Dr. Dietrich, Steinkopf-Verlag, Darmstadt **1960**.

[9] D. P. Tassios, *Extractive and Azeotropic Distillation"*, *Advances* in *Chemistry Steries 115*, American Chemical Society, Washington, D.C., 1972.

[10] *International Critical Tables*, Mc. Graw Hill Book Co.; New York, **1926–1930**.

[11] z.B. *Gebr. Rettberg* GmbH, Göttingen; http://www.rettberg.biz/

[12] z.B. *Büchi* Labortechnik GmbH, Essen; http://www.buechigmbh.de/

[13] *PILODIST* GmbH, Bonn; http://www.pilodist.de

[14] Druckschrift der Firma *Leybold* AG, *Vakuumtechnik für die Chemie*.

Kapitel 6

Filtration

6.1 Einfache Filtration

6.2 Filtration unter vermindertem Druck

6.3 Filtration mit Überdruck

6.4 Filtrierhilfsmittel

6.5 Filtration durch Zentrifugieren

6. Filtration

Die Filtration dient der Abtrennung von Feststoffen (mechanische Verunreinigungen, schwerlösliche Produkte, Reaktionsprodukte) aus Flüssigkeiten. Im einfachsten Fall kann man den Feststoff absetzen lassen und die überstehende Flüssigkeit vorsichtig abgießen (**dekantieren**). Dieses Verfahren führt allerdings nicht zur vollständigen Trennung, auch bei sorgfältigem Arbeiten verbleibt immer ein Rest der Flüssigkeit im Feststoff zurück. Um eine vollständige Trennung zu erreichen, muss filtriert werden.

Filter bestehen aus einem porösen Material. Die zu filtrierende Suspension läuft durch das Filter, die enthaltenen Feststoffteilchen werden dabei an der Oberfläche oder im Inneren des Filters zurückgehalten. Das **Rückhaltevermögen** eines Filters wird durch die Porengröße bestimmt, die **Filtrationsgeschwindigkeit** von der Filterfläche, Porengröße, Viskosität der Flüssigkeit und dem Druckunterschied zwischen Zu- und Ablauf des Filters. Im einfachsten Fall sorgt die Schwerkraft für den nötigen Druckunterschied. Durch **Vakuumfiltration** (Kap. 6.2) oder **Druckfiltration** (Kap. 6.3) wird der Druckunterschied erhöht, die Filtrationsgeschwindigkeit nimmt zu.

Die am häufigsten verwendeten Filtertypen sind:

- Ein in den Trichterauslauf eingebrachter **Wattebausch** aus Cellulose oder Glaswolle. Es werden nur grobe Feststoffe zurückgehalten.
- **Papier-** oder **Glasfaserfilter** sind die wichtigsten Filtermaterialien. Sie bestehen aus einem regellos verfilzten Fasergeflecht. Aufgrund ihrer Struktur besitzen diese Filter keine definierte Porengröße sondern einen Rückhaltebereich. Häufig verwendet wird ein Rückhaltebereich von 4–7 µm für mittelfeine Niederschläge.
- **Fritten** aus gesintertem Glas, Metall oder auch Kunststoff. Zur Herstellung wird das Frittenmaterial zu einem feinen Gries vermahlen und gesintert, dadurch entstehen feine Porenkanäle. Glasfilterfritten zur Filtration werden in Porositätsklassen eingeteilt (Tabelle 6.1 in Kapitel 6.2).
- **Membranfilter** besitzen eine präzise Oberflächenstruktur mit genau definierten Poren. Filtermaterialien können hydrophile Eigenschaften (z.B. Celluloseacetat oder Polyamid für wässrige Lösungen) oder hydrophobe Eigenschaften (z.B. PTFE für organische Lösungsmittel) besitzen. Die Filtration erfolgt im Wesentlichen an der Filteroberfläche. Erhältliche Porenweiten sind 10 µm bis zu 0.01 µm, häufig verwendet werden die Porenweiten 0.2 und 0.45 µm zur Filtration analytischer Proben (HPLC-, NMR oder UV-Messungen).

Neben der Porosität muss bei der Auswahl des geeigneten Filters auch die chemische Beständigkeit des Filtermaterials berücksichtigt werden: Starke Säuren oder Laugen greifen die Cellulosefasern von Papierfiltern an. In diesem Fall müssen Glasfaserfilter oder Glasfilterfritten verwendet werden.

6.1 Einfache Filtration

Bei der Filtration wird die Suspension im einfachsten Fall durch einen Filter gegossen. Als Filter verwendet man zur Tüte gefaltete **Rundfilter** oder **Faltenfilter** (Abb. 6.1) in einem geeigneten Glastrichter (der Abstand des Filters zum Glasrand des Trichters sollte mindestens 1 cm betragen). Im Vergleich zum einfachen Rundfilter besitzen Faltenfilter eine größere Oberfläche, die Filtration verläuft schneller. Zum Abfiltrieren von sehr groben Feststoffen kann auch ein in den Trichterauslauf gestopfter Wattebausch verwendet werden.

Abb. 6.1: Einfache Filtration.

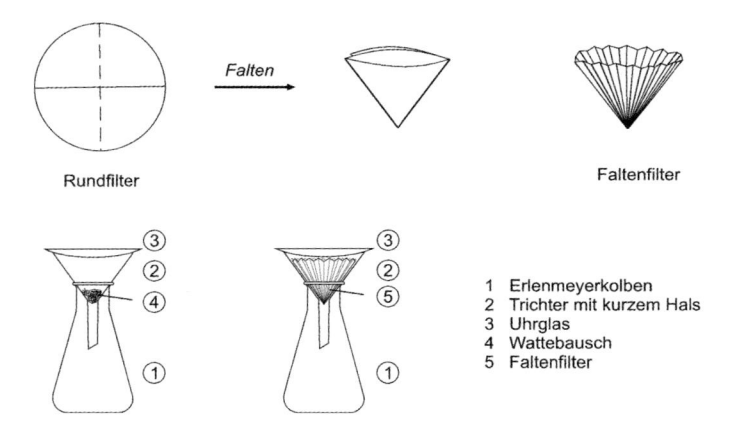

Zur Filtration wird die Suspension vorsichtig (an einem Glasstab entlang) in den Filter gegossen (nicht bis zum Filterrand auffüllen). Das durchlaufende **Filtrat** wird in einem *Erlenmeyer*-Kolben aufgefangen. Werden organische Lösungsmittel filtriert, sollte der Trichter während des Filtrationsvorgangs mit einem Uhrglas abgedeckt werden, um Verdampfungsverluste und damit das Entweichen von Lösungsmitteldämpfen zu vermeiden. Überdies müssen die Filter vor der Filtration mit dem eingesetzten Solvens angefeuchtet werden.

Wann kann die einfache Filtration eingesetzt werden?

- Die bei der Aufarbeitung eines Reaktionsansatzes erhaltene Lösung des Produkts in einem organischen Solvens wurde mit einem anorganischen Trockenmittel (z.B. $CaCl_2$, Na_2SO_4) getrocknet. Die Abtrennung des Trockenmittels kann durch Filtration durch einen Faltenfilter erfolgen. Da Lösung durch das Trockenmittel festgehalten wird, muss allerdings gründlich mit dem Solvens ‚nachgewaschen' werden. Am Filterrand durch Verdunsten des Solvens auskristallisierendes Produkt muss mit Solvens aus einer Pipette gelöst werden. Wegen des hohen Lösungsmittelverbrauchs ist diese Methode nur 2. Wahl.
- Die Lösung des Produkts ist nicht klar (Schwebeteilchen, mechanische Verunreinigungen, ein schwerlösliches zweites Reaktionsprodukt); man filtriert durch einen Faltenfilter und wäscht mit wenig Solvens nach.

6. Filtration

- Nicht durch Papierfilter filtriert werden können heiße, gesättigte Lösungen einer Verbindung, aus denen beim Abkühlen während des langsamen Filtrationsvorgangs Produkt auskristallisiert.
- Feine Schwebstoffe können die Poren des Filters verstopfen, der Filter arbeitet dann nicht mehr. Hier kann die Verwendung von **Filterhilfen** (siehe unten) weiter helfen.

6.2 Filtration unter vermindertem Druck

Die langsame Filtrationsgeschwindigkeit bei Papierfiltern in einem Glastrichter führt bei vielen Filtrationen zu erheblichen Nachteilen (Verdampfen des Solvens, Verstopfen der Filterporen durch Auskristallisation des Produkts u.a.). **Die Standardfiltration in der präparativen organischen Chemie wird deshalb unter vermindertem Druck durchgeführt.**

Zum Einsatz kommen meist genormte, massive Porzellantrichter (Abb. 6.2) mit gelochter Bodenplatte (*Büchner-Trichter*). Die Normgrößen reichen von 5–20 cm Durchmesser, die entsprechenden Papierrundfilter sind handelsüblich.

Abb. 6.2: *Büchner*-Trichter mit Absaugflasche.

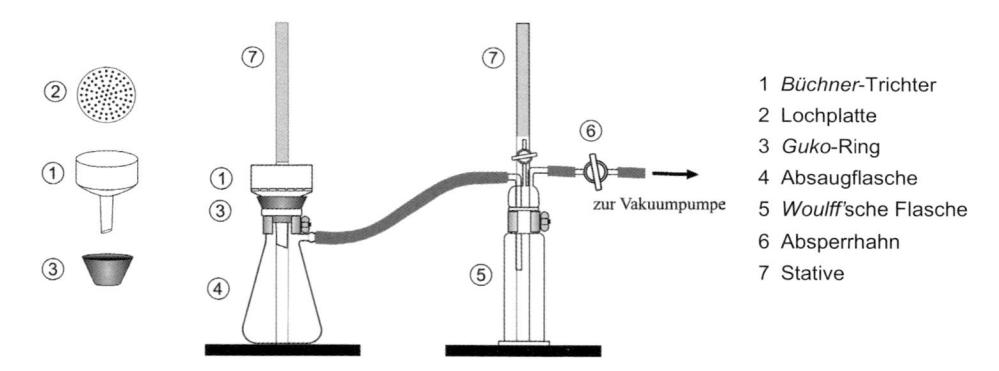

1 *Büchner*-Trichter
2 Lochplatte
3 *Guko*-Ring
4 Absaugflasche
5 *Woulff*'sche Flasche
6 Absperrhahn
7 Stative

Zur Filtration wird der *Büchner*-Trichter über einen breiten, konischen Gummiring (**Guko-Ring**) auf eine sogenannte **Absaugflasche** aus dickwandigem, vakuumfestem Glas (Abb. 6.2) aufgesetzt. Der *Guko*-Ring darf nicht zu klein sein, da er dann beim Anlegen des Vakuums ‚durchgezogen' werden kann und der *Büchner*-Trichter auf die Absaugflasche ‚knallt', Bruchgefahr!

An der Olive der Absaugflasche wird über eine **Woulff'sche Flasche** ein schwacher Unterdruck (Wasserstrahlvakuum, Belüftungshahn z.T. geöffnet) angelegt. Der in den *Büchner*-Trichter eingelegte Papierrundfilter wird bei leichtem Unterdruck mit dem verwendeten Solvens angefeuchtet und auf der Filterplatte angedrückt. Das Filtergut wird jetzt unter **schwachen Unterdruck** portionsweise auf den Trichter gegeben. Achtung: Bei zu starkem anfänglichem Unterdruck können die Poren des Filters verstopfen, die Filtration misslingt. Über den Absperrhahn stellt man einen Unterdruck ein, bei dem die Filtration zügig abläuft.

Im weiteren Verlauf der Filtration kann der Unterdruck erhöht werden, gleichzeitig wird der ‚**Filterkuchen**' mit einem Glasstopfen fest auf den Trichter gedrückt. Auf diese Weise wird das Solvens weitgehend abgesaugt.

Absaugflaschen sollten durch Anklammern an einem Stativ gegen Umfallen gesichert werden. Wenn die Lösung eines Produkts in einem leichtflüchtigen Solvens filtriert werden soll, darf nur mit einem sehr schwachen Unterdruck gearbeitet werden, da ansonsten Solvens verdampft und auskristallisierendes Produkt das Filter verstopft.

Lösungen mit feindispersen Verunreinigungen können ebenfalls das Filter verstopfen. Auch hier empfiehlt sich der Einsatz von Filtrierhilfen (siehe unten).

Die Filtration mit *Büchner*-Trichtern eignet sich für Flüssigkeitsmengen von 50–2000 ml. Trichter und Absaugflaschen sind der Menge des Filtrationsgutes anzupassen. Am Ende der Filtration sollte die Absaugflasche maximal zu etwa zwei Drittel gefüllt sein.

Einsatzmöglichkeiten von *Büchner*-Trichtern mit Papierfiltern

In folgenden Fällen empfiehlt sich das Arbeiten mit *Büchner*-Trichtern:

- Abtrennung von Trockenmitteln aus einer Produktlösung. Durch Anpressen des Trockenmittels auf dem Trichter (z.B. mit einem Schliffstopfen oder einem breiten, abgeknickten Spatel) und Nachwaschen mit dem verwendeten Solvens ist eine quantitative Isolierung des Produkts möglich.
- Abfiltrieren von schwerlöslichen und unlöslichen Verunreinigungen aus einer heißen Lösung des Produkts (Heißfiltration). Um das Abdestillieren von Solvens und damit ein vorzeitiges Auskristallisieren des Produkts während der Filtration zu vermeiden, darf nur bei schwachen Unterdrucken gearbeitet werden. Zur Vermeidung des vorzeitigen Auskristallisierens versetzt man die heiß gesättigte Lösung zusätzlich mit etwa 5–10 Volumenteilen heißem Solvens, das entweder schon während des Filtrationsvorganges wieder abgezogen oder nach der Filtration im schwachen Vakuum abgedampft wird.
- Isolierung der kalten Lösung eines aus einem Solvens auskristallisierten Produkts. Zur vollständigen Isolierung des Kristallisats spült man den im Kolben verbliebenen Kristallrückstand mit etwas klarem Filtrat auf den Trichter. Das Filtrat wird auf dem Filter fest abgedrückt und mit wenig kaltem Solvens nachgewaschen.
- Bei der Filtration kleiner Lösungsmittelmengen (max. 100 ml) in allen drei oben angeführten Fällen empfiehlt sich auch die Verwendung eines sogenannten **Hirsch-Trichters** aus Porzellan (Abb. 6.3a).

Abb. 6.3: a) *Hirsch*-Trichter, b) *Hirsch*-Trichter auf einem geraden Vorstoß mit *Guko*-Ring.

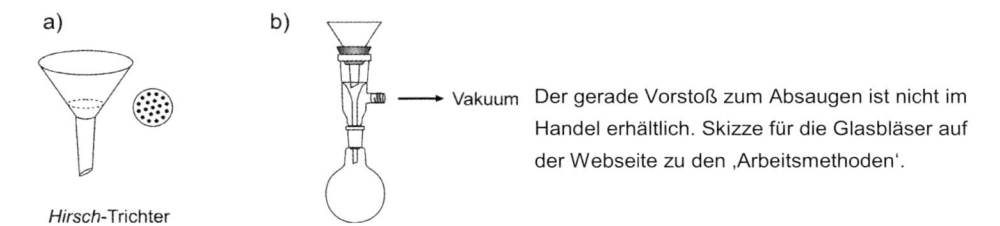

a)   b)

Hirsch-Trichter

Vakuum Der gerade Vorstoß zum Absaugen ist nicht im Handel erhältlich. Skizze für die Glasbläser auf der Webseite zu den ‚Arbeitsmethoden'.

Zur Aufnahme des Filtrats eignet sich eine kleine Absaugflasche (anklammern!) oder ein NS 14.5-Vorlagekolben (Abb. 6.3b). Die zu verwendenden Papierrundfilter ($\varnothing$ ca. 2 cm) sind handelsüblich. Der Filtrationsablauf erfolgt wie oben beim Einsatz der *Büchner*-Trichter beschrieben.

Glasfilterfritten

Für die Filtration stark saurer, alkalischer oder oxidierender Lösungen sind Papierfilter ungeeignet. In diesem Fall werden **Glasfilterfritten (Glasfilternutschen)** eingesetzt. Es sind *Büchner*- und *Hirsch*-Trichter, bei denen die gelochten Bodenplatten durch poröse Glasfilter (**Glasfrittenböden**) ersetzt sind, die Fritten sind nicht aus Porzellan sondern aus Glas. Für die verschiedenen Filtrationsprobleme sind nachstehende Glasfrittenböden handelsüblich (Tab. 6.1).

Tabelle 6.1: Handelsübliche Glasfrittenböden.

Porosität	Bezeichnung nach ISO 4793	Porenweite (μm)	Anwendung
00	P 500	250–500	Gasverteilung
0	P 250	160–250	Gasverteilung, Filtration sehr grober Niederschläge
1	P 160	100–250	Filtration grober Niederschläge
2	P 100	40–100	präparative Filtration kristalliner Niederschläge
3	P 40	16–40	präparative Filtration feiner Niederschläge
4	P 16	10–16	analytische Feinfiltration
5	P 1.6	1.0–1.6	Bakterienfiltration, Sterilfiltration

Wenn Lösungen mit schwer- und unlöslichen Verunreinigungen mit Glasfritten filtriert werden, ist die Reinigung der Fritten problematisch. In den schwierigsten Fällen muss mit heißer Chromschwefelsäure gereinigt werden. Wenn möglich, sollte hier mit *Büchner*-Trichtern und Papierfiltern gearbeitet werden.

Vorteilhaft ist häufig die Verwendung des sogenannten ***Witt*'schen Topfes** (Abb. 6.4a). Der *Witt*'sche Topf besitzt einen Planschliffdeckel. Im unteren Teil ist das Auffanggefäß (z.B. ein Rundkolben). Durch Korkringe oder Holzplättchen kann die Höhe so justiert werden, dass der Auslauf des Filters in die Vorlage reicht. Durch eine seitliche Olive kann der notwendige Unterdruck angelegt werden.

Abb. 6.4: a) *Witt*'scher Topf, b) *Allihn*'sches Rohr.

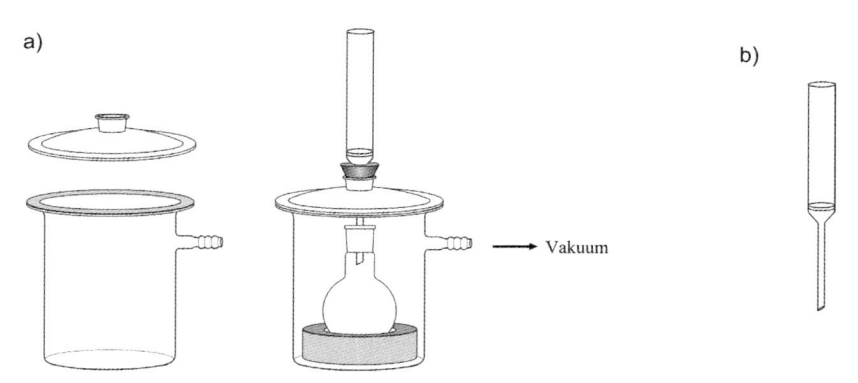

a)   b)

→ Vakuum

Für die Isolierung geringer Substanzmengen in größeren Solvensvolumina (ca. 50 ml) (siehe Kapitel 7 ‚Umkristallisation') eignen sich Glasfilterfritten aus dickwandigem Glas, so genannte **Allihn'sche Rohre** mit Glasfritten von 1–2 cm Durchmesser (Abb. 6.4b). Trotz größerer Solvensvolumina können geringe Substanzmengen auf einer kleinen Glasfritte gesammelt werden. Im *Allihn*'schen Rohr kann auch durch Anlegen von Überdruck filtriert werden (siehe unten).

6.3 Filtration mit Überdruck

Die **Druckfiltration** dreht das Prinzip der Vakuumfiltration um. Hier wird die zu filtrierende Flüssigkeit unter Druck durch das Filter gepresst, während das Filtrat unter Normaldruck bleibt. Durch diese Technik ist die Filtration mit leichtflüchtigen Lösungsmitteln weniger problematisch, nachteilig ist der apparative Aufwand zur Druckerzeugung. Mittlerweile sind allerdings vollständige Druckfiltrationsanlagen im Laborfachhandel erhältlich.

In der Laborpraxis sind zwei einfache Varianten üblich:

Ein *Allihn*'sches Rohr wird mit der zu filtrierenden Flüssigkeit gefüllt. Anschließend wird über einen Gummistopfen ein **Handgebläse** aufgesetzt und damit ein leichter Überdruck erzeugt (Abb. 6.5a). Wenn eine Stickstoff- oder Pressluftversorgungsleitung vorhanden ist, kann sie unter Zwischenschalten eines Druckminderers ebenfalls zur Druckfiltration verwendet werden. In jedem Fall ist darauf zu achten, dass das Filterrohr für den angewandten Druck geeignet ist!

Behelfsweise kann auch ein kleiner Wattebausch in einer Tropfpipette verwendet werden. Die Pipette wird mit der zu filtrierenden Suspension gefüllt. Mit einem Handgebläse oder einem Pipettenhütchen wird der nötige Druck erzeugt (siehe auch Kapitel 7.4). Das Filtrationsergebnis kann verbessert werden, wenn der Wattebausch zusätzlich mit etwas Kieselgur (Celite) überschichtet wird.

Abb. 6.5: a) Druckfiltration mit Handgebläse und b) Spritzenfilter.

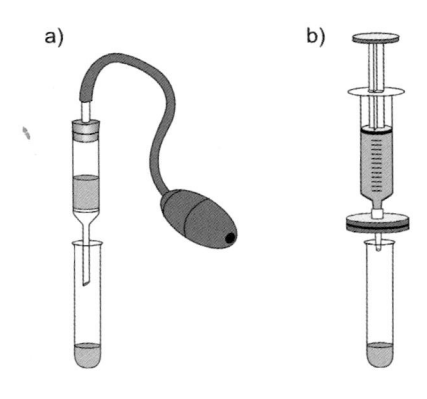

a)   b)

Um kleine Volumina von Lösungen zu klären, kann man Spritzen mit aufgestecktem Filter zur Druckfiltration einsetzen: Dazu wird die zu filtrierende Flüssigkeit in einer Spritze aufgesaugt. Dann wird ein **Spritzenfilter** aufgesetzt und die Flüssigkeit wieder aus der Spritze gedrückt (Abb. 6.5b). Dabei ist darauf zu achten, dass der Filter nicht durch zu hohen Druck abspringt. Bewährt haben sich Spritzen und Vorsatzfilter mit Schraubverbindung (***Luer*-Lock-Anschluss**). Diese Methode ist insbesondere zur Feinfiltration von Probenlösungen mit Membranfiltern geeignet, wenn Schwebstoffe das Gerät gefährden oder schlechte Messwerte verursachen können (z.B. HPLC- oder NMR-Proben).

6.4 Filtrierhilfsmittel

Manche Suspensionen lassen sich nur schwer filtrieren: Das Filter verstopft durch sehr feine Feststoffanteile, verklebt durch teerartige Bestandteile oder das Filtrat läuft trüb durch das Filter. Wenn nur das Filtrat benötigt wird, kann die Verwendung von **Filtrierhilfsmitteln** von Vorteil sein.

Häufig verwendete Filtrierhilfsmittel sind **Celluloseflocken**, **Kieselgur** (Celite) oder **Aktivkohle**. Welche dieser Filtrierhilfen geeignet ist, hängt vom jeweiligen Problem ab.

Bei **trüben Filtraten** und durch feine Feststoffe **verstopfenden Filtern** gelingt die Filtration meist durch Zusatz von Celluloseflocken oder Kieselgur. Man kann zwei Methoden einsetzen:

- Das Filtrierhilfsmittel wird in die zu filtrierende Lösung eingerührt. Anschließend wird normal abfiltriert (vorzugsweise bei Unterdruck).
- Das Filtrierhilfsmittel wird mit dem reinen Lösungsmittel der zu filtrierenden Suspension angerührt und bei schwachem Unterdruck als 1–3 cm dicke Schicht auf das Filter eines *Büchner*-Trichters aufgeschlämmt. Danach kann wie gewohnt filtriert werden, wobei beim Aufbringen des Filtrationsgutes das Filtrierhilfsmittel nicht aufgewirbelt werden darf. Das kann einfach durch ein zweites Filterpapier verhindert werden, das auf die Filtrierhilfsmittelschicht aufgelegt wird.

Teerartige Verunreinigungen in polaren Lösungsmitteln wie z.B. Wasser oder Alkohol (häufig oligomere oder polymere Nebenprodukte in Reaktionsmischungen) können in der Regel an Aktivkohle gebunden und dann abfiltriert werden. Dazu rührt man Aktivkohle in die zu filtrierende Suspension ein. Gekörnte Aktivkohle ist leichter zu handhaben, aber weniger aktiv als gepulverte Aktivkohle. Anschließend wird wie oben beschrieben über eine ca. 1 cm dicke Schicht Kieselgur abgesaugt.

Achtung: Bei der Zugabe von Aktivkohle können heiße Lösungen durch die Aufhebung von Siedeverzügen heftig aufsieden. Brandgefahr! Oxidationsempfindliche Substanzen können in Gegenwart von Aktivkohle durch Luftsauerstoff leichter oxidiert werden.

Alle Verfahren basieren auf der **Adsorption an der Oberfläche** des Filtrierhilfsmittels. Es muss sichergestellt werden, dass das zu reinigende Produkt nicht ebenfalls adsorbiert wird. Um Ausbeuteverluste zu vermeiden, sollte die Menge an Filtrierhilfsmittel möglichst knapp bemessen und der Filterrückstand **gut nachgewaschen werden**.

6.5 Filtration durch Zentrifugieren

Besonders feine, auch schmierige, klebrige, harzige, schwer oder gar nicht filtrierbare, unlösliche Verunreinigungen lassen sich häufig effektiv durch Zentrifugation abtrennen.

Zum Zentrifugieren eignen sich in diesen Fällen einfache Labor-Tischzentrifugen mit vier Zentrifugengläsern und bis zu 15,000 Umdrehungen/min bzw. einer Beschleunigung von bis zu 3000 g. Die dickwandigen Zentrifugengläser haben ein Fassungsvermögen von 100 ml, mit besonderen Einsätzen lassen sich stattdessen auch jeweils vier 20 ml Zentrifugengläser in die Rotoren einsetzen.

Die gefüllten Zentrifugengläser müssen paarweise gegenüber mit einer speziellen, einfachen Waage exakt austariert werden. Die Dauer des Zentrifugierens und die Drehgeschwindigkeit sind abhängig von der Natur der Verunreinigungen, sie müssen in jedem Fall problemorientiert individuell ermittelt werden. Die nach dem Zentrifugieren überstehende klare Lösung kann durch einfaches Dekantieren isoliert werden.

Umgekehrt lassen sich auch feine Produktniederschläge durch Zentrifugieren isolieren. Aus der zentrifugierten Lösung lässt sich durch einfaches Dekantieren des überstehenden Solvens das Produkt als Bodensatz isolieren.

Geringe Mengen Substanz in größeren Solvensmengen lassen sich durch portionsweises Zentrifugieren im gleichen Zentrifugenglas quantitativ isolieren.

Kapitel 7

Umkristallisation

7.1 Allgemeines Prinzip der Umkristallisation

7.2 Umkristallisation im Makromaßstab

7.3 Umkristallisation im Halbmikromaßstab

7.4 Umkristallisation im Mikromaßstab

7.5 Umkristallisation unbekannter Substanzen

Achtung: Vor dem Studium dieses Kapitels muss
Kapitel 6 ‚Filtration' durchgearbeitet werden.

7.1 Allgemeines Prinzip der Umkristallisation

Unter **Umkristallisation** versteht man das **Auflösen** einer Verbindung in einem geeigneten Lösungsmittel in der Hitze und die anschließende **Auskristallisation** der Verbindung aus der gesättigten Lösung in der Kälte. Die Löslichkeit der Verbindung muss also einen großen **Temperaturgradienten** in dem zur Umkristallisation verwendeten Solvens aufweisen. Voraussetzung ist natürlich, dass die Verbindung überhaupt kristallin ist.

Ziel der Umkristallisation ist meist die Reinigung eines kristallinen Rohproduktes, d.h. die Abtrennung von

- **mechanischen Verunreinigungen** (Filterpapier, Siedesteinchen usw.),
- **chemischen Verunreinigungen** (Nebenprodukte der Synthese, harzige und schmierige Produkte, stark färbende Verunreinigungen usw.).
- Mechanische Verunreinigungen lassen sich relativ leicht durch Heißfiltration entfernen. Chemische Verunreinigungen können ebenfalls durch Heißfiltration abgetrennt werden, wenn sie in dem entsprechenden heißen Solvens unlöslich sind. Unter Umständen müssen hier Filtrierhilfen, z.B. Aktivkohle eingesetzt werden.
- Umgekehrt gelingt es, chemische Verunreinigungen abzutrennen, wenn sie sich in dem zur Umkristallisation verwendeten Solvens sehr leicht lösen und in der Kälte nicht mehr auskristallisieren.

Die Kristallisation wie auch die Umkristallisation sind ein ‚Kunsthandwerk', für dessen Beherrschung eine lange Erfahrung nötig ist. Am wichtigsten ist die Wahl des geeigneten Solvens, das die obigen Bedingungen erfüllt und im Idealfall eine nahezu quantitative Auskristallisation des Produkts bei einem hohen Reinigungseffekt ermöglicht (siehe Kapitel 7.5).

Das **Prinzip der Umkristallisation** lässt sich am Beispiel der Benzoesäure aufzeigen. In kaltem Wasser löst sich Benzoesäure praktisch nicht (1.70 g/l bei 0 °C), in siedendem Wasser löst sie sich gut (68.0 g/l bei 95 °C). 68.0 g Benzoesäure in 1 Liter Wasser gehen beim Erhitzen langsam in Lösung, bis sich in siedendem Wasser eine klare Lösung bildet (Abb. 7.1 (1)).

In der Kälte (Kühlschrank, Eisbad) kristallisiert die Benzoesäure in schönen, farblosen Nadeln aus (Abb. 7.1 (2)). Die Filtration über einen *Büchner*-Trichter (3) liefert nach dem Trocknen 66.3 g Benzoesäure (4), 1.7 g verbleiben im Filtrat (5) (**Mutterlauge**).

Da es sich bei Wasser und Benzoesäure um nicht brennbare und ungiftige Substanzen handelt, kann im offenen Gefäß (*Erlenmeyer*-Kolben) gearbeitet werden. Da dieser maximal bis zur Hälfte gefüllt sein sollte, muss also im vorliegenden Fall aus einem 2 L-*Erlenmeyer*-Kolben umkristallisiert werden).

Abb. 7.1: Umkristallisation von Benzoesäure.

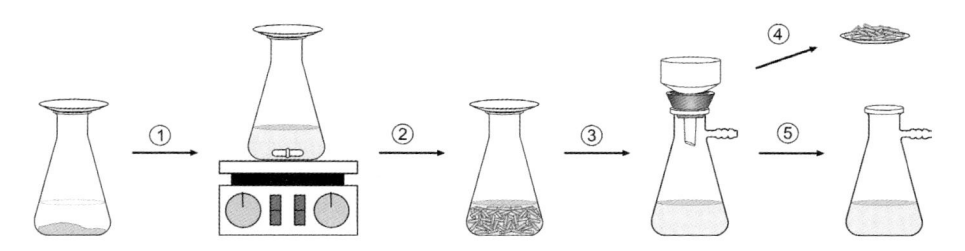

An diesem Beispiel werden die einzelnen Arbeitsgänge der Umkristallisation deutlich:

- **Auflösen** der Substanz in einem geeigneten Solvens (im Normalfall **in der Siedehitze**) (1)
- **Auskristallisation in der Kälte** (2)
- **Isolierung** des Kristallisats (3)
- **Trocknung** des Kristallisats (4)
- **Reinheitskontrolle** und **Ausbeutebestimmung**
- **Mutterlauge** (zunächst aufbewahren) (5)

Die Heißfiltration ist nur dann erforderlich, wenn die Lösung des Produktes nicht klar ist (mechanische Verunreinigungen, unlösliche Nebenprodukte, Harze usw.); sie stellt einen der schwierigsten Schritte der Umkristallisation dar und wird in Kapitel 7.2 ausführlich behandelt.

Entscheidend für den Erfolg der Umkristallisation sind die Auswahl des geeigneten Lösungsmittels und die Verwendung der gerade ausreichenden Menge an Solvens. Zuviel Lösungsmittel führt zu Verlusten, zu wenig Lösungsmittel liefert verunreinigte Produkte.
Ist das geeignete Solvens und die benötigte Menge nicht bekannt, müssen vor der Umkristallisation **Vorproben** durchgeführt werden (siehe Kapitel 7.5).

7.2 Umkristallisation im Makromaßstab

Unter **Makromaßstab** versteht man das Arbeiten mit größeren Mengen Substanz (ca. 3 g bis mehrere 100 g). Diese Mengen erlauben ein bequemes Arbeiten mit den üblichen Standardapparaturen (siehe Kapitel 6 ‚Filtration'). Im Folgenden werden die einzelnen Arbeitsschritte der Umkristallisation beschrieben:

Lösen der Substanz

Die Standardapparatur ist eine Schliffapparatur mit **Rundkolben** und aufgesetztem **Rückflusskühler** mit Heizbad auf einer Laborhebebühne und Heizbadthermometer (Abb. 7.2).

7. Umkristallisation

Der Kolben (1) mit der eingewogenen umzukristallisierenden Substanz wird an einer Stativstange (6) fest geklammert. Die Höhe ist so zu wählen, dass das Heizbad bei heruntergefahrener Hebebühne entfernt werden kann.

Die Größe des Kolbens (1) sollte so gewählt werden, dass er mit der benötigten Lösungsmittelmenge knapp zur Hälfte gefüllt ist.

Um Siedeverzüge beim Erhitzen zu verhindern, wird mit einem Magnetrührstab gerührt, danach wird der Rückflusskühler (2) aufgesetzt und locker geklammert. Die Wasserschläuche werden angeschlossen, mit Klemmen gesichert und auf Dichtigkeit überprüft.

Das benötigte Lösungsmittel wird bereit gestellt. Dazu misst man die voraussichtlich benötigte Lösungsmittelmenge in einem Messzylinder ab und notiert die Menge. Dadurch kann man später auf das tatsächlich verbrauchte Lösungsmittelvolumen zurückrechnen.

Abb. 7.2: Standardapparatur zur Umkristallisation.

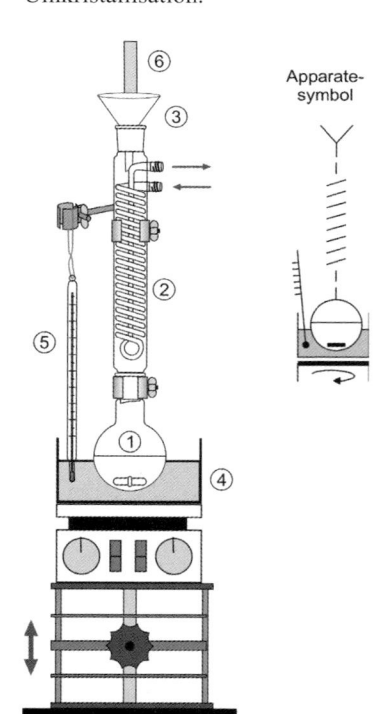

Auf die obere Schlifföffnung des Rückflusskühlers wird nun ein Trichter (3) gesetzt und etwa 70 bis 80% der voraussichtlich benötigten Lösungsmittelmenge eingefüllt. Der Kolben soll in das Ölbad (4) bis knapp **unter** das Lösungsmittelniveau eintauchen. Danach wird langsam unter (nicht zu heftigem) Rühren zum Sieden erhitzt. Zur Kontrolle der Heizbadtemperatur wird noch ein Badthermometer (5) eingesetzt.

Wenn sich nach 10–15 Minuten Sieden die Substanz noch nicht vollständig gelöst hat, gibt man über den Trichter portionsweise weiteres Solvens zu. Nach den einzelnen Zugaben sollte jeweils 10–15 Minuten unter Rückfluss gekocht werden. **Organische Substanzen lösen sich häufig nur sehr langsam,** dadurch gibt man sehr schnell zu viel Lösungsmittel zu. Aus den verdünnten Lösungen kristallisiert das Produkt dann gar nicht mehr oder mit schlechten Ausbeuten!

Wenn eine klare Lösung vorliegt, wird das Heizbad abgeschaltet und heruntergefahren. Um Verbrennungen mit heißem Öl zu vermeiden, lässt man das Heizbad am besten zum Abkühlen unter der Apparatur stehen. Die Wasserkühlung bleibt angestellt!

Wenn sich noch ungelöstes Produkt auch bei Zugabe von weiterem Solvens nicht mehr löst, liegt wahrscheinlich eine schwerlösliche Verunreinigung vor. Bei weiterer Zugabe von Solvens würde die gesättigte Lösung verdünnt und die Ausbeute an auskristallisierendem Produkt reduziert. In diesem Fall muss die schwerlösliche Verunreinigung durch Heißfiltration abgetrennt werden.

Heißfiltration

Die **Heißfiltration** dient der Entfernung von schwerlöslichen Verunreinigungen aus heißen, gesättigten Lösungen. Die Schwierigkeit besteht darin, das Kristallisieren der Substanz während der Filtration zu verhindern. Dadurch würde das Filter verstopft und die weitere Filtration letztlich verhindert. Im schlimmsten Fall müsste das Produkt durch Auflösen in einem geeigneten Solvens ‚zusammengespült' werden, um die Umkristallisation zu wiederholen.

Wie lässt sich dieses Problem vermeiden?
- Die apparative Anordnung muss eine schnelle Filtration erlauben.
- Der zur Filtration angewandte Unterdruck darf nicht zu Solvensverlusten führen.
- Man gibt zur heißen gesättigten Lösung noch etwas Solvens (5–10 Volumenprozent), so dass eine spontane Kristallisation unterbleibt. Bei der Filtration unter Unterdruck wird das überschüssige heiße Solvens wieder abgezogen (siehe auch Kapitel 6.2).

Im einfachsten Fall – bei **kleinen Solvensmengen** – kann über einen Faltenfilter in einen Enghals-*Erlenmeyer*-Kolben filtriert werden. Der *Erlenmeyer*-Kolben sollte durch das Filtrat zu etwa drei Viertel gefüllt werden, dadurch wird ein günstigeres Oberfläche/Volumen-Verhältnis erreicht und die Verdunstung verringert. Der Trichter sollte einen möglichst dicken, kurzen Auslauf besitzen, dadurch wird ein Verstopfen verhindert. Trichter und *Erlenmeyer*-Kolben müssen vorgewärmt werden (Trockenschrank), der *Erlenmeyer*-Kolben wird auf eine wärmeisolierende Unterlage (z.B. Korkplatte) gestellt.

Erst wenn alles zur Filtration bereitsteht, wird das Heizbad von der Umkristallisationsapparatur entfernt. Man wartet noch das Ende des Rückflusses ab, dann entfernt man den Rückflusskühler und nimmt den heißen Kolben an der Klammer vom Stativ. Dadurch vermeidet man Verbrennungen oder Verbrühungen durch den heißen Kolben oder den Inhalt.

Die heiße Lösung wird portionsweise in den mit Lösungsmittel angefeuchteten Filter gegeben; der Filter wird dazwischen immer wieder mit einem Uhrglas abgedeckt. Nach beendeter Filtration verschließt man den *Erlenmeyer*-Kolben lose mit einem Stopfen oder deckt mit einem Uhrglas ab und lässt das Filtrat langsam abkühlen.

In den meisten Fällen ist die Filtration über einen **Hirsch-Trichter** oder ein ***Allihn*'sches Rohr** vorzuziehen.

Größere Lösungsmengen filtriert man über einen **Büchner-Trichter** oder eine **Glasfilternutsche** (Porosität 3) mit Absaugflasche und Gummidichtungsring (**Guko-Ring**). Zur apparativen Anordnung siehe Kapitel 6.2 (Abb. 6.2). Auch hier muss möglichst rasch mit vorgewärmten Geräten gearbeitet werden. Es darf nur ein **sehr schwacher Unterdruck** angelegt werden (Vakuumabsperrhahn nur ganz kurz öffnen!). Bei zu starkem Unterdruck verdampft Lösungsmittel, das Filter verstopft durch Kristallisat. Im Übrigen verfährt man wie oben beschrieben.

Kristallisation

Beim Abkühlen der Lösung kristallisiert das Produkt aus. Zur Vervollständigung der Kristallisation stellt man die erkaltete Lösung im verschlossenen Kolben in ein Eisbad (Kolben anklammern!) oder lässt über Nacht im Kühlschrank stehen. Durch die tieferen Temperaturen kristallisiert noch mehr Produkt aus. Die Temperatur darf aber nicht zur Kristallisation des Lösungsmittels führen (z.B. Cyclohexan, Schmp. 6 °C).

Die **Reinheit des Kristallisats** ist erfahrungsgemäß am größten, wenn Kristalle mittlerer Größe (1–5 mm) aus der Lösung auskristallisieren.

Zu kleine Kristalle adsorbieren an ihrer Oberfläche leicht Verunreinigungen; sie entstehen bei zu rascher Kristallisation durch schnelles Abkühlen. Zu große Kristalle schließen oft Lösungsmittel ein; sie entstehen bei sehr langsamer Kristallisation.

Für die **Kristallisation** leiten sich daraus folgende Regeln ab:
- Lösungen zur Kristallisation sollten nur langsam abgekühlt werden.
- Falls sich beim Heißfiltrieren an der Glaswand des *Erlenmeyer*-Kolbens bzw. der Absaugflasche bereits Kristalle abgeschieden haben, erhitzt man nochmals vorsichtig, bis wieder eine klare Lösung vorliegt.
- Wenn sich in der Lösung auch bei Raumtemperatur noch keine Kristalle gebildet haben, leitet man die Kristallisation ein. Dies geschieht durch ‚**Animpfen**' (man verreibt einige Kristalle des kristallinen Rohprodukts oder bei Vorproben erhaltene Kristalle an der Glaswand in der Lösung) oder durch ‚**Anreiben**' (Reiben an der Glaswandinnenseite des Gefäßes in der Lösung mit einem Spatel oder einem Glasstab). In beiden Fällen wird die Zahl der Kristallkeime erhöht.

Die **Kristallisationgeschwindigkeit** kann stark schwanken und Minuten, Stunden oder sogar Tage betragen. Beobachtungen bei den Vorproben helfen, die benötigte Zeit abzuschätzen.

Faustregel: Die Kristallkeimbildung erfolgt etwa 100 °C unterhalb des Schmelzpunktes der Substanz am schnellsten, das Kristallwachstum etwa 30–50 °C unterhalb des Schmelzpunkts.

Schwierigkeiten bei der Kristallisation:

- Bei niedrigen Schmelzpunkten kann sich beim Abkühlen der Lösung die Substanz unter Umständen ölig abscheiden. In diesen Fällen nimmt die Löslichkeit der Substanz im Lösungsmittel rascher ab als sie kristallisiert. Diese Schwierigkeit lässt sich häufig beheben, wenn man die sich abkühlende Lösung zum richtigen Zeitpunkt animpft oder anreibt.
- Eingeschlepptes Schlifffett (Silikonfett!) kann gerade bei kleinen Mengen die Kristallisation verzögern oder zu schmierigen Niederschlägen führen. Deshalb sollten Schliffgeräte zur Umkristallisation nur wenig am oberen Rand gefettet werden. Wenn es die Löslichkeit erlaubt, nimmt man das Produkt zunächst in Ethanol auf (Silikonfette sind in Ethanol unlöslich), filtriert und zieht das Solvens wieder ab.
- Wenn auch nach dem Abkühlen, Animpfen oder Anreiben keine Kristallisation eintritt, wurde vermutlich zu viel Lösungsmittel verwendet. Durch Einengen der Lösung (z.B. am Rotationsverdampfer) kann man die Kristallisation unter Umständen doch noch erreichen.

Hilfsmittel zur Kristallisation:

- Höhermolekulare Verunreinigungen, typischerweise auch farbige Bestandteile können durch Zusatz von Aktivkohle zur Kristallisationslösung entfernt werden (siehe auch Kapitel 6.4). Die Aktivkohle muss vor dem Aufheizprozess zugesetzt werden, da bei Zugabe zur heißen Lösung ein starkes Aufsieden und ggf. Überschäumen auftreten kann. Von der Aktivkohle mit den adsorbierten Verunreinigungen muss heiß abfiltriert werden (siehe oben). Insbesondere bei polaren Lösungsmitteln wie Wasser, Alkoholen oder Acetonitril wird häufig ein guter Reinigungseffekt erreicht.
- Sehr feine unlösliche Verunreinigungen (z.B. Kieselgel, Salze oder Aktivkohle) können bei der Heißfiltration durch das Filter in das Filtrat gelangen. In diesem Fall ist es hilfreich, auf das Filterpapier eine Schicht (etwa 1 cm) Celite aufzubringen und durch diese Filtrierhilfe zu filtrieren (siehe dazu Kapitel 6.4).

Isolierung des Kristallisats

Das umkristallisierte Produkt wird durch Filtration bei vermindertem Druck von der überstehenden kalten Lösung (,**Mutterlauge**') abgetrennt. Die Wahl der Trichter und Nutschen wird durch die Menge des Kristallisats bestimmt (nicht von der Menge der Mutterlauge!).

Bei der Verwendung von *Hirsch*- oder *Büchner*-Trichtern muss das eingelegte Rundfilter exakt auf der Filterplatte aufliegen, da sonst Produkt in das Filtrat gelangt. Dies erreicht man durch Anfeuchten des Filters mit dem zur Kristallisation benutzten Solvens bei schwachem Unterdruck (siehe auch Kapitel 6.2).

Die **Mutterlauge** wird zunächst nicht verworfen, sondern in einem geschlossenen, beschrifteten Gefäß aufbewahrt. Wenn die Ausbeute an Kristallisat zu gering ist, muss die Mutterlauge unter Umständen aufgearbeitet werden (siehe unten).

Das **Kristallisat** überführt man möglichst vollständig aus dem Kolben auf das Filter (ein gebogener Spatel ist hier sehr hilfreich). Die im Kolben verbliebenen Kristalle können mit wenig kalter Mutterlauge auf den Filter gespült werden. Man saugt sofort scharf ab, auf keinen Fall darf man das Lösungsmittel abdunsten lassen, da hierdurch das reine Kristallisat durch Rückstände in der Mutterlauge wieder verunreinigt wird.

Das abgesaugte Kristallisat wird mit wenig kaltem Lösungsmittel nachgewaschen. Um den Ausbeuteverlust bei gutem Wascheffekt möglichst gering zu halten, wäscht man 2–3-mal mit wenig kaltem Lösungsmittel, statt einmal mit einer größeren Menge. Nach jedem Waschvorgang wird belüftet. Größere Mengen an Kristallisat arbeitet man mit dem kalten Solvens mit dem Spatel gründlich durch (dabei aber darauf achten, dass das Filter nicht durchstoßen wird!). Zum Schluss wird scharf abgesaugt und das Kristallisat dabei mit einem abgebogenen, breiten Spatel oder einem umgekehrten Glasstopfen festgedrückt.

Hochsiedende oder polare Lösungsmittel (z.B. Pyridin oder Eisessig) werden oft von den Kristallen festgehalten. In diesen Fällen wäscht man das Kristallisat noch einige Male mit einem Solvens, in dem das Kristallisat unlöslich ist, das sich aber mit dem zur Umkristallisation benutzten Lösungsmittel (Pyridin, Eisessig) mischt.

Trocknung des Kristallisats – Ausbeutebestimmung

Die abgesaugten und gewaschenen Kristalle werden in eine tarierte Schale überführt und im **Exsikkator im Vakuum** über einem geeigneten **Trockenmittel** bis zur Gewichtskonstanz getrocknet. Kleinere Mengen belässt man am besten im *Allihn*'schen Rohr oder in der Mikrofilternutsche (vor dem Absaugen tarieren) und trocknet direkt im Exsikkator.

Hierauf werden **Ausbeute** (bezogen auf das zur Umkristallisation eingesetzte Produkt), **Schmelzpunkt** des Kristallisats und **Aussehen und Farbe** der Kristalle (im Vergleich zum eingesetzten Rohprodukt) registriert. Soweit möglich werden den beobachteten Werten die Literaturwerte gegenübergestellt.

Eine Umkristallisation ohne diese Angaben erlaubt keine Erfolgskontrolle!

Wenn sowohl die Reinheit der Verbindung als auch die Ausbeute bei der Umkristallisation zufriedenstellend sind, kann die Mutterlauge verworfen werden. Bei zu geringer Ausbeute muss sie weiter aufgearbeitet werden (Einengen, nochmalige Kristallisation usw.). Ist die Reinheit nicht zufriedenstellend, muss ein weiteres Mal, eventuell aus einem anderen Lösungsmittel, umkristallisiert werden.

Beispiele zur Protokollführung bei der Umkristallisation:

1. Beispiel:

Rohprodukt: 8.90 g, brauner Feststoff, Schmp. 105–117 °C.
Umkristallisation aus 54 ml siedendem Ethanol (96%), Trocknen im Vakuum.
Ausbeute: 7.95 g beige, büschelartige Nadeln, Schmp. 135–138 °C.
Da das Produkt offensichtlich noch nicht rein ist, wurde nochmals aus 50 ml Ethanol (96%) umkristallisiert:
Ausbeute : 7.68 g farblose Nadeln, Schmp. 140–140.5 °C (Lit.: 140–141 °C).

Das große Schmelzintervall des Rohprodukts deutet in diesem Beispiel auf starke Verunreinigungen hin. Die Ausbeute nach der 1. Umkristallisation ist zufriedenstellend, das Schmelzintervall von 3 °C zeigt aber, dass die Substanz noch nicht rein ist. Nach der 2. Umkristallisation ist die Substanz farblos und analysenrein (Schmelzintervall 0.5 °C), der Literaturwert wird erreicht.

2. Beispiel:

Rohprodukt: 12.3 g, orange Plättchen, Schmp. 147–151 °C.
Umkristallisation aus 125 ml siedendem Cyclohexan, Trocknen im Vakuum.
Ausbeute: 6.63 g gelbe, hexagonale Plättchen, Schmp. 152.5–153 °C.

Die Mutterlauge wurde am Rotationsverdampfer auf ca. 40 ml eingeengt. In der Kälte kristallisiert weiteres Produkt aus. Nach dem Trocknen erhält man eine zweite Kristallfraktion: 3.90 g gelbe Plättchen, Schmp. 152–153 °C.

Die Reinheit bei der 1. Umkristallisation war befriedigend, die Ausbeute mit nur 50% aber nicht tolerierbar. Offenbar wurde zuviel Lösungsmittel verwendet. Deshalb wurde die Mutterlauge eingeengt. Die Reinheit der 2. Kristallfraktion ist zwar etwas geringer aber noch akzeptabel. Insgesamt beträgt die Ausbeute aus der Umkristallisation nun 85%.

7.3 Umkristallisation im Halbmikromaßstab

Die Umkristallisation **kleiner Substanzmengen** (1–5 g) erfolgt im Prinzip wie in Kapitel 7.2 beschrieben. Allerdings müssen die Geräte den geringeren Solvensmengen, die zur Umkristallisation benötigt werden, angepasst werden.

Man verwendet NS 14-Schliffgeräte und Kolbengrößen von 5–50 ml. Zum Absaugen der Kristalle verwendet man *Hirsch*-Trichter oder Glasfilternutschen. Bei kleinen und sehr kleinen Lösungsmengen (1–20 ml) sind das *Allihn*'sche Rohr, Mikrofilternutschen zusammen mit geradem Vorstoß oder ein Absaugfinger besser geeignet (siehe Kapitel 6). Diese Methoden bieten den Vorzug, dass die Flüssigkeitsoberfläche im Vergleich zur Flüssigkeitsmenge klein ist. Während des Absaugens kann deshalb weniger Solvens verdampfen. Sehr gut geeignet ist auch die einfache Druckfiltration im *Allihn*'schem Rohr mit einem Handballon (Kap. 6.3).

Die abgesaugten Kristalle werden wie üblich in ein tariertes Schälchen überführt und im Exsikkator mit einem geeigneten Trockenmittel im Vakuum getrocknet. Bei kleinen Mengen kann man die Kristalle auch auf dem Mikrofilter belassen und im Exsikkator trocknen (Filter vor dem Absaugen tarieren!).

Die **Heißfiltration** von kleinen Lösungsmittelmengen ist besonders problematisch, da sie sehr rasch abkühlen, was zu hohen Ausbeuteverlusten führen kann. In diesen Fällen kann ein spezielles **Heißfiltrationsgerät** eingesetzt werden (Abb. 7.3):

Abb. 7.3: Heißfiltrationsgerät.

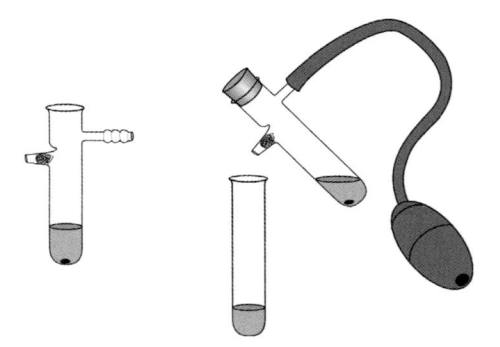

Zuerst wird ein Wattebausch mit einem Draht locker in den Auslauf gestopft. Die umzukristallisierende Substanz wird eingewogen und im Solvens vorsichtig in einem Heizbad gelöst (Siedesteinchen verwenden, im Abzug arbeiten, alle offenen Flammen löschen!).
Die heiße Lösung wird unter Druck mit einem Handballon durch den Wattebausch in ein vorgewärmtes Reagenzglas oder einen kleinen *Erlenmeyer*-Kolben filtriert.

7.4 Umkristallisation im Mikromaßstab

Bei **sehr kleinen Substanzmengen** (< 1 g) und Lösungsmittelvolumina (< 2 ml) kann u.U. noch mit kleinen NS 14- oder NS 10-Geräten gearbeitet werden, häufig wird man aber in einem kleinen Reagenzglas umkristallisieren (Abb. 7.4). Dazu wird die Substanz in das Reagenzglas eingewogen, wobei sich die Größe nach der benötigten Lösungsmittelmenge richtet: Das Reagenzglas sollte zu ⅛ bis max. ¼ gefüllt werden. Es wird ein Siedesteinchen hinzugegeben und mit einer Tropfpipette mit **wenig** Lösungsmittel versetzt (1). Unter leichtem Umschütteln wird vorsichtig in einem Heizbad erwärmt (2). Wenn nötig wird noch **tropfenweise** frisches Solvens zugegeben (im Abzug arbeiten).

Zur Heißfiltration der Lösung wird ein kleiner Wattebausch in das Reagenzglas gegeben und die heiße Lösung mit einer vorgewärmten Tropfpipette mit Pipettenhütchen durch den Wattebausch aufgesaugt (3) und sofort in ein angewärmtes, frisches Reagenzglas überführt, das mit einem Gummistopfen verschlossen wird (4).

Abb. 7.4: Umkristallisation im Mikromaßstab.

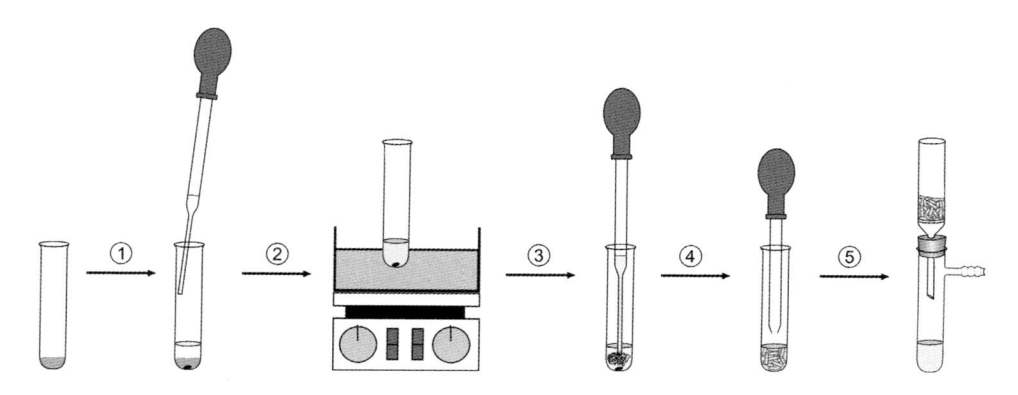

Nach der Kristallisation in der Kälte wird auf einer Mikrofilternutsche mit Saugfinger abgesaugt. Sehr kleine Kristallmengen werden am besten mit einer an der Verjüngung abgeschnittenen Tropfpipette mit Pipettenhütchen aufgesaugt und auf die Mikrofritte (*Allihn*'sches Rohr) gebracht (5).

Sehr vorteilhaft zur präparativen Isolierung sehr kleiner Kristallmengen ist das **Abzentrifugieren der Mutterlauge in *Craig*-Röhrchen** (Abb. 7.5, Inhalt 1–3 ml). Dazu wird die heiße Lösung in dickwandige Röhrchen mit einem geschliffenen ‚Hals' überführt und darin in der Kälte kristallisiert (1). In die Verjüngung wird ein Schliffstempel eingesetzt, anschließend wird das Röhrchen um 180° gedreht und in ein Zentrifugenglas gestellt (besser stülpt man das Zentrifugenglas über das *Craig*-Röhrchen und dreht es dann) (2). Beim Zentrifugieren wird die Mutterlauge am Stempel vorbei in das Zentrifugenglas gedrückt, das Kristallisat bleibt im *Craig*-Röhrchen zurück (3). Zum Waschen gibt man wieder etwas frisches, kaltes Solvens in das *Craig*-Röhrchen zum Kristallisat und zentrifugiert erneut (Abb. 7.5).

Abb. 7.5: Abzentrifugieren kleiner Kristallisatmengen mit dem *Craig*-Röhrchen.

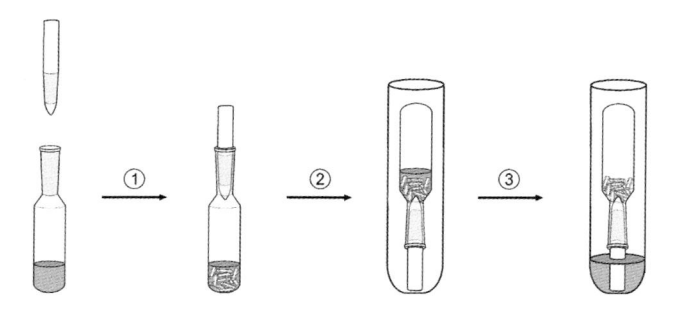

7.5 Umkristallisation unbekannter Verbindungen

Wenn das Lösungsmittel für die Umkristallisation nicht bekannt ist (z.B. bei neuen, noch nicht beschriebenen Verbindungen), müssen **Vorproben** durchgeführt werden. Dabei werden geringe Mengen der umzukristallisierenden Substanz (Spatelspitzen) in kleinen Reagensgläsern (10 cm×1 cm) tropfenweise mit den zu testenden Lösungsmitteln (oder Lösungsmittelgemischen) versetzt und vorsichtig unter Schütteln zum Sieden erhitzt. Ein ideales Solvens liegt dann vor, wenn die Lösung durch das auskristallisierende Produkt praktisch breiartig erstarrt.

Zur Isolierung wird der abgeschiedene Kristallbrei am besten mit einer abgeschnittenen Tropfpipette aufgesaugt und auf eine Tonplatte oder einem Stück Filterpapier aufgebracht. Man wäscht mit 1–2 Tropfen eiskaltem Solvens nach. Nach kurzem Trocknen wird der Schmelzpunkt bestimmt. Im Einzelnen sind zu protokollieren:

- Eingewogene Probenmenge (innerhalb einer Reihe möglichst gleich, 10–20 mg sind ausreichend).
- Löslichkeit im kalten Solvens (durch Abschätzen: sehr schlecht bis sehr gut; zur Umkristallisation ungeeignet).
- Benötigte Solvensmenge zum vollständigen Lösen in der Hitze.
- Sind unlösliche Bestandteile zu beobachten (Heißfiltration)?
- Kristallisationsgeschwindigkeit und -bedingungen (spontane Kristallisation beim Abkühlen, Kristallisation erst beim Anreiben, gar keine Kristallisation).
- Aussehen, Einheitlichkeit der Kristalle (Lupe!), Schmelzpunkt und Ausbeute der umkristallisierten Probe.

In einem geeigneten Solvens löst sich die Probe bei Raumtemperatur möglichst schlecht, zur vollständigen Lösung in der Hitze wird nur wenig Solvens benötigt (großer Temperaturgradient der Löslichkeit). Die Kristallisation setzt spontan ein. Das **Schmelzintervall** sollte möglichst klein sein, der Schmelzpunkt soll der höchste innerhalb der Probenreihe und die Ausbeute möglichst gut sein. Unter Umständen muss ein Kompromiss zwischen hoher Reinheit und guter Ausbeute eingegangen werden.

Die in den Vorproben ermittelte Lösungsmittelmenge ist ein guter Hinweis für die zur Umkristallisation benötigte Solvensmenge.

Anmerkungen zur Wahl des Lösungsmittels für die Umkristallisation

Für die Auswahl des Lösungsmittels sind folgende Randbedingungen zu beachten:

- Die Substanz darf sich bei der Umkristallisation chemisch nicht verändern. Es dürfen keine chemischen Reaktionen mit dem Solvens eintreten (z.B. Säurechloride reagieren mit Wasser und Alkoholen). Durch die thermische Belastung während der Umkristallisation

7.5 Umkristallisation unbekannter Verbindungen

können Umlagerungen, Decarboxylierung, Stickstoffeliminierung oder Zersetzung stattfinden, in diesen Fällen muss ein niedriger siedendes Solvens eingesetzt werden.
- Das Lösungsmittel sollte nach Möglichkeit keine Einlagerungsverbindungen mit der Substanz eingehen (Hydrate etc.).
- Sehr hoch siedende Lösungsmittel bereiten bei der Trocknung oft Probleme.
- Der Siedepunkt des Lösungsmittels sollte mindestens 15–20 °C **unter dem Schmelzpunkt** der **umzukristallisierenden Substanz** liegen, ansonsten besteht die Gefahr, dass die Substanz nicht kristallisiert, sondern sich ölig abscheidet und erst dann erstarrt. Der Reinigungseffekt ist dann gering. Man kann das Problem eventuell umgehen, wenn bei der Umkristallisation die Lösung nur bis zu etwa 15 °C unter den Schmelzpunkt der Substanz erhitzt wird.

Nach dem alten Leitsatz der Chemiker „*similia similibus solvuntur*" lösen sich polare Substanzen gut in polaren und unpolare Substanzen gut in unpolaren Lösungsmitteln (z.B. Zucker in Wasser und Naphthalin in Benzol oder Toluol). Diese Kombinationen sind zum Umkristallisieren ungeeignet: Voraussetzung ist ja eine möglichst geringe Löslichkeit der Substanz bei Raumtemperatur und ein großer Temperaturgradient!

Für stark polare Substanzen wählt man deshalb mäßig polare Solventien (z.B. Alkohole für Zucker), für mäßig polare Substanzen unpolare Solventien (z.B. Tetrachlorkohlenstoff oder Cyclohexan für Triphenylmethanol) (Tabelle 7.1).

Tabelle 7.1: Solvensparameter einiger gebräuchlicher Lösungsmittel.

	Sdp.	Schmp.	DK	$E_T(30)$
Aprotische Solventien mit geringer Polarität				
Petrolether (40/60)	40–60 °C	ca. –95 °C	1.9	ca. 31
Benzol	80 °C	5.5 °C	2.3	34.3
Toluol	110 °C	–95 °C	2.4	33.9
Chloroform	61 °C	–63 °C	4.7	39.1
Aprotische Solventien mit mäßiger Polarität				
Tetrahydrofuran (THF)	66 °C	–108 °C	7.4	37.4
Essigsäureethylester	77 °C	–83 °C	6.0	38.1
Aceton	56 °C	–95 °C	20.7	42.2
Dipolare aprotische Solventien				
Acetonitril	82 °C	–43 °C	37.5	45.6
Dimethylformamid (DMF)	153 °C	–61 °C	36.7	43.2
Nitromethan	101 °C	–28 °C	38.6	46.3
Protische Solventien				
Wasser	100 °C	0 °C	78.5	63.1
Methanol	65 °C	–98 °C	32.6	55.4
Ethanol	78 °C	–118 °C	24.3	51.9
2-Propanol	82 °C	–90 °C	18.3	48.4
Essigsäure (Eisessig)	118 °C	16	6.2	51.7
N-Methylpyrrolidon (NMP)	202 °C	–24 °C		
Ameisensäure	101 °C	8 °C		54.3
1-Butanol	117	–89 °C	17.8	49.7

Diese einfache Regel kann nur zur Orientierung dienen, sie kann langjährige Erfahrung nicht ersetzen. Einen besseren Anhaltspunkt geben die Solvensparameter, mit denen sich die Solventien in vier Gruppen zusammenfassen lassen. Als Anhaltspunkt für die Polarität von Solventien kann man die Dielektrizitätskonstanten (DK) heranziehen, geeigneter sind aber die von K. *Dimroth* und Ch. *Reichardt* eingeführten $E_T(30)$-Werte.

Man prüft zunächst ein Solvens aus jeder Gruppe und variiert dann innerhalb der für die Umkristallisation am besten geeigneten Gruppe (der erfahrene Chemiker kann die Polarität einer Verbindung ungefähr abschätzen und wird unmittelbar die Solventien mit entsprechender Polarität und evtl. Protonität heranziehen!).

Beispiel: Wenn sich eine Substanz mit dem Schmp. ~150 °C in Wasser auch in der Kälte gut löst und aus Ethanol mit geringen Ausbeuten umkristallisierbar ist, wird man zu 2-Propanol (sekundärer Alkohol) oder zu 1-Butanol (längerer Alkylrest) übergehen. Im letzteren Falle nutzt man außerdem wegen des Siedepunktes von 117 °C einen größeren Temperaturbereich aus.

Man beobachtet sehr oft den Fall, dass eine Substanz in einer Gruppe von Solventien (z.B. protischen) sehr leicht löslich, in einer anderen Gruppe (z.B. aprotischen) hingegen wenig löslich oder unlöslich ist. Keines dieser Lösungsmittel ist daher zur Umkristallisation geeignet. Aus Gemischen dieser Lösungsmittel, im einfachsten Fall aus zwei Solventien, kann man diese Verbindungen aber häufig sehr gut umkristallisieren (Tab. 7.2).

Tabelle 7.2: Häufig angewandte Lösungsmittelgemische:

Solvens (Sdp.) zur Lösung	Solvens (Sdp.) zur Verringerung der Löslichkeit
Ethanol (78 °C)	Wasser (100 °C)
Dioxan (102 °C)	Wasser (100 °C)
Eisessig (118 °C)	Wasser (100 °C)
Ethanol (78 °C)	Essigsäureethylester (77 °C)
Aceton (56 °C)	Petrolether (40–60 °C)
Chloroform (61 °C)	Diethylether (35 °C)
Chloroform (61 °C)	Essigsäureethylester (77 °C)
Chloroform (61 °C)	Petrolether (40–60 °C)
Benzol (80 °C)	Petrolether (60–80 °C)
Toluol (111 °C)	Acetonitril (82 °C)
Essigsäureethylester (77 °C)	Petrolether 60/80 (60–80 °C)
Acetonitril (82 °C)	Diethylether (35 °C)
Acetonitril (82 °C)	Wasser (100 °C)
Ameisensäure (101 °C)	Eisessig (118 °C)
Dimethylformamid (153 °C)	Diethylether (35 °C)
Dimethylformamid (153 °C)	Toluol (111 °C)
Dimethylformamid (153 °C)	Wasser (100 °C)

Bei den Lösungsmittelgemischen ist darauf zu achten, dass die Komponenten nach Möglichkeit unbegrenzt miteinander mischbar sind! Einen Überblick über die gegenseitige Mischbarkeit gebräuchlicher Lösungsmittel gibt die nachstehende Abbildung 7.6:

Abb. 7.6: Mischbarkeit gebräuchlicher Lösungsmittel.

——————— unbegrenzt mischbar
- - - - - - - - begrenzt mischbar
·············· wenig mischbar
keine Verbindungslinie   nicht mischbar

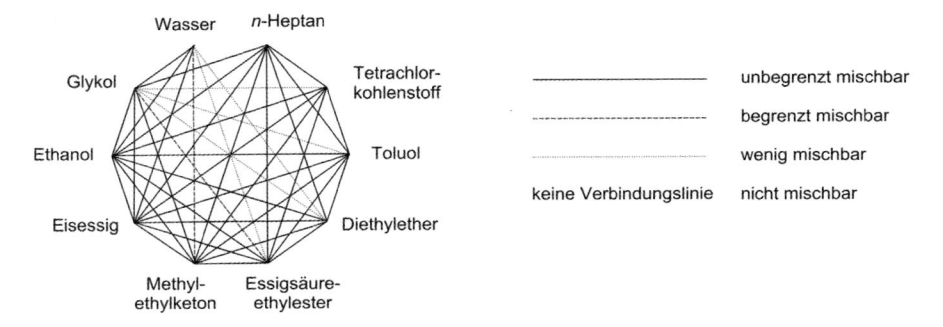

Die Mischung Ethanol/Wasser kann zwei Funktionen übernehmen:

- Sehr viele in Ethanol leicht lösliche organische Substanzen, die in Wasser schwer löslich sind, kristallisieren bei Zugabe von Wasser zur ethanolischen Lösung.
- Gut wasserlösliche Substanzen (z.B. verschiedene Salze organischer Säuren) lassen sich unter Umständen durch Zugabe von Ethanol zur wässrigen Lösung zur Kristallisation bringen.

Zu große Löslichkeiten in mäßig polaren Lösungsmitteln (z.B. Acetonitril oder Dimethylformamid) lassen sich durch Zugabe von stärker oder schwächer polaren Solventien herabsetzen.

Technik der Umkristallisation aus Lösungsmittelgemischen

Zur Umkristallisation aus Solvensgemischen werden verschiedene Methoden eingesetzt:

- Im einfachsten Fall kann direkt aus der Mischung umkristallisiert werden. Vorproben liefern das am besten geeignete Verhältnis.
- Man stellt zunächst mit dem gut lösenden Solvens eine heiße, konzentrierte Lösung der Probe her, die dann langsam so lange mit dem schlechter lösenden Solvens versetzt wird, bis eine schwache Trübung auftritt, die auch beim Umschütteln nicht mehr verschwindet. Beim Abkühlen sollte nun die Kristallisation einsetzen.
- Fällt das Produkt ölig an, so hilft es meist, den Anteil an gut lösendem Solvens wieder etwas zu erhöhen und Impfkristalle zuzugeben.
- Ist die Kristallisation nur sehr unvollständig, wird vorsichtig noch weiteres schlecht lösendes Solvens zugesetzt.
- Das Mischungsverhältnis der Solventien sollte bekannt sein, da man das abgesaugte Kristallisat mit der gleichen Mischung nachwaschen muss, um die Abscheidung von Verunreinigungen aus der verdunstenden, anhaftenden Mutterlauge zu vermeiden. Deshalb misst man zweckmäßig beide Lösungsmittel aus Messzylindern ab, zumindest sollte man am Kolben (*Erlenmeyer*) die Füllhöhe vor und nach Zusatz der jeweiligen Solventien markieren, so dass sich das Mischungsverhältnis abschätzen lässt.

Eine Variante verzichtet auf erhöhte Temperaturen zur Herstellung der Lösungen. Man versetzt hier eine bei Raumtemperatur gesättigte Lösung der umzukristallisierenden Substanz langsam mit dem schlechter lösenden Solvens. Dabei wird das zweite Lösungsmittel so langsam zugeben, dass die Kristallisation stets schneller verläuft als die Löslichkeit der Substanz abnimmt. Selbstverständlich sollte das Mischungsverhältnis der beiden Solventien auch hier bekannt sein.

Beispiel: Quartäre Ammoniumsalze ($[R_4N]^+$ Hal^-) lösen sich bereits in der Kälte leicht in dipolar aprotischen und in protischen Solventien. Bei vorsichtiger Zugabe von Diethylether bzw. Ethylacetat kristallisieren die Salze aus.

Allgemeine Ratschläge und Hinweise zur Reinigung kristalliner Verbindungen durch Umkristallisation

Bei stark mit Harzen und Schmieren verunreinigten Produkten sollte man stets prüfen, ob nicht eine Vorreinigung durch Sublimation, Wasserdampfdestillation oder (Vakuum-)Destillation möglich ist.

Für die Vorreinigung sind auch chromatographische Methoden wegen ihrer besseren Trennung und geringen Verluste vorteilhaft. Bei größeren Ansätzen ist dies aber unter Umständen sehr kostspielig und zeitraubend. Man kann dieses Verfahren vereinfachen, indem man versucht, die Verunreinigungen durch Adsorption an geeigneten **Adsorbentien** (Aluminiumoxid, Kieselgur, Aktivkohle etc.) zu entfernen. Diese Vorreinigung durch Adsorption bewährt sich insbesondere auch dann, wenn die Rohprodukte durch Verunreinigungen stark gefärbt sind.

Wenn als Feststoffe zu erwartende Produkte ölig anfallen, kann dies mehrere Gründe haben:
- Der Siedepunkt des eingesetzten Solvens liegt deutlich über dem Schmelzpunkt des Produkts. Beim Abkühlen der Lösung wird die Löslichkeit des Produkts unterschritten, die Temperatur des Solvens liegt aber noch über dem Schmelzpunkt des Produkts.
- Das Rohprodukt ist sehr stark verunreinigt: Man prüft deshalb analytisch (IR, NMR, usw.) auf die vorhandenen Verunreinigungen (Edukte, Nebenprodukte, Harze usw.) und trennt diese nach Möglichkeit spezifisch ab: Harze durch Adsorption, andere Stoffe durch Chromatographie, gegebenenfalls auch durch spezifische chemische Reaktionen (z.B. Ausschütteln von Säuren mit $NaHCO_3$-Lösung, von Basen mit verdünnten Säuren).

Wenn die nicht kristallisierende Substanz nur geringfügig verunreinigt ist, muss man versuchen, mit einigen ‚Tricks' die Kristallisation zu erreichen:
- Die Substanz kristallisiert sehr langsam: Man verreibt auf einem Uhrglas wenig Substanz mit 1–2 Tropfen eines flüchtigen Solvens (z.B. Ether, Aceton oder Dichlormethan) mit einem Glasstab oder Spatel. Nach Verdunsten des Solvens wiederholt man den Vorgang mit dem gleichen oder einem anderen Solvens. Nach einiger Zeit können sich Kristalle bilden, die sich beim Stehenlassen noch vermehren. Man presst die kristallhaltige Schmiere auf

einer Tonplatte ab (eventuell mit einem Tropfen eines mäßig lösenden Solvens nachwaschen). Mit den erhaltenen Kristallen impft man die Hauptmenge des Öls an und ‚walkt' es eventuell unter Zusatz von wenig Solvens durch, bis überall die Kristallisation einsetzt. Nach längerem Stehen arbeitet man mit einem schwach lösenden Solvens durch, saugt ab und kristallisiert das Rohprodukt entsprechend dem Ergebnis von Vorproben um.

- Hohe Ausbeuten bei der Umkristallisation verlangen einen großen Temperaturkoeffizienten der Löslichkeit. Dieser kann bei thermisch empfindlichen Substanzen auch so verwirklicht werden, dass man bei Raumtemperatur (20 °C) löst und auf –70 °C abkühlt (Aceton/Trockeneis). Diese Temperaturdifferenz (ΔT = 90 °C) entspricht der Umkristallisation aus einem bei 110 °C siedendem Solvens und Kristallisation bei 20 °C. Zum Absaugen bei tiefen Temperaturen müssen spezielle Geräte verwendet werden (z.B. Glasfilterfritten mit Kühlmantel).

Manche Substanzen sind hygroskopisch, das heißt, sie nehmen sehr leicht Feuchtigkeit auf, die zum Zerfließen der Kristalle führen kann. Bei der Umkristallisation dürfen in diesem Fall nur trockene (wasserfreie) Lösungsmittel verwendet werden, alle verwendeten Geräte müssen absolut trocken sein. Beim Umkristallisieren wird ein Trockenrohr auf den Rückflusskühler aufgesetzt, der Kontakt mit der Raumluft ist möglichst kurz zu halten oder ganz auszuschließen. Unbedingt zu vermeiden ist das längere Durchsaugen von Luft beim Absaugen.

Ist die Substanz luft- und feuchtigkeitsempfindlich (d.h., sie kann mit dem Luftsauerstoff und der Feuchtigkeit aus der Luft reagieren) müssen spezielle Methoden und Apparaturen verwendet werden (siehe Kapitel 11.1.2 ‚Arbeiten unter Schutzgas').

Die Umkristallisation ist die universellste Methode zur Reinigung von Feststoffen und unerlässlich zur Herstellung von **analysenreinen** kristallinen Substanzen. Kristalle, die für Verbrennungsanalysen (Elementaranalyse) bestimmt sind, dürfen nicht von einer Glasfritte oder einem Papierfilter abgekratzt werden, da Glassplitter oder Papierfasern das Produkt verunreinigen können und damit das Analysenergebnis verfälschen.

Kapitel 8

Sublimation

8.1 Physikalische Grundlagen

8.2 Sublimation als Reinigungsmethode

8.3 Apparaturen zur Sublimation

8.4 Gefriertrocknung

8. Sublimation

Unter **Sublimation** versteht man den direkten Übergang einer Verbindung vom kristallinen in den gasförmigen Zustand. Die Sublimation erfolgt meist bei höheren Temperaturen, an kühlen Stellen geht die Verbindung wieder direkt vom gasförmigen in den kristallinen Zustand über (**Resublimation**). Mechanische Verunreinigungen und nicht sublimierende Substanzen (z.B. harzige Produkte) lassen sich so leicht abtrennen.

8.1 Physikalische Grundlagen

In Kapitel 3.1 ‚Der Schmelzpunkt' zeigt das Zustandsdiagramm von Wasser, dass der Dampfdruck von festen, kristallinen Verbindungen mit Erhöhung der Temperatur ansteigt.

Eine kristalline Verbindung, deren **Dampfdruck** noch vor Erreichen des Schmelzpunkts den Druck der äußeren Umgebung erreicht, geht – ohne vorher zu schmelzen – direkt vom festen in den gasförmigen Zustand über. Diesen Vorgang bezeichnet man als **Sublimation**. Die Temperaturabhängigkeit des Dampfdrucks einer festen Substanz wird durch die **Sublimationskurve** wiedergegeben (Abb. 8.1). Sublimierende Verbindungen gehen dementsprechend bei Temperaturen unterhalb des Schmelzpunktes aus der Gasphase direkt wieder in den festen, kristallinen Zustand über.

Die Verhältnisse werden nachstehend am Beispiel von Hexachlorethan und Phthalsäureanhydrid dargestellt.

Die **Sublimationsdruckkurven** (Abb. 8.1) liegen definitionsgemäß unterhalb der Temperatur des **Tripelpunktes**, bei der die Substanz schmilzt und Flüssigkeit sowie Festsubstanz den gleichen Dampfdruck besitzen.

Abb. 8.1: Schematische Phasendiagramme.

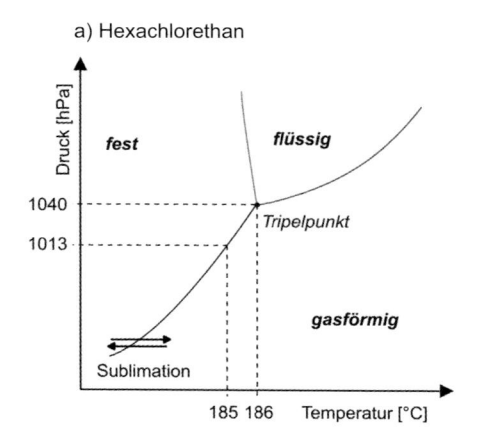

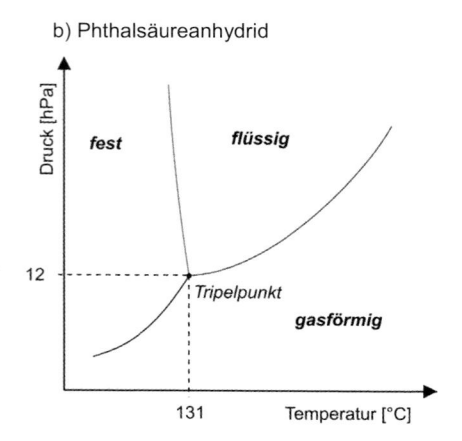

Hexachlorethan besitzt bereits bei 185 °C, d.h. 1 °C unterhalb des Schmelzpunktes, einen Dampfdruck von 1013 hPa. Festes Hexachlorethan „verdampft" = **sublimiert** also bei Atmosphärendruck, ohne vorher zu schmelzen. Erst im geschlossenen System, z.B. in einem abgeschmolzenen Schmelzpunktröhrchen, schmilzt Hexachlorethan (Schmp. 186 °C), hierbei steht die Substanz unter ihrem eigenen Dampfdruck von 1040 hPa.

Im Gegensatz hierzu besitzt **Phthalsäureanhydrid** an seinem Schmelzpunkt (131 °C) nur einen Dampfdruck von 12 hPa. Ein präparativ nutzbarer Stofftransport pro Zeiteinheit ist hier nur möglich, wenn man unter vermindertem Druck arbeitet.

Sublimation bei Normaldruck

Ähnlich hohe Dampfdrucke wie Hexachlorethan besitzen z.B. die folgenden Verbindungen:

Adamantan	Urotropin	Campher	Hexachlorbenzol
Schmp. 270 °C	Schmp. 290 °C (Zers.)	Schmp. 176 °C	Schmp. 229 °C

Die Molekülmodelle zeigen, dass zwischen Sublimationsdampfdruck und Molekülgestalt ein Zusammenhang besteht. Es sind mehr oder weniger kugelförmige Moleküle, die sehr leicht sublimieren, da ihre bindenden Wechselwirkungen im Kristallgitter nur gering sind.

Sublimation unter vermindertem Druck

Die extrem hohen Sublimationsdampfdrucke der oben aufgeführten Verbindungen sind relativ selten, bei den meisten Verbindungen sind die Dampfdrucke bei der Temperatur des Schmelzpunktes sehr viel kleiner. Tabelle 8.1 zeigt, dass die meisten organischen Verbindungen schmelzen, lange bevor ihr Dampfdruck Atmosphärendruck erreicht.

Grundsätzlich kann jede Substanz, die bei Atmosphärendruck schmilzt, sublimiert werden, wenn die Sublimationsdrucke unterhalb des Schmelzpunktes noch einen ausreichenden Stofftransport/Zeiteinheit zulassen, d.h., wenn die Sublimationsgeschwindigkeit noch genügend groß ist. Zur Erhöhung der Sublimationsgeschwindigkeit arbeitet man, wie oben erwähnt, zweckmäßig im Grob- bzw. Feinvakuum. Phthalsäureanhydrid lässt sich z.B. im präparativen Maßstab im Ölpumpenvakuum (10^{-2} hPa) bei 110–125 °C befriedigend sublimieren.

Generell sollte man aber – wie bei der Destillation – beachten, dass mit sinkendem Druck auch der Stofftransport über die Gasphase sinkt.

Tabelle 8.1: Dampfdrucke verschiedener kristalliner Verbindungen.

Substanz	Schmelzpunkt [°C]	Dampfdruck am Schmelzpunkt [hPa]
Hexachlorethan	186	1039
Campher	176	493
Anthracen	218	54
Benzol	5.5	48
Benzoesäure	121	9.3
Phthalsäureanhydrid	131	12
Wasser	0	6.1

8.2 Sublimation als Reinigungsmethode

Verunreinigte kristalline Substanzen, die bei normalem oder vermindertem Druck **sublimierbar** sind (also merkliche Dampfdrucke im Temperaturbereich ihrer Schmelzpunkte besitzen und sich unter den Bedingungen chemisch nicht verändern), lassen sich elegant und schnell durch Sublimation reinigen. Thermisch empfindliche Substanzen können – wenn überhaupt – nur unter besonderen Bedingungen sublimiert werden.

Voraussetzung für den Reinigungseffekt ist, dass der Dampfdruck der begleitenden Verunreinigungen vergleichsweise klein ist. Verunreinigungen mit vergleichbaren Dampfdrucken lassen sich durch Sublimation nicht abtrennen!

Ölige oder harzige Verunreinigungen erschweren häufig eine Reinigung durch Sublimation, wenn sie während der Sublimation mitdestillieren. In diesen Fällen muss man versuchen, diese Verunreinigungen mit geeigneten Solventien auszuwaschen oder durch Abdrücken auf einer Tonplatte zu entfernen.

Um ein Schmelzen des Rohprodukts und damit durch eine starke Verkleinerung der Oberfläche eine Verringerung der Sublimationsgeschwindigkeit zu vermeiden, arbeitet man bei der Sublimation etwa 5–10 °C unterhalb des vorher festgestellten Schmelzpunktes des Rohproduktes. Um ein Zusammenbacken des Rohprodukts zu verhindern, kann man es z.B. auch mit etwas Seesand vermischen.

Die durch Sublimation erhaltenen, kristallinen Produkte, die **Sublimate**, sind in der Regel sehr rein. Die Methode eignet sich – bei geeigneter Wahl der Sublimationsapparaturen – für Mengen im 100 g-Maßstab ebenso wie für Mengen im Bereich einiger mg. Die Sublimation sehr kleiner Mengen ist meist sehr viel weniger verlustreich als deren Umkristallisation.

Vorproben

Einfache Vorproben geben Auskunft, ob eine Substanz sublimierbar ist:

- Ist bei der Schmelzpunktbestimmung einer Substanz im Schmelzpunktröhrchen eine Sublimation zu beobachten (in der kalten Zone des Schmelzpunktröhrchens scheidet sich Sublimat ab), kann die Substanz bei Normaldruck, ganz sicher aber bei Unterdruck sublimiert werden.
- Eine mögliche Vorprobe für die Sublimationsfähigkeit einer Verbindung ist auch deren Beobachtung im *Kofler*-Heizmikroskop in einem hohl geschliffenen Objektträger (siehe auch Kapitel 3.1.3).
- Eine Spatelspitze Substanz wird in ein Mikroreagenzglas gegeben, das mit einem Vakuumschlauch an eine Wasserstrahl- oder Membranpumpe angeschlossen wird (Druck ca. 16 hPa). Das Reagenzglas wird nun vorsichtig (z.B. über der Sparflamme eines Bunsenbrenners oder im Ölbad) erhitzt. Scheidet sich in der kalten Zone ein Sublimat ab, lässt sich die Substanz bei Unterdruck sublimieren. Unter Umständen muss man diesen Test bei 0.1 hPa wiederholen.

Mit dem Sublimat der Vorprobe führt man anschließend eine Reinheitskontrolle durch: Schmelzpunktbestimmung im abgeschmolzenen Röhrchen, evtl. auch dünnschichtchromatographische oder IR-spektroskopische Kontrolle.

8.3 Apparaturen zur Sublimation

Die einfachste Sublimationsapparatur, die man bei Atmosphärendruck ebenso wie unter verminderten Drucken verwenden kann, besteht aus einem ‚**Kühlfinger**' mit eingeschmolzener Wasserzuleitung, der mit einem durchbohrtem Gummistopfen in das Sublimationsgefäß gesteckt wird (Abb. 8.2a). Apparaturen dieses Typs lassen sich sowohl für größere Mengen Sublimationsgut (1–10 g, äußerer $\varnothing$ ~10–15 cm) wie für mg-Mengen (äußerer $\varnothing$ ~1–2 cm) einsetzen. Der Abstand zwischen Kühlfinger und Sublimationsgut lässt sich durch einfaches vertikales Verschieben des Kühlfingers im Gummiring variieren.

Wenn bei vermindertem Druck sublimiert wird, ist es vorteilhaft, eine Sublimationsapparatur mit Schliffverbindungen zu verwenden (Abb. 8.2b). Dadurch wird vermieden, dass der Kühlfinger unter dem angelegten Vakuum in die Apparatur ‚hineingezogen' wird und unter Umständen das Sublimationsgefäß durchstößt. Das Sublimationsgefäß besitzt in der Regel einen Kernschliff. Dadurch wird verhindert, dass beim Zerlegen der Apparatur das Sublimat mit dem Schlifffett in Berührung kommt.

Wird die Sublimation bei niedrigen Temperaturen (< 40–50 °C Badtemperatur) durchgeführt, kann das Sublimat mit normaler Wasserkühlung nicht mehr vollständig abgeschieden werden.

8. Sublimation

In diesem Fall verwendet man Kühlfinger, die sich über die obere Öffnung mit Eis oder Trockeneis füllen lassen (Abb. 8.2b, (10)).

Bei größeren Substanzmengen hat sich besonders die Sublimationsapparatur nach **Rettberg** (Abb. 8.2c) bewährt. Hier ist der Kühlfinger als ein sich nach oben verjüngender Kegel ausgebildet, der Vakuumanschluss befindet sich an der Kegelspitze. Durch diese Bauform lässt sich das Sublimat leicht isolieren.

Abb. 8.2: Verschiedene Sublimationsapparaturen.

a) Einfache Sublimationsapparatur

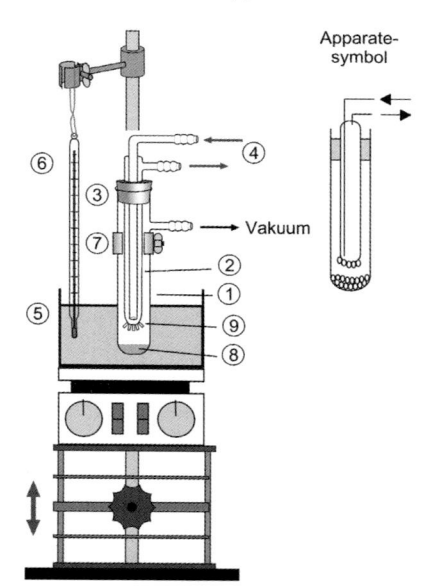

1 Sublimationsgefäß
2 Kühlfinger
3 Gummidichtung (durchbohrter Gummistopfen)
4 Wasseranschlüsse
5 Heizbad
6 Thermometer
7 Stativklammer
8 Substanz
9 Sublimat
10 Kühlfinger für Trockeneiskühlung

b) Sublimationsapparatur mit Schliffen und verschiedenen Kühlfingern

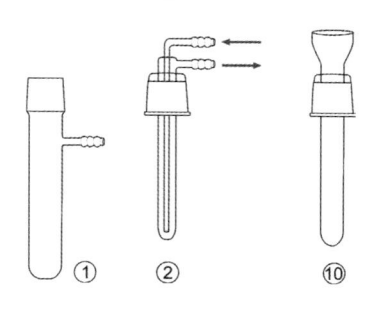

c) Sublimationsapparatur nach *Rettberg*

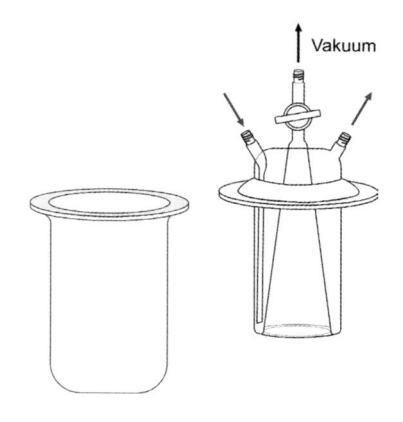

Durchführung einer Sublimation mit der Sublimationsapparatur Abb. 8.2a

Das Sublimationsgefäß (1) mit der Substanz wird – bei Normaldruck oder im Vakuum – im Ölbad auf die geeignete Temperatur aufgeheizt, die zu reinigende Substanz (8) sublimiert hierbei an den Kühlfinger (2) (Sublimat (9)). Der Abstand zwischen Substanzoberfläche und Kühlfinger muss bei sehr kleiner Sublimationsgeschwindigkeit klein gewählt werden (~1 cm), normalerweise ist der Kühlfinger 2–3 cm oberhalb der Substanzoberfläche. Um zu verhindern, dass sich das Sublimat an der kalten Glaswand des Sublimationsgefäßes abscheidet, muss die Apparatur möglichst tief in das Heizbad eingetaucht werden.

Die Substanzfüllhöhe sollte nicht mehr als etwa 1 cm betragen. Um zu vermeiden, dass Verunreinigungen an den Kühlfinger gelangen, deckt man das Sublimationsgut vorteilhaft mit einer dünnen Schicht (2–3 mm) Glaswolle ab.

Nach beendeter Sublimation muss der Kühlfinger (beim Arbeiten im Vakuum nach Belüften) **sehr vorsichtig** herausgenommen werden, sonst kann Sublimat vom Kühlfinger in den Sublimationsrückstand zurückfallen. Wenn möglich, führt man diese Operation in horizontaler Anordnung der Apparatur durch. Unter Umständen muss das Produkt in mehreren kleinen Portionen sublimiert und das Sublimat jeweils sofort vom Kühlfinger abgeschabt oder abgeklopft werden.

Sublimation in horizontal angeordneten Apparaturen

Die einfache Sublimationsapparatur von Abbildung 8.2 lässt sich im Prinzip auch horizontal einsetzen (Abb. 8.3a). Als Heizquelle benutzt man einen Rohrofen, den Ofen einer ‚Trockenpistole' oder einer Kugelrohrdestille. Mit dieser Anordnung lässt sich die Substanzoberfläche erheblich vergrößern und damit die Sublimationsgeschwindigkeit erhöhen. Komplette Sublimationsapparaturen mit horizontaler Anordnung sind auch im Handel erhältlich.

Um mechanische Verunreinigungen zuverlässig abzutrennen, ist es möglich, die Substanz durch eine Fritte zu sublimieren (Abb. 8.3b). Die Glasfritte muss innerhalb der Heizzone liegen und sollte möglichst grob sein (Porosität 00). Bei dieser Anordnung können nur hochschmelzende, thermisch stabile Verbindungen (z.B. Alizarin) sublimiert werden, da eine Wasserkühlung nicht möglich ist.

Abb. 8.3: Sublimation mit horizontaler Anordnung.

a) mit horizontalem Kühlfinger

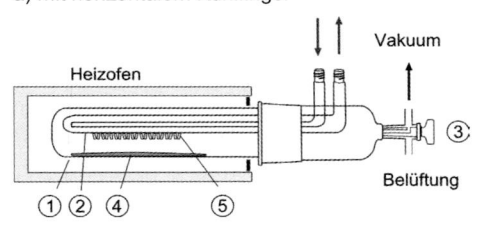

1 Sublimationsgefäß
2 Kühlfinger
3 Zweiwegehahn
4 Substanz
5 Sublimat
6 Glasfritte (Porosität 00)

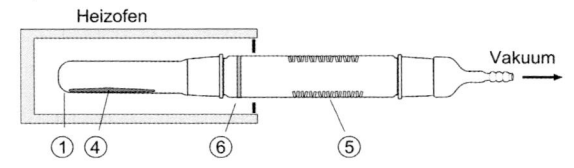

b) mit Glasfritte

8.4 Gefriertrocknung

Unter **Gefriertrocknung (Lyophilisierung)** versteht man im engeren Sinne die Entfernung von Wasser aus wässrigen Substanzlösungen durch Sublimation.

Das Zustandsdiagramm von Wasser zeigt, dass Eis bei 0.0 °C einen Dampfdruck von 8.10 hPa besitzt. Bei Drucken unterhalb 6 hPa lässt sich Wasser absublimieren. In der Praxis verwendet man einen Druck von < 0.1 hPa und Drehschieberpumpen. Um einen ausreichenden Dampftransport zu gewährleisten, müssen weitlumige Geräte verwendet werden.

Die wässrige Lösung, die gefriergetrocknet werden soll, wird zunächst in einer Kältemischung bis zur vollständigen Eisbildung abgekühlt. Im Feinvakuum wird nun aus der erstarrten Substanzlösung (nach Wegnahme der Kältemischung) das Eis in die vorgelegte Kühlfalle absublimiert. Durch die hohe Sublimationswärme des Wassers schmilzt das Eis auch ohne weitere Kühlung während der Sublimation nicht mehr, d.h., das Einengen wässriger Lösungen zur Trockene nach dieser schonenden Methode erfolgt bei T < 0 °C.

Auf die gleiche Weise können auch einige organische Lösungsmittel, z.B. Benzol, absublimiert werden, man spricht auch hier von Gefriertrocknung. Voraussetzung hierfür ist eine hohe Sublimationswärme.

Die Gefriertrocknung hat den Vorteil, dass insbesondere bei thermolabilen Produkten die thermische Belastung während des Abdestillierens der Solventien entfällt. Die Gefriertrocknung wird insbesondere auch zur Isolierung biologischer Materialien, z.B. von Enzymen,

Zellbestandteilen oder ganzen Zellen (z.B. Hefezellen), aus ihren wässrigen Lösungen und Suspensionen herangezogen. Im Handel sind zahlreiche Apparaturen zur Gefriertrocknung im Mikro- wie im Makromaßstab erhältlich.

Abbildung 8.4 zeigt eine einfache Apparatur zur Gefriertrocknung. Da recht große Mengen Wasser über die Gasphase in die Kühlfalle sublimiert werden, sollten möglichst weitlumige Vakuumverbindungen verwendet werden, die Kühlfalle muss ausreichend groß dimensioniert sein und gut gekühlt werden. Man achte auf die Schaltung der Kühlfalle, die verhindert, dass das Einleitungsrohr durch das Eis verstopft wird.

Abb. 8.4: Einfache Apparatur zur Gefriertrocknung.

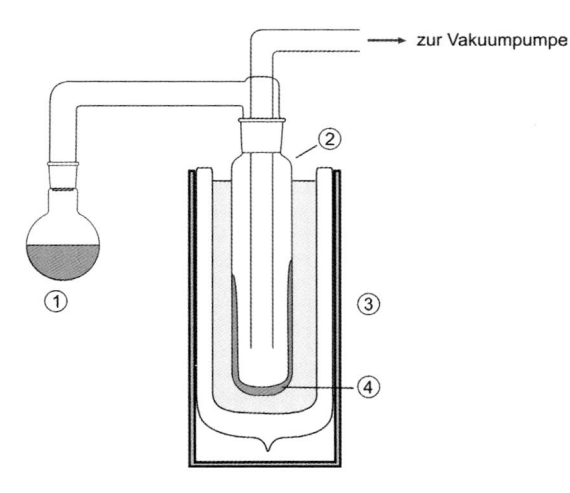

1 Kolben mit der zu Eis gefrorenen wässrigen Lösung
2 Kühlfalle
3 *Dewar*-Gefäß mit Kühlflüssigkeit
4 resublimiertes Eis

Kapitel 9

Extraktion

9.1 Physikalische Grundlagen

9.2 Flüssig/flüssig-Extraktion

9.3 Fest/flüssig-Extraktion

Die unterschiedlichen Löslichkeiten von Flüssigkeiten und Feststoffen in verschiedenen Lösungsmitteln bieten eine gute Möglichkeit zur Isolierung von reinen Produkten, zur Trennung von Stoffgemischen und zur Abtrennung von Verunreinigungen. Für die Aufarbeitung von Reaktionsgemischen ist diese Methode unverzichtbar.

Die wichtigsten Verfahren sind:

- Das Verteilen einer gelösten Substanz zwischen zwei nicht mischbaren Lösungsmitteln durch Ausschütteln oder kontinuierliche **Extraktion (Perforation)**.
- Die **Extraktion fester Stoffe** mit kalten oder heißen Lösungsmitteln. Diese Methode steht häufig am Anfang der Isolierung von Naturstoffen aus pflanzlichem oder tierischem Material. Schwerlösliche Verbindungen können auf diese Weise auch umkristallisiert werden (siehe Abschnitt 9.3).

9.1 Physikalische Grundlagen

Gibt man zur Lösung einer Verbindung (A) in einem Solvens (1) ein zweites, mit (1) nicht mischbares Solvens (2), so verteilt sich – nach Einstellung des Gleichgewichts – die Verbindung A zwischen den beiden Solventien entsprechend dem Verhältnis der Löslichkeiten von A in diesen beiden Solventien. Die Gleichgewichtslage wird durch den ***Nernst*'schen Verteilungssatz** beschrieben:

$$\frac{[A]_{Solv.2}}{[A]_{Solv.1}} = \frac{c_2}{c_1} = k$$

c: Gleichgewichtskonzentration der Substanz A in den Solventien 1 bzw. 2 [mol/l]

k: Verteilungskoeffizient (temperaturabhängig!)

Im Gleichgewicht ist also das Verhältnis der Konzentrationen c_2/c_1 der gelösten Verbindung A in den Solventien 1 und 2 konstant und damit unabhängig von der Gesamtmenge an Substanz A. Eine Substanz lässt sich umso vollständiger aus dem Solvens 1 in das Solvens 2 überführen, je kleiner seine Löslichkeit in 1 und je größer sie im Solvens 2 ist.

Beispiel: Aus der Lösung einer Verbindung A in einem Solvens 1 soll A mit der gleichen Menge eines Solvens 2 extrahiert werden. Welche Ergebnisse werden in Abhängigkeit von k erzielt (Tab. 9.1)?

Tabelle 9.1: Verteilung von A in den Solventien 1 und 2 nach einmaliger Extraktion.

K	Solvens 1	Solvens 2
∞	0%	100%
1000	0.09%	99.91%
100	0.99%	99.01%
10	9.09%	90.91%
1	50.0%	50.0%
0.1	90.9%	9.1%

Hieraus ergibt sich:

- bei $k > 100$ genügt eine einmalige Extraktion.
- bei $10 < k < 100$ ist die Trennung durch eine einmalige Extraktion unzureichend, es muss mehrmals hintereinander extrahiert werden.
- bei $k < 10$ ist die Trennung mit einer einfachen Extraktion nicht möglich. Hier muss kontinuierlich extrahiert werden (siehe unten!).

Der einfache *Nernst*'sche Verteilungssatz gilt nur, wenn sich die beiden Medien (hier Solventien 1 und 2) nicht miteinander mischen und keine Assoziations- oder Dissoziationsvorgänge berücksichtigt werden müssen.

Mehrfachextraktion

Sollen Substanzen mit kleinen Verteilungskoeffizienten zwischen zwei Solventien extrahiert werden, ist eine einmalige Extraktion unzureichend. Auch die Verwendung von viel Lösungsmittel liefert kein befriedigendes Ergebnis. Ein Beispiel soll das illustrieren:

10 g einer Substanz A in 100 ml Wasser sollen mit Cyclohexan extrahiert werden, der Verteilungskoeffizient ist $k = 10$.

Nach einer einmaligen Extraktion mit 100 ml Cyclohexan befinden sich 90.91%, also 9.09 g von A in der organischen, 0.91 g in der wässrigen Phase. Wird die wässrige Phase nochmals mit 100 ml Cyclohexan extrahiert, erhält man in der zweiten organischen Phase 0.82 g von A, die wässrige Phase enthält nur noch 0.09 g A.

Insgesamt sind in den 200 ml Cyclohexan 9.91 g von A enthalten, das sind mehr als 99%. Soll das gleiche Resultat mit einer einmaligen Extraktion erreicht werden, wären etwa 1400 ml Cyclohexan nötig!

Das Beispiel macht deutlich, dass eine **mehrmalige Extraktion mit kleinen Solvensvolumina eine sehr viel bessere Trennung bewirkt als die einmalige Extraktion mit großen Volumina.**

9.2 Flüssig/flüssig-Extraktion

Die häufigste Extraktion in der präparativen organischen Chemie ist die Extraktion einer flüssigen Substanz in einem Solvens mit einem zweiten, nicht mischbaren Lösungsmittel. In der Praxis ist eine der beiden Phasen Wasser, die andere ein organisches Solvens. In den meisten Fällen soll eine organische Substanz aus der Wasserphase extrahiert werden. Da es sich bei der Extraktion um eine Verteilung zwischen zwei nicht mischbaren Phasen handelt, erfolgen der Austausch und die Gleichgewichtseinstellung über die Phasengrenze. Eine große Phasengrenze beschleunigt also die Gleichgewichtseinstellung.

Extraktion mit dem Scheidetrichter (Ausschütteln)

Das einfachste Gerät zur Extraktion von Lösungen ist der Scheidetrichter (Abb. 9.1) mit einer Schlifföffnung (NS 14.5 oder NS 29) und einem Schliffablasshahn. Der Scheidetrichter wird in einen an einem Stativ befestigten Eisenring eingehängt. Anschließend gießt man die zu extrahierende Lösung und das organische Solvens zur Extraktion in den Scheidetrichter. Man achte darauf, dass spezifisch leichtere Solventien die obere, spezifisch schwerere Solventien die untere Phase bilden (Abb. 9.1a). Zur Extraktion wird der Scheidetrichter mit einem Schliffstopfen verschlossen und einige Minuten nach ‚Barmixerart' geschüttelt (‚**Ausschütteln**') (Abb. 9.1b).

Auf diese Weise wird eine gute Durchmischung der Phasen und somit eine große, sich ständig erneuernde Phasengrenze geschaffen. Man wartet die Trennung der Phasen ab und trennt sie durch Ablassen der spezifisch schwereren Phase durch den Ablasshahn. Der konisch zulaufende Scheidetrichter lässt eine gute Trennung der beiden Phasen zu. Wenn erforderlich, wird das Ausschütteln wiederholt.

Abb. 9.1a: Scheidetrichter.   Abb. 9.1b: Ausschütteln mit dem Scheidetrichter.

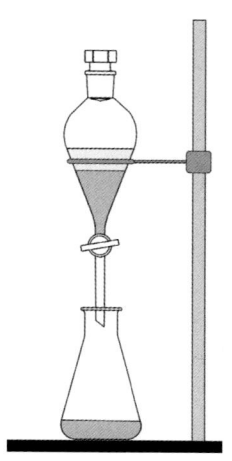

Wichtige Hinweise für die Durchführung der Extraktion:

- Der Auslaufhahn des Scheidetrichters muss gut gefettet sein, die Bohrung des Hahnkükens darf aber nicht verstopft werden. Unzureichend gefettete Hähne „fressen sich fest", die Phasen können nicht sauber getrennt werden.
- Der Scheidetrichter sollte maximal zu etwa ¾ gefüllt sein. Ist er zu voll, kann keine wirksame Durchmischung beim Schütteln erfolgen.
- Noch bevor man zu schütteln beginnt, wird durch vorsichtiges Öffnen des Hahns eventueller Überdruck aus dem Scheidetrichter abgelassen (**Belüftung**). Nach kurzem, vorsichtigem Umschütteln wird wieder belüftet und die Prozedur solange wiederholt, bis sich kein merklicher Überdruck mehr bildet. Achtung! Beim Ausschütteln wässriger Lösungen mit leichtflüchtigen Lösungsmitteln (z.B. Diethylether) oder von organischen Lösungen mit $NaHCO_3$-Lösung (Entfernung von Säuren!) kann sich ein erheblicher Druck aufbauen. Warme Lösungen entwickeln ebenfalls starken Überdruck. Häufiges Belüften ist hier unbedingt erforderlich!
- Zur Extraktion wird jeweils einige Minuten geschüttelt, dazwischen immer wieder belüftet. Häufig bilden sich **Emulsionen**, die sich auch nach längerer Zeit nicht wieder auflösen. Wenn sich schon beim ersten vorsichtigen Schütteln zeigt, dass die Mischung zur Emulsionsbildung neigt, wird man das Verteilungsgleichgewicht nur durch vorsichtiges Kreisen und Schwenken des Scheidetrichters herstellen und zwischendurch immer wieder absitzen lassen (siehe unten).
- Für die **Dauer der Phasentrennung** wird der Scheidetrichter in den Stativring gehängt. Die Phasentrennung benötigt Zeit! Durch wiederholtes kreisförmiges Schwenken des Scheidetrichters kann die Phasentrennung beschleunigt werden.
- Nach erfolgter Phasentrennung wird der Stopfen des Scheidetrichters entfernt und durch vorsichtiges Öffnen des Hahns die spezifisch schwerere, untere, meist wässrige Phase in einen *Erlenmeyer*-Kolben abgelassen. Der *Erlenmeyer*-Kolben wird beschriftet, mit einem Uhrglas oder Stopfen verschlossen und beiseite gestellt.
- Die obere, spezifisch leichtere Phase – meistens ist das die organische Phase – wird ebenfalls in einen beschrifteten *Erlenmeyer*-Kolben abgelassen.
- Falls erforderlich, wird die Extraktion der Wasserphase wiederholt.

Mehrfache Extraktion (Zwei-Scheidetrichter-Technik)

Wie oben ausgeführt, ist die Extraktion viel wirksamer, wenn man statt einmal eine große Menge Lösungsmittel mehrmals kleine Mengen verwendet.

Wenn das Lösungsmittel die obere spezifisch leichtere Phase bildet, wird die wässrige Phase mit Resten der zu extrahierenden Substanz aus dem Scheidetrichter (1) in den Scheidetrichter (2) abgelassen und dort mit frischem Lösungsmittel extrahiert. Die organische Phase der ersten Extraktion wird in einem Enghals-*Erlenmeyer*-Kolben aufbewahrt, so dass der Scheidetrichter (1) wieder für die Aufnahme der wässrigen Phase zur Verfügung steht. Die organischen Extrakte vereinigt man (Abb. 9.2).

In der Regel enthält die organische Phase das Produkt. Sie wird zunächst mit einem geeigneten Trockenmittel (z.B. Natriumsulfat oder Calciumchlorid) getrocknet, nach dem Abfiltrieren des Trockenmittels wird das Solvens abdestilliert. Die saubere Abtrennung der Wasserphase im Scheidetrichter ist wichtig, um Trockenmittel zu sparen. Wassertropfen in der organischen Phase kann man durch Klopfen an die Glaswand des Scheidetrichters in die Wasserphase ‚runterschütteln'.

Abb. 9.2: Mehrfachextraktion mit der ‚Zwei-Scheidetrichter-Technik'.

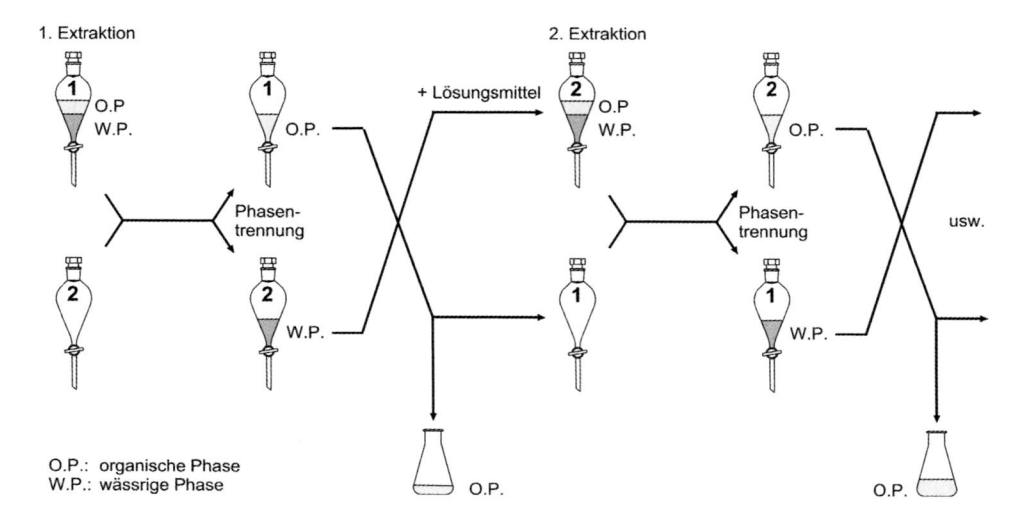

O.P.: organische Phase
W.P.: wässrige Phase

Ratschläge zum Ausschütteln

- Häufig ist nur schwer zu entscheiden, welche Phase die Wasser- und welche die organische Phase ist. Normalerweise bilden die gegenüber Wasser spezifisch leichteren Solventien (z.B. Ether, Toluol, Essigsäureethylester) die obere, spezifisch schwerere Solventien (z.B. CH_2Cl_2, $CHCl_3$, CCl_4) die untere Phase.
  Besonders bei stark salzhaltigen Lösungen kann es selbst beim Ausschütteln mit spezifisch schweren Solventien, z.B. Dichlormethan, zur Vertauschung der Phasen kommen. Zur Prüfung entnimmt man mit der Tropfpipette eine Probe und verdünnt diese im Mikroreagenzglas mit etwas Wasser oder Solvens.
- **Filmbildung an der Grenzfläche**: Dieses häufig beobachtete Phänomen erschwert die genaue Trennung der Phasen. Im Zweifelsfall trennt man die Phasen großzügig und schüttelt nochmals aus.

Zur Auflösung von **Emulsionen**, die eine Trennung der Phasen erschweren oder sogar verhindern, kann man folgende Tricks anwenden:

- Der Wasserphase wird etwas Salz zugesetzt (NaCl, Na_2SO_4). Dies ist beim Ausschütteln wässriger Phasen mit spezifisch leichteren Solventien grundsätzlich zu empfehlen. In Extremfällen muss die wässrige Phase mit Salz gesättigt werden.

- Die Dichtedifferenz der beiden Phasen wird vergrößert, z.B. durch Zusatz von Petrolether zu einer leichten oder Tetrachlorkohlenstoff zu einer spezifisch schwereren organischen Phase.
- Der Mischung werden einige Tropfen eines primären Alkohols (Methanol, Ethanol) oder eine Spur Silikonentschäumer zugesetzt.
- Zusatz einiger Tropfen $BaCl_2$-Lösung. Dies ist nur sinnvoll bei basischen Lösungen, die besonders leicht Emulsionen bilden.
- Warten! Nach Stehen lassen über Nacht (verschlossener Scheidetrichter) lösen sich viele Emulsionen von selbst auf!

Abschätzung des Verteilungskoeffizienten k, Auswahl des Solvens

Der präparativ arbeitende Chemiker ist in den meisten Fällen nicht an der Bestimmung des Verteilungskoeffizienten interessiert, sondern nur an einem ungefähren Wert für k, um über das Verteilungsgleichgewicht (z.B. im System Wasser/organisches Solvens) Substanzen abtrennen oder reinigen zu können. Die Tabelle 9.2 vermittelt einige Anhaltspunkte.

Tabelle 9.2: Geschätzte Verteilungskoeffizienten k für organische Verbindungen im System unpolares, organisches Solvens (c_1) / Wasser (c_2).

Verbindungen	$k = c_1/c_2$
Kohlenwasserstoffe	> 100
Kohlenwasserstoffe mit Sauerstoff- und/oder stickstoffhaltigen funktionellen Gruppen:	
mit 5 C-Atomen pro funktioneller Gruppe	ca. 10
mit 2 C-Atomen pro funktioneller Gruppe	ca. 1
mit 1 C-Atom pro funktioneller Gruppe	ca. 0.1
Salze organischer Säuren	< 0.1
Salze von Aminen und quartäre Ammoniumsalze	< 0.1
Anorganische Salze (z.B. NaCl, K_2CO_3, Na_2SO_4)	< 0.1

Geht man von dem häufigsten Fall aus, dass eine Substanz aus wässriger Lösung ausgeschüttelt werden soll, wird die Wahl des organischen Solvens von folgenden Faktoren bestimmt:

- Das Solvens muss gegenüber der Verbindung inert sein (man wird z.B. nicht n-Butylamin mit Essigsäureethylester ausschütteln: Mögliche Amidbildung!).
- Die Löslichkeit der Substanz im Solvens soll möglichst groß sein (hoher k-Wert), um sie dem Wasser voll entziehen zu können.
- Das Solvens soll nach Möglichkeit etwa 100 °C tiefer sieden als die Substanz, damit beim späteren Abdestillieren des Solvens keine Trennprobleme auftreten, hier liegen die großen Vorteile von Diethylether (Sdp. 35 °C), *tert*-Butylmethylether (Sdp. 54 °C), Dichlormethan (Sdp. 41 °C) und Petrolether (Sdp. 40–60 °C).
- Bei hoher Wasserlöslichkeit der zu extrahierenden Verbindungen (z.B. durch die Ausbildung von Wasserstoffbrücken) wird man das organische Solvens polarer wählen, z.B. Essigsäureethylester (Sdp. 77 °C) oder Isobutanol (Sdp. 61 °C).

- Wird zur Extraktion ein mit Wasser mischbarer Alkohol verwendet – z.B. *n*-Propanol (Sdp. 97 °C) – muss die Phasentrennung durch Sättigen der wässrigen Phase mit Salzen, z.B. NaCl, Na_2SO_4 oder Na_2CO_3, erzwungen werden. Dieses ‚**Aussalzen**' empfiehlt sich grundsätzlich bei sehr leicht wasserlöslichen Substanzen.

Wenn mehrfach ausgeschüttelt werden muss, könnte man die Dichte des zur Extraktion verwendeten Solvens so wählen, dass es spezifisch schwerer ist und nach der Phasentrennung einfach ‚abgelassen' werden kann. Dadurch werden Ausbeuteverluste durch Umfüllen vermieden. Wird zum Beispiel eine wässrige Lösung ausgeschüttelt, ist Dichlormethan oder Chloroform als spezifisch schwereres Solvens vorteilhaft. Soll hingegen eine organische Lösung mit Wasser ausgeschüttelt werden, sollte die organische Phase nach Möglichkeit die spezifisch leichtere sein (Ether, Essigsäureethylester, aromatische und aliphatische Kohlenwasserstoffe).

Der Verwendung chlorierter organischer Lösungsmittel stehen allerdings ihre hohe (Öko-)Toxizität und die hohen Kosten ihrer Entsorgung entgegen.

Kontinuierliche Extraktion (Perforation)

Bei Verteilungskoeffizienten $k < 10$ ist zur quantitativen Isolierung der Substanz vielfaches Ausschütteln erforderlich. Dieses Verfahren ist sehr zeitaufwendig und es wird viel Solvens benötigt. Eleganter ist der Einsatz von kontinuierlichen Flüssigextraktionsgeräten (**Perforatoren**).

Für spezifisch leichtere Lösungsmittel kann der in Abbildung 9.3 gezeigte **Extraktor** eingesetzt werden. Da die Kolbengröße (2) variabel ist, eignet sich diese Apparatur auch für die Extraktion von großen Mengen.

Abb. 9.3: Einfacher Flüssigextraktor.

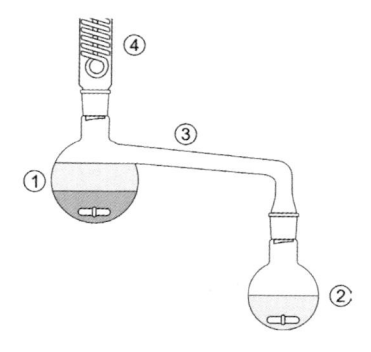

Das **Extraktionsgut** wird in den Extraktionskolben (1) gefüllt und mit soviel Extraktionsmittel überschichtet, dass es gerade im Ansatz des Steigrohrs (3) überläuft. Der Kolben (2) wird etwa zur Hälfte mit Extraktionsmittel gefüllt und zum Sieden erhitzt. Der Lösungsmitteldampf steigt über das Steigrohr (3) in den Kühler (4), wo er kondensiert und in den Extraktionskolben tropft. Durch Rühren wird die Grenzfläche laufend erneuert, das Produkt wird kontinuierlich extrahiert. Die gesättigte, leichtere organische Phase läuft ständig über das Steigrohr zurück in den Kolben (2) und die extrahierte Substanz reichert sich in (2) an.

Der **Flüssigextraktor nach *Kutscher-Steudel*** (Abb. 9.4) arbeitet nach dem gleichen Prinzip: Hier wird das im Kühler (5) kondensierte Solvens über einen Trichter (3) gesammelt und durch ein Rohr nach unten geleitet, wo es durch eine grobe Glasfilterfritte durch das wässrige Extraktionsgut (4) nach oben perlt. Hierdurch ergibt sich eine große Phasenoberfläche, gleichzeitig wird das Extraktionsgut durchmischt. Über das Steigrohr (2) gelangt das gesättigte Extraktionsmittel wieder in den Kolben (1), wo es am Sieden gehalten wird. Ein Ablasshahn erlaubt die bequeme Entnahme der schwereren Phase nach der Extraktion.

Abb. 9.4: Flüssigextraktor nach ***Kutscher-Steudel***.

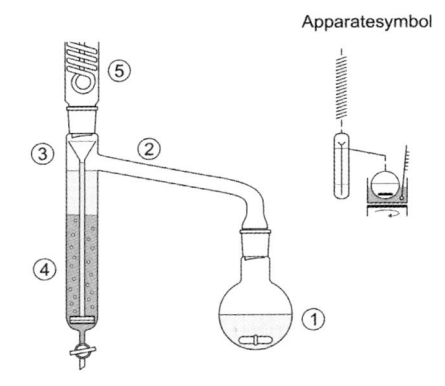

1 Kolben mit Lösungsmittel zur Extraktion
2 Steigrohr
3 Fallrohr mit Trichter und Glasfrittenboden
4 Extraktionsgut
5 Rückflusskühler

9.3 Fest/flüssig-Extraktion

Die fest/flüssig-Extraktion wird seltener eingesetzt. Im einfachsten Fall wird der zu extrahierende Feststoff mit einem geeigneten Lösungsmittel versetzt und bis zur Sättigung des Lösungsmittels gerührt (**digeriert**). Danach dekantiert man die klare Lösung vom Feststoff ab und wiederholt den Vorgang nötigenfalls.

Wichtiger sind **kontinuierliche Verfahren zur Feststoffextraktion**.

Heißdampfextraktion

Im Heißdampfextraktor (Abb. 9.5a) wird das Extraktionsgut in eine **Extraktionshülse** (3) aus Papier oder Glasfasern eingebracht, mit etwas Glaswolle abgedeckt und in das unten und oben offene Extraktionsrohr (2) gestellt. Die obere Schliffhülse muss weit sein (NS 45), um die Extraktionshülse einstellen zu können. Im Kolben (1) wird das Lösungsmittel zum Sieden erhitzt. Der heiße Dampf streicht durch das Extraktionsrohr und wird im Kühler kondensiert. Dabei wird die Extraktionshülse vom heißen Dampf umspült und aufgeheizt. Das Kondensat tropft vom Rückflusskühler (4) direkt in die Hülse mit dem Extraktionsgut. Das Lösungsmittel mit dem extrahierten Produkt fließt durch die Hülse in den Kolben (1) zurück.

Die Heißdampfextraktion ist auch zur extrahierenden Umkristallisation von schwer löslichen Produkten einsetzbar. Hier wird das Rohprodukt in die Extraktionshülse eingebracht und extrahiert. Sobald das Löslichkeitsprodukt im Kolben (1) überschritten ist, beginnt die gereinigte Substanz auszukristallisieren. Durch diese Technik kann auch bei schwerlöslichen Verbindungen mit wenig Lösungsmittel gearbeitet werden.

Abb. 9.5: Fest/flüssig-Extraktionsapparaturen.

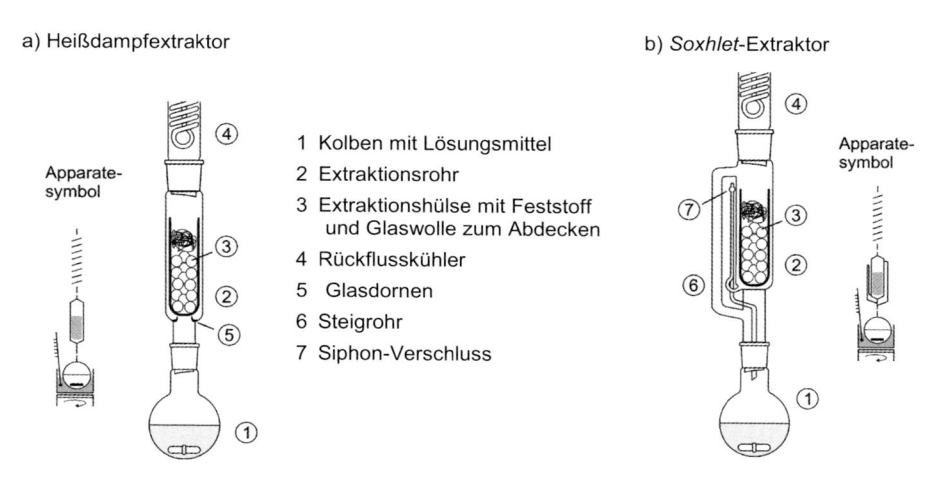

a) Heißdampfextraktor
b) *Soxhlet*-Extraktor

1 Kolben mit Lösungsmittel
2 Extraktionsrohr
3 Extraktionshülse mit Feststoff und Glaswolle zum Abdecken
4 Rückflusskühler
5 Glasdornen
6 Steigrohr
7 Siphon-Verschluss

Kaltextraktion im *Soxhlet*-Extraktor

Im *Soxhlet*-Extraktor (Abb. 9.5b) wird der heiße Lösungsmitteldampf vom Kolben (1) über ein seitliches Steigrohr (2) in den Kühler (4) geleitet. Das Kondensat tropft auch hier in eine Hülse (3) mit dem Extraktionsgut. Das Extraktionsrohr ist unten geschlossen, das Lösungsmittel kann nicht abfließen, sondern füllt das Extraktionsgefäß. Wenn es das Niveau des **Siphon-Verschlusses** (7) erreicht hat, fließt das gesättigte Lösungsmittel vollständig in den Kolben (1) zurück. Im Gegensatz zum Heißdampfextraktor wird das Extraktionsgut nicht durch den Lösungsmitteldampf geheizt, es kommt nur mit dem kondensierten, kalten Solvens in Kontakt. Die *Soxhlet*-Extraktion ist deshalb wegen der geringeren thermischen Belastung für das Extraktionsgut sehr schonend, die extrahierte Substanz befindet sich aber auch hier in dem siedenden Lösungsmittel.

Beim Arbeiten mit dem *Soxhlet*-Extraktor muss unbedingt darauf geachtet werden, dass genug Lösungsmittel verwendet wird: Auch bei gefülltem Extraktionsgefäß muss der Kolben (1) noch mindestens zu ¼ gefüllt sein.

Verwendung findet diese Extraktionsart vor allem bei der Naturstoffisolierung.

Kapitel 10

Chromatographie

10.1 Physikalische Grundlagen der Flüssigkeitschromatographie

10.2 Dünnschichtchromatographie (DC)

10.3 Säulenchromatographie (SC, HPLC)

10.4 Gaschromatographie (GC)

   Literaturverzeichnis

10. Chromatographie

Chromatographische Methoden werden heute universell eingesetzt, insbesondere dort, wo die klassischen Trennverfahren wie Destillation oder Umkristallisation versagen. Vor allem aus der Analytik sind die chromatographischen Verfahren wegen ihrer hohen Trennleistung und ihrer hohen Empfindlichkeit nicht mehr wegzudenken. Ohne chromatographische Methoden sind die Analyse und die Isolierung von Naturstoffen nicht möglich. Die Chromatographie nutzt geringe Unterschiede zwischen ähnlichen Stoffen zur Trennung. In der Analytik benötigt sie extrem wenig Substanz und sie ist im Normalfall leicht durchführbar.

Alle chromatographischen Methoden beruhen auf der unterschiedlichen Verteilung von chemischen Substanzen in der **stationären** und **mobilen Phase** eines chromatographischen Systems.

Bei der Chromatographie wird das Substanzgemisch von einer **mobilen** (strömenden) Gas- oder Solvensphase (Fließmittel) an einer **stationären** Phase vorbeigeführt. Dabei findet laufend ein Stoffaustausch der zu trennenden Substanzen zwischen stationärer und mobiler Phase statt (multiplikative Verteilung). In Abhängigkeit von ihrem Verteilungsverhältnis (Verteilungskoeffizienten) wandern die Komponenten der Mischung mit unterschiedlicher Geschwindigkeit in Strömungsrichtung der mobilen Phase und trennen sich damit auf.

Das Trennprinzip an der stationären Phase kann auf folgende **Retentionsmechanismen** zurückgeführt werden:

- **Adsorption:** Die Komponenten gehen eine direkte Wechselwirkung mit der Oberfläche der festen Phase ein. Die Stärke der Adsorption hängt von den spezifischen Wechselwirkungen Adsorbens/Substrat ab (***Langmuir*'sche Adsorptionsisotherme**) und wird bestimmt durch die Konkurrenz Adsorption des Substrats/Adsorption des Laufmittels.
- **Verteilung:** Die Trennung beruht auf unterschiedlichen Löslichkeiten der Komponenten in der stationären Phase. Es gilt der ***Nernst*'sche Verteilungssatz**. Bei der Flüssigkeitschromatographie kann beim Konditionieren ein Teil der mobilen Phase in die Poren der Säulenfüllung eindringen und dort durch Adsorption ‚festgehalten' werden. Dadurch wird eine stationäre Phase gebildet. Die Trennwirkung bei der Chromatographie beruht in diesem Fall auf der Verteilung der Komponenten zwischen der ‚freien' und der in den Poren zurückgehaltenen Flüssigkeit.
- **Größenausschluss:** Die mobile Phase ist porös mit definierten Porengrößen. Große Moleküle können weniger gut oder gar nicht in die Poren eindringen und werden deshalb weniger stark zurückgehalten.

Meist wirken sowohl Adsorption und Verteilung, jedoch mit unterschiedlicher Stärke. Die in diesem Abschnitt zunächst behandelte Dünnschicht- und Säulenchromatographie (Kap. 10.2 und 10.3) arbeitet überwiegend nach dem Adsorptionsprinzip.

Je nachdem, welchen Aggregatzustand die Phasen besitzen, unterscheidet man folgende Methoden:

- **Papierchromatographie**
- **Dünnschichtchromatographie**
- **Säulenchromatographie**
- **Gaschromatographie**

mobile Phase	stationäre Phase	
	flüssig	fest
flüssig	flüssig/flüssig-Chromatographie (Verteilungschromatographie)	flüssig/fest-Chromatographie (Adsorptions-, Austauschchromatographie)
gasförmig	Gas/flüssig-Chromatographie (Gaschromatographie)	Gas/fest-Chromatographie

10.1 Physikalische Grundlagen der Flüssigkeitschromatographie

Als stationäre Phasen werden in der Regel Feststoffe mit großer innerer Oberfläche (z.B. *Kieselgel 60* mit Porenweite 60 Å) eingesetzt. Entscheidend für das Trennprinzip (Adsorption oder Verteilung) ist die Adsorptionsfähigkeit. Typische Adsorbentien (geordnet nach steigender Adsorptionsaktivität) sind z.B.:

Cellulose, Stärke < Kieselgur (= Celite) < Calciumcarbonat
< Kieselgel < Aluminiumoxid < Aktivkohle

Insbesondere Kieselgel und Aluminiumoxid werden in der Chromatographie universell eingesetzt. Beide oxidischen Adsorbentien sind sehr polar, ihre Aktivität wird entscheidend durch den Wassergehalt bestimmt; die Wassermoleküle besetzen die hydroxidischen Adsorptionsstellen.

Nach *Brockmann* werden bei Kieselgel und Aluminiumoxid **5 Aktivitätsstufen** unterschieden (Tab. 10.1). Ausgehend von der Aktivitätsstufe I kann die Aktivität durch Wasserzugabe eingestellt werden.

Tabelle 10.1: Aktivitätsstufen von Kieselgel und Aluminiumoxid nach *Brockmann*.

Aktivitätsstufe	Aluminiumoxid	Kieselgel
	Wasserzusatz [%]	
I	0	0
II	3	10
III	6	12
IV	10	15
V	15	20

Aluminiumoxid der Aktivitätsstufe I ist handelsüblich, die Aktivitätsstufen II–V werden hergestellt, indem man Al$_2$O$_3$ in einem ausreichend großen und verschließbaren Gefäß mit der berechneten Menge an Wasser versetzt, kräftig durchmischt und über Nacht stehen lässt. **Achtung:** Aluminiumoxid kann bei der Zugabe von Wasser sehr heiß werden, Adsorptionswärme!

Zusätzlich ist neutrales, saures und basisches Al$_2$O$_3$ im Handel (ungefähre pH-Werte der wässrigen Suspensionen: 7, 4 bzw. 9.5). Der genaue pH-Wert ist abhängig von der Herstellung.

- Basisches (kationotropes) Aluminiumoxid besitzt Al–O$^-$-Gruppen, die zusätzlich Kationenaustauschfunktionen übernehmen.
- Saures (anionotropes) Aluminiumoxid besitzt die Fähigkeit zum Anionenaustausch.

Organische Säuren werden also an basischem Al$_2$O$_3$ stärker adsorbiert als an saurem Al$_2$O$_3$, bei Aminen sind die Verhältnisse umgekehrt.

Kieselgel ist das am häufigsten verwendete Adsorptionsmittel. Die Si–OH-Gruppen im Kieselgel liegen entweder frei vor oder sind über Wasserstoffbrücken verbunden. Die Aktivität des käuflichen Kieselgels kann durch Erhitzen auf 150 °C gesteigert werden, dabei wird das physikalisch gebundene Wasser abgegeben und die Si–OH-Gruppen werden freigelegt. Bei 150 °C im Vakuum behandeltes („ausgeheiztes") Kieselgel besitzt die höchste Oberflächenaktivität.
Vorsicht! Wird Kieselgel auf über 200 °C erhitzt, entstehen unter Wasserabspaltung Siloxangruppen, die Selektivität für die Adsorption polarer Stoffe geht verloren:

$$2\ R_3Si–OH \rightarrow R_3Si–O–SiR_3 + H_2O$$

Kieselgel der Aktivitätsstufen II–V wird – wie bei Aluminiumoxid beschrieben – durch Wasserzusatz eingestellt (Tab. 10.1).

Allgemein gilt: Bei hoher Aktivität des Adsorbens wird das Trennprinzip auf die Seite der Adsorptionschromatographie verschoben, empfindliche Substanzen können verändert oder irreversibel festgehalten werden. Mit steigendem Wassergehalt wirken Kieselgel und Aluminiumoxid zunehmend als hydrophile Phase für die Verteilungschromatographie (bei der Verwendung eines weitgehend hydrophoben Eluens, z.B. *n*-Hexan).

Modifizierte Kieselgele werden in der analytischen Chromatographie häufig eingesetzt, gewinnen aber auch für die präparative Trennung zunehmend an Bedeutung. Die freien Si-OH-Gruppen auf der Kieselgeloberfläche werden durch organische Reste (Si–R) ersetzt. Dadurch lassen sich die Eigenschaften des Adsorbens in einem weiten Bereich variieren. Bei der **Umkehrphasenchromatographie (Reversed-Phase Chromatography, RPC)** ist der organische Rest R unpolar (z.B. R = Alkyl) und damit auch die Oberfläche der stationären Phase. Die Elution erfolgt mit polaren mobilen Phasen (z.B. Wasser/Alkohol-Mischungen).

Mobile Phase (Eluentien, Laufmittel)

Die mobile Phase übernimmt die **Entwicklung** des Chromatogramms durch unterschiedliche **Elution** der Komponenten vom **Adsorbens**.

Die Lösungsmittel können nach ihrer **Elutionskraft** in einer sogenannten **elutropen Reihe** eingeordnet werden. Je höher die Elutionskraft eines Lösungsmittels ist, desto schneller wandert eine Substanz über die jeweilige stationäre Phase. In Tabelle 10.2 werden die gebräuchlichsten Lösungsmittel in der elutropen Reihe für das hydrophile Adsorbens Aluminiumoxid angegeben. Die Elutionskraft auf Kieselgel bezogen auf Aluminiumoxid lässt sich abschätzen nach:

$$\varepsilon^0_{SiO_2} \cong 0.77 \; \varepsilon^0_{Al_2O_3}$$

Um reproduzierbare Ergebnisse zu erreichen, sollten nur **gereinigte Lösungsmittel** verwendet werden, da polare Verunreinigungen (z.B. Wasser) die Elutionskraft ε^0 eines Lösungsmittels drastisch ändern können. Handelsübliches Chloroform enthält beispielsweise bis zu 1% Ethanol als Stabilisator und auch der Wassergehalt in organischen Lösungsmitteln darf nicht unterschätzt werden! Die Reinigung der gebräuchlichsten Lösungsmittel wird im Kapitel 12.4 beschrieben.

Tabelle 10.2: Elutrope Reihe einiger wichtigen Solventien für die Flüssigkeitschromatographie. Die ε^0-Werte gelten für Al_2O_3.

Solvens	Elutionskraft ε^0	UV-Durchlässigkeit *) [nm]
n-Pentan	0.00	195
n-Hexan	0.00	190
n-Heptan	0.01	200
Cyclohexan	0.04	200
Toluol	0.29	285
Diethylether	0.38	205
Dichlormethan	0.39	230
Chloroform	0.40	245
tert-Butylmethylester	ca. 0.5	220
Methylethylketon	0.51	330
Aceton	0.56	330
1,4-Dioxan	0.56	220
Tetrahydrofuran (THF)	0.57	220
Essigsäureethylester	0.58	260
Acetonitril	0.65	190
2-Propanol	0.82	210
1-Propanol	0.82	250
Ethanol	0.88	210
Methanol	0.95	205
Wasser	sehr groß	180

*) Die UV-Durchlässigkeit gibt die Wellenlänge an, bei der noch 10% Durchlässigkeit erreicht werden (1 cm Schichtdicke, gegen Luft gemessen).

n-Hexan sollte wegen seiner Neurotoxizität durch n-Heptan ersetzt werden. Für die präparative Säulenchromatographie wird meistens Petrolether mit einem Siedebereich von 40–60 °C (PE 40/60) wegen seines günstigen Preises verwendet.

Einfluss der chemischen Struktur von Verbindungen auf das chromatographische Verhalten

Die chemische Struktur einer Verbindung bestimmt wesentlich ihr chromatographisches Verhalten:

- Mit zunehmender Polarität der Verbindung wird diese stärker adsorbiert, damit nimmt die Wanderungsgeschwindigkeit am Adsorbens ab.
- Wasserstoffbrücken-Donatoren (Alkohole, Carbonsäuren etc.) adsorbieren besonders gut an oxidischen Adsorbentien (Kieselgel, Aluminiumoxid).
- Bei ungesättigten und aromatischen Kohlenwasserstoffen steigt die Adsorptionsstärke mit der Größe des konjugierten π-Systems.

Substanzen mit niedriger Polarität wird man demnach an Adsorbentien mit hoher Adsorptionsstärke mit einem schwach eluierenden Solvens chromatographieren und umgekehrt. Das geeignete System Eluent/Adsorbens kann für ein Stoffgemisch gegebener Polarität mit Hilfe des Dreiecksschemas in Abbildung 10.1 relativ gut qualitativ ermittelt werden.

Abb. 10.1: Dreiecksschema nach *E. Stahl*.

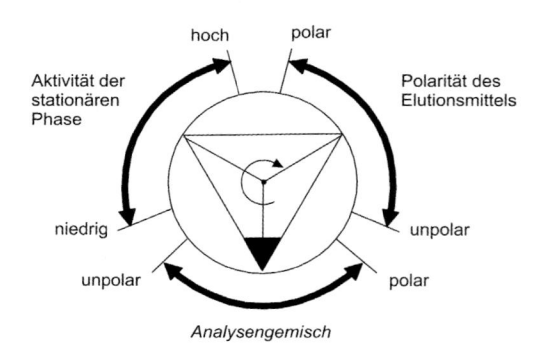

Die markierte Spitze des inneren Dreiecks wird auf die Polarität des zu trennenden Gemisches eingestellt. An den beiden anderen Ecken des Dreiecks können die Aktivität der stationären Phase und die Polarität des Elutionsmittels abgelesen werden.

10.2 Dünnschichtchromatographie (DC)

Die Dünnschichtchromatographie (DC) wird vor allem in der Analytik eingesetzt. Sie besitzt folgende Vorteile:

- Geringer apparativer Aufwand.
- Hohe Trennleistung.
- Geringer Substanzbedarf; weniger als 0.1 mg sind völlig ausreichend, die Nachweisgrenze liegt bei 1 bis 10 µg/Substanz, bei Verwendung von HPTLC-Platten (**H**igh **P**erformance **T**hin **L**ayer **C**hromatography) kann die Methode sogar bis in den ng-Bereich angewandt werden.
- Die Entwicklungszeit für ein Chromatogramm ist kurz (10–90 Minuten).
- Funktionelle Gruppen lassen sich auf dem Dünnschichtchromatogramm mit spezifischen Sprühreagentien nachweisen.
- Der Einsatz von Vergleichssubstanzen erlaubt oft die Identifizierung einer unbekannten Substanz.

Die DC bewährt sich zur

- Analyse von Produktgemischen im Mikromaßstab.
- Verfolgung chemischer Reaktionen (Verbrauch von Edukten, Bildung von Produkten).
- Reinheitskontrolle.
- Ermittlung der Bedingungen für die präparative Säulenchromatographie.

Die DC verwendet dünne Schichten eines Adsorbens (Schichtdicke ca. 0.1 bis 0.25 mm) auf Platten eines lösungsmittelfesten Trägermaterials.

Handelsüblich sind käufliche **DC-Fertigplatten** aus Glas, Aluminiumfolie oder lösungsmittelbeständiger Kunststofffolie als Trägermaterial in verschiedenen Größen (z.B. 20×20 cm^2). DC-Platten auf Aluminium- oder Kunststofffolie lassen sich mit einer Schere leicht auf die gewünschte Größe zuschneiden. Als Adsorbentien sind Kieselgel, Alumiumoxid, Cellulose, Polyamid und oberflächenmodifizierte Kieselgele handelsüblich.

10.2.1 Durchführung der Dünnschichtchromatographie

Wahl des Laufmittels

Die Wahl des erforderlichen Laufmittels ist abhängig von der Struktur der zu trennenden Substanzen. Bei unbekannten Proben wird zunächst ein Laufmittel mit mittlerer Elutionskraft gewählt (z.B. Essigsäureethylester). Bevor man zu anderen Solventien greift, erprobt man z.B. Mischungen von Essigester (EtOAc) und Petrolether (PE) mit zunehmendem PE-Gehalt. Man beginnt mit einem Verhältnis EtOAc/PE = 10:1 und erhöht den PE-Anteil (10:2, 10:3, usw.)

bis man einen R_F-Wert (siehe unten) von 0.3–0.5 erreicht. Falls die Probe in EtOAc zu langsam läuft, gibt man ein stärker elutropes Solvens zu, z.B. Ethanol.

Auftragung des Substanzgemisches

Eine geringe Menge der Substanzprobe wird in einem möglichst wenig polaren Lösungsmittel gelöst (ca. 0.1–1%ige Lösung) und mit einer feinen Kapillare im Abstand von 1 cm vom unteren und seitlichen Rand der DC-Platte durch kurzes, vorsichtiges Auftupfen so aufgetragen, dass der Fleckendurchmesser max. 3 mm beträgt. Hierzu eignet sich ein zur Kapillare ausgezogenes, mit der Probe gefülltes Schmelzpunktröhrchen. Bei verdünnten Lösungen wird diese Prozedur einfach oder mehrfach wiederholt. Größere Mengen an Probensubstanz werden mit Hilfe einer Mikropipette streifenförmig auf der Startlinie aufgetragen. Diese Methode erhöht die Nachweisempfindlichkeit, erfordert aber etwas Übung. Zur Vereinfachung der Auftragung sind DC-Fertigplatten mit einer **Konzentrierungszone** im Handel. Diese besteht aus einem chromatographisch inaktivem Material (z.B. Kieselgur) und konzentriert bei der Entwicklung die Substanzflecken an der Grenze zum chromatographisch aktivem Material zu schmalen Zonen auf.

Werden mehrere Proben aufgetragen, sollte der Abstand der Startflecken etwa 10–15 mm betragen, ebenso der Abstand der äußeren Startflecken zum Rand. Zweckmäßigerweise werden die **Startlinie** bzw. die **Startpunkte** markiert (z.B. durch einen leichten Bleistiftstrich, vgl. Abb. 10.2).

Entwicklung des Chromatogramms

Die Entwicklung der Dünnschichtchromatogramme wird in Pressglaskästen (z.B. 20×20× 10 cm^3) mit einer Abdeckplatte oder in Schraubdeckelgläsern (∅ 5–10 cm) durchgeführt. Vor Durchführung der Chromatographie müssen die Trennkammern mit dem Laufmitteldampf gesättigt sein. Zu diesem Zweck kleidet man die Kammerwände mit Filterpapier aus, gießt anschließend das Laufmittel etwa 2–4 mm hoch in die Kammern und lässt 15–30 Minuten verschlossen stehen (das Filterpapier muss im Laufmittel stehen). Die Chromatographieplatten werden vorsichtig – mit den Substanzflecken unten – in die Kammern gestellt, die Flecken dürfen aber nicht in das Laufmittel tauchen. Das Laufmittel steigt dann durch die Kapillarkräfte nach oben. Die Entwicklung des Chromatogramms ist dann beendet, wenn in den verschlossenen Kammern das Laufmittel bis kurz vor den oberen Rand der Platte gestiegen ist. Die Platte wird entnommen, die Lauffront sofort mit einem Bleistift markiert und die Platte im Abzug getrocknet.

Den Abstand von der Startlinie bis zur Laufmittelfront bezeichnet man als **Trennstrecke,** er ist für die Auswertung eines Chromatogramms von Bedeutung. Bei den üblichen Trennstrecken von 6–16 cm beträgt die Laufzeit etwa 10–90 Minuten, abhängig von der Art des Laufmittels und der verwendeten Chromatographieplatte.

10.2 Dünnschichtchromatographie

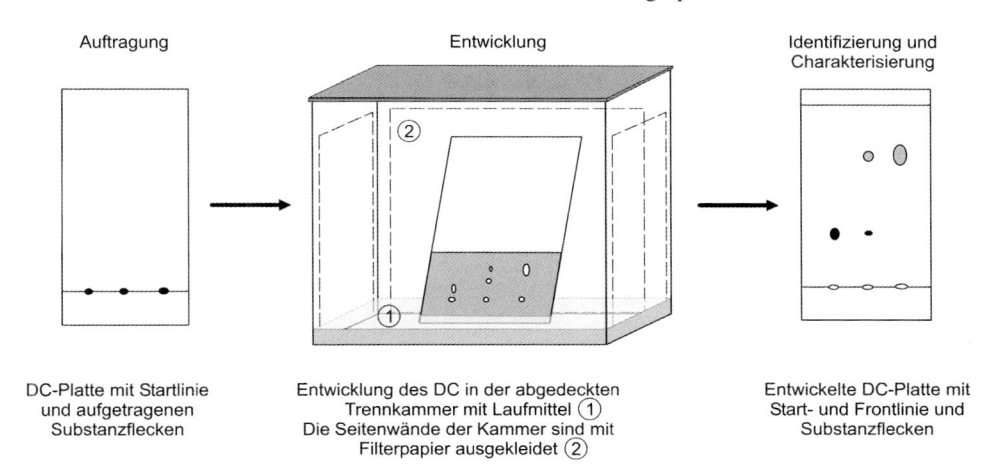

Abb. 10.2: Schematischer Ablauf einer Dünnschichtchromatographie.

Auftragung	Entwicklung	Identifizierung und Charakterisierung
DC-Platte mit Startlinie und aufgetragenen Substanzflecken	Entwicklung des DC in der abgedeckten Trennkammer mit Laufmittel ① Die Seitenwände der Kammer sind mit Filterpapier ausgekleidet ②	Entwickelte DC-Platte mit Start- und Frontlinie und Substanzflecken

Als Laufmittel verwendet man Lösungsmittel verschiedener Polarität, entweder als Reinsubstanz oder als Solvensgemisch. Die Flussmittel können in einer **elutropen Reihe** aufgelistet werden (siehe Tabelle 10.2).

10.2.2 Identifizierung der Substanzflecken

Nur in wenigen Fällen, z.B. bei Farbstoffen, können die Komponenten direkt an ihrer Eigenfarbe erkannt werden. In der Regel müssen zum Nachweis von farblosen Substanzen andere Methoden herangezogen werden, dabei kann der Nachweis zugleich mit der Charakterisierung der Substanz verbunden sein. Meist wird eine der folgenden Methoden verwendet:

- **Fluoreszenz** bei UV-Bestrahlung: Viele Substanzen fluoreszieren bei Bestrahlung mit kurzwelligem UV-Licht (Quecksilberlampe, $\lambda = 254$ nm).
- **Fluoreszenzlöschung**: Fast alle DC-Platten sind mit Fluoreszenzindikator in der Beschichtung im Handel erhältlich. Die unbelegte Platte fluoresziert bei Bestrahlung mit der Quecksilberlampe, alle Substanzflecken, die in diesem UV-Bereich absorbieren, erscheinen dagegen dunkel.
- **Bedampfen mit Jod**: Die entwickelte DC-Platte wird zusammen mit einigen Körnchen Jod in ein verschlossenes Gefäß gestellt. Nach kurzer Zeit färben sich die Substanzflecken intensiver braun als die Platte (oder bleiben manchmal auch heller als die Platte) und werden mit Bleistift markiert (die braune Färbung verblasst sehr schnell).
- **Sprühreagentien**: Auf die entwickelte Platte werden Reagenslösungen aufgesprüht, die mit den Substanzflecken in einer chemischen Reaktion Verbindungen mit charakteristischer Färbung liefern. Dafür verwendet man so genannte ‚Zerstäuber' aus Glas, die mit einem Handgebläse betrieben werden. Gut eignen sich käufliche Sprühdosen mit angehängtem Behälter für Anfärbereagentien. Das Aufsprühen muss in sehr feiner Verteilung erfolgen (Sprühen aus 20–30 cm Entfernung), da zu starkes Besprühen die Substanzflecken auswäscht. Das Sprühen muss im Abzug oder speziellen Sprühkammern erfolgen!

Für einfache Analytik (z.B. Reaktionskontrolle) kann die DC-Platte auch kurz in das Anfärbereagens getaucht werden. Dadurch wird der Sprühnebel der meist giftigen Reagentien vermieden. Dabei ist aber zu beachten, dass die Reagenslösung selbst wie ein Eluens wirkt: Eine exakte Bestimmung der R_F-Werte ist mit dieser Methode nicht möglich.

Entwickelte DC-Platten werden immer zuerst nach Fluoreszenz oder Fluoreszenzlöschung untersucht und die gefundenen Substanzflecken mit Bleistift markiert. Danach kann mit Jod oder einem Sprühreagenz nach weiteren, im UV nicht sichtbaren Flecken gesucht werden.

Sprühreagentien für bestimmte Verbindungsklassen

- **Säuren**: Zu einer 0.05%igen Lösung von Bromkresolgrün in Ethanol gibt man bis zum Umschlag nach Blau verdünnte Natronlauge (0.1 M) und besprüht damit die DC-Platte. Säuren geben gelbe Flecken auf blauem Grund.
- **Aminosäuren, Peptide, primäre aromatische Amine**: Zu einer 0.1%igen Lösung von Ninhydrin in wassergesättigtem 1-Butanol gibt man einige Tropfen Essigsäure und besprüht damit die DC-Platte. Beim Erwärmen mit einem Föhn oder einer elektrischen Heizplatte entsteht eine blaue bis braun-violette Färbung. Sprühdosen mit Ninhydrinlösung sind im Handel erhältlich.
- **Amine**: 4-Dimethylaminobenzaldehyd (*Ehrlichs* Reagenz) erzeugt gelbe bis violette Färbungen.
- **Aldehyde, Ketone**: Man besprüht mit einer Lösung von 2,4-Dinitrophenylhydrazin (500 mg) und konz. Schwefelsäure (2 ml) in Ethanol (100 ml). Man erhält langsam (schneller beim Erwärmen) rot-orange Flecken auf gelbem Grund.
- **β-Diketone, β-Ketoester, Phenole**: Man besprüht mit einer Lösung aus $FeCl_3$ (1 g) in Ethanol (200 ml), Wasser (50 ml) und konz. Salzsäure (2 ml). Man beobachtet rote bis violette Flecken [Bildung der Eisen(III)-Komplexe].
- **Olefine und andere oxidierbare Gruppen (*Baeyer*-Probe)**: Man besprüht mit einer Lösung aus $KMnO_4$ (3 g), K_2CO_3 (20 g) und 5%igem wässrigem NaOH (5 ml) in Wasser (300 ml). Oxidierbare Substanzen entfärben die violette Lösung (ggf. beim Erwärmen).

Unspezifische Sprühreagentien

- ***Ekkerts'* Reagenz**: 100 ml Eisessig werden mit 2 ml konz. Schwefelsäure und 1 ml Anisaldehyd (4-Methoxybenzaldehyd) versetzt. Nach Besprühen der entwickelten DC-Platte mit der Reagenslösung muss einige Minuten auf 90–130 °C erhitzt werden (Föhn).
- **Vanillin/Schwefelsäure**: 1 g Vanillin wird in 100 ml Methanol gelöst und mit 12 ml Eisessig sowie 4 ml konz. Schwefelsäure versetzt. Nach Besprühen mit der Reagenslösung muss einige Minuten auf 110–130 °C erhitzt werden (Föhn).
- **Cer-Reagenz**: 2 g Cer(IV)sulfat, 5 g Phosphormolybdänsäure und 16 ml konz. Schwefelsäure werden mit Wasser auf 200 ml auffüllen. Entwicklung im Heißluftstrom (Föhn).

Diese Reagentien sind einige Wochen haltbar und liefern für viele Substanzklassen zum Teil unterschiedlich farbige Flecken. Sie können als universelle Färbereagentien eingesetzt werden, z.B. bei Reaktionskontrollen.

10.2.3 Auswertung und Dokumentation

Die Lage der einzelnen Substanzflecken wird durch den so genannten R_F-Wert (**Retentions- oder Verzögerungsfaktor**) charakterisiert:

$$R_F = \frac{d}{f} = \frac{\text{Entfernung der Substanzflecken vom Start}}{\text{Entfernung der Solvensfront vom Start}}$$

Abb. 10.3: Ermittlung des Retentionsfaktors.

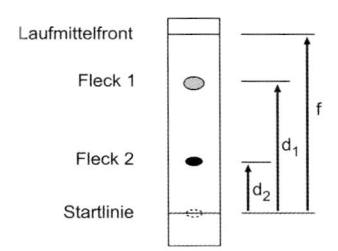

Definitionsgemäß sind die R_F-Werte ≤ 1, und besitzen bei gegebenen Laufmittel, Adsorbens, Temperatur und Entwicklungsbedingungen einen charakteristischen Wert.

$$R_F(1) = \frac{d_1}{f} \quad ; \quad R_F(2) = \frac{d_2}{f}$$

Enthält die Probe Substanzen sehr unterschiedlicher Polarität, so entwickelt man zunächst die schwach polaren Substanzen und nach Trocknen die polaren Anteile mit einem stärker eluierenden Lösungsmittel (Stufenentwicklung).

R_F-Werte geben Hinweise auf die Natur der Substanzen. Bei der Dünnschichtchromatographie auf Kieselgel ist eine Substanz mit größerem R_F-Wert weniger polar als eine Substanz mit kleinerem R_F-Wert.

Da der R_F-Wert von vielen Faktoren abhängt (Laufmittel, Adsorbens, Temperatur, Trennkammer, Sättigung des Kammerraums, Substanzmenge usw.), ist seine **Reproduzierbarkeit** gering, und die Identifizierung einer Substanz mit Hilfe des R_F-Werts aus der Literatur sehr problematisch. Daher ist es **unbedingt nötig, im gleichen Chromatogramm authentische Vergleichssubstanzen mitlaufen zu lassen.**

Zur Vorbereitung einer präparativen Chromatographie können die R_F-Werte wichtige Hinweise liefern.

Störungen und Fehler

- Die ‚Schwanzbildung' der wandernden Flecken (Abb. 10.4a) ist ein häufiger Effekt, verantwortlich ist meist eine zu große aufgetragene Substanzmenge. Wenn auch geringere Mengen keine Abhilfe schaffen, müssen das Laufmittel und/oder die Adsorptionsschicht gewechselt werden.
- Die Laufmittelfront wandert nicht gleichmäßig (Abb. 10.4b). Damit ergibt sich auch für die Flecken eine ungleichmäßige Wandergeschwindigkeit, das Chromatogramm ist nicht reproduzierbar. Ursachen sind meist eine ungleiche Temperaturverteilung im Inneren der Kammer (z.B. einseitige Sonneneinstrahlung) oder eine nicht einheitlich mit Solvensdampf gesättigte Kammeratmosphäre. Wandert das Laufmittel nur an den Rändern der Schicht zu rasch, müssen diese auf etwa 1 mm vom Rand des Trägers entfernt werden.
- Basen (z.B. Amine) werden von sauren Funktionen auf dem Adsorbens im Gleichgewicht protoniert und ändern dabei signifikant ihre Laufeigenschaften. Dies führt zu einem starken Schmieren, die Substanz kann kaum durch Chromatographie gereinigt werden. Gibt man eine kleine Menge (~1%) eines niedrig siedenden Amins (typischerweise Triethylamin) zum Eluens, verbleibt die Substanz deprotoniert und kann – nun mit eindeutigen Laufeigenschaften – konventionell chromatographiert werden. Das Triethylamin wird anschließend mit den anderen Lösungsmitteln am Rotationsverdampfer entfernt. Ein analoges Problem tritt auch mit Säuren (z.B. Carbonsäuren) auf, die während der Chromatographie teilweise deprotoniert werden. Entsprechend setzt man hier dem Eluens etwas Säure (typischerweise Essigsäure) zu.
- Die Substanz zersetzt sich am Adsorbens. Dies kann zu Ausbeuteverlusten, aber auch zu Komplikationen bei der Chromatographie führen. Hat man einen entsprechenden Verdacht, führt man eine zweidimensionale Dünnschichtchromatographie durch (Abb. 10.4c). Die Probe wird in das linke untere Eck einer quadratischen DC-Platte getüpfelt und entwickelt. Die Platte wird entnommen, an der Luft getrocknet, um 90° nach links gedreht und erneut entwickelt. Tritt keine Zersetzung auf, sollten alle Flecken auf der Diagonalen liegen; treten Flecken außerhalb der Diagonalen auf, handelt es sich um Zersetzungsprodukte.

Abb. 10.4a: ‚Schwanzbildung' bei zu großer Substanzmenge.

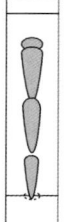

Abb. 10.4b: Ungleichmäßige Laufmittelfront.

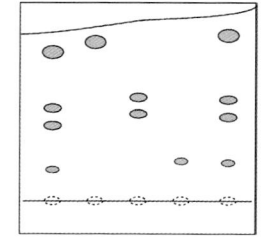

Abb. 10.4c: 2D-DC zur Detektion von Zersetzungsprodukten.

Weitere Hinweise

Wenn die Substanzflecken nach der Entwicklung nur einen R_F-Wert von 0.2–0.3 aufweisen, kann die Trennleistung beträchtlich gesteigert werden, wenn man die DC-Platte trocknen lässt und im selben Solvens ein zweites Mal entwickelt.

Enthält die Probe Substanzen sehr unterschiedlicher Polarität, kann es sinnvoll sein, zuerst die schwach polaren Substanzen zu entwickeln und nach dem Trocknen die polaren Anteile des Chromatogramms mit einem stärker eluierenden Solvens zu entwickeln.

Lässt sich die vollständige Trennung in einer Laufrichtung nicht erzielen, kann man ein DC auch **zweidimensional** entwickeln. Dazu bringt man auf einer quadratischen Platte in einer Ecke die zu trennende Substanz auf und entwickelt das Chromatogramm völlig normal. Nach dem Trocknen wird die Platte um 90° gedreht und nochmals entwickelt. Bei schwierigen Trennproblemen bietet es sich an, für die zweite Entwicklung ein anderes Laufmittel zu verwenden (Abb. 10.5).

Abb. 10.5: Zweidimensionale Dünnschichtchromatographie.

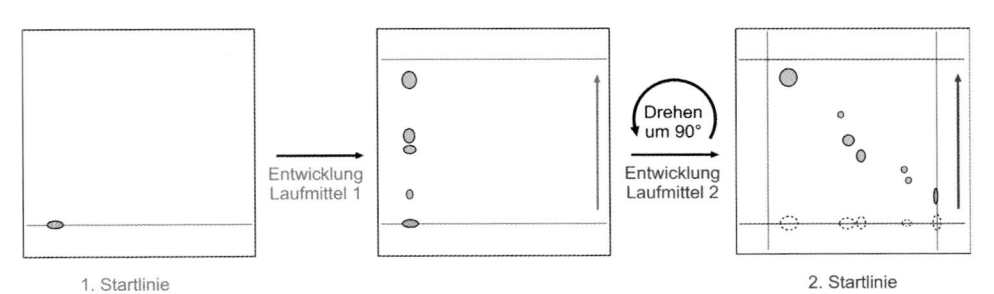

10.2.4 Kontrolle von Reaktionsabläufen

Zur Kontrolle der Reaktionsabläufe bei der Durchführung der Praktikumsversuche im ‚I.O.C.-Praktikum' ist die Dünnschichtchromatographie hervorragend geeignet. Ein Vergleich der R_F-Werte der Edukte und der möglichen Produkte erlaubt Aussagen über den Grad der Umsetzung der Edukte zu den Produkten.

Auf der DC-Folie werden die Edukte und das Reaktionsgemisch aufgetragen (Abb. 10.6) und das Chromatogramm wird mit dem Laufmittel entwickelt.

Im Normalfall verwendet man mit Kieselgel beschichtete Alufolien mit Fluoreszenzindikator (λ_{max}: 254 nm). Die Substanzflecken können mit einer UV-Lampe durch Fluoreszenzlöschung nachgewiesen werden.

Abb. 10.6: Kontrolle des Reaktionsablaufs.

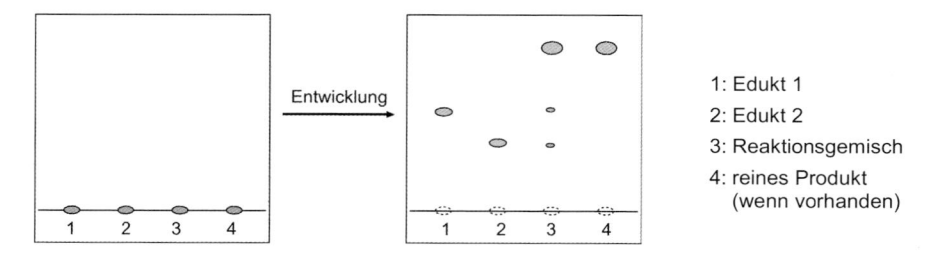

1: Edukt 1
2: Edukt 2
3: Reaktionsgemisch
4: reines Produkt (wenn vorhanden)

Als Laufmittel hat sich das Solvensgemisch Essigester/Pentan im Verhältnis 1:1 bis 1:6 bewährt. Weitere Solventien und Solvensgemische für die DC-Analytik der Produkte, die im Praktikum dargestellt werden, sind nachstehend aufgeführt.

Solventien und Solvensgemische für die DC-Analytik:

Essigester
Essigester/Cyclohexan
Essigester/Dichlormethan

Pentan/Aceton
Pentan/THF

Toluol
Toluol/Essigester
Toluol/Pentan

Ethanol
Diethylether
Aceton

Wenn der Nachweis der Substanzen auf der DC-Platte durch Fluoreszenzlöschung versagt, empfehlen sich das *Ekkerts*-Reagenz, Vanillin/Schwefelsäure, Iod oder $KMnO_4$ (Abschnitt 10.2.2).

10.3 Säulenchromatographie (SC, HPLC)

Die Säulenchromatographie (SC) dient zur Trennung von Substanzgemischen im präparativen Maßstab. Dabei wird das Substanzgemisch auf eine mit Adsorbens (stationäre Phase) gefüllte Säule aufgetragen und mit dem Laufmittel (mobile Phase) eluiert. Die einzelnen Bestandteile des Substanzgemisches werden unterschiedlich schnell durch die Säule transportiert und erreichen nacheinander das Säulenende. Sie werden dort detektiert und in einzelnen Gefäßen aufgefangen. Abbildung 10.7 zeigt den schematischen Ablauf der SC.

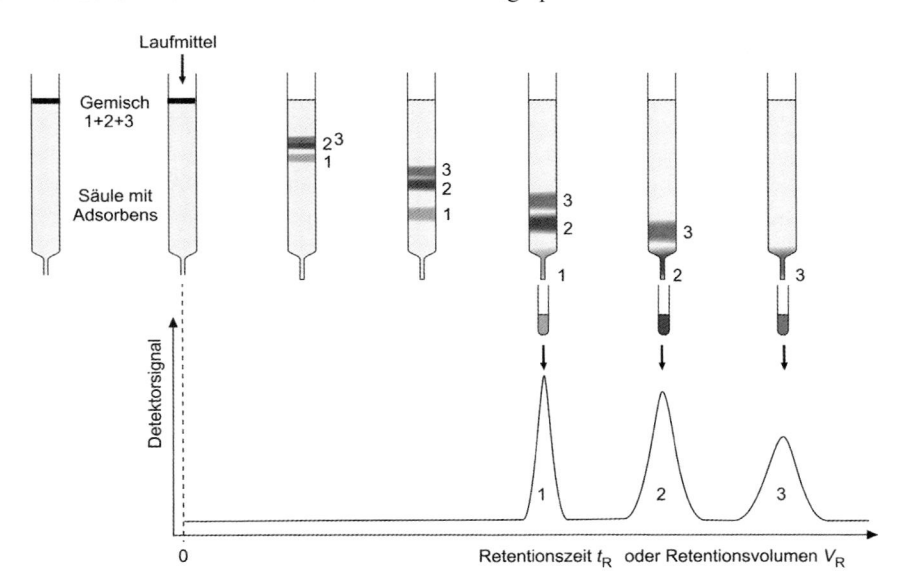

Abb. 10.7: Schematischer Ablauf der Säulenchromatographie.

Substanzmenge und Trenneffekt bestimmen Durchmesser und Länge der Säule sowie die Art und Menge des verwendeten Adsorbens und des Laufmittels. Wenn die Trennung zuerst mit der DC-Technik optimiert wurde, gelingt häufig die Übertragung der stationären und mobilen Phase auch auf die Säulenchromatographie.

10.3.1 Grundlagen der Säulenchromatographie

Unter der **Trennsäule** versteht man in der SC ein Rohr, das mit der stationären Phase (**Packungsmaterial**) gefüllt ist. Angaben zur **Säulenlänge, Säulenquerschnitt** und **Säulenvolumen** beziehen sich immer nur auf den gepackten Teil der Säule.

Der Verlauf der Chromatographie kann sowohl über die Zeit als auch über das Volumen des durchströmenden Laufmittels beschrieben werden: Bei konstanter Flussgeschwindigkeit ist die Zeit direkt proportional zum Volumen. Die Zeit, die eine Substanz von der Probenaufgabe bis zum Verlassen der Säule (genauer: bis zur Detektion) benötigt, ist die **Gesamtretentionszeit t_R**.

Substanzen, die auf der Säule nicht zurückgehalten werden, benötigen ebenfalls eine bestimmte Zeit von der Aufgabe bis zur Detektion. Diese Zeit wird als **Durchflusszeit t_M** bezeichnet. Die **reduzierte Retentionszeit** oder **Netto-Retentionszeit** (t'_R) ist die Gesamtretentionszeit einer Substanz abzüglich der Durchflusszeit t_M. Sie charakterisiert die Verweildauer der Substanz auf der Trennsäule.

Bei der Verwendung von Volumina gilt Entsprechendes: **Gesamtretentionsvolumen V_R**, **Durchflussvolumen V_M** und **reduziertes Retentionsvolumen** (V'_R). In Abbildung 10.8 werden einige wichtige chromatographische Messgrößen dargestellt.

In der Literatur findet man häufig die Begriffe **Totzeit (t_0)** oder **Totvolumen (V_0)**. Sie bezeichnen streng genommen nur die Zeit bzw. Volumen, die eine nicht retardierende Substanz vom Eingang in die Säule bis zum Austritt benötigt. Da sie praktisch nur sehr schwer bestimmbar sind und auch häufig verwechselt werden, empfiehlt die IUPAC die alleinige Verwendung der Durchflusszeit t_M bzw. des Durchflussvolumens (V_m).

Abb. 10.8: Wichtige Messgrößen in der Chromatographie.

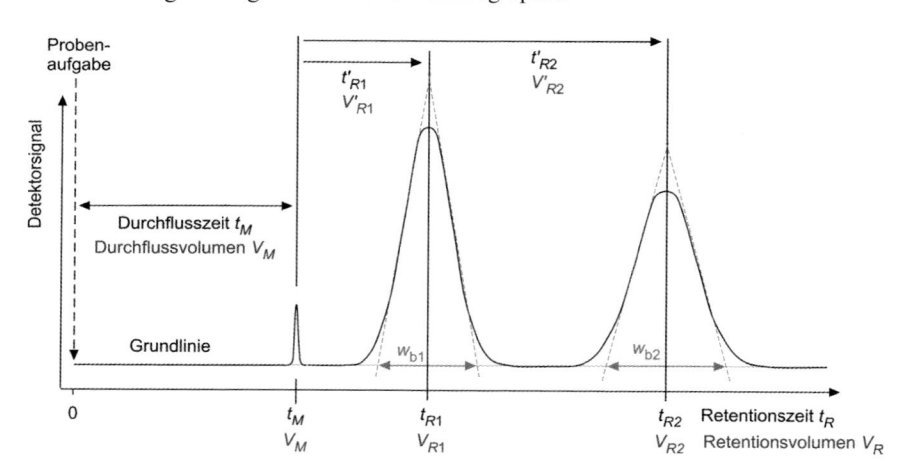

$t = 0$:	Zeitpunkt der Probenaufgabe
t_M, V_M:	Retentionswert einer nicht adsorbierten Substanz (z.B. *n*-Pentan): Durchflusszeit bzw. Durchflussvolumen
t_{R1}, V_{R1}:	Gesamtretentionswert einer Verbindung 1
t_{R2}, V_{R2}:	Gesamtretentionswert einer Verbindung 2
t'_{R1}, V'_{R1}:	Netto-Retentionswert einer Verbindung 1
t'_{R2}, V'_{R2}:	Netto-Retentionswert einer Verbindung 2
w_{b1}, w_{b2}:	Basisbreite eines Peaks

Der Retentionsfaktor k gibt an, um wie viel länger sich eine Substanz an der stationären Phase aufhält als in der mobilen Phase. Als dimensionslose Größe erlaubt er den Vergleich von

10.3 Säulenchromatographie

Chromatogrammen, die auf unterschiedlich langen oder dicken Säulen oder mit unterschiedlichen Flüssen gemessen wurden (stationäre und mobile Phasen müssen jedoch identisch sein!). Er wird aus der Netto-Retentionszeit und der Durchflusszeit bzw. den entsprechenden Volumeneinheiten bestimmt:

$$k = \frac{t_R - t_M}{t_M} = \frac{t'_R}{t_M} = \frac{V_R - V_M}{V_M} = \frac{V'_R}{V_M}$$

Aus dem Quotienten der Netto-Retentionszeiten zweier benachbarter Peaks erhält man den **Trennfaktor α**:

$$\alpha = \frac{t'_{R2}}{t'_{R1}} = \frac{V'_{R2}}{V'_{R1}} = \frac{k_2}{k_1} = \frac{K_2}{K_1} \quad \text{mit} \quad k_2 > k_1$$

Der Trennfaktor ist auch das Verhältnis der entsprechenden Retentionsfaktoren k und den Verteilungsfaktoren K. Unter identischen Bedingungen (gleiche stationäre und mobile Phase, gleiche Temperatur) ist α unabhängig vom chromatographischen System (Säulengröße).

In der Praxis ist nicht nur der Abstand der einzelnen Substanzfraktionen wichtig, sondern auch die Breite der wandernden Zonen. Erwünscht sind natürlich möglichst schmale Bandenbreiten, die eine saubere Trennung der einzelnen Fraktionen erlauben. Diese unter den tatsächlichen Bedingungen erzielbare **Auflösung R_s (peak resolution)** wird beschrieben durch:

$$R_s = 2 \frac{t'_{R2} - t'_{R1}}{w_{b1} + w_{b2}} \quad \text{bzw.} \quad R_s = 2 \frac{V'_{R2} - V'_{R1}}{w_{b1} + w_{b2}}$$

Bei einer Auflösung von $R_s = 1.0$ sind Peaks der beiden Komponenten getrennt, durch die *Gauß*-Form der Signale überlappen sie jedoch noch (bei gleicher Peakhöhe etwa 2.3%). Mit $R_s = 1.5$ ist die Trennung vollständig, die Überlappung beträgt nur noch 0.13% (**Basislinientrennung**). Höhere Auflösungen als 1.5 sind für die Trennung in der Praxis unnötig (Abb. 10.9).

Abb. 10.9: Auflösung zweier benachbarter Peaks (Höhenverhältnis 1:1).

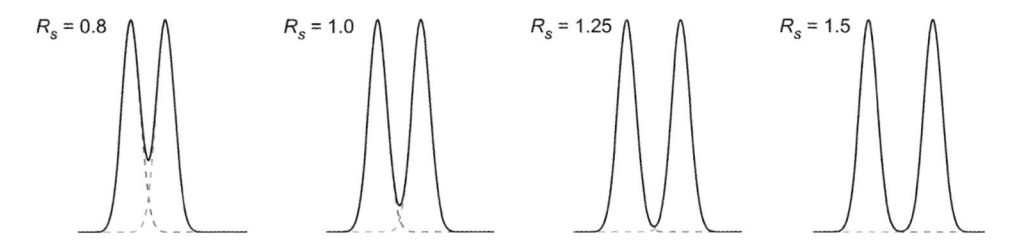

Die Auflösung R_S kann mit der Bodenzahl N einer Säule und dem Retentionsfaktor k durch folgende Gleichung in Beziehung gebracht werden. Unter der Annahme ähnlicher Retentionsfaktoren k_1 und k_2 für das Substanzpaar gilt näherungsweise:

$$R_s = \frac{1}{4}\sqrt{N}\,\frac{\alpha-1}{\alpha}\,\frac{\bar{k}}{1+\bar{k}} \quad \text{mit} \quad \bar{k} = \frac{k_1+k_2}{2}$$

Damit lässt sich bei bekannten Werten für α und $\bar{k}$ (z.B. aus der DC, siehe unten!) die erforderliche Trennleistung der Säule (ausgedrückt als Trennstufenzahl N) abschätzen. Abbildung 10.10 stellt den Zusammenhang graphisch dar.

Aus der Gleichung ist auch ersichtlich, dass die Verdoppelung der Bodenzahl N einer Trennsäule (durch doppelte Länge der Säule) die Auflösung R_S nur um den Faktor 1.4 verbessert!

Abb. 10.10: Bodenzahl N in Abhängigkeit vom Trennfaktor α in halblogarithmischer Auftragung.

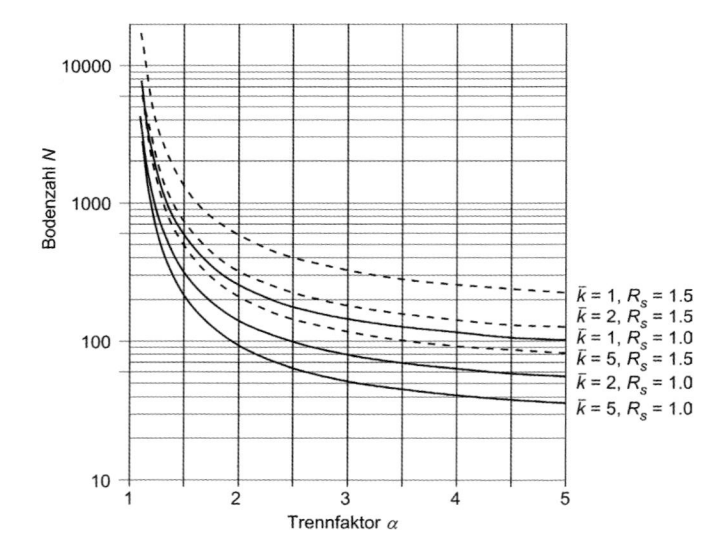

Aus diesem Zusammenhang ergeben sich folgende Konsequenzen:

- Für $\alpha = 5$ bis 2 ist das Trennproblem einfach, die erforderliche Bodenzahl beträgt $N = 40$–100. Die Trennung ist bei hinreichender Auflösung ($R_S = 1.5$) mit einfachen, drucklosen Schwerkraftsäulen möglich.
- Der Wert $\alpha = 2$ bis 1.3 stellt mit Bodenzahl N zwischen 100 und 500 höhere Anforderungen an die Trennsäule. In diesen Fällen sind besonders sorgfältig gepackte Schwerkraftsäulen nötig oder man verwendet feinkörnigeres Säulenmaterial. Das bedeutet aber gleichzeitig, dass der Flusswiderstand der Säule anwächst, der hydrostatische Druck reicht nicht mehr aus, um einen ausreichenden Fluss des Laufmittels durch die Trennsäule zu

10.3 Säulenchromatographie

gewährleisten, es muss mit leichtem Überdruck (bis zu 5 bar) gearbeitet werden (Flash-Chromatographie, z.B. mit dem *Lobar*-System).

- Im Bereich $\alpha = 1.3$ bis 1.1 steigt die erforderliche Trennleistung steil an, es werden Bodenzahlen von $N = 500–4000$ erforderlich. Es muss sehr leistungsfähiges und feines Säulenmaterial verwendet werden, das Mittel- (MPLC) oder Hochdrucksäulen (HPLC) voraussetzt.
- Der Bereich $\alpha < 1.1$ stellt sehr hohe Anforderungen an die Trennsäule, präparative Trennungen sind nur in Ausnahmefällen möglich. Besser ist es, mit der DC nach besseren Trennbedingungen zu suchen.
- In jedem Fall sollten Trennbedingungen mit einem Retentionsfaktor k im Bereich 2–5 gesucht werden.

Anmerkung: Normale DC-Platten besitzen Bodenzahlen von $N = 500$ bis 1000, HPTLC-Platten kommen auf $N = 1500$ bis 3000!

Die Bodenzahl einer Säule ist für ein gegebenes Trennproblem zunächst unabhängig von der Menge der zu trennenden Substanz. Ab einer bestimmten **Beladung** (in g Substanz/g Sorbens) nimmt N jedoch ab, die Säule ist **überladen**. Dabei werden die Peaks zunehmend breiter und unsymmetrisch (**Tailing**, ‚Schwanzbildung'), gleichzeitig ändert sich auch der Retentionsfaktor k (Abb. 10.11).

Bei präparativen Trennungen wird – bei großen Trennfaktoren α – die Säule häufig bewusst überladen, um Lösungsmittel und vor allem Zeit zu sparen. Wie weit die Säule überladen werden kann (bei hinreichender Trennung), wird meist experimentell bestimmt. Als Orientierungswert können die Angaben in Tabelle 10.3 herangezogen werden.

Abb. 10.11: Einfluss der Beladung einer Trennsäule auf die Trennung zweier Verbindungen.

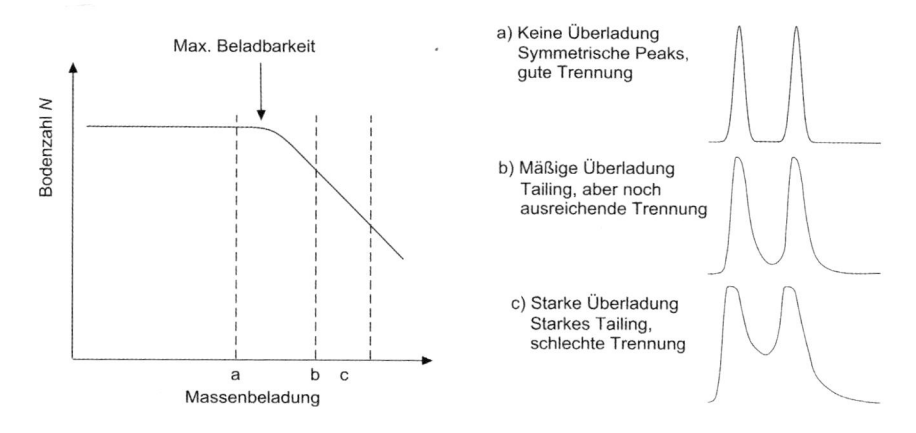

a) Keine Überladung
Symmetrische Peaks, gute Trennung

b) Mäßige Überladung
Tailing, aber noch ausreichende Trennung

c) Starke Überladung
Starkes Tailing, schlechte Trennung

Ein weiterer wichtiger Faktor ist die **Durchflussgeschwindigkeit**. Sie muss so groß sein, dass sich die Trennung der Zonen nicht durch Rückdiffusion verwischt, gleichzeitig aber klein genug, dass sich zu jedem Zeitpunkt das Verteilungsgleichgewicht der Substanz zwischen stationärer und mobiler Phase vollständig einstellen kann. Da beide Forderungen gegenläufig sind, muss der beste Kompromiss gesucht werden, d.h. die Durchflussgeschwindigkeit, bei der die Trennstufenhöhe den kleinsten Wert annimmt.

Die *van-Deemter*-Gleichung (1956) stellt einen Zusammenhang zwischen der **theoretischen Trennstufenhöhe H** und der **linearen Strömungsgeschwindigkeit u** der mobilen Phase her. Eine kleine Trennstufenhöhe H bedeutet eine hohe **Trennstufenzahl N** für eine Trennstrecke bestimmter Länge. Für eine Diskussion der *van-Deemter*-Gleichung sei auf die Spezialliteratur verwiesen. Eine entscheidende Erniedrigung der Trennstufenhöhe H und damit eine Verbesserung der Trennleistung ist durch eine **Verringerung der Teilchengröße** und eine homogene Packung der stationären Phase zu erreichen (Abb. 10.12).

Abb. 10.12: Graphische Darstellung der *van-Deemter*-Gleichung für verschiedene Korngrößen der stationären Phase.

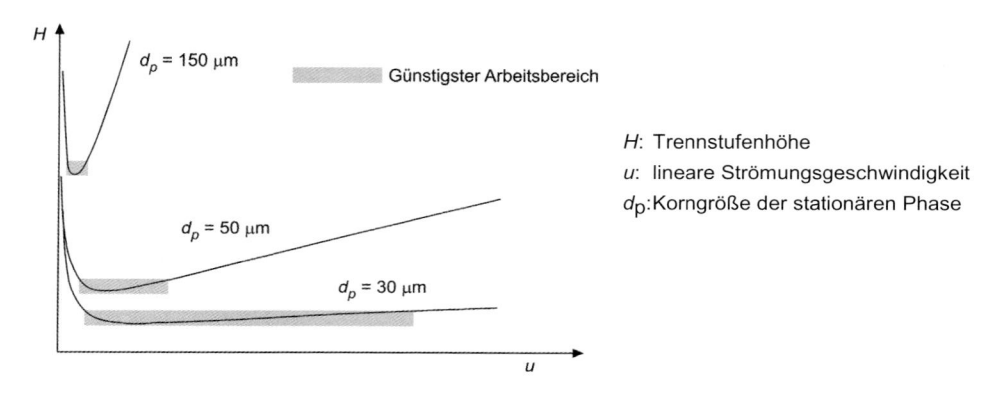

H: Trennstufenhöhe
u: lineare Strömungsgeschwindigkeit
d_p: Korngröße der stationären Phase

Die **lineare Strömungsgeschwindigkeit u** (cm/min) der mobilen Phase ist eine von der Säulendimension unabhängige Größe. In der Praxis wird meist die **Flussgeschwindigkeit (Volumenstrom) F** (ml/min) angegeben. Beide Größen sind über die Gleichung

$$F = u \cdot A \cdot \varepsilon_t$$

A: freie Querschnittsfläche der Säule
ε_t: totale Porosität der Säulenpackung

miteinander verknüpft.

Bei hoher Korngröße des Adsorbens (z.B. 150 µm) besitzt die theoretische Trennstufe einen hohen Wert (= niedrige Trennstufenzahl N), das Minimum der *van-Deemter*-Gleichung und damit der günstigste Arbeitsbereich (optimale Trennung) liegen in einem sehr schmalen Flussbereich u bzw. F.

Bei kleiner werdenden Korngrößen nehmen die H-Werte ab, der rechte Teil der *van-Deemter*-Kurve wird flacher. Die Flussgeschwindigkeit kann deshalb in einem weiten Bereich variiert werden, ohne die Trennung der Säule wesentlich zu beeinflussen.

Da bei kleiner werdenden Körnungen gleichzeitig auch der **Durchflusswiderstand** deutlich zunimmt, muss in diesen Korngrößenbereichen das Laufmittel mit hohem Druck auf die Säule gepumpt werden, um die erforderlichen Fließgeschwindigkeiten zu erreichen (**Mittel-** und **Hochdruckchromatographie (MPLC, HPLC)**, bis zu 600 bar bei 3 µm Korngröße).

Aus der *van-Deemter*-**Gleichung** ergibt sich weiterhin:

- Die **Korngrößenverteilung** muss möglichst eng sein, um eine minimale Trennstufenhöhe zu erreichen (Verringerung der Diffusion).
- Mit wachsender Viskosität des Laufmittels nimmt die Steigung des rechten Kurvenabschnittes zu, d.h., die Trennstufenhöhe wächst, die Trennstufenzahl N sinkt.

Die konventionelle, drucklose ‚**Schwerkraftsäule**' verlangt relativ grobkörnige Füllungen (60–200 µm) und erlaubt deshalb auch nur einen sehr engen Bereich günstiger Fließgeschwindigkeiten.

Einen Kompromiss stellen Körnungen von 40–60 µm dar. Sie verlangen nur geringen Überdruck (0.5–3 bar): z.B. ***Lobar*-Fertigsäulen** (*Merck*), **Flash-Chromatographie** etc. Diese **Mitteldrucksäulen** eignen sich für die meisten Trennprobleme.

Tabelle 10.3: Betriebsdaten einiger Chromatographiesäulen.

Kenndaten	Typ	Konventionelle Säule		Niederdrucksäule	
Füllhöhe (h) und Durchmesser Ø [cm]	1	h = 15,	Ø = 1.0	h = 24,	Ø = 1.0
	2	h = 30,	Ø = 2.8	h = 31,	Ø = 2.5
	3	h = 50,	Ø = 5.0	h = 44,	Ø = 3.7
Korngröße Druck	1	60–200 [µm]		40–60 [µm]	
	2	drucklos		0.1–0.4 bar	
	3				
Trennstufenzahl	1	230		850	
	2	460		1100	
	3	770		1500	
günstige Durchflussgeschwindigkeit		cm/min	ml/min	cm/min	ml/min
	1	0.2–0.8	0.15–0.6	0.5–3.5	0.5–3
	2	0.2–0.8	1.5–5	0.5–3.5	3–20
	3	0.2–0.8	4–15	0.5–3.5	10–70
max. Beladung *) für α = 3.0	1	100–150 mg		150–200 mg	
	2	200–600 mg		ca. 1000 mg	
	3	1000–2000 mg		2000–4000 mg	
max. Beladung *) für α = 1.8	1	2–5 mg		10–50 mg	
	2	10–20 mg		200–400 mg	
	3	50–100 mg		800–1200 mg	
max. Beladung *) für α = 1.3	1	--		2–10 mg	
	2	--		20–80 mg	
	3	--		100–200 mg	

*) bezogen auf ein Molekulargewicht von etwa 200 g/mol.

10.3.2 Ermittlung der Trennbedingungen mit Hilfe der DC

Geeignete Trennbedingungen für die Säulenchromatographie lassen sich einfach und schnell über die DC bestimmen. Die Retentionsparameter von DC und SC sind über folgende Beziehung gekoppelt:

$$\frac{1-R_F}{R_F} \approx \frac{t_R - t_m}{t_m} = \frac{t'_R}{t_m} = k$$

Mit Hilfe der DC wird das Trennproblem zunächst analytisch untersucht. Es muss ein geeignetes Adsorbens und eine möglichst optimale Laufmittelmischung gefunden werden. Zunächst werden Mischungen aus Essigsäureethylester und Pentan (oder Petrolether) mit Kieselgel als Adsorbens getestet. Anschließend wird für jede einzelne Substanz aus dem DC zunächst der R_F-Wert und daraus der Retentionsfaktor k bestimmt. Für jeweils benachbarte Substanzpaare lassen sich damit die entsprechenden Trennfaktoren α berechnen, der kleinste Wert von α bestimmt das Trennproblem. Mit Hilfe der graphischen Darstellung (Abb. 10.10) kann nun mit den ermittelten Werten für α und k die erforderliche Bodenzahl für die SC abgeschätzt werden.

Günstig für die erfolgreiche Trennung sind Retentionsfaktoren zwischen 1.5 ($R_F = 0.4$) und 5 ($R_F = 0.16$) und möglichst hohe Trennfaktoren.

Entsprechend der nötigen Trennstufenzahl und der gewünschten Beladung (zu trennende Substanzmenge) wählt man die geeignete Chromatographiesäule aus (vgl. Tab. 10.3). Für die drucklose, präparative Säulenchromatographie wählt man nach Möglichkeit das preisgünstige Kieselgel 60 (Porenweite 60 Å) mit einem Korngrößenbereich von 60–200 µm.

Erfahrungsgemäß muss die Polarität des Laufmittels beim Übergang von der DC auf die SC etwas gesenkt werden, bei Mischungen einfach durch einen erhöhten Anteil der unpolaren Komponente. Dabei ist aber unbedingt auf die ausreichende Löslichkeit der Substanzprobe im Laufmittel zu achten!

10.3.3 Praxis der Säulenchromatographie

Die Chromatographiesäule

Bei der Säulenchromatographie (unter Normal- oder Niederdruck) wird prinzipiell in senkrecht stehenden Glassäulen gearbeitet. Das Verhältnis Füllhöhe zu Säulendurchmesser soll etwa 10:1 bis 5:1 betragen. Günstig ist außerdem ein möglichst kleines **Totvolumen** am Ende der Säule (Auslauf), dadurch wird die nachträgliche Durchmischung der getrennten Banden verringert.

10.3 Säulenchromatographie

Um zu verhindern, dass das Adsorbens beim Füllen aus der Säule ausläuft, drückt man einen Wattebausch in den Auslauf. In einer anderen Variante übernimmt eine fest eingebaute Frittenplatte diese Funktion.

Bei Schwerkraftsäulen muss am Auslauf unbedingt ein gut dichtender und regulierbarer Hahn angebracht sein, vorzuziehen ist hier unbedingt ein Teflonhahn, optimal ist ein Feinregulierventil aus Teflon. Das erfordert auch äußerste Sorgfalt beim Füllen bzw. Säubern der Säule, da Füllmaterial (Kieselgel) zwischen Hülse und Küken gelangen und das Teflonküken beschädigen kann. Der Hahn dichtet dann nicht mehr einwandfrei.

Wird ein normaler Glasschliffhahn verwendet, besteht die Gefahr, dass das Schlifffett bei der Elution ausgewaschen wird. Besser ist in diesem Fall die Verwendung von Graphit (sehr weicher Bleistift) als Schmiermittel.

Im einfachsten Fall – vor allem bei Fertigsäulen und Mitteldrucksäulen – setzt man einen Tygon- oder Teflonschlauch am Auslauf ein. Die Regulierung der Flussgeschwindigkeit erfolgt dann mit Hilfe eines Quetschhahns oder durch Dosierung des Laufmittels am Säulenanfang.

Abbildung 10.13 zeigt einige Säulentypen für unterschiedliche Ansprüche und Zwecke. Die Maße der Säulen können variieren, im Normalfall sind jedoch drei Standardgrößen (siehe Tab. 10.3) ausreichend.

Abb. 10.13: Verschiedene Arten von Chromatographiesäulen zur Säulenchromatographie.

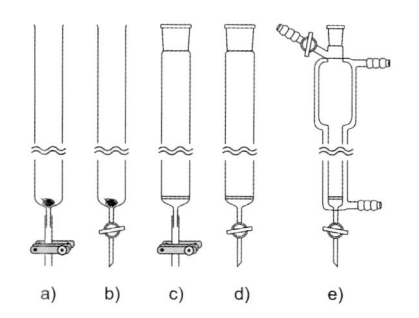

a) Glasrohr mit Wattebausch und Quetschhahn
b) Glasrohr mit Wattebausch und Schliffhahn
c) Glasrohr mit Frittenplatte und Quetschhahn
d) Glasrohr mit Frittenplatte und Schliffhahn
e) Glasrohr mit Frittenplatte, Schliffhahn, seitlichem Stickstoffhahn, Lösungsmittelreservoir und Kühlmantel.

10. Chromatographie

Füllen der Säule und Konditionierung

Im Wesentlichen gibt es zwei Methoden, um eine Chromatographiesäule zur drucklosen oder Niederdruckchromatographie zu füllen:

Nassfüllung:

Die Nassfüllung wird am häufigsten angewandt. Sie erfordert am wenigsten Übung, liefert aber wegen der trichterförmig laufenden Zonen die geringste Trennleistung.
Die abgemessene oder abgewogene Menge Adsorbens wird im Laufmittel suspendiert. Dieser dünne Brei wird langsam in die zu etwa ⅓ mit Laufmittel gefüllte Säule eingegossen, dabei lässt man das Laufmittel in dem Maß ablaufen, wie die Suspension zufließt. Um Risse und Luftblasen zu vermeiden, klopft man – während sich das Adsorbens absetzt – gleichmäßig von allen Seiten an die Säule. Zum Schluss lässt man das Laufmittel durch Schließen des Hahns etwa 1 cm über der Säulenfüllung stehen und deckt die Füllung mit einer ca. 1 cm hohen Schicht aus reinem Seesand ab.

In einer Variante füllt man die Säule zu ¾ mit Laufmittel und lässt über einen Trichter langsam das trockene Adsorbens einrieseln. Auch hier erreicht man durch Klopfen an die Glaswand eine gleichmäßige und blasenfreie Säulenfüllung.

Trockenfüllung:

Dieses Verfahren ist zeitaufwendiger als die Nassfüllung und erfordert mehr Übung. Der Vorteil liegt in einer dichteren und homogeneren Packung der Säule, dementsprechend schmaler werden die Zonen; die Trennleistung steigt bei gleicher Säulenlänge.

In eine Säule mit Frittenboden wird das Adsorbens trocken über einen Trichter eingefüllt. Durch Klopfen an die Außenwand wird die Oberfläche geglättet, anschließend wird der Einlauf mit einem Stopfen verschlossen und am Auslauf Unterdruck angelegt; nach der Evakuierung wird der Stopfen schnell entfernt und die Packung auf diese Weise verdichtet. Der Vorgang wird dreimal wiederholt. Die Füllung wird anschließend mit 1 cm Seesand abgedeckt.

Achtung: Das Einatmen von Kieselgelstäuben muss unbedingt vermieden werden.

Zur **Konditionierung** wird der Auslaufhahn leicht geöffnet und über einen aufgesetzten Tropftrichter langsam das Solvens aufgebracht. Falls eine zu starke Erwärmung an der Solvensfront auftritt – dies ist vor allem bei polaren Laufmitteln durch die hohe Adsorptionswärme der Fall – muss die Zulaufgeschwindigkeit verringert werden. Erst wenn das Laufmittel aus der Säule austritt, wird die Zuflussgeschwindigkeit bei gleicher Stellung des Auslaufhahns erhöht. Hat sich genügend Laufmittel über der Kieselgelschicht angesammelt, kann der Auslaufhahn weiter geöffnet werden. Unter leichtem Überdruck (ca. 0.2 bar, Handgebläse oder Pumpe) wird nun das Laufmittel durch die Säule gedrückt bis alle Luftblasen entfernt sind, die Säule gleichmäßig benetzt ist und optisch homogen erscheint. Die Säule darf zu keinem Zeitpunkt wieder trocken laufen!

Der Zeitbedarf für die Konditionierung beträgt etwa 60–90 Minuten, durch kurzzeitiges Öffnen und Schließen des Auslasshahns bei leichtem Überdruck kann sie beschleunigt werden. Bei stark polaren oder niedrigsiedenden Laufmitteln muss mit einem größeren Zeitaufwand gerechnet werden; bewährt hat sich in diesen Fällen die Verwendung von Chromatographiesäulen mit Kühlmantel.

Auftragen der Substanz – Beladung

Von der zu trennenden Substanzprobe wird am besten eine möglichst konzentrierte Lösung im Laufmittel hergestellt. Wenn das nicht möglich ist, muss auf ein unpolareres Laufmittel ausgewichen werden. Auf keinen Fall darf die Probe in einem stärker eluierenden Solvens aufgetragen werden!

Kann die zu trennende Substanz nur in einem Lösungsmittel mit stärkerer Elutionskraft als das Laufmittel ausreichend gelöst werden, kann man sich folgendermaßen behelfen: Zu der Lösung gibt man etwa die 10-fache Menge an Kieselgel (bezogen auf die Substanz) und engt zur Trockne ein. Das so beladene Kieselgel wird dann (nach dem Konditionieren der Säule) trocken auf das Adsorbens aufgetragen, vorsichtig mit Seesand abgedeckt und mit Laufmittel benetzt. Dabei werden die auftretenden Luftbläschen durch leichtes Klopfen an die Säule möglichst weitgehend beseitigt.

Bei konventionellen Säulen lässt man zum Auftragen das Laufmittel in der Säule genau soweit ab, bis der Flüssigkeitsspiegel die Oberkante der Säulenfüllung erreicht hat. Anschließend lässt man die konzentrierte Probenlösung langsam und gleichmäßig mit einer Pipette entlang der Glaswand auf die Säulenfüllung fließen. Durch Regulierung des Hahns lässt man das Gemisch langsam auf die Säule ‚aufziehen', bis der Flüssigkeitsspiegel gerade eingezogen wurde. Es wird nun noch mehrfach in gleicher Weise mit wenig Laufmittel nachgewaschen, bis die Probe vollständig auf die Säule aufgetragen ist.

Entwicklung und Fraktionennahme

Erst nachdem die Substanz aufgetragen wurde, kann die Säule bei geschlossenem Hahn mit Solvens gefüllt werden. Dabei darf die Säulenfüllung nicht aufgewirbelt werden! Die **Elutionsgeschwindigkeit** (0.2–0.5 cm/min) wird nun am Auslauf eingestellt.

Abb. 10.14

Hierauf wird ein Scheidetrichter mit einem dicht schließendem Gummistopfen so auf die Säule aufgesetzt, dass das Auslaufrohr in die Säulenflüssigkeit eintaucht, und mit Laufmittel aufgefüllt. Bei geöffnetem Trichterhahn läuft das Eluens automatisch mit der eingestellten Durchflussgeschwindigkeit nach (Abb. 10.14).

Wenn der Scheidetrichter rechtzeitig nachgefüllt wird, wird verhindert, dass die Säule während der Chromatographie trocken läuft.
Bei der nun stattfindenden **Entwicklung** des Chromatogramms trennt sich das Gemisch in Substanzzonen auf, die nacheinander am Auslauf aufgefangen werden.

Besteht die zu trennende Probe aus farbigen Substanzen, kann der Verlauf der Chromatographie bequem verfolgt werden und die Zonen können einzeln aufgefangen werden. Farblose Substanzen können auf folgende Weise erfasst werden:

- Es werden willkürlich viele gleichgroße Fraktionen (5–15 ml, je nach Durchflussmenge und Trennproblem) aufgefangen, die anschließend durch vergleichende DC untersucht werden. Identische Fraktionen werden vereinigt, Mischfraktionen können evtl. durch nochmalige Chromatographie getrennt werden (Abb. 10.15).
In Sonderfällen können die einzelnen Fraktionen auch UV-spektroskopisch gemessen oder durch spezifische Farbreaktionen identifiziert werden.
- Man lässt das Eluat durch eine Durchflusszelle laufen, die über UV- oder Brechungsindex-Signale die einzelnen Fraktionen anzeigt. Der Vorteil hierbei ist, dass ein nötiger Fraktionswechsel direkt zu erkennen ist. Es können allerdings auch Substanzen ‚unbemerkt' durch den Detektor gelangen (z.B. bei niedrigen Extinktionswerten bei der eingestellten Wellenlänge).

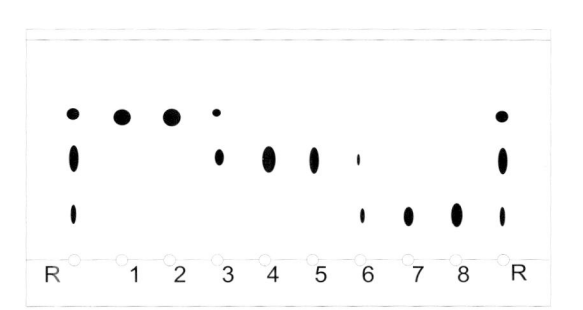

Abb. 10.15: DC-Messung der einzelnen Fraktionen aus der Säulenchromatographie.

R: Referenz (= ursprüngliche Probe)
1–8:   Fraktionen aus der SC
1, 2:   Reinfraktion → A
4, 5:   Reinfraktion → B
7, 8:   Reinfraktion → C
3, 6:   Mischfraktionen, nochmalige Trennung nötig

Aufarbeitung der Fraktionen

Von den einzelnen Fraktionen wird das Laufmittel abdestilliert. Hierbei muss besonders darauf geachtet werden, dass bei der Destillation kein Schlifffett eingeschleppt wird. Auch das ‚Abziehen' des Lösungsmittels am Rotationsverdampfer kann zu Verlusten selbst schwerer flüchtiger Substanzen führen, deshalb sollte nur mit geregeltem Druck (Vakuumcontroller) destilliert werden.

Auf jeden Fall sollte eine **Massenbilanz** erstellt werden, um Verluste bei der Chromatographie festzustellen. Nur so kann ermittelt werden, ob sich noch größere Substanzmengen auf der Säule befinden.

Die Reinheit der isolierten Substanzen (ein Fleck auf der DC-Folie) muss weiter überprüft werden (Schmelzpunkt, Brechungsindex, Spektroskopie usw.).

10.3.4 Rückgewinnung des Laufmittels

Die Säulenchromatographie, insbesondere wenn sie unter Druck (Mitteldruckchromatographie bzw. HPLC) durchgeführt wird, führt zu hohem Solvensverbrauch. Zudem handelt es sich meist um reine und damit auch relativ teure Lösungsmittel, die bei diesen Methoden eingesetzt werden. Aus Wirtschaftlichkeitsüberlegungen und – nicht zuletzt – aus Gründen der Abfallreduzierung und des Umweltschutzes ist es gerade in diesem Bereich sinnvoll, das Laufmittel wieder zu verwenden.

Bei der destillativen Aufarbeitung der Fraktionen erhält man bereits ein vorgereinigtes Laufmittel zurück. Beim Einsatz von reinen Lösungsmitteln in der Chromatographie ist es problemlos möglich, durch eine weitere Feindestillation, evtl. mit anschließendem Absolutieren, das reine Solvens zurückzugewinnen.

Auch Lösungsmittelgemische können unter Umständen wieder verwendet werden. Da jedoch auch bei einer Feindestillation keine 100%ige Trennung der Komponenten zu erwarten ist, muss die ursprüngliche Mischung nachträglich wieder eingestellt werden. Das kann über Dichte- oder Brechungsindexbestimmungen geschehen, wesentlich genauer ist jedoch die Bestimmung der Elutionskraft der Mischung: Dazu wird eine Testmischung mit verschiedenen Laufmittelmischungen der Solventien A und B am DC untersucht und die Eichkurve R_{FA}/R_{FB} gegen die Zusammensetzung von A und B aufgestellt. Wird die Testmischung mit dem zurückgewonnenen Solvens als Laufmittel im DC untersucht, kann aus dem Verhältnis R_{FA}/R_{FB} direkt auf die Zusammensetzung der Laufmittelmischung geschlossen werden. Je nach Bedarf wird die Mischung durch Zusatz von Solvens A oder B auf den ursprünglichen Gehalt gebracht wird (Abb. 10.16).

Abb. 10.16: Dünnschichtchromatographische Bestimmung der Zusammensetzung eines Laufmittelgemisches am Beispiel von Petrolether/Ethylacetat-Gemischen an Kieselgel. Testmischung: Benzoesäurebenzylamid/Benzophenon
Beispiel: R_F (Benzeosäurebenzylamid)/R_F (Benzophenon) = 0.60 → die Mischung enthält 60 Vol-% Petrolether und 40 % Ethylacetat.

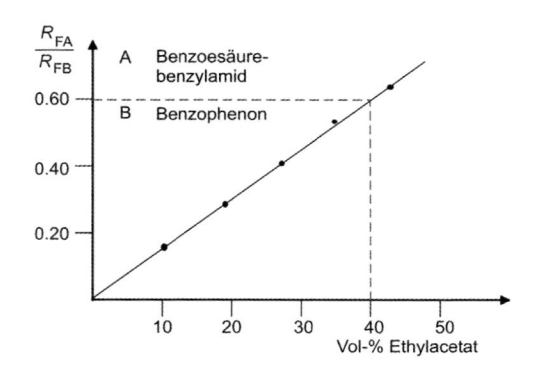

Dieses Verfahren scheint etwas aufwendig, da aber der Lösungsmittelverbrauch häufig im Bereich von vielen Litern liegt, ist es aus Kostengründen und wegen der Entsorgungsproblematik sinnvoll.

10.3.5 Störungen und Fehler

Bei der Säulenchromatographie können Störungen auftreten, die den Trenneffekt verschlechtern oder die Chromatographie unmöglich machen:

- Die Säule ‚reißt' während der Entwicklung: Diese häufige Störung kann mehrere Ursachen haben:
  - Die Säule wurde nicht gründlich genug konditioniert.
  - Es wird mit einem niedrigsiedenden Laufmittel gearbeitet (z.B. *n*-Pentan oder Diethylether). Hier kann die Adsorptionswärme zur Bildung von Gasbläschen führen. Durch Kühlung der Säule kann das Problem behoben werden.
  - Die Säule reißt von unten nach oben: Der Strömungswiderstand in der Säule ist zu hoch, es kann weniger Laufmittel nachfließen als am Auslauf die Säule verlässt. In diesem Fall kann entweder ein leichter Überdruck angelegt werden oder der Auslaufhahn muss weiter geschlossen werden.
- Die Säule ‚verstopft' und reißt schließlich: Hier wurde eine Probe aufgetragen, die noch feine, ungelöste Feststoffe oder klebrige, polymere Bestandteile enthält. Die obersten Schichten der Säule sind mit feinem Schlamm verstopft oder verklebt, durch Aufrühren

der obersten Schicht (einige Zentimeter) mit einem Glasstab kann das Problem manchmal behoben werden.

Meistens ist die Chromatographie kaum zu retten, vor der Wiederholung muss das Rohprodukt entweder filtriert oder über eine kurze Säule (2 cm×5 cm, evtl. Druck anlegen) vorgereinigt werden.

- Die Trennung ist schlechter als erwartet: Hier wurde meist zu viel Substanz aufgetragen. Die Kapazität der verwendeten Säule sollte nochmals geprüft werden (vgl. Tab. 10.3), in einigen Fällen schafft bereits ein Wechsel zu weniger polaren Laufmitteln oder die Verwendung von Adsorbentien höherer Aktivität Abhilfe.
- Es wird deutlich weniger Produkt eluiert als erwartet: Hier muss zunächst geprüft werden, ob die Substanz auf dem verwendeten Adsorbens stabil ist. Dazu sollte das DC nochmals genau überprüft werden (Schwanzbildung auch bei kleinen Substanzmengen?), in Zweifelsfällen wird ein zweidimensionales DC entwickelt (mit jeweils demselben Laufmittel) und geprüft, ob auf dem Endpunkt des 1. Laufes (= Startpunkt des 2. Laufes) ein Fleck ‚sitzen bleibt' (siehe Kap. 10.2.3). Abhilfe kann möglicherweise die Verwendung von Adsorbens geringerer Aktivität (Aktitätsstufe II–IV) schaffen, notfalls kann auch die Verweilzeit der Substanz auf der Säule durch Erhöhung der Fließgeschwindigkeit verringert werden (siehe Flash-Chromatographie). In beiden Fällen muss jedoch die Verringerung der Trennstufenzahl der Säule in Kauf genommen werden.

10.3.6 Flash-Chromatographie (Blitz-Chromatographie)

Die Flash-Chromatographie ist eine effiziente und schnelle Methode für einfache bis mittlere präparative Trennprobleme bei schwachem Überdruck mit geringem experimentellem Aufwand. Im Unterschied zur ‚normalen' Säulenchromatographie wird feineres Material für die stationäre Phase verwendet und dadurch eine höhere Trennleistung erreicht. Die Durchflussgeschwindigkeit wird – wie bei der Mitteldruckchromatographie – durch den Überdruck erhöht: Die Trennzeit verkürzt sich und wegen der kürzeren Verweilzeit des Probenmaterials kann auch die Zersetzung empfindlicher Substanzen weitgehend vermieden werden. Die Methode wurde erstmals 1978 von Still publiziert und patentiert (W.C. Still et al., *J. Org. Chem.* **1978**, *43*, 2923).

Als stationäre Phase können alle üblichen Säulenmaterialien verwendet werden, typische Korngrößen liegen zwischen 30 und 60 µm.

Abb. 10.17: Einfache Apparatur für die Flash-Chromatographie.

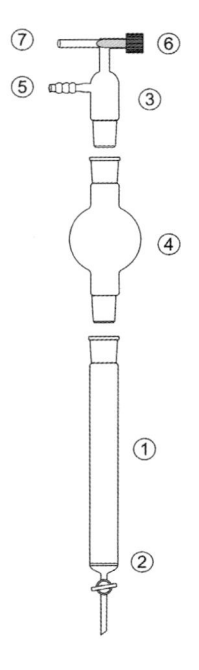

Eine einfache Apparatur (Abb. 10.17) besteht aus einer Chromatographiesäule (1) mit Glasfrittenboden (2) und einem so genannten ‚Flowcontroller' (3) zum Regulieren des Überdrucks, dazwischen kann noch ein Solvensvorratsgefäß (4) eingebaut werden. Die Druckversorgung erfolgt am Schlauchanschluss (5), meistens über Stickstoff- oder Pressluftdruckflaschen mit Druckminderer; alternativ kann der Druck auch mit einem Handgebläse erzeugt werden. Am Nadelventil (6) des Flowcontrollers kann die Durchflussgeschwindigkeit geregelt werden, der Überdruck entweicht über (7).

Alle Schliffverbindungen müssen gegen Überdruck gesichert werden, die Glassäule und das Solvensvorratsgefäß müssen mit einem Splitterschutz versehen sein (Berstgefahr durch Überdruck!).

Statt der Glasfilterfritte (2) kann auch ein Baumwollpfropfen verwendet werden, er muss dann mit etwa 1 cm feinen See- oder Quarzsand überschichtet werden, um das Auslaufen der feinen Säulenfüllung zu verhindern.

Die Trennleistung der Flash-Chromatographie entspricht der von Niederdrucksäulen (siehe Tab. 10.3). In Abhängigkeit von der Säulengröße und dem Trennproblem können Substanzmengen von 0.01 bis 10 g in 15 Minuten getrennt werden.

Mittlerweile sind von verschiedenen Herstellern auch komplette Flash-Chromatographiesysteme im Handel erhältlich. Der Überduck wird meist mit einfachen Pumpen erzeugt, als Säulen werden meist fertig gepackte ‚Cartridges' mit Kunststoffmantel (Polypropylen) in verschiedenen Größen verwendet. Die Systeme sind in der Regel modular aufgebaut und können mit Detektoren oder einem automatischen Fraktionssammler ausgerüstet werden.

10.3.7 Hochdruckflüssigkeitschromatographie (HPLC)

Die Hochdruckflüssigkeitschromatographie (HPLC, **H**igh **P**ressure **L**iquid **C**hromatography oder **H**igh **P**erformance **L**iquid **C**hromatography) ist die leistungfähigste Variante der Flüssigkeitschromatographie. Die hohe Trennleistung wird durch den Einsatz von sehr feinen Säulenfüllungen erreicht, was einen hohen Durchflusswiderstand verursacht. Eine vernünftige Flussgeschwindigkeit kann nur durch die Verwendung von Hochdruckpumpen (Druckbereich 50–300 bar) erreicht werden. In Abbildung 10.18 ist der Aufbau einer HPLC-Anlage schematisch dargestellt.

Als **Trennsäulen** werden fertig gepackte, druckbeständige Edelstahlrohre verwendet, Säuleneingang und -ausgang sind mit feinen Edelstahlfrittenplatten verschlossen. Typische Säulen für die analytische HPLC besitzen einen Durchmesser von 2–4.6 mm und eine Länge von 125 oder 250 mm; für präparative Trennungen sind Säulen mit 10–80 mm Durchmesser und Längen bis zu 60 cm erhältlich. Zur Verbindungen der Säule mit der Pumpe und dem Detektor werden verschraubte Kapillaren aus Edelstahl oder einem speziellen, druckbeständigen Kunststoff (PEEK) verwendet.

Als stationäre Phase wird Säulenfüllmaterial mit Korngrößen von 3–10 µm verwendet, häufig werden modifizierte Kieselgele eingesetzt (Reversed-Phase Chromatography). Sphärisches Material mit sehr enger Korngrößenverteilung verbessert die Trennleistung. Die Analysenzeit kann durch die Verwendung dünnerer Säulen mit Korngrößen < 2 µm weiter verkürzt werden (Microbore-Säulen).

Abb. 10.18: Schematischer Aufbau einer HPLC-Anlage.

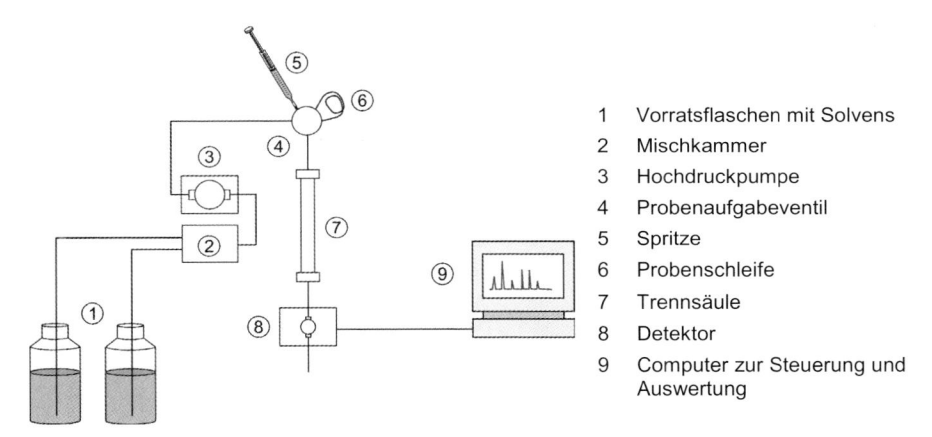

1 Vorratsflaschen mit Solvens
2 Mischkammer
3 Hochdruckpumpe
4 Probenaufgabeventil
5 Spritze
6 Probenschleife
7 Trennsäule
8 Detektor
9 Computer zur Steuerung und Auswertung

Der Eluent (mobile Phase) wird aus den Vorratsflaschen (1) angesaugt, bei Trennungen mit Gradienten wird die Zusammensetzung des Eluenten aus den einzelnen Solventien in der Mischkammer (2) eingestellt. Die Hochdruckpumpe (3) fördert den Eluenten mit konstanter Flussgeschwindigkeit zu Trennsäule (7).

Die Probenaufgabe erfolgt über das Mehrwegeventil (4): Mit einer Spritze wird die Probenschleife (6) mit einem definiertem Inhalt der Probenlösung gefüllt. Durch Umschalten des Ventils (4) wird der Inhalt der Probenschleife zum Eingang der Trennsäule gepumpt und getrennt. Die Trennung kann über den Detektor (8) am Säulenausgang verfolgt werden.

Moderne Anlagen registrieren das Detektorsignal über einen Rechner, der auch die Steuerung der Pumpe und die Gradientenbildung übernimmt.

Bei der **isokratischen Trennung** wird ein Eluent mit konstanter Zusammensetzung verwendet. Für die Trennung komplexer Mischungen mit sehr unterschiedlichen Retentionszeiten ist die **Gradiententrennung** günstiger. Dabei wird die Zusammensetzung des Eluenten im Verlauf der Trennung nach einem vorgegeben Programm geändert (z.B. 90% Hexan/10% Dichlormethan zu 50% Hexan/50% Dichlormethan). Die Mischung des Eluenten erfolgt in speziellen Mischkammern entweder vor oder nach der Hochdruckpumpe.

Als **Detektoren** werden häufig UV/Vis-Detektoren mit einstellbaren Wellenlängen verwendet. Die Empfindlichkeit hängt von der Absorption der Substanz bei der gewählten Wellenlänge ab. Dioden-Array-Detektoren erlauben die Registrierung von größeren Wellenlängenbereichen gleichzeitig, dadurch können überlappende Peaks leichter identifiziert werden. Seltener eingesetzt werden refraktive Detektoren (Änderung des Brechungsindex des Eluenten) oder ORD-Detektoren (Änderung des Drehwerts bei Trennung von chiralen Substanzen). In schwierigen Fällen können auch verschiedene Detektoren hintereinander geschaltet werden.

Die Identifizierung der einzelnen Substanzen ist nur über die R_F-Werte aus Vergleichsmessungen möglich, für die eindeutige Identifizierung werden häufig Referenzsubstanzen als interne Standards zu der Probenmischung gegeben. Für quantitative Analysen müssen zusätzlich Eichmessungen mit verschiedenen Konzentrationen der zu bestimmenden Substanz in Gegenwart der internen Standardsubstanz durchgeführt werden.

Seit einigen Jahren werden im analytischen Bereich auch MS-Detektoren eingesetzt (HPLC/MS-Kopplung). Hier wird ein Teil des aus der Säule austretenden Eluenten dem Einlass eines Massenspektrometers zugeführt, die Massenspektren werden kontinuierlich gemessen. Die erhaltenen Massespektren lassen direkte Rückschlüsse auf die Art der einzelnen Substanzen zu.

10.3.8 Ionenaustauschchromatographie

Die **Reinigung von zwitterionischen Verbindungen**, z.B. Aminosäuren und Peptiden, ist nur dann auf konventionellem Wege möglich, wenn diese kristallin vorliegen und umkristallisiert werden können. Die extraktive **Abtrennung von salzartigen Nebenprodukten** ist wegen der ähnlichen Lösungseigenschaften nicht möglich, auch eine Chromatographie verbietet sich wegen der hohen Polarität der Verbindungen. Eine destillative Reinigung ist wegen der extrem hohen Siedepunkte solcher Verbindungen völlig ausgeschlossen. Zwar wäre eine Umkehrphasen-Chromatographie (reversed-phase chromatography) im Prinzip möglich, diese ist allerdings mit großen Kosten für die modifizierte feste Phase verbunden, die die Trennung von präparativen Mengen meist unmöglich macht. In diesen Fällen bietet sich die günstige **Ionenaustauschchromatographie** an, die manchmal auch die Reinigung von Aminen erlaubt.

Ionenaustauscher binden Ionen umso besser, je höher geladen die Ionen sind und je größer der Ionenradius ist, wobei **saure Ionenaustauscher** Kationen und **basische Ionenaustauscher** Anionen binden. Darauf basierend werden an einem sauren Ionenaustauscher Ammoniumionen stärker gebunden als Protonen oder Alkalimetallkationen. Das Prinzip der Ionenaustauschchromatographie soll am Beispiel von sauren Ionenaustauschern erklärt werden, die für die Reinigung von Aminosäuren vorzugsweise genutzt werden. Saure Ionenaustauscher sind Polymere (z.B. Polystyrole), die mit sauren Gruppen (z.B. Sulfonsäuren) modifiziert sind. Kommen diese mit Aminosäuren in Kontakt, werden die Protonen der Sulfonsäurefunktionen gegen Ammoniumverbindungen ausgetauscht; es bilden sich organische Ammoniumsulfonate, in denen die kationischen Ionen relativ stark gebunden sind. Wird anschließend Ammoniak durchgeleitet, werden die Produkt-Ionen gegen Ammonium-Ionen (NH_4^+) ausgetauscht, das Substrat wird wieder freigesetzt. Im Detail geht man wie folgt vor:

Vorbereitung des Ionenaustauschers:

Der Ionenaustauscher (z.B. Dowex® 50W×8, Na^+-Form) wird in Form kleiner Polymerkügelchen in einer Filternutsche mit Glasfritte für ½ Stunde mit 6 N HCl versetzt. Die Salzsäure wird abgelassen und es wird mit destilliertem Wasser gewaschen, bis das Eluat nahezu neutral ist. Anschließend wird 6 N Ammoniaklösung zugesetzt und erneut bis zur annähernden Neutralität gespült. Es wird ein zweites Mal mit 6 N HCl versetzt und bis zur Neutralität mit destilliertem Wasser gewaschen. Ist das Eluat am Schluss nicht völlig klar und farblos, sollte der gesamte Prozess wiederholt werden. Dieser aufwändige Reinigungsprozess ist notwendig, weil sonst bei der anschließenden Chromatographie Verunreinigungen im Produkt verbleiben können, die nur sehr schwer abtrennbar sind. Der Ionenaustauscher liegt jetzt in der H^+-Form vor. Ist eine hohe Produktreinheit nicht erforderlich, so kann man den Ionenaustauscher auch direkt in der käuflichen H^+-Form einsetzen.

Durchführung der Ionenaustauschchromatographie:

Der Ionenaustauscher wird in der H^+-Form zusammen mit destilliertem Wasser in eine Chromatographiesäule eingefüllt. Alle Luftblasen werden mit einem Glasstab ausgerührt. Im Folgenden werden alle Operationen **ohne Anlegen von Druck** durchgeführt. Das Polymer ist quellfähig und komprimierbar, ein angelegter Druck würde auf die Glaswand übertragen und mit hoher Wahrscheinlichkeit zum Bersten der Säule führen. Eine am Rotationsverdampfer konzentrierte (aber noch fließfähige) wässrige Produktlösung wird nun auf die Säule aufgebracht und mit destilliertem Wasser in die Säule eingespült. Es wird solange destilliertes Wasser durchgeleitet, bis der pH-Wert des Eluats zunächst stark sauer und dann wieder neutral ist. Man leitet nun 3 N wässriges Ammoniak durch die Säule bis das Produkt als wässrige Lösung ausfließt (DC-Kontrolle, z.B. Detektion von Aminosäuren mit Ninhydrin). Alle Fraktionen, die das Produkt enthalten, werden vereinigt und am Rotationsverdampfer zur Trockene eingeengt. Wird weniger konzentriertes Ammoniak (0.1 N) zur Eluation verwendet, kann man auch verschiedene Aminosäuren (in der Reihenfolge ihrer isoelektrischen Punkte) hintereinander eluieren und somit trennen. In diesem Fall dauert die Eluation aber deutlich länger.
Wenn man die Säule anschließend mit 6 N Salzsäure und dann mit destilliertem Wasser (jeweils bis zur pH-Konstanz) spült, kann man sie viele Male benutzen.

Ein analoges Vorgehen ist auch mit basischen Ionenaustauschern möglich, die sich auch zur Reinigung von sauren Verbindungen eignen.

10.4 Gaschromatographie (GC)

10.4.1 Einführung

Im Gegensatz zur normalen Chromatographie (Flüssigkeitschromatographie, LC ≡ Liquid Chromatography) mit einem Solvens als mobiler Phase ist bei der GC die **mobile Phase ein Gas**, z.B. Helium, Stickstoff oder Wasserstoff (**Trägergase**).

Grundvoraussetzung für die GC ist, dass das zu untersuchende Substanzgemisch unzersetzt verdampfbar ist. Aus diesem Grund befinden sich die Trennsäulen in einem **Säulenofen**, der mit einem **Temperaturprogramm** geregelt wird.

Als **stationäre Phasen** sind Flüssigkeiten geeignet, die unter den Arbeitsbedingungen chemisch und thermisch stabil sind, niedrige Viskositäten und Dampfdrucke besitzen und in denen das Substanzgemisch löslich ist.

Geeignet sind:

- Silikone (z.B. SE-30, DC-20)
- Ester (z.B. Dioctylphthalat, Diisodecylphthalat)
- Polyester (z.B. Polyethylenglykolterephthalat (EGTP), Polyethylenglycolsuccinat (EGS))
- Poly(ethylenoxy)glykole (z.B. Carbowax 300 bzw. 4000)
- Nitrile (z.B. 1,2,3-Tris(cyanoethoxy)propan (TCEP)

Als Trägermaterialien für die stationären Phasen werden z.B. Chromosorb, Celite und Kieselgurpräparate eingesetzt. Wenn die stationäre Phase eines der oben angeführten Solventien ist, spricht man von einer **Flüssigkeits-Gaschromatographie (Liquid Gas Chromatography, LGC)** im Gegensatz zur **Solid Gas Chromatography (SGC)**, bei der die Chromatographiesäule nur mit einem festen Adsorbens beschickt ist, wobei das zu untersuchende Substanzgemisch auf der aktiven Oberfläche des Adsorbens aufzieht.

Die **niedrige Viskosität des Gases** bei der GC als mobiler Phase erlaubt im Gegensatz zur LC den Einsatz sehr langer Trennsäulen, aus technischen Gründen ist der Eingangsdruck einer Trennsäure aber auf 10 bar beschränkt.

Die **schnellere Diffusion in Gasen** ermöglicht größere Körnungen des Trägermaterials (0.1–0.25 mm) als bei der LC (0.005–0.05 mm).

Die **geringe Wärmekapazität der Gase** erlaubt eine schnelle Aufheizung der Säule während der Trennung (**Temperaturprogramm**).

10.4.2 Die Trennsäulen

Die Gaschromatographie ist generell natürlich nur in Säulen möglich, da das Trägergas nur hier geführt werden kann. Trennsäulen sind aus Edelstahl-, Glas- oder Quarzrohren, die in gerader oder aufgewendelter Form in den Säulenofen eingepasst werden.

Gepackte Säulen

Gepackte Säulen werden heute nur noch für besondere Trennprobleme oder für präparative Trennungen eingesetzt. Im Handel erhältliche, fertige Säulenfüllungen werden bei Unterdruck in die Trennsäule eingefüllt. Vor Inbetriebnahme werden die gefüllten Säulen bis an die obere Grenztemperatur aufgeheizt, um noch anhaftende Lösungsmittelreste (nicht die stationäre flüssige Phase!) zu entfernen.

Zur eigenen Herstellung von Säulenfüllungen muss das Trägermaterial, z.B. Chromosorb (siehe oben), Korngröße von 0.1 bis 0.25 mm, mit der stationären flüssigen Phase (3–15 g/100 g Trägermaterial) belegt werden. Hierzu wird die stationäre Phase in so viel niedrig siedendem Lösungsmittel gelöst, dass das Trägermaterial völlig bedeckt ist. Anschließend wird das Solvens am Rotationsverdampfer wieder abgezogen.

Kapillarsäulen

In der Analytik werden fast ausschließlich Kapillarsäulen eingesetzt. Sie enthalten kein Trägermaterial, die stationäre Phase haftet an der Säulenwand. Zur Herstellung wird die Säule mit einer Lösung der stationären Phase in einem niedrig siedenden Solvens gefüllt und das Solvens unter vermindertem Druck abgezogen. Die Präparation von Kapillarsäulen erfordert viel Erfahrung, es empfiehlt sich, auf käufliche Säulen zurückzugreifen.

Die eingesetzten Säulen lassen sich grob folgendermaßen einteilen (Tab. 10.4).

Tabelle 10.4: Säulentypen für die Gaschromatographie.

	Länge [m]	Durchmesser [mm]	Trennstufen	Belastbarkeit (g)
Gepackte Säule Präparativ	1–8	6–80	500–2000	10^{-3}–1
Gepackte Säule Analytisch	1–8	2–5	1000–10000	10^{-6}–10^{-3}
Kapillarsäule	10–100	0.1–0.8	10000–100000	10^{-9}–10^{-6}

10.4.3 Physikalische Aspekte der Liquid Gas Chromatography (LGC)

Die LGC basiert auf der **Verteilung** des Analysengemisches **zwischen der stationären Phase** C_S und der **mobilen Phase** C_m, für die der *Nernst'sche Verteilungssatz* gilt:

$$K = \frac{C_S}{C_m}$$

C_S : Konz. in der stationären Phase
C_m : Konz. in der mobilen Gasphase
K Verteilungskoeffizient

Die Trennstufen (Tab. 10.4) der GC-Säulen zeigen eindeutig die Überlegenheit der Gaschromatographie gegenüber der Flüssigkeitschromatographie und natürlich auch gegenüber der Kolonnendestillation.

Bevorzugte Einsatzgebiete der LGC sind:

- Trennung chemisch sehr ähnlicher Substanzen – z. B. homologer Reihen mit unterschiedlichen Siedepunkten – über ihren Dampfdruck.
- Trennung von Substanzen mit gleichem Siedepunkt aber verschiedenen chemischen Eigenschaften und damit auch verschiedenen Wechselwirkungen mit der stationären Phase.

Die GC verbindet also die Destillation mit den Möglichkeiten der Flüssigkeitschromatographie.

Der Dampfdruck p einer reinen Substanz ist nach *Clausius-Clapeyron* temperaturabhängig:

$$\frac{d \ln p}{dT} = \frac{\Delta H}{R \cdot T^2} \qquad \Delta H : \text{Verdampfungsenthalpie}$$

Die Partialdrucke eines Gemisches nehmen ebenfalls exponentiell zu. Wenn die Säulentemperatur zu tief ist, bewegen sich die Substanzen auf der Säule gar nicht. Die richtigen Säulentemperaturen bei gepackten Säulen liegen 10–40 °C unter der Siedetemperatur der Analysenproben, bei Kapillarsäulen bis zu 100 °C tiefer.

Weiten Siedebereichen der Probe trägt das Temperaturprogramm des Säulenofens Rechnung. Es regelt das Aufheizen der Säule während der Trennung. Wenn man die Heizrate richtig einstellt, erscheinen alle Peaks einer homologen Reihe mit gleichen Halbwertsbreiten und nahezu gleichen Abständen.

10.4.4 Aufbau eines Gaschromatographen

Das Trägergas (aus einer Druckgasflasche) zum Transport der Probe durch die Säule wird durch Druckminderer auf den erforderlichen Betriebsdruck gebracht, ein Strömungsregler erlaubt die Feineinstellung des Gasstroms. Die Substanzmischung wird über das Probenaufgabesystem unmittelbar vor der Trennsäule (gepackt oder kapillar) eingebracht. Der Säulenofen erlaubt die Durchführung der Trennung bei konstanten oder variablen Temperaturen (Temperaturprogramm). Die am Säulenende austretenden Substanzen werden von einem Detektor in elektrische Signale umgewandelt und auf einem Schreiber ausgegeben. In der Regel integriert der Schreiber auch über die Peakflächen und erlaubt damit die quantitative Auswertung (Abb. 10.19).

Abb. 10.19: Apparative Gaschromatographie-Anordnung.

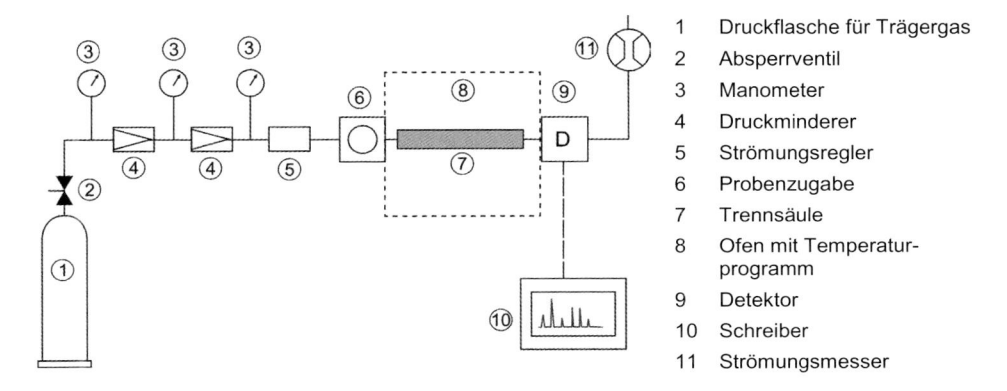

1   Druckflasche für Trägergas
2   Absperrventil
3   Manometer
4   Druckminderer
5   Strömungsregler
6   Probenzugabe
7   Trennsäule
8   Ofen mit Temperaturprogramm
9   Detektor
10 Schreiber
11 Strömungsmesser

Als Detektoren werden eingesetzt:

- Flammenionisationsdetektor (FID)
- Flammenphotometrischer Detektor (FPD)
- Thermoionischer Detektor (PND)
- Elektroneneinfang-Detektor (ECD)
- Photoionisationsdetektor (PID)
- Helium-Detektor (HeD)

Am universellsten einsetzbar ist der Flammenionisationsdetektor (FID). Hier wird die elektrische Leitfähigkeit einer Flamme in einem elektrischen Feld gemessen (Abb. 10.20). Dem aus der Säule austretenden Gasgemisch (Helium oder Stickstoff als Trägergas + Substanz) wird als Brenngas Wasserstoff zugemischt und in einer kleinen Düse verbrannt. Die notwendige Luft wird von außen zugeführt. Über der Düse ist eine ringförmige Sammelelektrode angeordnet, zwischen ihr und der Düse liegt ein elektrisches Feld von einigen 100 V. In der Flamme wird die Substanz thermisch ionisiert, dadurch fließt ein messbarer Strom von der Düse (Kathode) zur Sammelelektrode (Anode), der verstärkt und auf einen Schreiber ausgegeben wird.

Abb. 10.20: Messprinzip des Flammenionisationsdetektors.

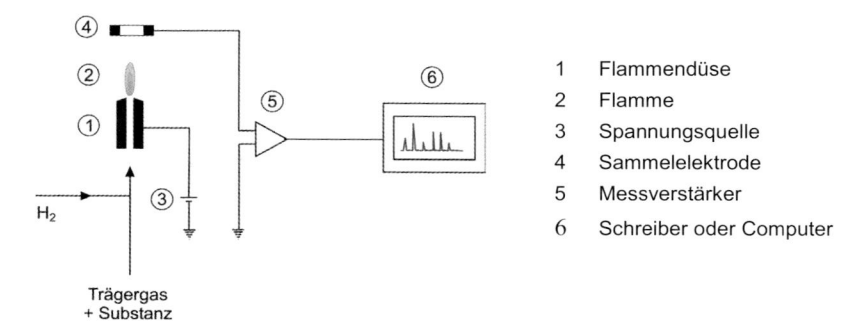

1 Flammendüse
2 Flamme
3 Spannungsquelle
4 Sammelelektrode
5 Messverstärker
6 Schreiber oder Computer

Die Grundionisation – wenn nur Trägergas und Brenngas (H_2) im FID vorliegen – ist sehr klein. Erst wenn thermisch ionisierbare Substanzen vorliegen (alle Substanzen mit C–H-Bindungen) steigt die Ionenkonzentration merklich an und damit auch der gemessene Strom.

Die gemessenen Ströme sind über einen weiten Bereich direkt proportional zur Substanzmenge, die Empfindlichkeit für verschiedene Substanzen ist aber unterschiedlich. Für quantitative Analysen ist deshalb immer eine Kalibrierung notwendig. Schwer ionisierbare Substanzen wie H_2O, CS_2 oder CCl_4 sind praktisch nicht zu detektieren. Die Nachweisgrenze liegt bei etwa $5 \cdot 10^{-12}$ gC·sec^{-1} (gC: Gramm Kohlenstoff).

FID sind robuste Detektoren für die organische Routineanalyse, sie zeichnen sich vor allem durch ihre Unempfindlichkeit gegen Änderungen der Temperatur- und der Strömungsgeschwindigkeit aus.

Über die Funktionsweise der übrigen Detektoren informiere man sich in der Spezialliteratur.

10.4.5 Arbeitsweise des Gaschromatographen

Der Gaschromatograph liefert ein **Gaschromatogramm**, das die Detektorsignale als Funktion der Zeit während der Auftrennung eines Gemisches (Komponenten A, B, C, D, Abb. 10.21). Bei $t = 0$ wird die Substanzprobe auf die Säule gegeben, in dem abgebildeten fiktiven Gaschromatogramm erscheinen nach 1–5 Minuten die Signale (Peaks) der Komponente.

Die Zeit, die eine Komponente braucht, um direkt mit dem Trägergas durch die Säule – ohne Verzögerung – zu wandern (z.B. Peak L) nennt man **Durchbruchzeit** t_m (in älterer Literatur auch Totzeit t_0).

10.4 Gaschromatographie

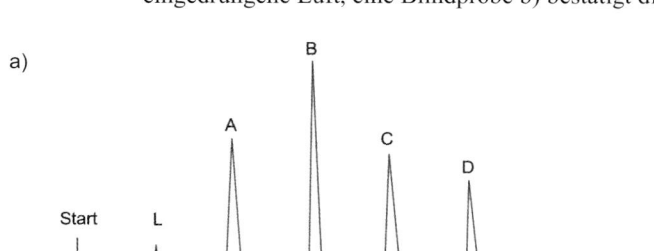

Abb. 10.21: Fiktives Gaschromatogramm. Der Peak L ist das Signal für die mit der Probe eingedrungene Luft, eine Blindprobe b) bestätigt dies.

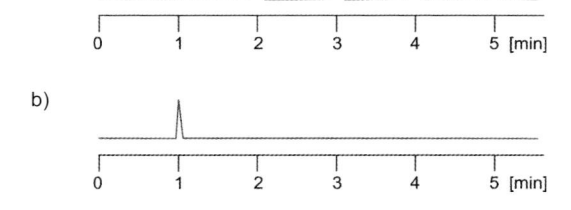

a)

b)

Aus den Peaks im Gaschromatogramm lässt sich nicht ersehen, um welche Substanzen es sich handelt. Dies setzt eine Chromatographie mit Eichsubstanzen bzw. Eichmischungen unter exakt den gleichen Bedingungen voraus.

Die Menge der getrennten Substanzen aus der Probe lässt sich bei ähnlichen Substanzen (z.B. Isomeren) näherungsweise aus der Fläche der einzelnen Peaks ermitteln. Die Gesamtfläche erlaubt die Ermittlung der Gewichtsprozente der einzelnen Komponenten:

$$F_A + F_B + F_C + F_D = \Sigma F \qquad \frac{F_A}{\Sigma F} \cdot 100 = F_A \% \cong \text{Gew.-\% A usw.}$$

Für eine exakte quantitative Bestimmung muss die unterschiedliche Empfindlichkeit des verwendeten Detektors für die jeweiligen Bestandteile der Mischung berücksichtigt werden. Dazu werden Eichmessungen verschiedener Konzentrationen der einzelnen Substanzen in Gegenwart einer genau bekannten Menge einer Referenzsubstanz (interner Standard) aufgenommen. Aus den erhaltenen Integralen (Flächen) der Signale und den bekannten Mengen von Proben- und Referenzsubstanz werden Korrekturfaktoren (,Flächenfaktoren') für die Probensubstanzen ermittelt. Auch der zu analysierenden Probenmischung wird eine genau bekannte Menge der Referenzsubstanz zugesetzt. Aus den Integralen des analytischen Laufs können anschließend mit Hilfe der Korrekturfaktoren die exakten Mengen der Bestandteile bestimmt werden.

Abbildung 10.22 zeigt ein charakteristisches Gaschromatogramm verschiedener Drogen und Wirkstoffe.

Abb. 10.22: Gaschromatogramm verschiedener Drogen und Wirkstoffe (Stationäre Phase: OPTIMA 1, 15 m×0.53 mm ID, Film = 1.80 µm, Säulentemperatur 134 °C, Aufheizgeschwindigkeit 10 °C/min bis 277 °C. Trägergas: Stickstoff, 10 ml/min, Detektor NPD, Probenmenge: 1 µl).

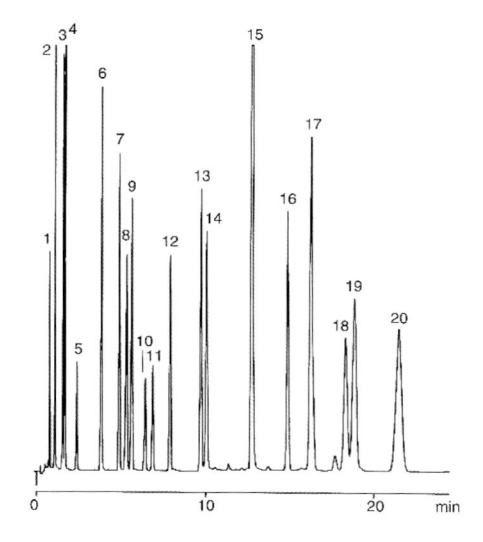

1. Amphetamin
2. Clomethiazol
3. Nicotin
4. Ephedrin
5. Barbital
6. Phenacetin
7. Coffein
8. Diphenhydramin
9. Tilidin
10. Cyclobarbital
11. 5-Chloro-2-aminobenzophenon (int. Standard)
12. Methaqualon
13. Codein
14. Morphin
15. Quinin
16. Thioridazin (int. Standard)
17. Butaperazin
18. Tiotixen
19. Tiotixen artefact
20. Lidoflazin

Literaturverzeichnis

Dünnschichtchromatographie (DC)

E. Stahl, *Dünnschichtchromatographie, ein Laborhandbuch*, Springer-Verlag, **1976**.

E. Hahn-Deinstrop, *Dünnschichtchromatographie – Praktische Durchführung und Fehlervermeidung*, Wiley-VCH, Weinheim, **1998**.

H.-P. Frey, K. Zieloff, *Qualitative und quantitative Dünnschichtchromatographie – Grundlagen und Praxis*, VCH, Weinheim, **1993**.

H. Jork, W. Funk, W. Fischer, H. Wimmer, *Dünnschicht-Chromatographie – Reagenzien und Nachweismethoden*; Band 1a: *Grundlagen, Reagenzien I*, VCH, Weinheim, **1989**; Band 1b: *Physikalische und chemische Nachweismethoden: Aktivierungsreaktionen, Reagenzfolgen, Reagenzien II*, VCH, Weinheim, **1993**.

Säulenchromatographie (SC, HPLC)

V. R. Meyer, *Praxis der Hochleistungs-Flüssigkeitschromatographie*, 9. aktualisierte Auflage, WILEY-VCH, Weinheim, **2004**.

H. Henke, *Flüssig-Chromatographie*, Vogel Verlag, Würzburg, **1999**.

G. Aced, H. J. Möckel, *Liquidchromatographie: Apparative, theoretische und methodische Grundlagen*, VCH, Weinheim, **1991**.

Gaschromatographie (GC)

W. Gottwald, *GC für Anwender*, VCH, Weinheim, **1995**.

G. Schomburg, *Gaschromatography: A practical course*, VCH, Weinheim, **1990**.

H. Naumer, W. Heller, *Untersuchungsmethoden in der Chemie*, Georg Thieme Verlag Stuttgart, New York, **1986**.

D. Jentzsch, *Physikalische Methoden in der Chemie: Gas-Chromatographie, Chem. unserer Zeit* **1972**, *6*, 154.

Präparative Chromatographie (verschiedene Techniken)

K. Hostettmann, A. Marston, M. Hostettmann, *Preparative Chromatography Techniques: Applications in Natural Product Isolation*, 2nd, completely revised and enlarged Edition, Springer Verlag, Berlin, **1997**.

Ionenaustauschchromatographie

A. K. Beck, S. Blank, K. Job, D. Seebach, T. Sommerfeld, *Org. Synth.* **1995**, *72*, 62.

Kapitel 11

Spezielle Methoden

11.1 Arbeiten mit Gasen

11.2 Mikrowellenunterstützte Synthese

11.3 Continuous Flow

       Literaturverzeichnis

11.1 Arbeiten mit Gasen

Meist sind die Reaktionspartner bei chemischen Reaktionen feste oder flüssige Verbindungen. Der Einsatz von Gasen und niedrig siedenden Verbindungen, die bei Raumtemperatur gasförmig vorliegen, erfordert spezielle Kenntnisse.

11.1.1 Allgemeines zum Arbeiten mit Gasen

Gase haben in der Chemie die verschiedenartigsten Funktionen:

- **Reaktive Gase**, z.B. Chlorwasserstoff, Bromwasserstoff, Chlor, Ethylenoxid, Ethylen oder Butadien sind Reaktanden in chemischen Umsetzungen:

  R—OH + HBr (g) ⟶ R—Br + H_2O

  Ph—CH_3 + Cl_2 $\xrightarrow{h\nu}$ Ph—CH_2Cl + HCl

  H_2C—CH_2 (Epoxid) + RMgX ⟶ RCH_2—CH_2OMgX

  Butadien + Maleinsäureanhydrid ⟶ cis-Tetrahydrophthalsäureanhydrid

- **Gase zur katalytischen Hydrierung oder zur katalytischen Oxidation:**

  (Alken) + H_2 $\xrightarrow{\text{Kat}}$ (Alkan)

  2 R—C≡C—H + O_2 $\xrightarrow{\text{Kat}}$ R—C≡C—C≡C—R

- **Kondensierte Gase** mit speziellen physikalisch-chemischen Eigenschaften, z.B. flüssiges Ammoniak (Sdp. –33 °C) in der *Birch*-Reduktion:

  NH_3 (fl) + Na → Na^+ + NH_3 (solv. Elektronen), blaue Lösung.

- **Gase zur Bildung einer inerten Atmosphäre**
  Als ‚Schutzgase', die vor der Einwirkung von Sauerstoff oder Luftsauerstoff schützen, dienen insbesondere Stickstoff und Argon.
- **Gase als Transportmittel**
  Häufig werden Gase auch als Mittel zum Transport von flüssigen und festen Substanzen in der Gasphase eingesetzt. In der Gaschromatographie ist z.B. Helium die mobile Phase.

In diesen Beispielen werden Gase als Reagenzien bzw. als inerte Hilfsstoffe eingesetzt. Umgekehrt werden bei vielen Reaktionen Gase freigesetzt, z.B.

Die freigesetzten Gase müssen auf verschiedene Weise entsorgt werden.

Allgemeine Zustandsgleichung idealer Gase

Für ideale Gase gilt die Gleichung

$p \cdot V = n \cdot R \cdot T$

p: Druck
V: Volumen
n: Stoffmenge
T: absolute Temperatur (in K)
R: allgemeine Gaskonstante (8.31441 $JK^{-1}mol^{-1}$)

Bei realen Gasen müssen Korrekturglieder eingeführt werden. Werden einzelne Parameter konstant gehalten, lassen sich Teilgesetze ableiten:

- *Boyle-Mariott'*sches Gesetz: $p \cdot V$ = konst. (T, n: konstant)
  Bei gegebener Temperatur und konstanter Stoffmenge n ist das Produkt aus Druck p und Volumen V konstant.

11. Spezielle Methoden

- *Gay-Lussac'sches Gesetz*:
  Bei konstantem Volumen V ist der Druck p, bei konstantem Druck das Volumen V direkt proportional zur Temperatur T (bei gleichbleibender Stoffmenge n).
- *Avogadro'sche Hypothese*:
  Im gleichen Volumen V, bei gleichem Druck und gleicher Temperatur sind gleich viele Moleküle enthalten, unabhängig von der Art des Gases (1 mol = $6.022 \cdot 10^{23}$ Moleküle).
- Bei gleichem Druck und gleicher Temperatur nimmt 1 mol eines gasförmigen Moleküls das gleiche Volumen ein.

1 mol Sauerstoff: 32.0 g	Volumen: 22.414 l	Zahl der Moleküle: $6.022 \cdot 10^{23}$
1 mol Argon: 39.9 g	Volumen: 22.414 l	Zahl der Moleküle: $6.022 \cdot 10^{23}$
1 mol Chlor: 71.0 g	Volumen: 22.414 l	Zahl der Moleküle: $6.022 \cdot 10^{23}$

Physikalische Eigenschaften

Die physikalischen Eigenschaften der wichtigsten Gase und geeignete Trockenmittel sind in Tabelle 11.1 zusammengefasst. Die relative Dichte wird auf die Dichte von Luft bezogen.

Tabelle 11.1: Physikalische Daten wichtiger Gase und geeignete Trockenmittel.

Gas	Sdp. [°C] / 1013 mbar	Schmp. [°C]	Rel. Dichte	Explosionsgrenzen in Luft, 20°C, 1 bar	Trockenmittel *)	Löslichkeit in 1 l H_2O, 0°C
$HC\equiv CH$	−81	−84	0.906	2.4–83%	1–4	1.7 l
$CH_2=CH_2$	−104	−169	1.55		2,5	0.26 l
$H_5C_2-NH_2$	+16.6	−81	1.55	2.7–34%	1,4,5	∞
$H_2C{-}CH_2 \diagdown \diagup \atop O$	+10.7	−111	1.53	3–100%	2	∞
HCl	−85	−114	1.27	--	1–3, 6	525 l
HBr	−67	−88	2.82	--	1–3,6	580 l
NH_3	−33	−78	0.597	15–30.2%	2,4,5	1180 l
CO_2	−78 (subl.)		1.53	--	1–3,6	1.71 l
CO	−192	−199	0.967	12.5–74%	1–3,6	0.035 l
Cl_2	−34.6	−101	2.49	--	1,2,6	2.3 l
CH_3Cl	−24	−98	1.74	7.6–19%	1,2	4.0 l
$O=CCl_2$	+8	−128	3.44		1,2,6	Zersetzung
O_2	−183	−218	1.11	--	1,3,5,6	0.05 l
N_2	−196	−210	0.967	--	1,3,5,6	0.023 l
H_2	−253	−262	0.07	4–75.5%	2,3,5,6	0.02 l
Ar	−186	−189	1.78	--	1–3,6	0.06 l

*) Trockenmittel: (1) $CaCl_2$, (2) Sikkon, (3) P_2O_5, (4) CaO, (5) NaOH, (6) H_2SO_4.

Druckgasflaschen

Die meisten Gase werden käuflichen Druckgasflaschen (Gasstahlflaschen, ‚Bomben') entnommen. Man unterscheidet dabei verdichtete Gase und Flüssiggase. Bei Flüssiggasen liegt das Gas unter dem Flaschendruck kondensiert (flüssig) vor (Tab. 11.2). Druckgasflaschen unterliegen der EU-Richtlinie 1999/36/EG, die in Deutschland durch die ‚Verordnung über ortsbewegliche Druckgeräte (OrtsDruckV)' umgesetzt wurde. Alle Druckgasflaschen müssen regelmäßig überprüft werden, der nächste Prüftermin ist auf einer Prüfplakette vermerkt.

Die zylindrischen Gasflaschen werden mit einem Gefahrgutaufkleber gekennzeichnet, er enthält:

- Gefahren- und Sicherheitssätze (H- und P-Sätze),
- Gefahrenzettel,
- Zusammensetzung des Gases,
- Produktbezeichnung,
- EG-Nummer,
- vollständige Gasbenennung nach der GGVSEB (Gefahrgutverordnung Straße und Eisenbahn und Binnenschifffahrt,
- Herstellerhinweise,
- Name, Anschrift und Telefonnummer des Herstellers.

Zusätzlich sind die Gasdruckflaschen farblich gekennzeichnet. Diese Farbkennzeichnung wurde mit der Norm DIN EN 1089-3 vom Juli 1997 neu geregelt (Tab. 11.2). Sie ist nur für die Flaschenschulter verbindlich, die Farbe des zylindrischen Flaschenkörpers ist nicht festgelegt (Ausnahme: Gase für medizinische Anwendungen besitzen einen weißen Flaschenkörper).

Aus der Schulterfarbe kann auf die Eigenschaften der Gase geschlossen werden:

- Leuchtendgrün: Inertgase
- Rot: Brennbare Gase
- Hellblau: Oxidierende Gase
- Gelb: Toxische und korrosive Gase

Einige Gase von besonderer technischer Bedeutung (z.B. Acetylen, Argon, Stickstoff) besitzen eigene Farbkennzeichnungen.

Tabelle 11.2: Flaschendruck und Farbkennzeichnung wichtiger Gase.

Gas	Max. Flaschendruck	Anschluss-Nr. (DIN 477)	Farbkennzeichnung
Acetylen	15 bar (in Aceton)	5	Kastanienbraun
Ethen	20–30 bar, flüssig	1	Rot
Ethylamin	3 bar, flüssig	1	Rot
Ethylenoxid	5–10 bar, flüssig	1	Rot
HCl	60–80 bar, flüssig	8	Gelb
HBr	10–20 bar, flüssig	8	Gelb
NH_3	8–10 bar, flüssig	6	Gelb
CO_2	60 bar, flüssig	6	Grau
CO	200 bar, gasförmig	5	Gelb
Cl_2	6–8 bar, flüssig	8	Gelb
CH_3Cl	10–15 bar, flüssig	1	Rot
$O=CCl_2$	20–30 bar, flüssig	8	Gelb
O_2	200 bar, gasförmig	9	Weiß
H_2	200 bar, gasförmig	1	Rot
He	200 bar, gasförmig	6	Braun
N_2	200 bar, gasförmig	10	Schwarz
Ar	200 bar, gasförmig	6	Dunkelgrün

Für spezielle Hochdruckanwendungen sind einige Gase auch bis zu einem Flaschendruck von 300 bar erhältlich.

Druckgasflaschen müssen stehend und gegen Umfallen gesichert in besonders geschützten Räumen (‚Gasflaschenraum' oder ‚Käfige' im Freien) gelagert werden. In Laboratorien dürfen sie nur in dauerabgesaugten und brandgeschützten Spezialschränken aufbewahrt werden. Außerhalb dieser Schränke dürfen Gasdruckflaschen nur kurzfristig aufgestellt werden. Sie müssen vor Wärmeeinwirkung geschützt und mit Ketten oder Gurten standfest an einer festen Wand befestigt werden. Am Ende des Versuchs sind die Gasflaschen wieder an ihren sicheren Lagerort zurückzustellen. Gasflaschen dürfen nur mit speziellen Wagen (‚Bombenwagen') angekettet und mit aufgeschraubter Flaschenkappe transportiert werden.

Die **Reinheit von Gasen** wird in einer speziellen Kurznotation angegeben: Die erste Zahl gibt die Anzahl der ‚Neuner' in der Prozentangabe an, die zweite, durch einen Punkt getrennte Zahl gibt die erste von ‚Neun' abweichende Dezimalstelle an. Ein Gas mit der Angabe 2.8 besitzt also eine Reinheit von 99.8%, die Angabe 6.0 bedeutet eine Reinheit von 99.9999%.

Reduzierventile (Druckminderventile)

Bei hohen Drucken in Druckgasflaschen müssen spezielle ‚Reduzierventile' eingesetzt werden. Wenn die Druckgasflasche einfach geöffnet wird, tritt eine unkontrollierbare Gasmenge unter hohem Druck und mit großer Geschwindigkeit aus, was zum Zerbersten der Apparatur führen kann.

Hochdruckgasflaschen mit komprimierten Gasen (bis 300 bar) dürfen nur mit einem Druckminderventil verwendet werden.

Mit diesem Ventil kann der **Entnahmedruck** und die **Gasmenge** reguliert werden. Die Funktionsweise eines Reduzierventils wird in Abbildung 11.1 dargestellt.

Abb. 11.1: Druckminderventil für hoch verdichtete Gase.

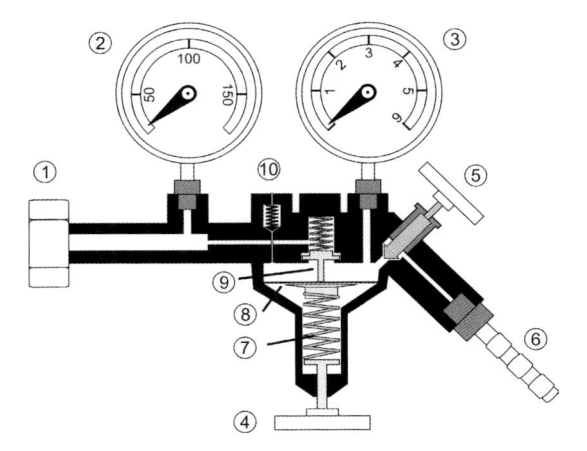

1 Flaschenanschluss nach DIN 477, siehe Tab. 11.2
2 Manometer, Anzeige des Gasflaschendrucks (bis 300 bar)
3 Manometer, Anzeige des Hinterdrucks (Entnahmedruck)
4 Handrad zur Einstellung des Entnahmedrucks
5 Absperrventil
6 Gasauslass, Anschluss an die Reaktionsapparatur
7 Vorspannfeder
8 Membran
9 Regelschieber
10 Sicherheitsventil

Funktionsweise des Druckminderventils

Das Gas strömt mit dem Flaschendruck in das Druckminderventil und drückt gegen den Regelschieber (9). Die Vorspannfeder (7) übt einen Gegendruck aus, der über das Handrad (4) geregelt werden kann. Die Membran (8) dichtet den Gasraum ab.

Wenn der von der Feder (7) ausgeübte Gegendruck größer ist als der Flaschendruck, wird der Regelschieber (9) geöffnet. Das durchströmende Gas drückt die Membran (8) nach unten, der Regelschieber wird wieder geschlossen.

11. Spezielle Methoden

Handhabung der Reduzierventile

Zum Abdichten von Ventilen dürfen niemals Fette, Öle oder Teflonband verwendet werden, Brand- und Explosionsgefahr!

Anschluss und Inbetriebnahme des Ventils

Die Druckflasche wird wie folgt in Betrieb genommen:

- Nach Abnahme der Flaschenkappe ist eine Sichtkontrolle der Dichtungen vorzunehmen, dann wird das Ventil mit dem Flaschenanschluss (1) auf die Druckgasflasche aufgeschraubt (keine Gewalt anwenden!). Einige Anschlüsse (z.B. für Wasserstoff) besitzen ein Linksgewinde.
- Entnahmeventil (Absperrventil) (5) schließen, Handrad (4) vollständig entspannen (Drehen entgegen dem Uhrzeigersinn),
- Gasflaschenventil langsam öffnen, Flaschendruck am Manometer (2) ablesen,
- Drehen der Stellschraube im Uhrzeigersinn, bis das Manometer (3) den gewünschten Entnahmedruck anzeigt.
- Zur Gasentnahme (5) Absperrventil vorsichtig öffnen.
- Wird kein Gas mehr benötigt, wird das Absperrventil (5) geschlossen, das Handrad wieder entspannt und das Hauptventil der Druckgasflasche geschlossen.

Nadelventile (Regulierventile)

Bei Druckgasflaschen mit verflüssigten Gasen (Niederdruckgase, siehe Tabelle 11.2), z.B. HCl, NH$_3$, Cl$_2$, werden Nadelventile (Regulierventile) eingesetzt (Abbildung 11.2).

Abb. 11.2: Nadelventil.

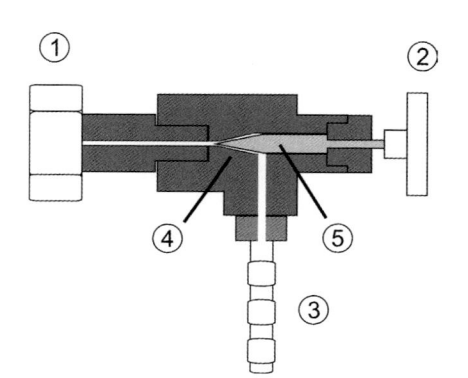

1 Flaschenanschluss nach DIN 477, siehe Tabelle 11.2
2 Handrad zur Einstellung der Entnahmemenge
3 Gasauslass, Anschluss an die Reaktionsapparatur
4 Ventilsitz
5 Reguliernadel

Bei der Verwendung von Nadelventilen ist zu beachten, dass das Gas mit dem Flaschendruck entnommen wird und nur die Menge des Gases vom Nadelventil reguliert wird (Durchflusssteuerventil). Nadelventile sind sehr gut feinregulierbar, sind aber empfindlich gegenüber gewaltsamem Schließen. Mit Nadelventilen kann die Menge des in eine Apparatur einströmenden Gases reguliert werden.

Nach dem Einsatz von aggressiven Gasen müssen die eingesetzten Nadelventile sofort mit Wasser gespült und durch Anschließen an eine Wasserstrahlpumpe getrocknet werden. Wenn dies nicht geschieht, können sich die Nadelventile durch Korrosion „festfressen" und unbrauchbar werden.

Achtung: Um Verwechslungen auszuschließen, sind die Entnahmeventile nach DIN 477 für unterschiedliche Gasarten mit verschiedenen Anschlussgewinden versehen. Die Anschlussnummer des Ventils ist in die Überwurfmutter eingeschlagen (siehe auch Tab. 11.2).

Faustregel: Rechtsgewinde für nicht brennbare Gase, Linksgewinde für brennbare Gase.

Einleiten von Gasen in Apparaturen

Beim Arbeiten mit Gasen muss unbedingt verhindert werden, dass Substanzen aus der Reaktionsmischung in die Gasflasche gelangen können. Dazu wird eine leere Waschflasche zwischen die Gasdruckflasche und Apparatur geschaltet, das Steigrohr muss zur Apparatur weisen. Eine zweite Waschflasche dient als Blasenzähler zur Kontrolle des Gasstroms (Abb. 11.3a). Alle Schliffverbindungen müssen mit Federn oder besser durch Verschraubungen gegen Auseinanderdrücken gesichert werden.

Bei **reaktiven Gasen** und solchen, die sich sehr gut in dem verwendeten Solvens lösen (z.B. HCl), muss eine zusätzliche, leere Waschflasche zwischen Blasenzähler und Reaktionsapparatur geschaltet werden. Ihr Volumen muss so groß gewählt werden, dass notfalls der gesamte Reaktionskolbeninhalt darin aufgenommen werden kann (Abb. 11.3b). Hochreaktive Gase werden am besten durch Zudosieren von inertem Trägergas (z.B. N_2) vor dem Einleiten verdünnt. Dadurch können nach dem Ende der Reaktion auch Reste des reaktiven Gases aus den Waschflaschen gespült werden (Abb. 11.3c).

Falls das Gas vor dem Einleiten getrocknet werden muss (Durchleiten durch einen Trockenturm) muss eine leere Waschflasche zwischen Apparatur und Trockenturm geschaltet werden, die einen Kontakt der Reaktionsmischung mit dem Trockenmittel verhindert (Abb. 11.3d). Ist das Trockenmittel eine Flüssigkeit (z.B. konz. Schwefelsäure), wird die Apparatur 11.3b verwendet, die Schwefelsäure dient dann gleichzeitig zur Flusskontrolle. Geeignete Trockenmittel sind in der Tabelle 11.1 aufgeführt.

Abb. 11.3: Schematischer Apparaturaufbau bei Einleiten von Gasen.

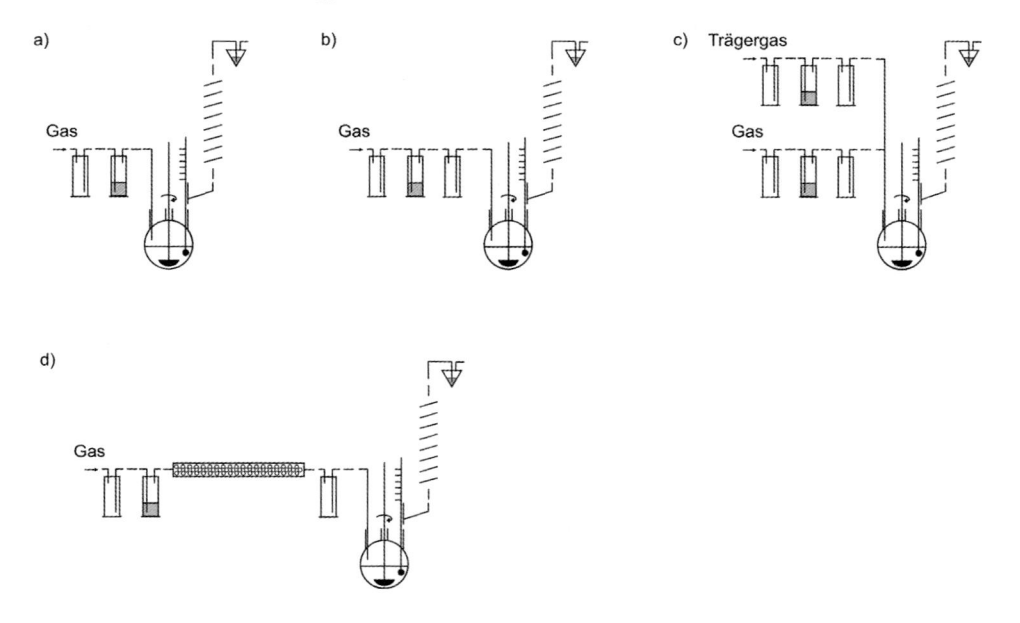

Die Einleitung der Gase in die Apparatur erfolgt über Glasrohre, die über eine Quickfit-Verschraubung in der Höhe verstellbar sind. Das Glasrohr taucht dabei in der Regel in die Reaktionsmischung ein; eine besonders gute Verteilung des Gases erreicht man durch den Einsatz von Glasrohren mit Frittenboden (Porosität 0 oder 00). In jedem Fall muss die Apparatur während der Gaseinleitung permanent beobachtet werden, im Falle eines Verstopfens des Einleitungsrohrs durch entstehende Feststoffe muss die Gaszufuhr sofort unterbrochen werden!

Falls das Gas sehr heftig reagiert, besteht die Gefahr, dass die Reaktionsmischung in das Einleitungsrohr zurück steigt. In diesen Fällen wird das Einleitungsrohr so eingebaut, dass es knapp über der Flüssigkeitsoberfläche endet, das Zurücksteigen wird dadurch verhindert.

Sicheres Arbeiten mit Gasen

- Mit entzündlichen, korrosiven, reaktiven und toxischen Gasen darf prinzipiell nur im Abzug gearbeitet werden. Sie dürfen nicht direkt in die Atmosphäre gelangen, sondern müssen zuvor deaktiviert oder neutralisiert werden (Nachschalten von Waschflaschen mit geeigneten Absorptionsmitteln).
- Vor dem erstmaligen Gebrauch von Druckgasflaschen ist eine Einweisung durch geschultes Personal unbedingt erforderlich.
- Druckgasflaschen müssen immer gegen Umfallen gesichert werden.

- Vor dem Aufschrauben des Entnahmeventils muss die Dichtung kontrolliert werden. Danach wird die Schutzmutter vom Flaschenventil abgeschraubt und das Entnahmeventil sofort aufgeschraubt.
- Undichte Ventile müssen als defekt gekennzeichnet werden und dürfen auf keinen Fall weiter verwendet werden.
- Alle Schliffverbindungen und Verschraubungen der Apparatur müssen überdrucksicher sein, Schlauchverbindungen werden mit Schlauchschellen befestigt.
- Die Apparatur muss einen Druckausgleich besitzen.
- Bei Undichtigkeiten und plötzlichem Druckanstieg (z.B. bei Verstopfungen) muss die Gaszufuhr sofort abgebrochen werden und darf erst nach Beseitigung der Ursache wieder fortgesetzt werden.
- Vor dem Arbeiten mit korrosiven oder toxischen Gasen muss eine Fluchtmaske (**Atemschutzmaske**, Gasmaske) mit geeignetem Filter bereitgestellt werden (Tab. 11.3).

Tabelle 11.3: Filtertypen für Atemschutzmasken.

Filtertyp	Farbkennung	Einsatzgebiet
AX	Braun	Gase und Dämpfe von organischen Verbindungen, Siedepunkt ≤ 65 °C, z.B. Acetylen, Ethen, Ethylenoxid, Methylchlorid
A	Braun	Gase und Dämpfe von organischen Verbindungen, Siedepunkt > 65 °C
B	Grau	Anorganische Gase und Dämpfe, z.B. Chlor, Schwefelwasserstoff, Cyanwasserstoff (Blausäure)
E	Gelb	Schwefeldioxid, Chlorwasserstoff
K	Grün	Ammoniak, Methylamin, Ethylamin
CO	Schwarz	Kohlenstoffmonoxid
NO	Blau	Nitrose Gase, einschließlich Stickstoffmonoxid
Hg	Rot	Quecksilberdampf
P	Weiß	Partikel

11.1.2 Arbeiten unter Schutzgas

Viele chemische Reaktionen müssen unter Schutzgas und strengem Ausschluss von Feuchtigkeit durchgeführt werden. Nachfolgend sind einige Beispiele aufgelistet:

- Metallorganische Verbindungen der Alkalimetalle, insbesondere die salzartigen natrium- und kaliumorganischen Verbindungen (R–Na, R–K) mit kleinen Alkylresten, reagieren spontan mit Luftsauerstoff, z.T. sind sie selbstentzündlich. Lithiumorganische Verbindungen reagieren ebenfalls, aber weniger heftig mit Sauerstoff, *tert*-Butyllithium allerdings ist pyrophor.
Zu beachten ist, dass bei Reaktionen mit Lithium Stickstoff als Schutzgas ungeeignet ist, da beide Elemente exotherm miteinander reagieren.
- Metallorganische Verbindungen der Erdalkalimetalle, insbesondere zinkorganische Verbindungen (ZnR_2) sind ebenfalls extrem luftempfindlich, zum Teil sind sie selbstentzündlich. Bei *Grignard*-Verbindungen (RMgX) bietet die überstehende Etheratmosphäre hinreichend Schutz.

- Die technisch wichtigen Aluminiumalkyle AlR$_3$ (*Ziegler/Natta*-Verfahren), Aluminiumalkylhydride (AlR$_2$H) und Boralkyle (BR$_3$) mit kleinen Alkylresten sind ebenfalls pyrophor.
- Viele Komplexe der Übergangsmetalle (z.B. Ni, Fe) reagieren mit Luftsauerstoff.
- Bei Radikalreaktionen muss fast immer unter Schutzgas gearbeitet werden.
- Viele feinverteilte Metalle (z.B. *Raney*-Nickel) sind in trockenem Zustand pyrophor.
- Ether (z.B. Diethylether, THF) bilden mit Luftsauerstoff spontan explosive Peroxide.
- In der Photochemie werden die für viele Reaktionen verantwortlichen Triplettzustände durch Sauerstoff (Triplettenergie 22 kcal/mol) gelöscht („gequencht"). Die Reaktionslösungen müssen in diesen Fällen sauerstofffrei sein.

Als Schutzgas dient in den meisten Fällen Stickstoff, in besonderen Fällen Argon. Da Argon schwerer ist als Luft, bleibt die Argonatmosphäre auch bei einer geöffneten Apparatur erhalten. Bei Verwendung von Stickstoff dürfen Apparaturen nur im Stickstoffgegenstrom geöffnet werden.
Wird Argon als Schutzgas verwendet, darf kein Teil der Apparatur auf die Temperatur flüssigen Stickstoffs gekühlt werden, da Argon bei dieser Temperatur kondensiert.

Reinigung von Schutzgasen

Stickstoff in Druckgasflaschen enthält je nach Reinheit noch Spuren von Sauerstoff, CO$_2$ und Feuchtigkeit (N$_2$ mit einer einfachen handelsüblichen Reinheit von 5.0 = 99.999% kann noch O$_2$- und H$_2$O-Spuren < 5 ppm enthalten).

Wenn der Stickstoff nicht trocken sein muss, genügt zum Entfernen von Sauerstoff das Durchleiten durch eine Lösung von Pyrogallol in wässrigem KOH in einer Frittenwaschflasche.

Die Darstellung von O$_2$-freiem und trockenem Stickstoff (oder Argon) erfolgt in der in Abbildung 11.4 dargestellten Anlage. Sie ist in ähnlicher Form kommerziell erhältlich.

Im Betrieb sind die Hähne (11) und (13) geschlossen, Hähne (9), (10) und (12) offen. Das zu reinigende Gas (N$_2$ oder Ar) wird zur Kontrolle des Gasflusses durch eine Waschflasche mit Paraffinöl (2) geleitet, die leere Waschflasche (1) verhindert ein Zurücksteigen der Flüssigkeit in die Gaszuleitung. Anschließend wird es durch den beheizten Katalysatorturm (3), gefüllt mit reduziertem **BTS-Katalysator** geleitet, dabei werden Sauerstoffreste entfernt (zur Funktionsweise siehe unten). Das aufgesetzte, kombinierte **Überdruck-/Rückschlagventile** nach *Stutz* (siehe weiter unten) verhindert einen zu hohen Druckanstieg ebenso wie das Eindringen von Luft. Danach strömt das Gas zur Entfernung von Feuchtigkeitsspuren nacheinander durch Trockentürme, gefüllt mit Kieselgel (4), Sicapent (5) und KOH (5) und tritt über den Hahn (12) aus.

Das Herausrutschen der Trockenmittel in den Türmen (4) bis (6) wird durch Glaswollebäusche verhindert. Der Turm mit Sicapent besitzt einen relativ hohen Strömungswiderstand, er sollte nur sehr locker gefüllt werden, am besten zusammen mit lockerer Glaswolle in Abständen von 5–10 cm. Ein Verdichten der Sicapent-Füllung wird durch das Einströmen von unten vermieden. Der letzte Trockenturm mit KOH-Füllung dient vor allem der Entfernung eventueller Säurespuren durch mitgerissene Sicapent-Partikel.

Abb. 11.4: Anlage zur Reinigung und Trocknung von Gasen mit dem BTS-Katalysator.

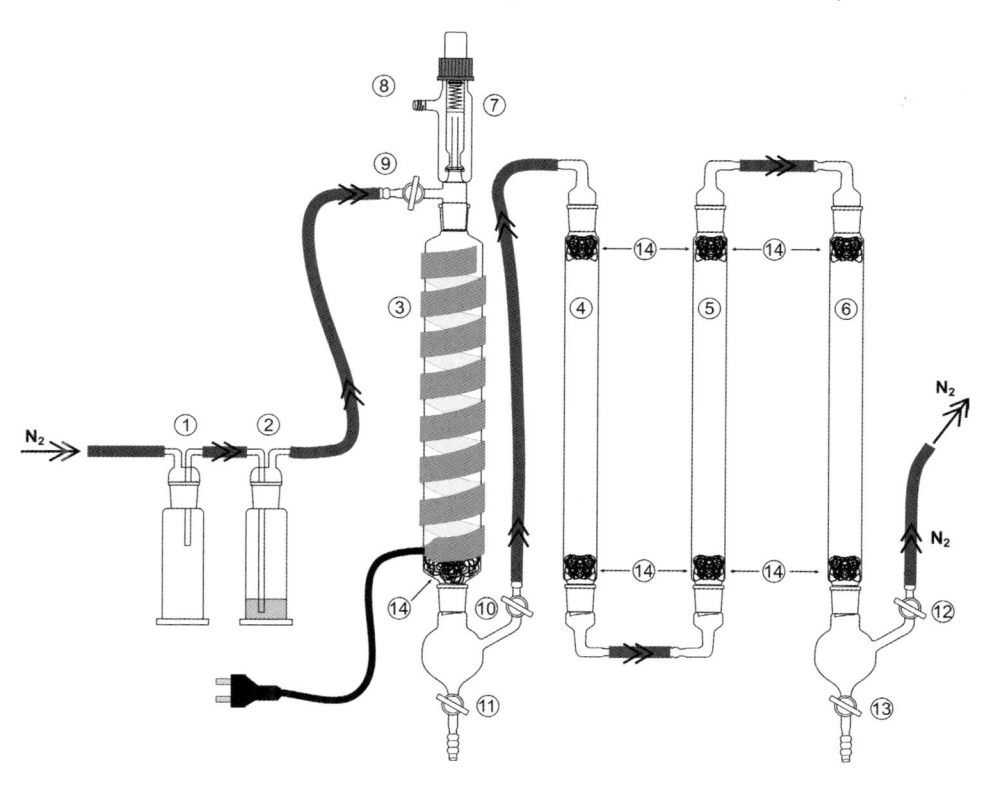

1 leere Sicherheitswaschflasche	6 Trockenturm mit festem KOH
2 Waschflasche mit Paraffinöl zur Flusskontrolle	7 Überdruck-/Rückschlagventil
3 Katalysatorturm mit BTS-Katalysator und elektrischer Heizung	8 Gasaustritt für Überdruck
	9–13 Absperrventile (Schliffhähne)
4 Trockenturm mit Kieselgel	14 Glaswollebausch
5 Trockenturm mit Sicapent	

BTS-Katalysator

Der BTS-Katalysator besteht aus etwa 30% Kupfer, das in hochdisperser Form auf einem inerten Träger fixiert und durch verschiedene Zusätze stabilisiert und aktiviert ist. Mit dem BTS-Katalysator können sowohl oxidierende als auch reduzierende Verunreinigungen aus Gasen und deren Gemischen entfernt werden. Wegen der fast unbegrenzten Regenerierbarkeit handelt es sich um ein sehr wirtschaftliches Laborhilfsmittel. Er ist kommerziell in oxidierter Form als Granulat (Körnung 0.8–2 mm) oder als Pellets erhältlich.

Der BTS-Katalysator eignet sich vor allem zur Feinreinigung von Edelgasen, Stickstoff, Wasserstoff, Sauerstoff, Kohlenmonoxid, Kohlendioxid, Methan, Ethan, Propan, Ethen, Propen und Gasgemischen verschiedenster Zusammensetzung. In Reingasen oder Gasgemischen können Verunreinigungen wie Sauerstoff, Wasserstoff, Kohlenmonoxid, flüchtige anorganische und organische Schwefelverbindungen leicht beseitigt werden. Ebenso können verschiedene Verunreinigungen gleichzeitig entfernt werden. Er kann bei Drucken bis zu 300 bar und Arbeitstemperaturen von 0–250 °C eingesetzt werden.

Die Reinigung geht im Allgemeinen so weit, dass mit den herkömmlichen Prüfmethoden keine störenden Anteile mehr feststellbar sind. Bei sorgfältigem Arbeiten in einer entsprechenden Apparatur lässt sich Sauerstoff bis unter 0.1 ppm entfernen.

Der BTS-Katalysator wird in der oxidierten Form geliefert und kann so ohne weitere Vorbehandlung zur Beseitigung reduzierender Verunreinigungen aus inerten Gasen verwendet werden. **Die Oxidform ist graugrün, die reduzierte Form schwarz**: der Farbumschlag ist relativ schwach, aber sichtbar.

Zur Entfernung von Sauerstoff ist vorher eine Reduktion erforderlich, die üblicherweise mit Wasserstoff durchgeführt wird. Es ist hier jedoch zu beachten, dass der reduzierte BTS-Katalysator pyrophor ist.

Im Allgemeinen lässt sich der Katalysator beliebig of regenerieren. Staub, Öl, Kondenswasser, Salze und Schwefelverbindungen verringern jedoch die Aktivität und die Lebensdauer des Katalysators.

Entfernen von Sauerstoff aus Gasen durch chemische Reaktion

Der reduzierte Katalysator dient der chemischen Entfernung von Sauerstoff:

$$2\,Cu + O_2 \longrightarrow 2\,CuO$$

Auf diese Weise kann man aus Inertgasen wie Stickstoff oder den Edelgasen den Sauerstoff entfernen, ohne Wasserstoff oder Kohlenmonoxid beimengen zu müssen.

Die Reaktion erfolgt bereits bei Raumtemperatur. Die Sauerstoffmenge, die von einer bestimmten Menge Katalysator aufgenommen wird, ist jedoch stark von der Temperatur abhängig: Die Kapazität nimmt mit steigender Temperatur bis zu einem Grenzwert von etwa 50 l Sauerstoff/kg Katalysator zu.

Die Arbeitstemperatur von 250 °C sollte im Dauerbetrieb nicht überschritten werden. Hierbei ist zu beachten, dass die Reaktion exotherm verläuft, so dass sich bereits Gase mit einem geringen Sauerstoffgehalt von 1.5–2% von 100 °C Eingangstemperatur von selbst auf die Arbeitstemperatur von 120–130° C aufheizen.

Reduktion des BTS-Katalysators

Die Reduktion der oxidierten Form des BTS-Katalysators kann direkt in der Gasreinigungsanlage (Abb. 11.4) erfolgen. Dazu wird der Hahn (10) geschlossen. Das Überdruckventil (7) wird durch einen Glasolivenanschluss ersetzt und über einen Schlauch und T-Stück mit jeweils zwei hintereinander geschalteten Waschflaschen verbunden (eine leere Sicherheitswaschflasche und eine als Blasenzähler, auf die richtige Schaltung achten!). Die eine Waschflaschenbatterie wird an die Stickstoffversorgung angeschlossen, die andere an eine Wasserstoffdruckgasflasche (siehe Abb. 11.5).

Abb. 11.5: Schematischer Aufbau zur Reduktion des BTS-Katalysators.

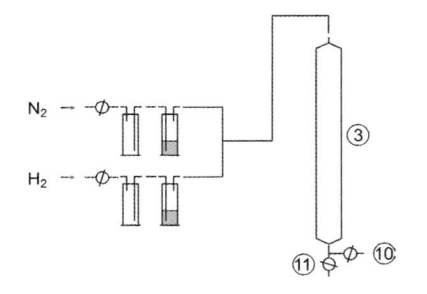

Die Nummerierung entspricht der in Abb. 11.4:

3 Katalysatorturm mit BTS-Katalysator in oxidierter Form und elektrischer Heizung
10 Absperrhahn zu den Trockentürmen
11 Absperrhahn

Vor der Reduktion wird der Katalysatorturm etwa 15–20 min mit Stickstoff gespült. Dazu wird der Hahn (11) geöffnet. Erst danach wird der Katalysatorturm aufgeheizt (max. 120 °C) und dem Stickstoff werden etwa 20% Wasserstoff (Blasenzahl!) beigemischt. Auf keinen Fall darf reiner Wasserstoff durch die Säule geleitet werden, da die Reduktion des BTS-Katalysators exotherm verläuft. Die fortschreitende Reduktion zeigt sich an der Schwarzfärbung des Katalysators und der Kondensation von Wasser am unteren Ende des Katalysatorturms.

$$CuO + H_2 \longrightarrow Cu + H_2O$$

Wenn die Reduktion beendet ist, wird die Wasserstoffzufuhr abgestellt und bei angeschalteter Heizung weiter Stickstoff durch den Katalysatorturm geleitet, um das entstandene Wasser auszutreiben. Gegebenfalls muss das untere Ende des Katalysatorturms mit einem Föhn erwärmt werden. Wenn der Katalysatorturm vollständig trocken ist, wird das Überdruckventil (7) im Stickstoffgegenstrom wieder aufgesetzt, Hahn (11) geschlossen und der Hahn (10) wieder geöffnet.

Verteilerrechen

Bei Arbeiten unter Schutzgas wird in der Regel mehr als ein Reingasanschluss benötigt. Außerdem muss die Luft aus den Apparaturen vollständig durch Schutzgas ersetzt werden, was nur durch mehrmaliges Evakuieren und Füllen mit Schutzgas möglich ist. Dazu wird am besten ein Verteilerrechen verwendet (Abb. 11.6).

Abb. 11.6: Kombinierter Verteilerrechen für Schutzgas und Vakuum.

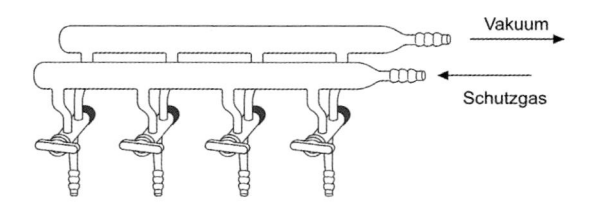

Der Verteilerrechen besteht aus einer Vakuumleitung, die meist über eine Kühlfalle mit einer Drehschieberpumpe (Ölpumpe) verbunden ist, und einer Schutzgasleitung, die mit gereinigtem Stickstoff (oder Argon) aus der Gasreinigungsanlage (Abb. 11.4) versorgt wird. Beide Leitungen sind mehrfach über Zweiwegehähne miteinander verbunden. Dadurch kann an jeder Entnahmestelle wahlweise Schutzgas oder Vakuum entnommen werden.

Überdruckventile

Beim Arbeiten unter Schutzgas muss die Apparatur gegenüber der Atmosphäre abgedichtet werden, um ein Eindringen von Luft zu verhindern. Andererseits darf in der Apparatur kein unkontrollierter Überdruck entstehen (z.B. durch Erhitzen oder Gasentwicklung). Im einfachsten Fall wird ein Blasenzähler mit inerter Sperrflüssig (z.B. Paraffinöl) auf die Apparatur aufgesetzt.

Der Blasenzähler lässt zwar Überdruck aus der Apparatur entweichen, beim Abkühlen der Apparatur entsteht jedoch in der Reaktionsapparatur ein Unterdruck; Luft kann über den Blasenzähler in die Apparatur strömen. Deshalb muss die Apparatur permanent kontrolliert werden und immer wieder Schutzgas in die Apparatur zudosiert werden, um das Zurückströmen von Luft zu verhindern.

Besser ist die Verwendung von kombinierten Überdruck- und Rückschlagventilen. In einer Variante des Blasenzählers wird in das Steigrohr ein Schwimmkörper (1) mit Kegelschliff eingesetzt, der beim Zurücksteigen der Sperrflüssigkeit (bei Unterdruck in der Apparatur) die Apparatur gegenüber der Atmosphäre abdichtet (Abb. 11.7a). Als Sperrflüssigkeit wird häufig Quecksilber wegen seiner hohen Dichte eingesetzt, der Öffnungsdruck wird durch die Höhe der Quecksilbersäule eingestellt. Paraffinöl kann auch verwendet werden, der Schwimmkörper und das Steigrohr müssen dann aber wegen der geringen Dichte des Öls größer dimensioniert werden, um ein zuverlässiges Schließen des Ventils zu erreichen.

Das **Überdruckventil nach *Stutz*** (erhältlich z.B. von NORMAG) ist eine robuste, quecksilberfreie Variante mit Kugelschliffverschluss (4) (Abb. 11.7b). Die apparaturseitige Kugel des Kugelschliffes ist mit einem Glasrohr (Steigrohr (5)) verlängert. Die Schale ist mit einer Haube verschlossen und wird über eine Feder (6) gegen die Kugel gedrückt. Die Kugelschliffschale ist poliert, die Kugelschliffkugel mit einer schmalen Schliffzone versehen. Die Dichtheit des Verschlusses wird in einer höher viskosen Sperrflüssigkeit (2), z.B. Paraffinöl gewährleistet, der Öffnungsdruck wird durch die Feder bestimmt. Optional ist ein Schliffhahn (7) für den Schutzgaseinlass möglich.

Abb. 11.7: Kombinierte Überdruck-/Rückschlagventile.

a) Einfaches Ventil   b) Ventil nach *Stutz*

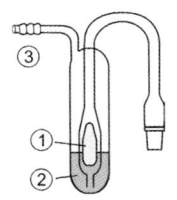

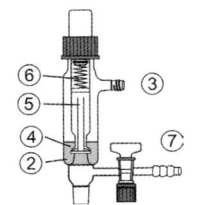

1 Schwimmkörper
2 Sperrflüssigkeit
3 Gasauslass
4 Kugelschliff
5 Steigrohr
6 Andruckfeder
7 Schutzgaseinlass mit Hahn

Unter Vakuumbedingungen funktionieren die Überdruck-/Rückschlagventile nach *Stutz* als sofort schließende Rückschlagventile. Das innen angeschmolzene Steigrohr (4) dient zur Führung der Kugelschliffhaube und verhindert jegliches Zurücksteigen der Sperrflüssigkeit in die Apparatur. Bei aggressiven Medien kann die Feder aus rostfreiem Stahl mit inerter Flüssigkeit bedeckt werden. Neben der Funktion als Rückschlagventil bei Unterdruck zeigen die Überdruck-/Rückschlagventile nach *Stutz* auch den optischen Effekt der Blasenbildung bei Überdruck, so dass in einfacher Weise der Betriebszustand sichtbar und überprüfbar ist. Für **Laborglasschliffgeräte** wird eine verstellbare bzw. fixierte Ausführung mit einem **maximalen Überdruck von 0.1 bar** empfohlen.

Hinweis: Die einwandfreie Funktion dieser neuen Ventile ist gewährleistet, wenn die serienmäßig verwendeten Original-Druckfedern eingesetzt sind und der Kugelschliffverschluss auf eventuelles Verkleben überprüft worden ist. In einer einfacheren Ausführung wird auf die Feder verzichtet, der Öffnungsdruck wird durch Gewichte (Bleikugeln) eingestellt.

Reaktionsapparaturen unter Schutzgas

Für Reaktionen unter Schutzgas muss die Apparatur vor dem Befüllen mit Lösungsmitteln und Reagenzien mit Schutzgas gespült werden. In der Regel müssen auch an der Glasoberfläche anhaftende Feuchtigkeitsspuren durch Ausheizen entfernt werden. Im Folgenden wird

11. Spezielle Methoden

das Prinzip an einer Standardapparatur aus 3-Halskolben mit Magnetrührstab, Rückflusskühler und Tropftrichter beschrieben (Abb. 11.8).

Die Reaktionsapparatur wird wie üblich aufgebaut, Rückflusskühler und Tropftrichter werden mit einem Schliffstopfen verschlossen. Auf den freien Hals des 3-Halskolbens wird ein Hahnaufsatz aufgesetzt, der über einen vakuumfesten Schlauch mit dem Rechen (Abb. 11.6) und damit mit der Inertgasversorgung und der Vakuumpumpe verbunden ist. Die Inertgasversorgung muss mit einem Überdruckventil ausgerüstet sein, um einen unzulässig hohen Druck in der Apparatur zu verhindern (siehe Abb. 11.4).

Abb. 11.8: Vorbereitung einer Apparatur zum Arbeiten unter Schutzgas.

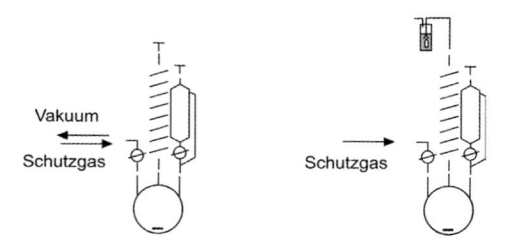

Die Apparatur wird evakuiert und mit einem Heißluftgebläse sorgfältig abgefächelt (die Hahnstellung am Rechen bleibt dabei auf Vakuum). Nach dem Erkalten wird der Hahn am Rechen auf Schutzgas gedreht, die Apparatur wird mit Schutzgas befüllt. Der Belüftungsvorgang ist abgeschlossen, wenn das Überdruckventil der Schutzgasversorgung anspricht. Dieser Vorgang wird mehrmals wiederholt.

Nach dem letzten Belüften wird im Schutzgasgegenstrom (es wird über den Hahnaufsatz weiter Schutzgas durch die Apparatur geleitet) der Schliffstopfen vom Rückflusskühler abgenommen und gegen ein Überdruckventil ersetzt. Der Schliffhahn am Hahnaufsatz wird geschlossen – die Apparatur ist betriebsbereit.

Alle folgenden Operationen, bei denen die Apparatur geöffnet werden muss (z.B. Einfüllen von Reagenzien und Lösungsmittel), müssen im Schutzgasgegenstrom durchgeführt werden. Die Reaktion selbst wird unter einer statischen Schutzgasatmosphäre durchgeführt, der Hahn am Hahnaufsatz bleibt geschlossen und wird nur bei Bedarf (Druckausgleich beim Abkühlen) kurz geöffnet. Dadurch wird verhindert, dass Lösungsmittel und Reagenzien durch den Schutzgasstrom aus der Apparatur ausgetragen werden.

Vorsicht ist geboten beim Einfüllen von Festsubstanzen: Ein zu kräftiger Schutzgasgegenstrom kann pulverförmige Substanzen verwirbeln und aus der Apparatur blasen.

Reaktionen in sehr kleinen Apparaturen oder Reaktionen, bei denen keine Gase frei werden und die praktisch keine Wärmetönung besitzen, können auch mit der **Ballontechnik** durchgeführt werden. Dazu wird das ausgeheizte und mit Schutzgas gespülte Reaktionsgefäß mit einer Septumkappe verschlossen. Ein mit Schutzgas gefüllter Ballon wird mit einem Gummistopfen verschlossen, durch den eine Kanüle geführt wurde. Diese Kanüle wird durch das Septum der Apparatur gestochen, dadurch wird eine ständige Schutzgasatmosphäre mit positivem Druck in der Apparatur erreicht. Jede Zugabe von Reagenzien erfolgt mittels Spritze über die Serumkappe der Apparatur (Abb. 11.9).

Abb. 11.9: Reaktionen unter Schutzgas mit der Ballontechnik.

Achtung: Viele Lösungsmittel lösen das Material der Ballons an und können zum Platzen des Ballons führen. Für Reaktionen unter Rückfluss ist diese Methode generell wenig geeignet.

Entgasen von Flüssigkeiten

Flüssigkeiten (Lösungsmittel, flüssige Reagenzien oder Reaktionslösungen) enthalten immer auch gelöste Gase. Für Reaktionen, in denen der aus der Luft gelöste Sauerstoff stört, müssen diese Flüssigkeiten sorgfältig entgast werden. Im einfachsten Fall kann dies durch mehrminütiges Durchleiten von Schutzgas durch die Flüssigkeit erreicht werden, am besten mit einem Einleitungsrohr mit Frittenboden.

Besser ist das Entgasen durch mehrmaliges Evakuieren und Belüften: Von der Reaktionsapparatur mit der Lösung wird das Überdruckventil wieder durch einen Schliffstopfen ersetzt. Die über den Hahnaufsatz mit dem Rechen verbundene Apparatur wird unter Rühren vorsichtig evakuiert. Wenn die Lösung aufsiedet, wird sofort auf Schutzgas umgeschaltet. Dieser Vorgang wird mehrmals wiederholt.

Absolute (getrocknete) Lösungsmittel werden zweckmäßig unter Schutzgas aufbewahrt, das Befüllen von Apparaturen mit Lösungsmittel unter Schutzgas wird in Kapitel 12.4 (Abb. 12.2) beschrieben.

Umfüllen von luft- und feuchtigkeitsempfindlichen Flüssigkeiten

Viele luft- und feuchtigkeitsempfindliche Reagenzien wie Lithium- und Zinkalkyle, Alkylaluminiumhydride usw. sind als Lösungen im Handel erhältlich und werden in Flaschen mit Serumkappen geliefert. Die Entnahme aus solchen Behältern erfolgt in Regel mit Spritzen.

Bei der Entnahme verringert sich das Volumen in der Flasche, dadurch kann Luft in die Flasche gesaugt werden und das Reagenz hydrolysieren. Abhilfe schafft hier die **Dreinadeltechnik** (Abb. 11.10).

Eine dünne Edelstahlkanüle wird auf der Anschlussseite über einen Schlauch an die Schutzgaszuleitung angeschlossen. Am besten geeignet sind *Luer*-Lock-Adapter mit Schlaucholive. Die Flasche mit dem Reagenz wird durch Festklammern gegen Umfallen gesichert und die Kanüle (bei schwachem Schutzgasstrom) durch das Septum gestochen. Gleichzeitig wird eine zweite, dünne Kanüle durch das Septum geführt, dadurch kann kein Überdruck entstehen.

Abb. 11.10: Entnahme von Flüssigkeiten unter Schutzgas (Dreinadeltechnik).

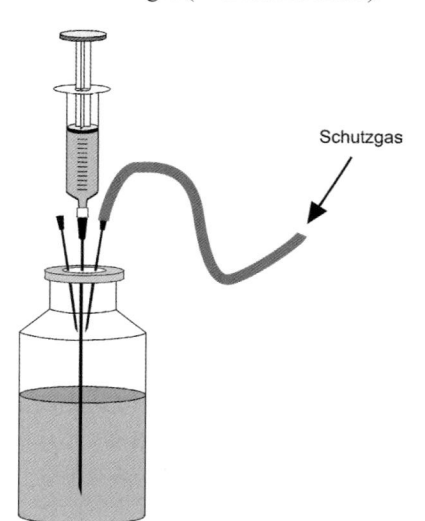

Die Entnahme erfolgt durch eine Spritze mit Nadel. Um Sauerstoffspuren aus der Spritze zu entfernen, wird die Nadel zunächst nur in den Gasraum über der Lösung geschoben und langsam angesaugt. Die Spritze wird herausgenommen und ausgestoßen. Dieser Vorgang wird mehrmals wiederholt; danach wird die Nadel bis in die Lösung geschoben und langsam angesaugt. Beim Herausziehen der Spritze aus dem Septum muss darauf geachtet werden, dass sich die Nadel nicht von der Spritze löst. Für pyrophore Reagenzien sollte zwischen Nadel und Spritze ein Absperrhahn (mit *Luer*-Lock-Anschluss) verwendet werden.

Größere Flüssigkeitsmengen werden am besten mit einer sogenannten **Doppelnadel** oder **Überführungskanüle** (eine Edelstahlkanüle mit beidseitig geschliffenen Enden) überführt. Auch hier wird die Vorratsflasche festgeklammert. Auf einen freien Schliff der Apparatur (z.B. am Tropftrichter) wird eine Septumkappe mit umstülpbarem Rand aufgesetzt. Ein Ende der Doppelnadel wird durch dieses Septum geführt und mit Schutzgas gespült, danach wird das freie Ende der Doppelnadel durch das Septum der Vorratsflasche in den Gasraum geschoben und die Schutzgaszuleitung der Apparatur abgedreht. Die Kanüle darf noch nicht in die Lösung eintauchen! Nun wird eine dünne Kanüle mit Schutzgasanschluss (siehe oben) ebenfalls durch das Septum in den Gasraum der Vorratsflasche eingeführt. Durch Eintauchen des Doppelnadelendes in die Reagenzlösung wird die Lösung durch den Schutzgasüberdruck in die Apparatur überführt. Durch Herausziehen der Doppelnadel aus der Lösung wird der Umfüllvorgang beendet. Diese Methode eignet sich auch für kleinere Mengen an Lösungsmittel.

Achtung: Es muss auf jeden Fall sichergestellt werden, dass die Doppelnadel sauber und trocken ist. Feuchtigkeitsreste können zur Hydrolyse der Reagenzlösung und damit oft zum Verstopfen der Nadel führen. Für Lösungen mit Feststoffanteilen oder Suspensionen ist diese Methode ungeeignet!

Umfüllen von luft- und feuchtigkeitsempfindlichen Feststoffen

Luft- und feuchtigkeitsempfindliche Feststoffe werden in der Regel in so genannten *Schlenk*-Rohren oder -Kolben (siehe unten) aufbewahrt. Das Umfüllen erfolgt mit Hilfe eines gebogenen Glasrohres mit beidseitigem Schliffverbindungen (Bogen oder Krümmer, Abb. 11.11a).

Abb. 11.11: Umfüllen von Feststoffen unter Schutzgas.

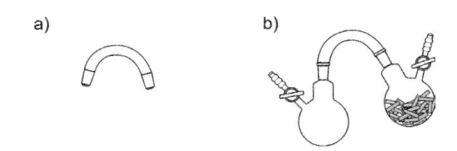

Ein ausgeheiztes und mit Schutzgas gespültes, tariertes *Schlenk*-Rohr (mit Glasstopfen tarieren!) wird im Schutzgasgegenstrom über einen Bogen mit dem Vorratsbehälter (ebenfalls ein *Schlenk*-Rohr) verbunden. Durch vorsichtiges Umschütteln kann der Feststoff von einem *Schlenk*-Rohr in das andere überführt werden (Abb. 11.11b). Danach wird der Bogen (wieder unter Schutzgasgegenstrom) entfernt und die *Schlenk*-Rohre werden verschlossen und rückgewogen.

Es ist einsichtig, dass das Abwiegen definierter Mengen mehrmaliges Rückwiegen und Umfüllen erfordert. Deshalb werden extrem luft- und feuchtigkeitsempfindliche Feststoffe oft nur in ungefähren Mengen entnommen und die anderen Reagenzien entsprechend der Stöchiometrie umgerechnet.

Spezielle Geräte für Arbeiten unter Schutzgas

Werden häufig Reaktionen unter Schutzgas durchgeführt, empfiehlt sich die Verwendung von **Schlenk-Kolben** (Rundkolben mit angeschmolzenem seitlichem Kapillarhahn). *Schlenk*-Kolben gibt es in allen Größen mit einem oder mehreren Schliffen. Für sehr kleine Reaktionsansätze oder zur Aufbewahrung von Substanzen unter Schutzgas werden **Schlenk-Rohre** verwendet (Abb. 11.12).

Abb. 11.12: Verschiedene *Schlenk*-Kolben.

Schlenk-Kolben   *Schlenk*-Rohr

Das **Filtrieren unter Schutzgasatmosphäre** ist mit den üblichen Laborgeräten nicht möglich. Hierfür verwendet man spezielle Glasfilterfritten mit seitlichem Kapillarhahn in hoher Form (Abb. 11.13a). **Umkehrfritten** (Abb. 11.13b) können direkt auf den Reaktionskolben aufgesetzt werden. Zur Filtration wird die Apparatur um 180° gedreht (auf den Kopf gestellt). Dadurch wird jeder Luftkontakt ausgeschlossen (Abb. 11.13c).

Abb. 11.13: Geräte zur Filtration unter Schutzgas.

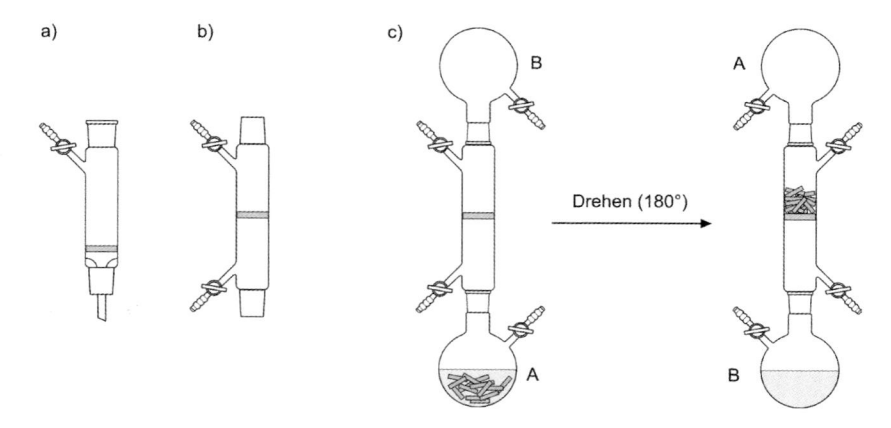

11.1.3 Arbeiten mit verflüssigten Gasen

Verflüssigte Gase (siehe auch Tabelle 11.1) werden in chemischen Laboratorien zum Kühlen (flüssiger Stickstoff) oder als Lösungsmittel bzw. Reagenz (Ammoniak, Ethylenoxid, Isobuten, usw.) verwendet. Im Folgenden soll insbesondere die Anwendung als Lösungsmittel und Reagenz behandelt werden.

Ammoniak ist ein stark ätzendes, giftiges und entzündbares Gas, das bei −33 °C siedet. Aufgrund des unangenehm stechenden Geruchs ist jedoch eine gute Warnwirkung gegeben. Es wird als Lösungsmittel bei *Birch*-artigen Reaktionen sowie bei vielen Reaktionen mit Natrium- und Lithiumamid verwendet.

Ethylenoxid (1,2-Epoxyethan) ist ein extrem entzündbares, giftiges Gas, das mit Luft explosionsfähige Gemische bildet und bei 10.5 °C siedet. Aufgrund seines hohen kanzerogenen und mutagenen Potentials ist es nach der GHS-Gefahrstoffkennzeichnung als K1B und M1B eingestuft. Es ist ein wichtiges Zwischenprodukt insbesondere für die Herstellung von Ethylenglycol und von Polyestern.

Isobuten (2-Methylprop-1-en) ist ein extrem entzündbares Gas, bildet mit Luft explosionsfähige Gemische und siedet bei −6.9 °C. Es hat einen für Olefine typischen Geruch und wirkt schwach narkotisch. Es hat große Bedeutung als Ausgangsstoff für die verschiedensten Zwischen- und Endprodukte wie z.B. Butylkautschuk und Polyisobuten.

Sicherheit im Umgang mit verflüssigten Gasen

Neben den spezifischen Gefahren, die von den jeweiligen Gasen ausgehen, muss beim Umgang mit verflüssigten Gasen beachtet werden, dass der direkte Kontakt aufgrund der oftmals sehr niedrigen Temperaturen zu starken Erfrierungen und zur Versprödung von Werkstoffen führen kann. Dies ist insbesondere beim Arbeiten mit flüssigem Stickstoff zu beachten, der eine Temperatur von −196 °C hat. Außerdem expandiert tiefkalt verflüssigtes Gas beim Verdampfen stark. So entstehen aus 1 L flüssigem Stickstoff 700 L Gas. Achtung: Erstickungsgefahr! Erfolgt die Expansion in einem geschlossenen Behälter, hat dies einen starken Druckanstieg zur Folge, wodurch der Behälter unter Umständen zum Bersten gebracht werden kann. Reaktionsapparaturen, in denen mit verflüssigten Gasen gearbeitet werden soll, müssen daher immer mit einem Überdruckventil versehen sein.

Bei der persönlichen Schutzausrüstung muss außer den üblichen Maßnahmen wie Schutzbrille und Laborkittel besonderes Augenmerk auf den Kälteschutz gelegt werden. Die Kleidung soll nicht eng anliegen, damit sie im Notfall schnell ausgezogen werden kann. Ebenso sind offene Taschen, umgekrempelte Ärmel oder Hosenbeine zu vermeiden. Besonderes Augenmerk ist auf geeignete Kälteschutzhandschuhe (z.B. Cryo-Gloves) zu legen. Die Schuhe sollten profilierte Sohlen besitzen, aus einem flüssigkeitsabweisenden Material sein (dies gilt insbesondere auch für die Zunge des Schuhs) und im Notfall schnell ausgezogen werden können. Wenn mit einem Verspritzen des verflüssigten Gases zu rechnen ist, z.B. beim offenen Umfüllen, soll ein Gesichtsschutz (Face-Shield) getragen werden.

Einleiten von verflüssigten Gasen

Die Reaktionsapparatur muss stets so aufgebaut werden, dass ein späterer Umbau möglichst rasch erfolgen kann bzw. nicht nötig ist. Wesentlicher Bestandteil ist ein Mehrhals- oder Stickstoffkolben mit einem Blasenzähler und einem Trockeneiskühler (siehe Abbildung 11.14), an den die Druckgasflasche mit dem verflüssigten Gas angeschlossen wird. Kondensiert das Gas erst bei tiefer Temperatur oder soll anschließend bei tiefer Temperatur gearbeitet werden, wird der Kolben zusätzlich in einem Trockeneis/Isopropanol-Bad gekühlt. Damit die Menge des eingeleiteten verflüssigten Gases später einigermaßen zuverlässig abgeschätzt werden kann, wird der Reaktionskolben zuvor mit entsprechenden Markierungen versehen.

Hierzu kann man den Kolben z.B. mit verschiedenen Volumina an Wasser füllen und den Flüssigkeitsspiegel jeweils mit einem guten Klebeband an der Außenseite des Kolbens markieren, bevor man ihn trocknet und in die Reaktionsapparatur einbaut.

Abb. 11.14: Apparatur zur Kondensation von Gasen.

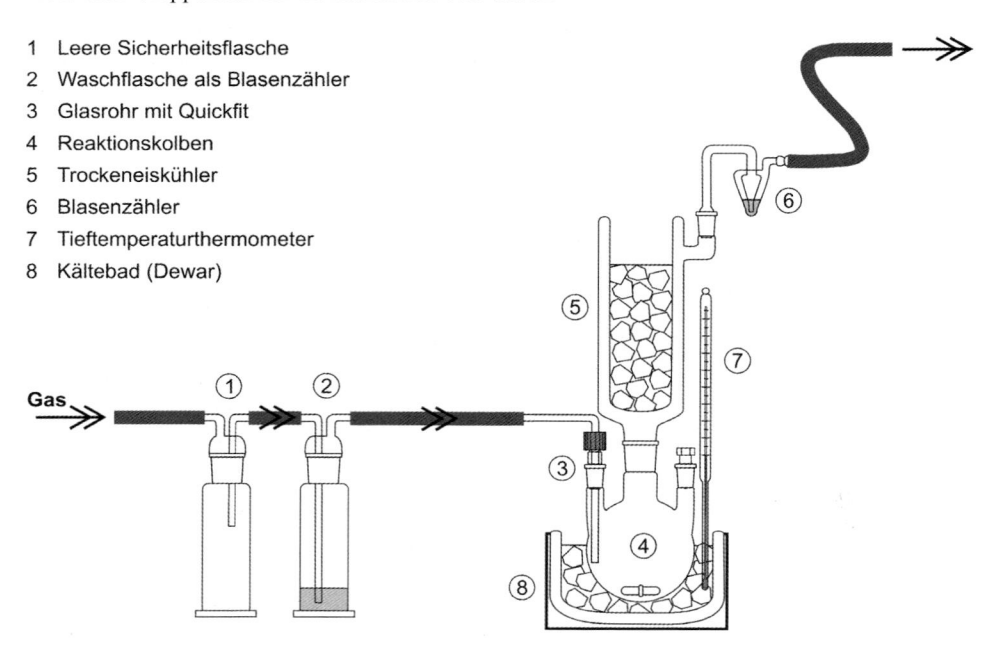

1 Leere Sicherheitsflasche
2 Waschflasche als Blasenzähler
3 Glasrohr mit Quickfit
4 Reaktionskolben
5 Trockeneiskühler
6 Blasenzähler
7 Tieftemperaturthermometer
8 Kältebad (Dewar)

Die leicht verflüssigbaren Gase wie Ammoniak, Ethylenoxid oder Isobuten werden meistens direkt aus der Druckgasflasche in den Reaktionskolben kondensiert. Dazu wird das Entnahmeventil der Gasdruckflasche über Schläuche mit einer leeren Sicherheitsflasche (1) verbunden, gefolgt von einer weiteren Waschflasche (2), die als Blasenzähler dient. Die Sperrflüssigkeit muss inert gegenüber dem verwendeten Gas sein, in der Regel kann Paraffinöl verwendet werden. Der Gasstrom wird über ein Glasrohr mit Quickfit-Verschraubung (3) in den Reaktionskolben geleitet. Zunächst wird die Apparatur einige Zeit **ohne Kühlung** mit dem Gas gespült, Währenddessen füllt man den Trockeneiskühler etwa bis zur Hälfte mit Isopropanol und gibt anschließend langsam kleine Stückchen Trockeneis dazu. Achtung: Aufgrund des hohen Temperaturunterschieds zwischen Trockeneis und Isopropanol würde die Zugabe größerer Trockeneisstücke bzw. eine zu schnelle Zugabe des Trockeneis zu einem Herausspritzen des Isopropanols führen. Mit zunehmender Abkühlung der Trockeneis/Isopropanol-Mischung wird diese immer zähflüssiger, so dass später dann auch größere Stücke Trockeneis hinzugegeben werden können.

Da durch den Abkühlvorgang ein Unterdruck in der Reaktionsapparatur entstehen würde, muss die Stärke des Gasstroms während des gesamten Einleitungsvorganges an den Blasenzählern beobachtet und so ein- und nachgeregelt werden, dass ein möglicher Unterdruck stets leicht überkompensiert wird (etwa eine Blase pro Sekunde am letzen Blasenzähler (6)). Die

Kondensation erfolgt erheblich rascher, wenn der Kolben zusätzlich mit einem Kältebad gekühlt wird. Hat der Flüssigkeitsspiegel im Reaktionskolben die zuvor angebrachte Markierung erreicht, so wird die Gaszufuhr gestoppt und der Trockeneiskühler ggf. entfernt.

Die Reaktion kann nun entsprechend der Versuchsvorschrift durchgeführt werden. Zur Aufarbeitung der Reaktionsmischung nach erfolgter Reaktion kann man das überschüssige verflüssigte Gas verdampfen lassen und durch eine geeignete Adsorptionslösung leiten. Bei Reaktionen mit verflüssigtem Ammoniak gibt man zur Aufarbeitung vorsichtig festes Ammoniumchlorid in kleinen Portionen zu und lässt den Ammoniak erst dann verdampfen.

Varianten

1. **Arbeiten mit verflüssigten Gasen unter Schutzgas**
   Erfordert die geplante Reaktion eine Umsetzung mit getrocknetem verflüssigtem Gas, so muss die Apparatur, wie in Kapitel 11.1.2 'Arbeiten unter Schutzgas' beschrieben, mehrmals mit Schutzgas gespült und ausgeheizt werden, da die Feuchtigkeit aufgrund der sehr geringen Temperaturen sonst ausfrieren würde. Verwendet man hierzu einen Verteilerrechen (Kap. 11.1.2), so ist dieser Vorgang so zu planen, dass das zu verflüssigende Gas niemals in den Verteilerrechen gelangen kann. Falls erforderlich, kann das Gas aus der Druckgasflasche zur weiteren Trocknung durch ein U-Rohr geleitet werden, das mit einem geeigneten Trockenmittel (siehe Tabelle 11.1) gefüllt ist.

2. **Reinigen von Ammoniak durch Trocknen mit Natrium und Destillation**
   Wird getrocknetes verflüssigtes Ammoniak benötigt, so destilliert man das verflüssigte Ammoniak meistens über Natrium. Hierzu werden zwei der oben beschriebenen Apparaturen benötigt. Zunächst kondensiert man das verflüssigte Gas wie oben beschrieben in einen Kolben der ersten Apparatur. Das Einleitungsrohr wird entfernt, danach werden einige kleine Stücke Natrium hinzugegeben, wodurch die Ammoniaklösung blau wird. Anschließend wird der Trockeneiskühler entfernt und durch einen Schlauchanschluss ersetzt, der mit dem Einleitungsrohr der zweiten Apparatur verbunden ist, die zuvor mit Schutzgas gespült und ausgeheizt wurde. Man lässt die erste Apparatur allmählich auf Raumtemperatur erwärmen. Dabei verdampft das Ammoniak und kondensiert erneut in der zweiten Apparatur, die wieder mit einem Trockeneis/Isopropanol-Bad gekühlt wird. Man achte darauf, dass die blaue Farbe im ersten Kolben während des gesamten Destillationsvorgangs erhalten bleibt.

11.2 Mikrowellenunterstützte Synthese

Elektromagnetische Strahlung im Mikrowellenbereich (0.3 bis 300 GHz) wurde zunächst vor allem im militärischen Bereich eingesetzt (Radar), bis 1945 zufällig ihre Eignung zum Erhitzen von Lebensmittel entdeckt wurde. Bereits einige Jahre später waren kleine Haushaltstischgeräte kommerziell verfügbar, die sich rasch durchsetzten.
Erst Ende der 80er Jahre wurde Mikrowellenstrahlung zum Erhitzen chemischer Reaktionen eingesetzt, anfangs noch mit handelsüblichen oder modifizierten Haushaltsgeräten. Obwohl die ersten Versuche schlecht reproduzierbar waren, zeigte sich schnell, dass Reaktionen durch Mikrowellenstrahlung deutlich schneller ablaufen können. Dies führte in den 90er Jahren zur Entwicklung spezieller Synthesemikrowellengeräte, die sowohl die Reproduzierbarkeit als auch die Sicherheit bei der Durchführung von Reaktionen unter Mikrowellenheizung verbesserten.

Da der Mikrowellenfrequenzbereich auch für militärische Zwecke und Telekommunikation verwendet wird, arbeiten Mikrowellengeräte für die Synthese ebenso wie die Haushaltsmikrowellenöfen bei einer reservierten Frequenz von 2.45 GHz (entsprechend einer Wellenlänge von 12.24 cm). Die Strahlungsenergie bei dieser Frequenz ist mit 1.6 meV zu gering, um chemische Bindungen aufzubrechen, deshalb können Mikrowellen nicht direkt chemische Reaktionen auslösen. Vielmehr beruht die Wirkung von Mikrowellen auf einer sehr effizienten Umwandlung der elektromagnetischen Strahlung in Wärme durch **dielektrisches Erhitzen**. Verantwortlich sind dafür im Wesentlichen zwei Phänomene:

Dipolare Polarisierung: Moleküle mit permanentem Dipolmoment versuchen sich am oszillierenden elektrischen Feld auszurichten. Dies führt zu raschen Rotationen, die in thermische Energie umgesetzt werden.

Ionenleitfähigkeit: Ionische Verbindungen bewegen sich im elektrischen Feld. Da das Feld oszilliert, versuchen die Ionen dem Feld zu folgen. Dadurch kommt es zu mehr Stößen zwischen den Molekülen und in der Folge zu einer Temperaturerhöhung.

Dipolare und ionische Verbindungen absorbieren die Mikrowellenstrahlung besonders gut und können sie in Wärmeenergie umsetzen (**Dissipation**). Unpolare Verbindungen absorbieren die Mikrowellenstrahlung kaum, sie sind ‚mikrowellentransparent'. Ein Maß für die Dissipationsfähigkeit von Stoffen ist der **dielektrische Verlustfaktor tan δ**:

$$\tan \delta = \frac{\varepsilon'}{\varepsilon''}$$

mit: ε' = Dielektritiätskonstante
ε'' = dielektrischer Verlust
δ = Phasenverschiebungswinkel des elektrischen Wechselfeldes

Tabelle 11.4: Dielektrische Verlustfaktoren (tan δ) ausgewählter Lösungsmittel [1].

Lösungsmittel	tan δ	Lösungsmittel	tan δ
Ethylenglycol	1.350	DMF	0.161
Ethanol	0.941	1,2-Dichlorethan	0.127
DMSO	0.825	Wasser	0.123
2-Propanol	0.825	Chlorbenzol	0.101
Ameisensäure	0.722	Chloroform	0.091
Methanol	0.659	Acetonitril	0.062
Nitrobenzol	0.589	Ethylacetat	0.059
1-Butanol	0.571	Aceton	0.054
2-Butanol	0.447	THF	0.047
1,2-Dichlorbenzol	0.280	Dichlormethan	0.042
NMP	0.275	Toluol	0.040
Essigsäure	0.174	Hexan	0.020

Abb. 11.15: a) Temperaturgradienten beim Erhitzen durch Mikrowellen und im Heizbad.
b) Aufheizraten einiger Lösungsmittel in der Mikrowelle (je 5 ml, geschlossenes Gefäß, 90 Watt).

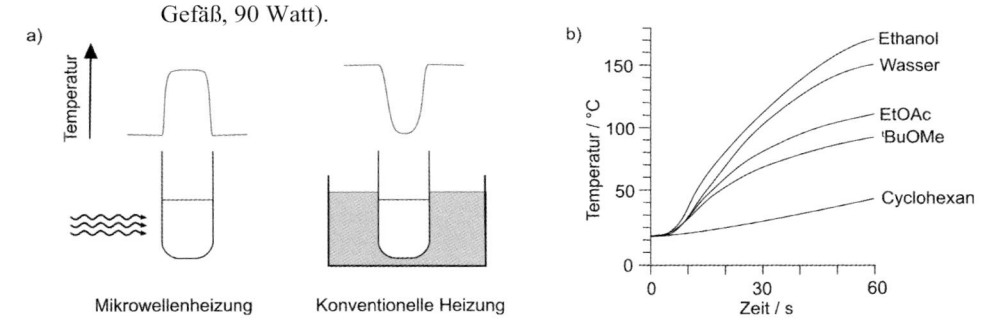

Beim konventionellen Erhitzen mit einem Heizbad erfolgt der Wärmeeintrag nur über die Oberfläche des Reaktionsgefäßes. Sie ist naturgemäß relativ langsam, da üblicherweise Glasgeräte verwendet werden, die eine schlechte Wärmeleitfähigkeit besitzen. Zudem entsteht ein Temperaturgradient zwischen der heißen Glasoberfläche und dem kälteren Volumen der Reaktionsmischung. Bei der Mikrowellenheizung wird dagegen das Reaktionsgemisch direkt ‚von innen' erhitzt (**Volumenerhitzung**), die normalerweise verwendeten Reaktionsgefäße aus Glas, Quarz oder PTFE sind mikrowellentransparent und erwärmen sich nicht aktiv durch die Mikrowellenstrahlung (Abb. 11.15a). Dadurch ist ein sehr rascher und effizienter Wärmeeintrag in das Reaktionsmedium möglich, der resultierende Temperaturgradient ist im Vergleich zum konventionellen Heizen umgekehrt.

Es gab viele Jahre lang eine Kontroverse darüber, ob es neben dem thermischen Effekt (schnelles Aufheizen und hohe Volumenreaktionstemperaturen durch dielektrisches Erhitzen), auch einen **spezifischen Mikrowelleneffekt** gibt. Hier wurde beispielsweise angeführt, dass es zu einer Wechselwirkung des elektromagnetischen Feldes mit bestimmten Molekülen, Zwischenprodukten oder Übergangszuständen im Reaktionsmedium kommen kann. Inzwischen herrscht weitgehende Einigkeit darüber, dass es diesen und andere spezifische Mikrowelleneffekte nicht gibt, die entsprechenden Beobachtungen konnten letztlich alle auf thermische Effekte zurückgeführt werden [2].

Funktionsweise von Mikrowellensynthesegeräten

Die Mikrowellenstrahlung wird im so genannten **Magnetron** erzeugt. Im Zentrum befindet sich eine zylindrische Glühkathode, die von einem Anodenblock mit Hohlraumresonatoren umgeben ist. Die Geometrie dieser Resonatoren bestimmt die erzeugte Mikrowellenfrequenz. Zusätzlich ist ein starkes Magnetfeld parallel zur Kathode notwendig.

Ein prinzipieller Unterschied zwischen Synthese- und Haushaltsmikrowellengerät betrifft die Regulierung der abgegeben Strahlungsleistung. Das Magnetron von Haushaltsgeräten arbeitet immer mit voller Mikrowellenleistung, eine Regelung erfolgt nur durch gepulstes Ein- und Ausschalten. In Synthesemikrowellengeräten kann die Mikrowellenleistung stufenlos geregelt werden. Die (Oberflächen-)Temperatur des Reaktionsgefäßes wird über einen Infrarotsensor gemessen und protokolliert, bei den meisten Geräten kann zusätzlich ein zweiter, faseroptischer Temperatursensor eingebaut werden, der die Innentemperatur der Reaktionsmischung misst. Alle Synthesegeräte besitzen verschiedene Sicherheitseinrichtungen, wie z.B. eine automatische Abschaltung bei unkontrolliertem Reaktionsverlauf und einen Splitterschutz für den Fall des Berstens eines Reaktionsgefäßes.

Multimode-Geräte besitzen einen ähnlichen Aufbau wie Haushaltsmikrowellengeräte: Ein Magnetron erzeugt die Mikrowellenstrahlung, die über einen Hohlleiter in den Ofenraum geführt wird (Abb. 11.16). Ein rotierender Reflektor (Mode-Stirrer) verteilt die Strahlung unregelmäßig im Ofenraum, dessen Innenwände die Strahlung ebenfalls reflektieren. Dadurch entstehen Interferenzen, die ein sich chaotisch änderndes Mikrowellenfeld verursachen. Gleichzeitiges Drehen der Reaktionsgefäße sorgt für einen gemittelten Strahlungseintrag und gleicht Temperaturunterschiede aus. Die Multimode-Bauart wird in der Regel für die gleichzeitige parallele Bestrahlung mehrerer Reaktionsgefäße und für Reaktionen mit größeren Volumina (bis zu mehreren Litern) eingesetzt. Die Mikrowellenleistung kann hier durch den Einsatz mehrerer Magnetrone erhöht werden.

In **Monomode-Geräten** wird die vom Magnetron erzeugte Mikrowellenstrahlung über einen Mikrowellenhohlleiter direkt zum Reaktionsgefäß geführt. Die Anordnung wird dabei so gewählt, dass im Hohlleiter eine stehende Welle entsteht. Das Reaktionsgefäß befindet sich dabei an einem Ort sehr hoher Strahlungsdichte (dem „hot spot"). Dieser Aufbau erlaubt ein sehr rasches, effizientes Aufheizen der Reaktionsmischung mit sehr guter Reproduzierbarkeit. Die Größe der Reaktionsgefäße ist aber auf relativ kleine Volumina beschränkt (einige mL bis zu 100 mL). Diese Geräte werden deshalb vor allem im kleinen Labormaßstab und im Forschungsbereich eingesetzt.

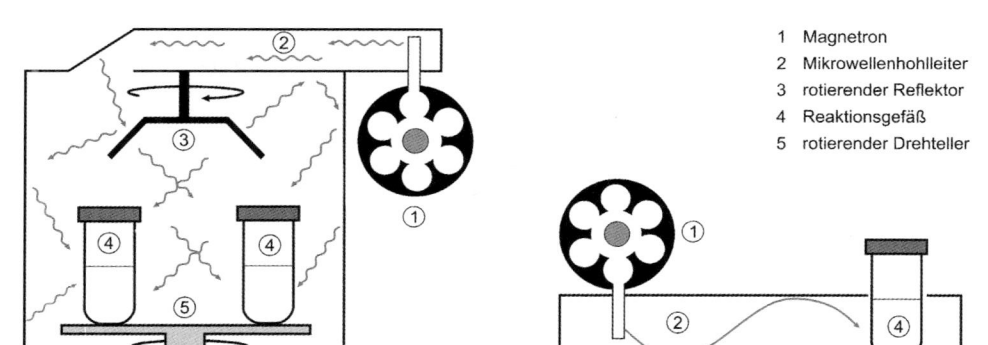

Abb. 11.16: Schematischer Aufbau von Multi- und Monomode-Mikrowellensynthesegeräten.

1 Magnetron
2 Mikrowellenhohlleiter
3 rotierender Reflektor
4 Reaktionsgefäß
5 rotierender Drehteller

Multimode-Gerät

Monomode-Gerät

Durchführung von Experimenten in Monomode-Mikrowellengeräten

Moderne Synthesemikrowellengeräte sind mikroprozessorgesteuert, die gewünschten Parameter können direkt am Gerät oder über einen angeschlossenen Rechner eingestellt werden. Häufig sind zwei Betriebsarten möglich:

- Konstante Mikrowellenleistung über einen gewissen Zeitraum.
- Schnelles Aufheizen auf die gewünschte Reaktionstemperatur mit anschließender Reaktion bei konstanter Temperatur.

Meistens werden Mikrowellenexperimente im geschlossenen Reaktionsgefäß durchgeführt. In dieser Variante kann die Reaktionstemperatur deutlich über den Siedepunkt der verwendeten Lösungsmittel oder Reagenzien erhöht werden, die damit verbundene Druckerhöhung kann je nach Gerät bis zu 20 oder 30 bar betragen.
Dazu wird die Reaktionsmischung zusammen mit einem geeigneten Magnetrührstab in ein spezielles dickwandiges Reaktionsgefäß gefüllt und mit der zugehörigen Septumkappe verschlossen. Die Herstellerangaben zur minimalen und maximalen Füllhöhe und zur geeigneten Größe des Magnetrührstabs müssen unbedingt beachtet werden (zu große Magnetrührstäbe können Funkenbildung verursachen!). Danach wird das Gefäß in den Ofenraum gestellt und das Experiment mit den entsprechenden Parametern gestartet. Dabei wird die Septumkappe fest auf das Reaktionsgefäß gepresst, dadurch kann während der Reaktion ein Überdruck aufgebaut werden (je nach Gerät 20–30 bar).
Aus Sicherheitsgründen verriegeln alle Geräte den Ofenraum beim Start des Experiments, die Verriegelung löst sich erst dann wieder, wenn die Temperatur der Reaktionsmischung nach dem Ende des Experiments auf einen ungefährlichen Wert (meist 50–60 °C) abgefallen ist und ein möglicher Überdruck im Reaktionsgefäß abgefallen ist.

Viele Mikrowellengeräte für die Synthese erlauben auch das Erhitzen in offenen Gefäßen. Hierzu wird ein üblicher (Glas-)Rundkolben mit der Reaktionsmischung in den Ofenraum gestellt. Der Schliffanschluss ragt aus dem Ofen heraus, so dass Rückflusskühler, Tropftrichter oder weitere Glasgeräte aufgesetzt werden können. Geeignete Geräte sind so konstruiert, dass keine Mikrowellenstrahlung nach außen dringt. Die maximale Reaktionstemperatur wird hier, wie beim konventionellen Erhitzen, durch den Siedepunkt der Lösungsmittel oder Reaktionspartner begrenzt.

Vor- und Nachteile der mikrowellenunterstützten Synthese

In der mikrowellenunterstützten organischen Synthese (MAOS, microwave-assisted organic synthesis) können schnelle Aufheizraten und verkürzte Reaktionszeiten erreicht werden [3]. Insbesondere in den Monomode-Geräten mit ihren hohen Mikrowellenfelddichten und Durchführung in geschlossenen Reaktionsgefäßen unter Druck lassen sich Reaktionen zum Teil drastisch beschleunigen. Diese Beschleunigung ist im Wesentlichen auf die höheren Reaktionstemperaturen zurückzuführen, die mit den modernen Synthesemikrowellengeräten einfach und sicher erreichbar sind [3]. Der Einfluss der Reaktionstemperatur wird durch das *Arrhenius*-Gesetz beschrieben:

$k = A \cdot e^{-\frac{E_A}{RT}}$ Mit: k = Geschwindigkeitskonstante
A = Präexponentieller Faktor
E_A = Aktivierungsenergie
R = allgemeine Gaskonstante
T = Temperatur (in Kelvin)

Als Faustregel kann daraus abgeleitet werden, dass die Erhöhung der Reaktionstemperatur um 10 °C eine Reaktionsbeschleunigung um den Faktor 2 bis 4 verursacht. Gleichzeit werden häufig auch bessere Ausbeuten erreicht, die mit der verkürzten Reaktionszeit erklärt werden können. Langsamere Nebenreaktionen werden dadurch zurückgedrängt.

Ein gut untersuchtes Beispiel ist die in Tabelle 11.5 aufgeführte Reaktion, die bei verschiedenen Temperaturen aber unter ansonsten gleichen Bedingungen durchgeführt wurde [2]. Die Bildung des Benzimidazols wurde bis 100 °C durch konventionelles Erhitzen erreicht, oberhalb dieser Temperatur durch Mikrowellenheizen. Um Temperaturen oberhalb des Siedepunkts erreichen zu können, war in diesen Fällen das Arbeiten in geschlossenen Gefäßen nötig. Die Reaktionszeiten in Abhängigkeit von der Temperatur werden durch das *Arrhenius*-Gesetz beschrieben ($A = 3.1 \cdot 10^8$, $E_A = 73.4$ kJ·mol^{-1}).

Moderne Synthesemikrowellengeräte erlauben eine gute Kontrolle der Reaktionsparameter, insbesondere wenn die Innentemperatur über faseroptische Sensoren gemessen und geregelt wird. Dadurch wird die Reproduzierbarkeit gesteigert.

Tabelle 11.5: Thermische Mikrowelleneffekte bei der Synthese von 2-Methylbenzimidazol [2].

Bedingungen	t
konventionell, 25 °C	9 Wochen
konventionell, 60 °C	3 d
konventionell, 100 °C	5 h
Mikrowellen, 130 °C, 2 bar	1 h
Mikrowellen, 160 °C, 4 bar	10 min
Mikrowellen, 200 °C, 9 bar	3 min
Mikrowellen, 270 °C, 29 bar	1 s

Bei der Auswahl geeigneter Lösungsmittel muss der dielektrische Verlustfaktor mit berücksichtigt werden. Der Siedepunkt des Lösungsmittels spielt dagegen eine untergeordnete Rolle, da in geschlossenen Gefäßen unter Druck gearbeitet werden kann. Mikrowellenstrahlung führt zu einer Volumenerhitzung, so dass die Rolle des Lösungsmittels als wärmeübertragendes Medium abnimmt. Die Lösungsmittelmenge kann häufig reduziert werden oder es kann sogar völlig ohne Lösungsmittel gearbeitet werden.

Den Vorteilen steht vor allem der hohe Preis von Synthesemikrowellengeräte gegenüber. Die im Forschungslabor verbreiteten Monomode-Geräte erlauben nur Synthesen im Bereich mehrerer g. Größere Mengen müssen durch mehrere Experimente dargestellt werden oder auf die größeren Multimode-Geräte übertragen werden. Dabei müssen die unterschiedlichen Strahlungsdichten von Monomode- und Multimode-Geräten berücksichtigt werden, deshalb ist in der Regel eine neue Optimierung der Parameter notwendig. Auch die direkte Übertragung der Reaktionsparameter zwischen zwei unterschiedlichen Geräten ist häufig nicht problemlos möglich, selbst wenn es sich um Geräte mit gleicher Nennleistung und Arbeitsweise handelt. Der Grund sind unterschiedliche Geometrien und Strahlungsdichten sowie unterschiedliche Algorithmen für die Leistungs- und Temperatursteuerung.

Die häufig angeführte Aussage, dass Mikrowellenheizung im Allgemeinen energieeffizienter sei als konventionelle Heizung, ist nicht richtig. Insbesondere die Monomode-Synthesemikrowellengeräte für den Labormaßstab besitzen nur einen mäßigen Wirkungsgrad, sie sind in der Regel weniger effizient als die konventionelle Heizung. Erst bei Anlagen im Technikumsmaßstab kann bei sorgfältiger Auswahl und Abstimmung der Magnetrone und Reaktionsparameter ein Effizienzvorteil gegenüber konventioneller Heizung erreicht werden [4].

11.3 Continuous Flow

Chemische Reaktionen im Labormaßstab werden auch heute noch überwiegend – wie zu den Anfangszeiten der Chemie – in konventionellen Rührapparaturen durchgeführt (**Batch**-Betrieb). Dagegen ist in der industriellen Produktion die **kontinuierliche Reaktionsführung** bevorzugt, insbesondere bei der Herstellung großer Mengen. Im diskontinuierlichen Batch-Betrieb werden die benötigten Lösungsmittel und Reagenzien nacheinander in den Reaktionsbehälter gegeben, der nach Abschluss der Reaktion wieder geleert wird. Im kontinuierlichen Betrieb werden dagegen die Lösungsmittel und Reagenzien fortlaufend dem Reaktionsbehälter (**Reaktor**) zugeführt, gleichzeitig wird ein entsprechender Teil der Reaktionsmischung ständig entnommen. Um zu gewährleisten, dass die Reaktion weitgehend abgeschlossen ist, werden entweder röhrenförmige Reaktoren oder mehrere, hintereinander geschaltete Reaktionskessel verwendet. Die Entnahme der Reaktionsmischung erfolgt am Ende des Rohrs oder aus dem letzten Kessel.

Der Begriff ‚Flow Chemistry' umfasst in der organischen Synthese verschiedene Reaktionstechniken, die nicht unbedingt echte kontinuierliche Reaktionen darstellen. Als Gemeinsamkeit kann der Verzicht auf den herkömmlichen Reaktionskolben gelten, stattdessen werden die Reagenzien durch einen Reaktor gepumpt, in dem die eigentliche Umsetzung stattfindet. Ein typischer Reaktor setzt sich zusammen aus einem Mischer und der nachfolgenden Verweilstrecke.

Im **Mischer** werden die Volumenströme der Reaktionspartner zusammengeführt, hier beginnt auch die Reaktion. Die Mischung fließt anschließend durch die **Verweilstrecke**, dabei schreitet die Reaktion weiter voran. Im Idealfall ist die Reaktionszeit an jedem Punkt der Verweilstrecke zeitlich konstant und am Ende der Verweilstrecke abgeschlossen.
Eine wichtige Kenngröße bei kontinuierlichen Reaktionen ist die **mittlere Verweilzeit**. Sie ist definiert als die Zeit, die ein bestimmtes Flüssigkeitsvolumen benötigt, um vom Eingang des Reaktors bis zum Ausgang zu gelangen. Die Verweilzeit entspricht der Reaktionsdauer bei konventioneller Reaktionsdurchführung. Sie kann näherungsweise aus der Gesamtflussrate, dem Durchmesser der Verweilstrecke und der Länge der Verweilstrecke berechnet werden.

Bereits Mitte der 60er Jahre wurden Durchflussapparaturen für kinetische Untersuchungen schneller Reaktionen eingesetzt. Bei dieser **Stopped-Flow**-Technik werden die Reaktionspartner (als Lösungen) getrennt einer Mischkammer zugeführt, gemischt und nach einer definierten Verweilstrecke durch eine Durchflusszelle geführt. Die Zelle befindet sich im Strahlengang eines Spektrometers, zur Messung werden die Pumpen kurz angehalten. Diese Technik erlaubt bei entsprechend kurzen Verweilstrecken und hohen Flussraten die Untersuchung von Reaktionen mit Halbwertszeiten im Millisekundenbereich [5].

In der Synthesechemie wurden Durchflussreaktoren erst viel später eingesetzt. Anfangs standen vor allem die Automatisierung von Reaktionen und die einfache Reinigung der Produkte im Vordergrund.

In der **PASSflow**-Methode [6] werden Reagenzien an ein festes, unlösliches Trägermaterial gebunden in eine Säule gefüllt und die Eduktlösung wird durch diese Säule gepumpt. Das ‚verbrauchte' Reagenz bleibt auf der Säule zurück, im Idealfall wird am Ausgang der Säule eine reine Produktlösung erhalten. Im Falle von stöchiometrischen Reagenzien besitzt die Säule nur eine endliche Kapazität und muss danach entweder neu gefüllt oder regeneriert werden. Die PASSflow-Technik ist daher keine kontinuierliche Reaktion im engeren Sinn. Werden Katalysatoren an das Trägermaterial gebunden, kann die Säule prinzipiell über längere Zeit oder für verschiedene Reaktionen verwendet werden.

Bedingt durch die Fortschritte in der Fertigung mikrostrukturierter Bauteile wurde in den 90er Jahren damit begonnen, Teile von industriellen, kontinuierlichen Produktionsanlagen in einen miniaturisierten Maßstab zu übertragen (**Mikroreaktionstechnik**). Dabei zeigte sich rasch, dass diese Miniaturisierung zusammen mit der kontinuierlichen Reaktionsführung für viele Reaktionen eine Reihe spezifischer Vorteile mit sich bringt [7]:

Sowohl die Zufuhr von Wärme (Heizung) als auch die Wärmeabfuhr (Kühlung) bei Reaktionen erfolgt in der Regel über die Oberfläche der Reaktionsgefäße. In konventionellen Apparaturen mit kugel- oder zylinderförmiger Geometrie ist das Verhältnis von Oberfläche zu Volumen relativ klein und verringert sich mit zunehmender Größe der Apparatur, die Temperierung konventioneller Reaktionsbehälter erfolgt deshalb nur langsam und wird mit zunehmenden Volumen immer schwieriger. Die Mikroreaktionstechnik verwendet sehr kleine Strukturen, die Reaktionsmischung wird typischerweise durch Kanäle mit einem Durchmesser < 1 mm gepumpt. Daraus resultiert ein sehr großes Oberflächen/Volumen-Verhältnis, was ein sehr effektives Heizen und Kühlen ermöglicht. Auch bei sehr stark exothermen Reaktionen lässt sich die Reaktionswärme rasch abführen. Dadurch können gut kontrollier- und reproduzierbare thermische Reaktionsbedingungen erreicht werden, unerwünschte Nebenreaktionen durch Überhitzung werden unterdrückt.

Die Mischung von Reaktionspartnern erfolgt bei konventionellen Reaktionsapparaturen durch Rühren, aber auch bei intensivem Rühren ist der Mischvorgang relativ langsam, es bilden sich chaotische Konzentrationsgradienten. Dagegen lassen sich mit Mikromischern Mischzeiten im Millisekundenbereich realisieren, sie sind damit häufig schneller als die Zeitskala der Reaktion.

Auch unter dem Gesichtspunkt der Sicherheit bietet die Mikroreaktionstechnik Vorteile: Einige stark exotherme Reaktionen (z.B. viele Nitrierungen) besitzen eine Induktionsperiode, die Reaktion setzt erst mit einer Verzögerung ein. In konventionellen Apparaturen lassen sich derartige Reaktionen nur schwer kontrollieren, insbesondere bei größeren Reaktionsmaßstäben besteht die Gefahr von explosionsartigen Reaktionsverläufen. In kontinuierlichen Mikroreaktoren kann die Induktionszeit derartiger Reaktionen durch kontrollierte Erwärmung im Mischer verkürzt werden, im weiteren Verlauf der Verweilstrecke wird die Reaktionswärme durch Kühlung entzogen. Daneben besitzen Mikroreaktoren wegen ihres geringen Volumens eine inhärente Sicherheit: Auch beim Bruch eines Reaktors werden nur kleine Mengen der Reaktionsmischung freigesetzt.

Ein weiterer Vorteil der Mikroreaktionstechnik ergibt sich direkt aus der kontinuierlichen Reaktionsführung: Größere Produktmengen lassen sich einfach durch längere Laufzeiten realisieren. Wenn das nicht ausreicht, können mehrere identische Reaktoren parallel betrieben werden (**Numbering Up**). Dagegen ist bei konventionellen Reaktionsapparaturen bei jeder Vergrößerung des Maßstabes (**Upscaling**) häufig eine neue Optimierung der Reaktionsbedingungen notwendig.

Diesen Vorteilen der Mikroreaktionstechnik stehen auch einige Nachteile entgegen:

- Es sind spezielle Geräte erforderlich, insbesondere die notwendigen Pumpen sind sehr teuer.
- Feststoffe oder teerartige Nebenprodukte, die im Reaktionsverlauf auftreten, können sich in den feinen Strukturen ablagern (**Fouling**) oder zu Verstopfungen (**Clogging**) führen. Die Reaktionsbedingungen (Lösungsmittel, Konzentrationen etc.) müssen so gewählt werden, dass dieses Problem nicht auftritt. Eventuell muss nach einer bestimmten Zeit ein Spülvorgang erfolgen.
- Zu Beginn und am Ende eines Reaktorlaufs (An- und Abfahrphase) sind die Reaktionsbedingungen im Reaktor nicht definiert, die Reaktionsmischung aus diesen Phasen muss in der Regel verworfen werden. Bei kurzen Laufzeiten kann die Effizienz dadurch deutlich abnehmen.
- Bei langsamen Reaktionen besitzt die kontinuierliche Reaktionsführung keine Vorteile, hier sind konventionelle Apparaturen in der Regel einfacher und effizienter.

Bauteile der Mikroreaktionstechnik

Mikroreaktoren im engeren Sinn besitzen Kanaldurchmesser < 1 mm, typisch sind 100 bis 200 µm. Reaktoren mit Kanaldurchmessern im mm-Bereich werden als **Mesoreaktoren** bezeichnet. Sie werden oft für größere Produktionsmengen eingesetzt (bis zu mehrere kg/Tag), sie neigen auch weniger zu Verstopfungen. Als Material wird für die Reaktoren häufig Glas verwendet. Glas ist gegenüber den meisten Chemikalien inert und erlaubt die visuelle Kontrolle, Verstopfungen können so frühzeitig erkannt werden. Im technischen Bereich und für hohe Temperaturen bzw. hohen Druck werden dagegen häufig Edelstahl oder spezielle Metalllegierungen (z.B. Hastelloy®) eingesetzt.

Ein wesentlicher Bestandteil der Reaktoren ist der **Mischer**. Im einfachsten Fall ist der Mischer eine T- oder Y-Verbindung (Abb. 11.17). Die beiden Eingangsströme laufen hier in einer **laminaren Strömung** zusammen, die Mischung erfolgt im Wesentlichen durch Diffusion. Bei kleinen Kanaldurchmessern (< 200 µm) ist die Mischeffizienz gut, sie verschlechtert sich aber mit zunehmender Kanalgröße.
Eine Verbesserung der Mischung kann durch eine Strukturierung des nachfolgenden Kanals erreicht werden. Dadurch entstehen turbulente Strömungen mit einer besseren Mischeffizienz. Mischer nach dem ‚Split and Recombine'-Prinzip fächern beide Eingangsströme in mehrere Kanäle auf, die schließlich wieder zusammengeführt werden. Durch Hintereinanderschaltung

mehrerer Split and Recombine-Stufen kann eine extrem hohe Mischeffizienz erreicht werden. Daneben gibt es eine Vielzahl verschiedener Mischertypen, die zum Teil speziell für ein bestimmtes Mischproblem entwickelt werden.

Abb. 11.17: Verschiedene Mischertypen für Mikroreaktoren.

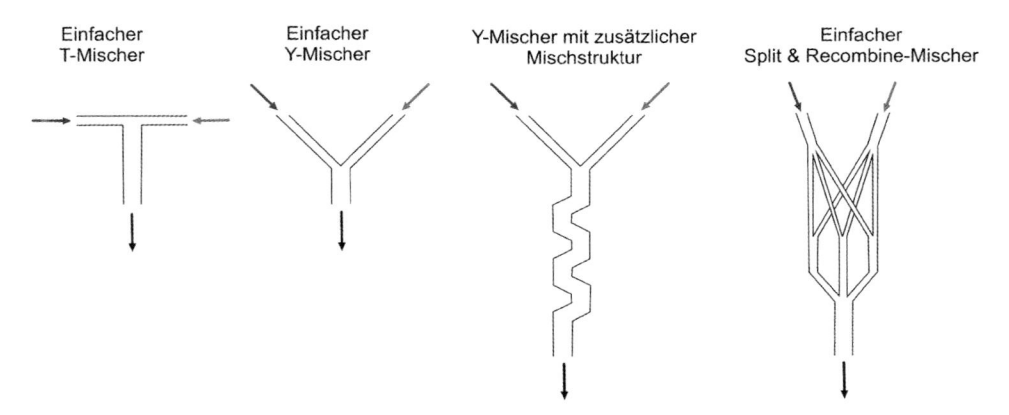

Nach dem Mischer folgt die **Verweilstrecke**. Sie dient zur Vervollständigung der Reaktion, ihre Länge muss deshalb an die erforderliche Reaktionszeit angepasst werden. In der Regel ist die Verweilstrecke ein mäanderförmiger, langer Kanal, der entweder zusammen mit dem Mischer auf einer Reaktorplatte untergebracht ist (siehe Abb. 11.18) oder auf einer eigenen Platte. Sie kann häufig auch durch einen PTFE-Schlauch oder ein Edelstahlkapillarrohr verlängert oder ersetzt werden. Falls die Reaktion als eine Zweiphasen-Reaktion durchgeführt wird (z.B. organische Phase/wässrige Phase), kann die Durchmischung in der Verweilstrecke durch eine zusätzliche Mikrostrukturierung entscheidend verbessert werden.

Abb. 11.18: Ein typischer kommerzieller Mikroreaktor-Chip.

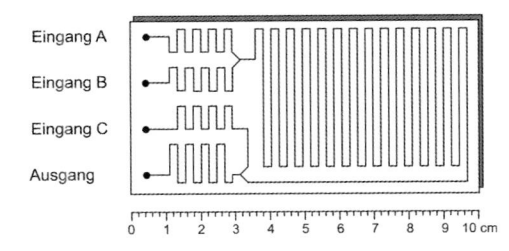

Die Volumenströme zweier Reagenzlösungen gelangen über die Eingänge A und B in den Reaktor, werden vortemperiert und gemischt. Nach dem Durchlaufen der Verweilstrecke (ca. 150 cm) folgt ein weiterer Mischer, hier wird ein weiteres Reagenz (C) zum Quenchen (Abbrechen) der Reaktion zugemischt. Kanaldurchmesser 200 µm, Gesamtvolumen: 65 µl.

Sowohl Mischer als auch Verweilstrecke müssen temperiert werden. Dazu werden entweder Wärmetauscher (häufig heiz- oder kühlbare Metallplatten) oder einfache Heiz- und Kühlbäder verwendet.

Zur Förderung der Reagenzlösungen werden in der Regel **Pumpen** eingesetzt. Diese Pumpen müssen einen regelbaren, reproduzierbaren und pulsationsfreien Fluss liefern. Dabei ist für jeden Eingang des Mikroreaktors eine eigene Pumpe notwendig. Die erforderliche Förderleistung wird durch das Volumen des Reaktors und der Reaktionszeit bzw. Verweildauer bestimmt. Typische Flussraten liegen im Bereich einiger µl/min bis zu einigen ml/min. In Mesoreaktoren zur Produktion größerer Mengen können auch Flussraten bis zu mehreren 100 ml/min erforderlich sein.

- Einfache **Spritzenpumpen** sind für erste Reaktionen häufig ausreichend. Die Laufzeit der Reaktion wird dabei durch das Volumen der verwendeten Spritzen und die Flussrate begrenzt. Oft können Kunststoffspritzen verwendet werden, besser sind gasdichte Glasspritzen. In jedem Fall sollten die Spritzen über einen *Luer*-Lock-Anschluss verfügen, nur so kann ein Abplatzen des Anschlussschlauches verhindert werden. Bei Reaktoren mit sehr feinen Kanälen kann der Flusswiderstand vor allem bei hohen Flussraten stark ansteigen und den maximalen Gegendruck der Pumpen übersteigen.
- Kontinuierlich fördernde (Dosier-)**Kolbenpumpen** sind deutlich teurer, erlauben aber eine zeitlich unbegrenzte Laufdauer und können meist auch bei einem höheren Druck (bis zu 20–30 bar) betrieben werden. Die Kolben sind hier in der Regel spezielle Glasspritzen, die auch ausreichend inert sind gegenüber den meisten Lösungsmitteln und Reagenzien.
- Wenn höhere Drucke notwendig sind, müssen **Hochdruckpumpen** (HPLC-Pumpen) verwendet werden. Hier ist besonders auf die ausreichende Beständigkeit gegenüber den geförderten Medien zu achten. Zusätzlich muss unbedingt sichergestellt werden, dass auch die Reaktoren und alle Verbindungsschläuche für diesen Druckbereich ausgelegt sind.

Die Verbindung zwischen Pumpen, Reaktor und allen weiteren Bauteilen erfolgt über die in der HPLC üblichen UNF-Schraubverbindungen. Als Verbindungsleitungen kommen in der Regel PTFE- oder FEP-Schläuche in Frage, für höhere Drücke müssen Edelstahlkapillarrohre verwendet werden.

Spezielle Einsatzgebiete und Anwendungen von Continuous Flow-Reaktoren

Prinzipiell können auch mehrere Reaktoren kaskadenartig nacheinander geschaltet werden, der Ausgang des ersten Reaktors wird dazu mit einem Eingang des zweiten Reaktors verbunden und so weiter. Dadurch können mehrstufige Synthesen kontinuierlich durchgeführt werden. Voraussetzung ist die sorgfältige Optimierung jedes einzelnen Reaktionsschrittes.

Auch die Arbeitsschritte zur Isolierung und Reinigung der Reaktionsprodukte (**Downstream Processing**) werden zunehmend miniaturisiert und können in einen Continuous Flow-Prozess integriert werden. Als Beispiel sei hier eine Extraktionsstufe zur flüssig/flüssig-Extraktion erwähnt, die das Ausschütteln im Scheidetrichter ersetzt.

Die spezifischen Vorteile von Continuous Flow-Reaktoren kommen auch bei der Erzeugung hochreaktiver, instabiler Zwischenstufen zum Tragen. Dazu wird die kurzlebige Zwischenstufe in einer schnellen Reaktion im ersten Reaktor erzeugt und sehr rasch in einem zweiten Reaktor weiter umgesetzt. Derartige Reaktionen sind zwar auch in konventionellen Apparaturen bei meist sehr tiefen Temperaturen durchführbar, die Produktausbeuten sind gegenüber dem Continuous Flow-Verfahren aber meistens deutlich niedriger.

Durch die kleinen Reaktionsvolumina können Reaktionen in Continuous Flow-Reaktoren relativ einfach bei sehr hohen Temperaturen und hohen Drucken durchgeführt werden, häufig nahe oder jenseits des kritischen Punkts der verwendeten Lösungsmittel. Dafür werden Stahlkapillaren als Reaktoren verwendet, der gewünschte Druck wird durch HPLC-Pumpen erzeugt und über ein Ventil am Ende des Reaktors eingestellt. Die ausgezeichnete Wärmeübertragung erlaubt ein extrem rasches Aufheizen und Wiederabkühlen der Reaktionsmischung. Viele Reaktionen, die in der mikrowellenunterstützten Synthese eine deutliche Beschleunigung bei erhöhten Temperaturen unter Druck zeigen, konnten so direkt in eine kontinuierliche Reaktionsführung übertragen werden [8].

Seit einiger Zeit ist mit dem H-Cube® auch ein Gerät zur kontinuierlichen Hydrierung kommerziell verfügbar [9]. Hier wird die Lösung der zu hydrierenden Substanz unter Druck mit Wasserstoff gemischt und durch eine beheizbare, austauschbare Kartusche mit einem festen Hydrierkatalysator (Pd/C, *Raney*-Ni etc.) gepumpt. Der Wasserstoff wird dabei durch Elektrolyse im Gerät erzeugt. Dadurch können Hydrierungen bei bis zu 100 bar und bis zu 150 °C durchgeführt werden, gleichzeitig kann der nicht unproblematische Umgang mit Hochdruckautoklaven und Wasserstoffdruckgasflasche vermieden werden.

Literaturverzeichnis

[1] B. L. Hayes, *Microwave Synthesis: Chemistry at the Speed of Light*, CEM Publishing, Matthews, NC, **2002**.

[2] C. O. Kappe, B. Pieber, D. Dallinger, *Angew. Chem.* **2013**, *125*, 1124−1130.

[3] C. O. Kappe, *Angew. Chem.* **2004**, *116*, 6408−6443.

[4] J. D. Moseley, C. O. Kappe, *Green Chem.* **2011**, *13*, 794−806.

[5] A. Gomez-Hens, D. Perez-Bendito, *Anal. Chim. Acta* **1991**, *242*, 147−177.

[6] G. Jas, A. Kirschning, *Chem. Eur. J.* **2003**, *9*, 5708−5723.

[7] T. Wirth (Hrsg.), *Microreactors in Organic Synthesis and Catalysis*, Wiley-VCH, Weinheim, **2008**; J. Yoshida, *Flash Chemistry*, John Wiley & Sons Ltd., **2008**.

[8] T. N. Glasnov, C. O. Kappe, *Chem. Eur. J.* **2011**, *17*, 11956−11968.

[9] M. C. Bryan, D. Wernick, C. D. Hein, J. V. Petersen, J. W. Eschelbach, E. M. Doherty, *Beilstein J. Org. Chem.* **2011**, *7*, 1141−1149.

Kapitel 12

Trocknen von Feststoffen, Lösungen und Lösungsmitteln

12.1 Trockenmittel

12.2 Trocknen von Feststoffen

12.3 Trocknen von Lösungen

12.4 Reinigung und Trocknen von Lösungsmitteln

12.5 Spezielle Reinigung und Trocknung häufig verwendeter Solventien

Literaturverzeichnis

Der Begriff Trocknung wird in der Organischen Chemie mit unterschiedlicher Bedeutung verwendet: Bei Feststoffen versteht man unter Trocknung die Entfernung aller anhaftenden, flüssigen Bestandteile (Lösungsmittelreste). Unter der Trocknung von Lösungen oder von Lösungsmitteln versteht man die Entfernung von Wasser aus organischen Flüssigkeiten. In diesem Kapitel werden die wichtigsten Trockenverfahren beschrieben.

12.1 Trockenmittel [1]

Trockenmittel können Flüssigkeiten aufnehmen und physikalisch oder chemisch binden. Die meisten eingesetzten Trockenmittel dienen der Entfernung von Wasser, einige sind auch zur Entfernung von Säure- oder Basenspuren oder von kleinen polaren Molekülen geeignet.

Aluminiumoxid (Al_2O_3)

Aluminiumoxid wird zur Entfernung von Wasser aus Ethern, aliphatischen, olefinischen, aromatischen und halogenierten Kohlenwasserstoffen eingesetzt. Für Epoxide, Ester, Ketone und Aldehyde ist Al_2O_3 ungeeignet.

Aluminiumoxid gibt es neutral, basisch oder sauer, jeweils in verschiedenen Aktivitätsstufen (siehe Kapitel 10.1, Tabelle 10.1). Zum Trocknen wird die Aktivitätsstufe I verwendet. Kleine Volumina von Lösungen und Lösungsmitteln kann man zur Trocknung durch eine kurze, mit Al_2O_3 beschickte Säule laufen lassen. Dabei werden zugleich polare Verunreinigungen entfernt.

Bariumoxid (BaO)

Bariumoxid eignet sich vor allem zum Trocknen von organischen Basen.

Calciumchlorid ($CaCl_2$) (wasserfrei)

Mit Calciumchlorid lassen sich Ether, aliphatische, aromatische und halogenierte Kohlenwasserstoffen sowie Ester trocknen. Man verwendet vorteilhaft gepulvertes $CaCl_2$, es ist aber zu beachten, dass $CaCl_2$ bei der Wasseraufnahme zerfließt. Eine weitere Trocknung wird dadurch unterbunden, die Abtrennung des hochviskosen $CaCl_2$-Hydrats von der getrockneten Lösung gelingt aber durch einfaches Dekantieren. Da Alkohole, Phenole, Aldehyde, Amine und viele Ketone mit $CaCl_2$ reagieren, ist es in diesen Fällen zur Trocknung ungeeignet.

Grobes, gekörntes $CaCl_2$ eignet sich bedingt zur Trocknung von langsam strömenden Gasen (Füllung von Trockenrohren).

Calciumhydrid (CaH$_2$)

Calciumhydrid ist ein sehr wirksames Trockenmittel für fast alle nicht protischen organischen Lösungsmittel. Es reagiert sehr heftig mit Wasser, deshalb sollten die zu trocknenden Flüssigkeiten nur geringe Mengen Wasser enthalten. Meist setzt man CaH$_2$ nach einer Vortrocknung mit Al$_2$O$_3$, CaCl$_2$, Na$_2$SO$_4$ oder KOH ein (siehe z.B. Trocknung von *tertiären* Aminen).

Kalium

Kalium (Schmp. 63.5 °C) wird wie Natrium zur Entfernung von Wasserspuren aus Ethern und aus gesättigten aliphatischen und aromatischen Kohlenwasserstoffe verwendet. Kalium ist reaktiver als Natrium, entsprechend schwieriger ist die sichere Handhabung: Kalium entzündet sich bei Kontakt mit Luft spontan, es darf nur unter Inertgas bzw. Schutzflüssigkeit (z.B. Paraffin) gehandhabt werden. Kalium reagiert mit Wasser, niederen Alkoholen und halogenhaltigen organischen Substanzen explosionsartig, Kaliumreste werden durch Umsetzung mit *tert*-Butanol vernichtet. Kalium wird nur in Ausnahmefällen zum Trocknen eingesetzt.

Kalium/Natrium-Legierung

Die Legierung aus Kalium und Natrium besitzt einen außerordentlich niedrigen Schmelzpunkt (−12 °C für das eutektische Gemisch aus 23% Na und 77% K). Sie ist noch reaktiver als Kalium und sollte aus Sicherheitsgründen für das Trocknen von Solventien nicht eingesetzt werden. Protische und halogenhaltige Solventien reagieren wie mit Kalium explosionsartig.
K/Na-Legierung wird in der metallorganischen Chemie eingesetzt. Zu ihrer Darstellung werden Kalium und Natrium unter Schutzgas zusammengeschmolzen.

Kaliumcarbonat (K$_2$CO$_3$) (wasserfrei)

K$_2$CO$_3$ eignet sich zum Trocknen von Aminen, Aceton, Nitrilen und chlorierten Kohlenwasserstoffen. Gleichzeitig werden Säurespuren gebunden. Kaliumcarbonat ist ungeeignet zum Trocknen von Säuren und Substanzen, die unter den basischen Bedingungen zu Folgereaktionen neigen (z.B. Kondensationsreaktionen).

Kaliumhydroxid (KOH)

Mit KOH können basische Flüssigkeiten wie Amine getrocknet werden. Für die Trocknung von Säuren, Säureanhydriden, Estern, Amiden und Nitrilen ist es ungeeignet. Beim Trocknen zerfließt KOH, dadurch wird die Trockenwirkung gemindert und es muss gegen frische KOH-Plätzchen ausgetauscht werden. KOH eignet sich auch als Exsikkatorfüllung für Festsubstanzen, die z.B. aus Essigsäure umkristallisiert wurden.

Kaliumcarbonat (K_2CO_3)

Kaliumcarbonat ist ein mäßig wirksames Trockenmittel, vor allem für organische Basen. Für Säuren, Thiole oder andere acide Substanzen ist es ungeeignet. Kaliumcarbonat kann auch zum Entfernen von Säurespuren aus Lösungsmitteln (z.B. CCl_4 oder $CHCl_3$) verwendet werden.

Kieselgel

Kieselgel ist ein universell einsetzbares Trockenmittel für Gase und Flüssigkeiten. Als Exsikkatorfüllung und zum Trocknen von Gasen (Trockenrohrfüllung) wird häufig gekörntes oder perlenförmiges Kieselgel mit Feuchtigkeitsindikator verwendet, dadurch kann die Wasseraufnahmefähigkeit durch Farbumschlag kontrolliert werden („Blaugel': Farbumschlag von blau nach rosa, ‚Orangegel': Farbumschlag von orange nach farblos).

Kieselgel lässt sich durch Erhitzen auf 125–175 °C regenerieren. Es ist die Standardfüllung von Exsikkatoren zum Trocknen von Feststoffen.

Kupfersulfat ($CuSO_4$) (wasserfrei)

$CuSO_4$ kann zum Trocknen von Estern und Alkoholen eingesetzt werden und ist zur Trocknung nur wenig wasserlöslicher Lösungsmittel wie Benzol, Toluol effektiver als Na_2SO_4. Wasserfreies Kupfersulfat (leicht gräulich) wird durch Erhitzen des blauen Pentahydrats erhalten.

Magnesiumsulfat ($MgSO_4$) (wasserfrei)

$MgSO_4$ kann zur Trocknung fast aller Verbindungen verwendet werden, auch für organische Säuren, Ester, Aldehyde, Ketone und Nitrile.

Molekularsiebe

Mit Molekularsieben können praktisch alle Gase und Flüssigkeiten getrocknet werden. Sie sind chemisch weitgehend inert. Molekularsiebe sind kristalline, **synthetische Zeolithe** mit Hohlräumen im Kristallgitter, die durch definierte Poren zugänglich sind. Die Porengröße bestimmt, welche Moleküle eindringen können; handelsüblich sind 3, 4, 5 und 10 Å. Polare Moleküle werden stärker adsorbiert als unpolare, polarisierbare Moleküle stärker als nicht polarisierbare.

Molekularsiebe können beliebig oft bei Temperaturen über 250 °C regeneriert werden (erreichbarer niedrigster Wassergehalt ca. 2–3 g/100g; für höhere Ansprüche muss im Ölpumpenvakuum bei 300–350 °C getrocknet werden.

Wurden Lösungsmittel getrocknet, sollten durch Eingießen des Molekularsiebs in Wasser eingeschlossene Solvensmoleküle vor dem Regenieren verdrängt werden.

3 Å-Molekularsieb bindet spezifisch Wasser. Es kann daher auch für kleine Reaktionsansätze verwendet werden, um im Gleichgewicht entstehendes Reaktionswasser zu binden.

Natrium

Natrium (Schmp. 97.7 °C) eignet sich zur Wasserentfernung aus Ethern, gesättigten aliphatischen und aromatischen Kohlenwasserstoffe und tertiären Aminen, hierbei bildet sich NaOH und Wasserstoff. Völlig **ungeeignet** ist Natrium zum Trocknen von protischen Lösungsmitteln (Alkohole, Carbonsäuren), Ketonen, Aldehyden, Estern und **halogenhaltigen** Lösungsmitteln, bei denen explosionsartige Reaktionen auftreten können. Natrium reagiert sehr heftig mit Wasser, deshalb sollten die zu trocknenden Flüssigkeiten nur geringe Mengen an Wasser enthalten. Wie CaH_2 setzt man metallisches Natrium zur ‚Endtrocknung' ein. So bewahrt man z.B. Diethylether über Natriumdraht auf.

Für eine gute Trockenwirkung wird Natrium meist mit Hilfe einer **Natriumpresse** als dünner Draht in das Lösungsmittel eingepresst (große Oberfläche). Natriumreste werden mit 2-Propanol vernichtet.

Natriumhydrid (NaH)

Natriumhydrid ist ein sehr wirksames Trockenmittel für viele nicht protische organische Lösungsmittel, für halogenhaltige Solventien darf es nicht verwendet werden. Es ist im Handel als 30–60%ige Suspension in Paraffinöl (Weißöl) erhältlich. NaH reagiert sehr heftig mit Wasser, deshalb sollten die zu trocknenden Flüssigkeiten nur geringe Mengen Wasser enthalten. Meist setzt man NaH zum Trocknen von Kohlenwasserstoffen und vorgetrockneten Ethern mit anschließender Destillation ein. Das Paraffinöl bleibt im Destillationsrückstand und stört nicht.

Natriumhydroxid (NaOH)

NaOH trocknet ebenso wie Kaliumhydroxid basische Flüssigkeiten wie Amine; für Säuren, Säureanhydride, Ester, Amide und Nitrile ist es ungeeignet. Beim Trocknen zerfließt Natriumhydroxid, dadurch wird die Trockenwirkung gemindert (siehe KOH).

Natriumsulfat (Na_2SO_4) (wasserfrei)

Natriumsulfat ist ein universell einsetzbares Trockenmittel für fast alle Verbindungen; auch empfindliche Substanzen wie Aldehyde und Ketone können damit getrocknet werden. Die Trockenwirkung ist nur mäßig, zum Trocknen von Lösungen aber meist ausreichend.

Phosphorpentoxid (P_4O_{10})

Phosphorpentoxid (besser: Diphosphorpentoxid) ist ein sehr wirksames Trockenmittel, es entfernt Wasserdampf aus Gasen und trocknet gesättigte aliphatische und aromatische Kohlenwasserstoffe, Nitrile, halogenierte Kohlenwasserstoffe und Schwefelkohlenstoff; ungeeignet ist es für Alkohole, Amine, Säuren, Ketone, Aldehyde und Ether.

Bei der Wasseraufnahme überzieht sich Phosphorpentoxid mit einer viskosen, klebrigen Schicht von Polymetaphosphorsäure, die Trockenwirkung nimmt dadurch deutlich ab. Deshalb verwendet man oft **Sicapent**®, ein auf anorganischem Träger aufgezogenes Phosphorpentoxid. Durch das Trägermaterial bleibt es auch bei Wasseraufnahme rieselfähig. Sicapent wird auch mit Feuchtigkeitsindikator angeboten, es ist auch hochwirksam zum Trocknen von Feststoffen im Exsikkator.

Schwefelsäure (H_2SO_4)

Konz. Schwefelsäure kann als Exsikkatorfüllung zum Trocknen neutraler oder saurer Substanzen verwendet werden, für basische und oxidierbare Substanzen ist Schwefelsäure ungeeignet. Effektiver und sicherer in der Handhabung ist Sicacide (Schwefelsäure auf inertem Träger). Durch die vergrößerte Oberfläche wird Feuchtigkeit schneller aufgenommen. Sicacide wird auch mit Feuchtigkeitsindikator (Farbumschlag von rot-violett nach gelblich) angeboten.

Sicapent® (Phosphorpentoxid auf anorganischem Träger)

Siehe Phosphorpentoxid!

Sicacide® (Schwefelsäure auf inertem Träger)

Siehe Schwefelsäure!

12.2 Trocknen von Feststoffen

Feststoffe werden oft aus Lösungen durch Abdestillieren des Lösungsmittels erhalten. Durch Umkristallisation erhaltene Kristallisate werden durch Abfiltrieren über *Büchner*-Trichter etc. isoliert. Die Entfernung noch anhaftender Lösungsmittel nennt man generell ‚Trocknen'.

- Die einfachste Methode, um organische Lösungsmittelreste aus Feststoffen zu entfernen, ist das **Trocknen bei vermindertem Druck**. Dazu wird der zu trocknende Feststoff in einer tarierten Schale in einen Exsikkator gestellt (Abb. 12.1) und dieser durch Anlegen von Unterdruck (ca. 16 hPa, Wasserstrahlvakuum) evakuiert. Der verminderte Druck beschleunigt das Verdampfen des Lösungsmittels.
- Der Planschliff des Exsikkators muss so gefettet werden, dass die Schliffe klar durchsichtig sind. Während der gesamten Trocknungsdauer muss die Verbindung zur Vakuumpumpe bestehen bleiben! Nur so ist es möglich, dass der Lösungsmitteldampf aus dem Exsikkator und damit auch aus der Substanz entfernt wird.
- Zum Öffnen des Exsikkators wird der Absperrhahn zunächst geschlossen und die Verbindung zur Vakuumpumpe aufgehoben. Anschließend wird der Absperrhahn sehr langsam und vorsichtig geöffnet, um die Substanz nicht durch die einströmende Luft im Exsikkator zu verwirbeln. Wenn man auf den Hahn vor der Öffnung einen Papierfilter drückt, erfolgt die Belüftung langsamer.
- Zur **Kontrolle des Trocknungsvorgangs** wird die Substanz von Zeit zu Zeit aus dem Exsikkator genommen und gewogen. Wenn keine Gewichtsabnahme mehr festzustellen ist, ist der Trocknungsvorgang beendet (**Gewichtskonstanz**).
  Die Trocknung benötigt Zeit! Bei leichtflüchtigen Lösungsmitteln kann eine Stunde ausreichen, bei höhersiedenden Solventien wie Ethanol können es auch mehrere Stunden (oder Tage) sein. Substanzen für die Analyse müssen besonders gründlich getrocknet werden.
- Kleine Substanzmengen trocknet man am besten in einem (tarierten) Rundkolben (NS 29) mit aufgesetztem Hahnstück im Vakuum, falls nötig auch bei erhöhter Temperatur.
- Zum Trocknen von Substanzmengen bis zu einigen Gramm bei erhöhten Temperaturen kann die ‚**Trockenpistole**' eingesetzt werden (Abb. 12.1). Vergewissern Sie sich zuvor, ob die Substanz thermisch stabil ist, bei unbekannten Substanzen empfiehlt sich eine Vorprobe.
- Das Trocknen von wasserhaltigen Substanzen nur durch Anlegen von Unterdruck dauert zu lange. Es empfiehlt sich, eine Schale mit Trockenmittel in den Exsikkator zu stellen und im Ölpumpenvakuum stehen zu lassen.
- Als **Trockenmittel** wird meist gekörntes Kieselgel mit Feuchtigkeitsindikator oder gekörntes Calciumchlorid verwendet. Enthält die Substanz noch Reste organischer Säuren (z.B. Essigsäure), empfiehlt sich KOH als Trockenmittel. Scharfes Trocknen gelingt mit Phosphorpentoxid oder besser Sicapent.
- Da Wasser relativ schwer zu entfernen ist, wird meist über Nacht getrocknet. In hartnäckigen Fällen kann die Entfernung von Wasser durch azeotrope Destillation sinnvoll sein: Dazu wird der Feststoff in einem geeignetem Lösungsmittel (Wasserschlepper, z.B. Cyclohexan) gelöst oder suspendiert und am Wasserabscheider unter Rückfluss erhitzt.

Abb. 12.1: Trocknen von Feststoffen.

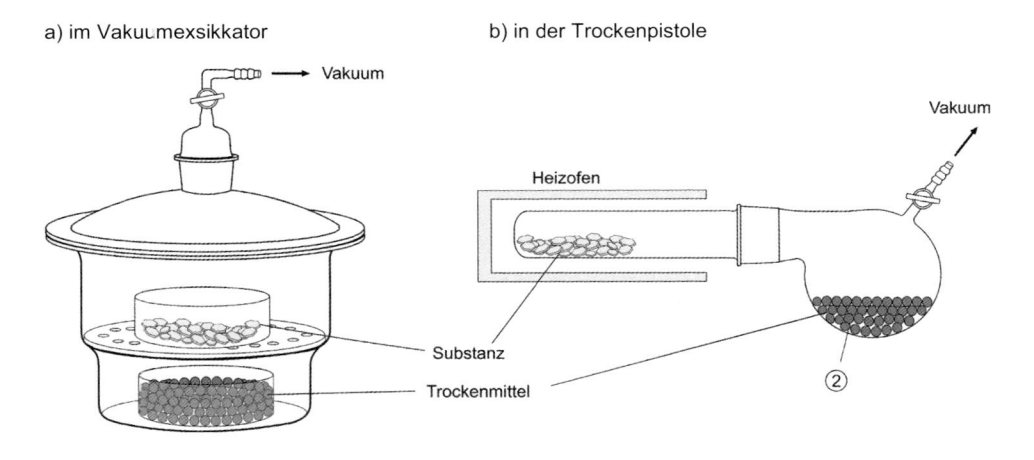

a) im Vakuumexsikkator

b) in der Trockenpistole

12.3 Trocknen von Lösungen

Bei der Aufarbeitung von Reaktionsansätzen erhält man häufig Lösungen der Reaktionsprodukte in organischen Solventien, die mit Wasser gesättigt sind. Vor der Weiterverarbeitung müssen diese Lösungen getrocknet werden.

In einigen Fällen bildet das Lösungsmittel mit Wasser Azeotrope (z.B. mit Cyclohexan, Toluol, siehe Kapitel 5). Hier kann das Wasser durch Destillation des Solvens bei Normaldruck ‚ausgekreist' werden.

Im Normalfall werden die Lösungen durch Zugabe von Trockenmitteln getrocknet. Als Trockenmittel werden meist Na_2SO_4, $MgSO_4$, K_2CO_3 oder $CaCl_2$ verwendet. Welches Trockenmittel eingesetzt wird, hängt vom Solvens und vom Produkt ab. Wenn zunächst wenig feinekörntes $CaCl_2$ zum Trocknen verwendet wird, wird das $CaCl_2$-Hydrat flüssig und kann durch Dekantieren abgetrennt werden.

Das Trockenmittel wird in kleinen Portionen zu der Lösung gegeben und immer wieder umgeschüttelt. Es wird so viel Trockenmittel zugegeben, bis es beim Umschütteln nicht mehr verklumpt. Anschließend wird das Gefäß verschlossen und von Zeit zu Zeit umgeschüttelt oder magnetisch gerührt. Eine gute Trocknung braucht mindestens 2 Stunden, am besten lässt man über Nacht stehen. Die überstehende Lösung muss klar sein, wenn sie trüb ist, wurde zu wenig Trockenmittel verwendet.

Nach dem Trocknen wird über einen *Büchner*-Trichter oder ein *Allihn*'sches Rohr vom Trockenmittel abfiltriert und das Trockenmittel mit trockenem Solvens nachgewaschen.

Zuviel Trockenmittel verringert häufig die Ausbeute, da die Substanz beim Abfiltrieren vom Trockenmittel teilweise eingeschlossen wird. Deshalb ist darauf zu achten, dass vor dem Trocknen sichtbare Wassertropfen aus der Lösung entfernt werden (nochmaliges Abtrennen in einem Scheidetrichter oder Aufnehmen mit einer Pipette). Insbesondere wenn – bei flüssigen Substanzen – ohne Lösungsmittel (in Substanz) getrocknet wird, darf nur wenig Trockenmittel verwendet werden!

12.4 Reinigung und Trocknen von Lösungsmitteln

Die meisten chemischen Umsetzungen setzen reine und häufig auch trockene Lösungsmittel voraus. So ist es bei metallorganischen Synthesen entscheidend, dass die eingesetzten Lösungsmittel trocken (= wasserfrei, ‚absolut') sind.

Wasser in organischen Lösungsmitteln ist auch eine Verunreinigung, seine Entfernung ist also sowohl Reinigung als auch Trocknung.

Ein einfaches Rechenbeispiel zeigt den Einfluss von Wasser: Handelsüblicher Diethylether hat einen Wassergehalt von 0.2%, 100 ml Ether enthalten also 0.14 g $\equiv$ 7.5 mmol Wasser.

Im Abschnitt 12.5 werden für die gebräuchlichen Lösungsmittel Reinigungsmethoden angegeben, zusammen mit ihren physikalischen Daten, Wassergehalt, Mischbarkeit mit Wasser, Bildung von Azeotropen ebenso wie die wichtigsten bekannten Verunreinigungen. In vielen Fällen lässt sich die Reinigung und Trocknung in einem Arbeitsgang erreichen, in einigen Fällen sind auch mehrere Schritte zur Reinigung und Trocknung notwendig.

Wichtig sind auch die **Aufbewahrung und Handhabung der trockenen Lösungsmittel**. Zum einen soll verhindert werden, dass das Solvens im Lauf der Zeit wieder Wasser aufnimmt, zum anderen muss damit gerechnet werden, dass die den Solventien zugesetzten Stabilisatoren zur Verhinderung von Peroxidbildungen bei der Reinigung ebenfalls entfernt wurden.

Nicht unproblematisch ist das **Abfüllen von absoluten Lösungsmitteln**. Auch beim schnellen Ausgießen steigt der Restwassergehalt von 10^{-3} Gew.-% auf den doppelten bis vierfachen Wert. Auch das an der Glasoberfläche von Laborgeräten adsorbierte Wasser ist nicht zu unterschätzen. Alle benötigten **Glasgeräte** müssen deshalb im Trockenschrank gut getrocknet und unter Vakuum ausgeheizt werden. Der direkte Luftkontakt von getrockneten Lösungsmitteln muss nach Möglichkeit ausgeschlossen werden (Abdrücken des Solvens unter trockenem Schutzgas (Abb. 12.2) oder Aufziehen mit einer Spritze).

Abb. 12.2: Abfüllen von trockenem Solvens in die Reaktionsapparatur unter trockenem Stickstoff.

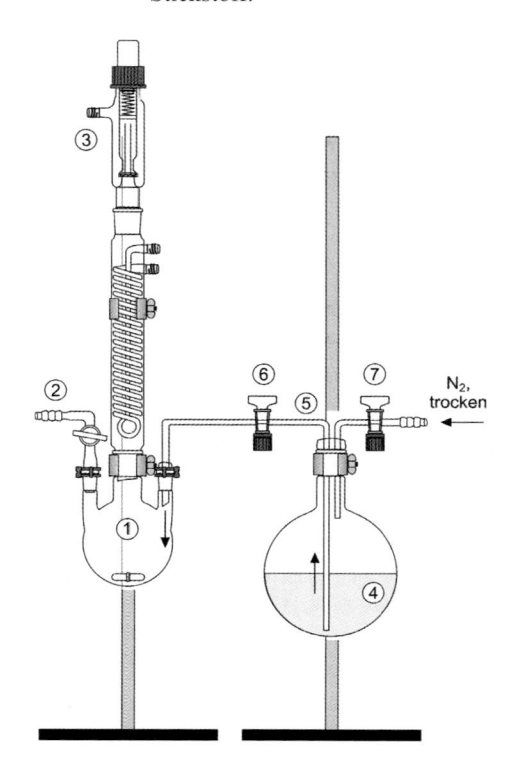

1 Reaktionsapparatur
2 Hahnaufsatz für Schutzgaseinlass während der Reaktion
3 Überdruckventil nach *Stutz*
4 Vorratskolben mit trockenem Lösungsmittel
5 Aufsatz zum Überführen von Flüssigkeiten mit Steigrohr
6 Absperrhahn für das Lösungsmittel
7 Absperrhahn für Inertgas

12.4.1 Trocknen mit Aluminiumoxid

Eine elegante Methode ist die Entfernung von Restwasser aus vorgetrockneten, destillierten Lösungsmitteln durch dynamische Adsorption an Aluminiumoxid der Aktivitätsstufe I (Abb. 12.3). Saure Verunreinigungen können mit basischem Aluminiumoxid (Akt.-Stufe I) ebenfalls entfernt werden.

Der Nachteil dieser Methode ist der relativ hohe Preis des Aluminiumoxids, was die Durchführung auf einige wenige spezielle Fälle und kleine Volumina beschränkt.

Das verbrauchte Aluminiumoxid wird im Abzug aus der Säule ausgestoßen (evtl. mit Hilfe eines Handgebläses) und erst nach vollständigem Trocknen entsprechend den jeweils gültigen Abfallvorschriften entsorgt. Von der Regenerierung muss wegen möglicherweise anhaftender Peroxidspuren prinzipiell abgeraten werden!

Abb. 12.3: Dynamische Trocknung mit Aluminiumoxid.

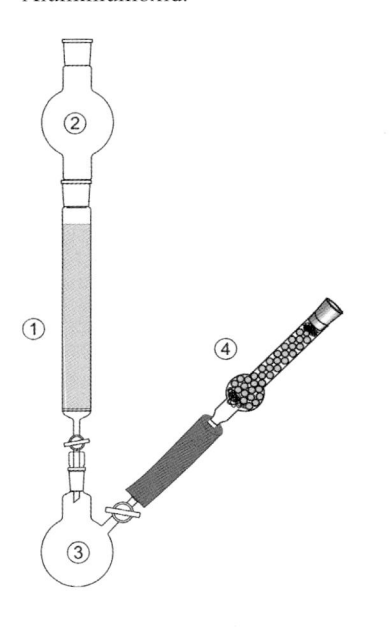

Hierzu füllt man eine Chromatographiesäule (Ø 10–20 mm, Höhe 30–50 cm) trocken mit etwa 150 g basischem Al_2O_3 (Akt.-Stufe I) pro Liter Solvens und lässt das zu trocknende Lösungsmittel durch die Säule laufen. Dazu legt man das Solvens am besten in einem Reservoirbehälter (2) vor, alternativ kann auch ein Tropftrichter verwendet werden (siehe Kapitel 10, Abbildung 10.14). Das getrocknete Solvens wird in einem Schliffkolben mit seitlichem Kapillarhahn (*Schlenk-*Kolben), auf den ein Trockenrohr aufgesetzt wird, aufgefangen.

Durch die freiwerdende Adsorptionswärme erwärmt sich die Säule beim Durchlaufen des Lösungsmittels anfangs sehr stark, dadurch geht die Trockenwirkung zunächst verloren. Deshalb ist es ratsam, die ersten 100 ml des Eluats entweder zu verwerfen oder erneut durch die Säule laufen zu lassen.

12.4.2 Trocknen mit Molekularsieben

Molekularsiebe sind synthetische, kristalline Aluminiumsilikate mit Hohlräumen, die durch Poren mit definiertem Porendurchmesser (3–10 Å) verbunden sind; handelsüblich sind kleine Kugeln oder Zylinder. Bei einem Molekularsieb mit 3 Å Porendurchmesser kann z.B. nur Wasser (Moleküldurchmesser 2.6 Å), sowie Ammoniak durch die Poren des Silikats in den Hohlraum eindringen und adsorbiert werden, während die üblichen organische Solventien nicht eindringen können.

Die Kapazität der Molekularsiebe beträgt etwa 20 Gewichtsprozent, sie können aber beliebig oft regeneriert werden: Das verbrauchte Molekularsieb wird zunächst abfiltriert, im Abzug getrocknet und danach gründlich mit Wasser gewaschen. Zur Aktivierung wird das Silikat erst bei 150 °C im Trockenschrank, danach 12 h bei 200 °C im Feinvakuum getrocknet. Der Restwassergehalt ist dann < 0.5%.

Zu etwa 1 Liter des zu trocknenden Lösungsmittels werden 100 g Molekularsieb gegeben und unter gelegentlichem Umschwenken mehrere Tage stehen gelassen (**statische Trocknung**).

- Molekularsieb 3 Å: Trocknen von Acetonitril, Methanol, Ethanol und 2-Propanol.
- Molekularsieb 4 Å: Trocknen von Benzol, Chloroform, Cyclohexan, Ethylacetat, Methylacetat, Methylenchlorid, Tetrachlorkohlenstoff, Tetrahydrofuran, Toluol. Dieses Molekularsieb bindet außer Wasser auch folgende Verunreinigungen: Acetaldehyd, Acetonitril,

niedere Alkohole (Methanol, Ethanol, *n*-Propanol, *n*-Butanol), Methylamin sowie weitere kleine Moleküle, die jedoch als Verunreinigungen in Lösungsmitteln keine größere Rolle spielen.

Am besten hat sich die **dynamische Trocknung** bewährt: Hierbei wird das vorgereinigte und vorgetrocknete Lösungsmittel durch eine mit Molekularsieb beschickte Chromatographiesäule filtriert. Mit 250 g Molekularsieb lassen sich so etwa 10 Liter der oben aufgeführten Lösungsmittel bis auf einen Wassergehalt von 0.002% (20 ppm) trocknen (Säule 2.5 cm×60 cm, Durchlaufgeschwindigkeit ca. 3 L/h). Der Aufbau entspricht Abbildung 12.3.

Seit einigen Jahren sind auch kommerzielle Lösungsmittelreinigungsanlagen erhältlich, die nach dem Prinzip der dynamischen Trocknung arbeiten. Hier wird das Lösungsmittel in einem druckstabilen Edelstahlfass mit etwa 0.5 bar Überdruck an Inertgas (Stickstoff oder Argon) beaufschlagt. Dadurch kann das Lösungsmittel über eine Steigleitung durch eine Kartusche mit Molekularsieb geleitet werden und am Ende der Kartusche über ein Ventil entnommen werden.

12.4.3 Trocknen mit Alkalimetallen und Metallhydriden

Alkalimetalle und Metallhydride werden vor allem zum Trocknen von Kohlenwasserstoffen und Ethern verwendet. Bei nicht zu hoch siedenden Lösungsmitteln lassen sich auch die käuflichen Dispersionen von Natriumhydrid in Weißöl (Paraffinöl) oder Calciumhydrid einsetzen, die wegen der feinen Verteilung sehr rasch und effizient reagieren.

Zunächst muss das zu trocknende Lösungsmittel mit $CaCl_2$ oder Na_2SO_4 ‚vorgetrocknet' werden. Dadurch wird ein großer Teil des in technischen Lösungsmitteln enthaltenen Wassers bereits entfernt. Zum Feintrocknen wird **Natrium** (Schmp. 97.7 °C) mit einer **Natriumpresse** als Draht in das Solvens eingepresst.

Das Trocknen mit metallischem **Lithium** ist nicht sinnvoll, da das harte Metall (Schmp. 179 °C) nur mit geheizten Düsen zu Drähten gepresst werden kann.

Das Arbeiten mit metallischem **Kalium** (Schmp. 63.5 °C) ist besonders problematisch. Es ist außerordentlich empfindlich gegenüber Luftsauerstoff und reagiert mit Wasser und niederen Alkoholen explosionsartig unter Selbstentzündung.

Der niedrige Schmelzpunkt führt dazu, dass das Kalium z.B. in siedendem Tetrahydrofuran als Schmelze vorliegt. Die sich ständig erneuernde Metalloberfläche führt zu einer besonders effektiven Trocknung. Dies ist der Grund dafür, dass Kalium – trotz seiner Gefährlichkeit – beim Trocknen gegenüber Lithium und Natrium häufig bevorzugt wird. Das weiche Kalium muss unter dem Schutz eines trockenen, höhersiedenden Solvens (z.B. Petrolether, Sdp. > 100 °C) geschnitten werden. Zur Herstellung von ‚supertrockenen' niedrig siedenden Lösungsmitteln wie Diethylether wird aus demselben Grund auch Kalium/Natrium-Legierung (Schmp. des Eutektikums: –12 °C) verwendet.

In allen Fällen muss der Umgang mit den Alkalimetallen wegen der Entzündbarkeit mit besonderer Sorgfalt erfolgen:

- Nur mit trockenen Geräten und vorgetrockneten Solventien arbeiten!
- Schützen der Reaktionsapparatur vor Luftfeuchtigkeit durch Trockenrohre ($CaCl_2$ oder Kieselgel) auf der Schliffböffnung des Rückflusskühlers. Beim Arbeiten unter Schutzgas wird ein Hg-Ventil oder ein Überdruckventil nach *Stutz* aufgesetzt (siehe Kapitel 11.1.2).
- Beim Kochen unter Rückfluss unbedingt einen Metallkühler verwenden!
- Das Solvens nie bis zur Trockene abdestillieren!

Vernichtung von Alkalimetallrückständen

Wenn mit Alkalimetallen getrocknet wurde, müssen die nach dem Abdestillieren des Solvens zurückbleibenden Alkalimetallreste mit großer Sorgfalt vernichtet werden.

Die erkalteten **Lithium-** und **Natriumrückstände** werden zunächst vorsichtig unter Rühren oder Umschwenken mit 2-Propanol versetzt, wenn die Reaktion zu heftig wird, wird ein Rückflusskühler aufgesetzt. Unter häufigem Umschwenken lässt man 1–2 h stehen, bis keine Metallrückstände mehr zu beobachten sind, dann gibt man wässriges Ethanol (Ethanol/Wasser, v/v = 10:2) und schließlich Wasser zu. Nach Neutralisation mit Salzsäure gibt man zum wässrig-organischen Sonderabfall.

Die Vernichtung von **Kaliumrückständen** bedarf besonderer Vorsicht. Bei aufgesetztem Rückflusskühler gibt man trockenes *tert*-Butanol zu und erhitzt nach dem Abklingen der Reaktion noch 30 Minuten zum Sieden. Dieses Vorgehen ist erforderlich, da auch kleine Kaliummengen in den festen Rückständen mit wässrigem Alkohol noch explosionsartig reagieren. Anschließend wird wie oben beschrieben weiter aufgearbeitet.

Häufig genutzte, trockene Solventien können in einer sogenannten **Umlaufapparatur** kontinuierlich getrocknet werden (Abb. 12.4). Das zu trocknende Lösungsmittel liegt zusammen mit dem Trockenmittel (z.B. Natrium, Kalium, CaH_2, $LiAlH_4$) im Destillationskolben (1) vor. Beim Erhitzen steigt der Dampf über das Steigrohr (2) zum Metallkühler (3) auf und wird dort kondensiert. Bei geöffnetem Rücklaufhahn (6) (Hahn (5) geschlossen!) wird das Solvens kontinuierlich im Kreis geführt.

Zur Entnahme wird Hahn (6) geschlossen, das kondensierte Solvens sammelt sich im Sammelgefäß (4) und wird durch Öffnen des Hahns (5) in die Vorlage (7) im Inertgas-Gegenstrom abgelassen. Der Vorlagekolben (7) wird noch im Inertgas-Gegenstrom abgenommen und dicht verschlossen.

In Umlaufapparaturen sollten nur bereits absolutierte Solventien eingefüllt werden, der Zustand des Trocknungsmittels muss regelmäßig kontrolliert werden. Alle Umfülloperationen müssen im Inertgas-Gegenstrom durchgeführt werden.

Abb. 12.4: Umlaufapparatur nach *Bösherz* zur kontinuierlichen Trocknung von Lösungsmitteln [2].

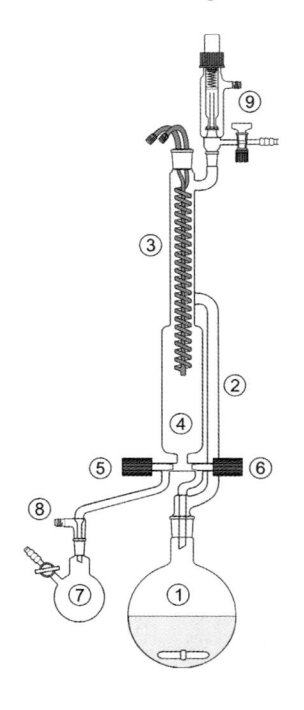

1	Destillationskolben mit Lösungsmittel und Trockenmittel
2	Steigrohr
3	Rückflusskühler mit Metallkühlwendel
4	Sammelgefäß
5	Ablasshahn für Lösungsmittelentnahme
6	Rücklaufhahn zum Ablassen des Lösungsmittels in den Destillationskolben
7	Kolben mit seitlichem Hahn (*Schlenk*-Kolben)
8	Druckausgleichöffnung
9	Überdruckventil nach *Stutz* mit Einlasshahn für Inertgas

12.5 Spezielle Reinigung und Trocknung häufig verwendeter Solventien

Stand der angegebenen Gefahrenhinweise (Gefahrensymbole, H- und P-Sätze) ist die Einstufung nach der GHS-Verordnung 1272/2008 (EG), Anhang VI.

Die folgenden Vorschriften zur Reinigung von Lösungsmittel sind für den präparativen Einsatz geeignet. Für besondere Anforderungen an die Reinheit (z.B. Lösungsmittel für die Spektroskopie oder Elektrochemie) sowie für weitere Lösungsmittel wird auf die Literatur [1, 3–4] verwiesen.

Seit einigen Jahren sind die gebräuchlichsten Lösungsmittel auch in ‚wasserfreier' Qualität kommerziell im Handel erhältlich.

12.5.1 Kohlenwasserstoffe

n-Pentan

Sdp. 36.1 °C, Schmp. –129.7 °C, $d = 0.63$ g/ml,
Dampfdruck 573 hPa (20 °C), Flammpunkt –49 °C
Löslichkeit in Wasser: 0.36 g/l
Löslichkeit von Wasser in *n*-Pentan: 0.012%
Azeotrop mit Wasser: Sdp. 34.6 °C (1.4% H_2O)

Verunreinigungen: Je nach Spezifikation Isomere und Verunreinigungen durch Alkene und höhersiedende Kohlenwasserstoffe.

Vortrocknen: Mindestens 24 h über $CaCl_2$ oder Na_2SO_4, anschließend vom Trockenmittel dekantieren.

Trocknen: Destillation über ca. 1 g/l NaH-Dispersion in Weißöl.

Gefahr

H225-H336-H304-H411-EUH066

P273-P301+P310-P331-P403+P235

Lagerung: Das getrocknete *n*-Pentan wird über eingepresstem Natriumdraht oder Molekularsieb (4 Å) in einer verschlossenen Flasche aufbewahrt.

n-Hexan

Sdp. 69 °C, Schmp. –94.3 °C, $d = 0.66$ g/ml,
Dampfdruck 160 hPa (20 °C), Flammpunkt –22 °C
Löslichkeit in Wasser: 0.0095 g/l
Löslichkeit von Wasser in *n*-Hexan: 0.011%
Azeotrop mit Wasser: Sdp. 61.6 °C (3.6% H_2O)

n-Hexan ist neurotoxisch und sollte nach Möglichkeit durch andere Kohlenwasserstoffe ersetzt werden.

Verunreinigungen: Je nach Spezifikation Isomere und Verunreinigungen durch Alkene und höhersiedende Kohlenwasserstoffe.

Reinigung: Für spektroskopische Zwecke müssen die olefinischen Verunreinigungen entfernt werden (Arbeiten im Abzug!):

Gefahr

H225-H304-H361f-H373-H315-H336-H411

P210-P240-P273-P301+P310-P331-P302+P352-P403+P235

n-Hexan wird mehrere Stunden mit ca. 200 ml/l Chlorsulfonsäure zum Sieden erhitzt. Die erkaltete Reaktionsmischung wird nach dem Abtrennen der Chlorsulfonsäure mit Wasser, verd. Natronlauge und nochmals mit Wasser gewaschen.

Vortrocknen: Wie bei *n*-Pentan beschrieben über $CaCl_2$ oder Na_2SO_4.

Trocknen: Wie bei *n*-Pentan beschrieben über NaH-Dispersion oder Natriumdraht destillieren. Für kleinere Mengen ist auch die Filtration über Al_2O_3 (Akt.-Stufe I) geeignet. Die Reinheit kann über die Durchlässigkeit im UV kontrolliert werden.

Lagerung: Das getrocknete *n*-Hexan wird über eingepresstem Natriumdraht oder Molekularsieb (4 Å) in einer verschlossenen Flasche aufbewahrt.

n-Heptan

Sdp. 98.4 °C, Schmp. −90.6 °C, $d = 0.68$ g/ml,
Dampfdruck 48 hPa (20 °C), Flammpunkt −4 °C
Löslichkeit in Wasser: praktisch unlöslich
Löslichkeit von Wasser in *n*-Heptan: 0.009%
Azeotrop mit Wasser: Sdp. 79.2 °C (12.9% H_2O)

Verunreinigungen: Je nach Spezifikation Isomere und Verunreinigungen durch Alkene und höhersiedende Kohlenwasserstoffe.

Reinigung, Trocknung und Aufbewahrung: siehe *n*-Pentan.

Gefahr

H225-H304-H315-H336-H410

P210-P273-P301+P310-P331-
P302+P352-P403+P235

Petrolether (Petroleumbenzin)

Kohlenwasserstoff-Gemische mit unterschiedlichen Siedebereichen. Üblich sind 40–60, 60–80 und 80–100 °C. Es sollte auf einen möglichst niedrigen Gehalt von *n*-Hexan geachtet werden.

Trocknung und Aufbewahrung: siehe *n*-Pentan.

Gefahr

H225-H304-H315-H315-H361f-
H336-H373-H411

P210-P233-P240-P273-P281-
P301+P310-P302+P352-
P304+PP340-P308-P313-P331-
P403+P235

Cyclohexan

Sdp. 81 °C, Schmp. 6 °C, $d = 0.78$ g/ml,
Dampfdruck 103 hPa (20 °C), Flammpunkt –18 °C
Löslichkeit in Wasser: 0.055 g/l
Löslichkeit von Wasser in Cyclohexan: 0.005%
Azeotrop mit Wasser: Sdp. 68.9 °C (9% H_2O)

Verunreinigungen: Je nach Spezifikation Benzol, Alkene und schwerflüchtige Verbindungen.

Reinigung: Für spektroskopische Zwecke müssen die olefinischen Verunreinigungen entfernt werden (Arbeiten im Abzug!):

Gefahr

H225-H304-H315-H336-H410

P210-P240-P273-P301+P310-
P331-P403+P235

Im Abzug wird 1 L Cyclohexan bei 50–60 °C mehrere Stunden mit einer Mischung aus 125 ml konz. Schwefelsäure und 100 ml konz. Salpetersäure gerührt (Achtung: Man versetzt die Salpetersäure vorsichtig portionsweise mit der Schwefelsäure!). Nach der Abtrennung der Nitriersäure im Scheidetrichter wird das gebildete Nitrobenzol mehrmals mit je 50 ml konz. Schwefelsäure ausgeschüttelt, die organische Phase danach mit Wasser, verd. Natronlauge und nochmals mit Wasser gewaschen.

Vortrocknen, Trocknen, Lagerung: Wie bei *n*-Pentan beschrieben.

Methylcyclohexan

Sdp. 101 °C, Schmp. –126 °C, $d = 0.77$ g/ml,
Dampfdruck 48 hPa (20 °C), Flammpunkt –4 °C
Löslichkeit in Wasser: 0.014 g/l
Löslichkeit von Wasser in Methylcyclohexan: 0.012%
Azeotrop mit Wasser: Sdp. 80 °C (24.1% H_2O)

Verunreinigungen: Je nach Spezifikation Toluol, Alkene und schwerflüchtige Verbindungen.

Reinigung, Vortrocknen, Trocknen, Lagerung: Wie bei Cyclohexan beschrieben.

Gefahr

H225-H304-H315-H336-H411

P210-P273-P280-P301+P310-
P331- P403+P233

Benzol (Benzen)

Sdp. 80.1 °C, Schmp. 5.5 °C, $d = 0.88$ g/ml,
Dampfdruck 101 hPa (20 °C), Flammpunkt −11 °C
Löslichkeit in Wasser: 1.77 g/l
Löslichkeit von Wasser in Benzol: 0.064%
Azeotrop mit Wasser: Sdp. 69.3 °C (8.8% H_2O)

Gefahr

Benzol ist **krebserregend** und sollte nicht mehr als Lösungsmittel verwendet werden. Als Ersatz haben sich Toluol und Cyclohexan bewährt. Ist kein Ersatz möglich, darf nur unter dem Abzug gearbeitet werden, jeglicher Hautkontakt ist zu vermeiden.

H225-H350-H340-H372-H304-H319-H315

P201-P210-P308+P313-P301+P310-P331-P305+P351+P338-P302+P352

Verunreinigungen: Je nach Spezifikation andere Kohlenwasserstoffe und Thiophen.

Reinigung: Entfernung von Thiophen:

Im Abzug wird zur Entfernung von Thiophen zweimal mit je 50 ml/l konz. Schwefelsäure ausgeschüttelt, dann mit Wasser, verd. Natronlauge und nochmals mit Wasser gewaschen.

Vortrocknen: Mindestens 24 h über $CaCl_2$, anschließend vom Trockenmittel dekantieren. Größere Mengen sollten durch azeotrope Destillation vorgetrocknet werden (10% des Destillats als Vorlauf verwerfen).

Trocknen: Es stehen mehrere gleichwertige Methoden zur Auswahl:

- Mit ca. 2 g/l CaH_2 oder 3 g/l NaH-Dispersion 6 Stunden unter Rückfluss erhitzen und dann abdestillieren.
- Molekularsieb 4 Å.
- Filtration über Al_2O_3. Die Säulenfüllung reicht zur Vortrocknung von weiteren 2 L Benzol (siehe Abschnitt 12.4.1).

Lagerung: Das getrocknete Benzol wird über eingepresstem Natriumdraht oder Molekularsieb (4 Å) in einer verschlossenen Flasche aufbewahrt.

Toluol (Toluen)

Sdp. 110.6 °C, Schmp. –95 °C, $d = 0.87$ g/ml,
Dampfdruck 29 hPa (20 °C), Flammpunkt 4 °C
Löslichkeit in Wasser: 0.52 g/l
Löslichkeit von Wasser in Toluol: 0.033%
Azeotrop mit Wasser: Sdp. 85 °C (10.2% H_2O)

Verunreinigungen: Je nach Spezifikation andere Kohlenwasserstoffe und Methylthiophen.

Reinigung: Handelsübliches Toluol muss für den praktischen Laborgebrauch in der Regel nicht gereinigt werden. Falls schwefelhaltige Verunreinigungen (Methylthiophene) stören, kann wie bei Benzol beschrieben verfahren werden.

Gefahr
H225-H361d-H304-H373-H315-H336
P210-P301+P310-P331-P302+P352

Vortrocknen: Mindestens 24 h über $CaCl_2$, anschließend vom Trockenmittel dekantieren. Größere Mengen sollten durch azeotrope Destillation vorgetrocknet werden (5% des Destillats als Vorlauf verwerfen).

Trocknen: In vielen Fällen ist die azeotrope Destillation ausreichend, für höhere Ansprüche siehe unter Benzol.

Lagerung: Das getrocknete Toluol wird über eingepressten Natriumdraht oder Molekularsieb (4 Å) in einer verschlossenen Flasche aufbewahrt.

Xylol (Xylen), Isomerengemisch

Sdp. 137–143 °C, Schmp. > –34 °C, $d = 0.86$ g/ml,
Dampfdruck 10 hPa (20 °C), Flammpunkt 25 °C
Löslichkeit in Wasser: 0.2 g/l

Verunreinigungen: Je nach Spezifikation andere Kohlenwasserstoffe und Methylthiophen.

Reinigung: Für den praktischen Laborgebrauch ist die Reinigung in der Regel nicht nötig.

Achtung
H226-H312-H332-H315
P302+P352

Vortrocknen: Mindestens 24 h über $CaCl_2$, anschließend vom Trockenmittel dekantieren. Größere Mengen sollten durch azeotrope Destillation vorgetrocknet werden (5% des Destillats als Vorlauf verwerfen).

Trocknen: In vielen Fällen ist die azeotrope Destillation ausreichend, für höhere Ansprüche siehe unter Benzol.

Lagerung: Das getrocknete Xylol wird über eingepresstem Natriumdraht oder Molekularsieb (4 Å) in einer verschlossenen Flasche aufbewahrt.

12.5.2 Chlorierte Kohlenwasserstoffe

Achtung! Chlorierte Kohlenwasserstoffe dürfen unter keinen Umständen mit Natrium oder Kalium getrocknet oder über Natriumdraht aufbewahrt werden! **Es besteht Explosionsgefahr!**

Dichlormethan (Methylenchlorid)

Sdp. 40 °C, Schmp. –95 °C, d = 1.33 g/ml,
Dampfdruck 475 hPa (20 °C), Flammpunkt ---
Löslichkeit in Wasser: 20 g/l
Löslichkeit von Wasser in Dichlormethan: 0.2%
Azeotrop mit Wasser: Sdp. 38.1 °C (1.5% H_2O)

Achtung

H351
P281-P308+P313

Für Dichlormethan besteht der **Verdacht auf krebserzeugende Wirkung**. Es darf nur unter dem Abzug gearbeitet werden, jeglicher Hautkontakt ist zu vermeiden.

Verunreinigungen: Je nach Spezifikation ist Dichlormethan mit 2-Methyl-2-buten, Methanol oder Ethanol stabilisiert.

Reinigung: Mit Wasser, verdünnter Natronlauge und nochmals mit Wasser waschen.

Vortrocknen: Mindestens 24 h über $CaCl_2$, anschließend vom Trockenmittel dekantieren. In vielen Fällen liefert diese Methode ausreichend trockenes Dichlormethan.

Trocknen: Mit ca. 5–10 g/l P_2O_5 2 Stunden zum Sieden erhitzen, danach abdestillieren. Diese Methode liefert ‚supertrockenes' Dichlormethan (Wassergehalt < 1 ppm), hier erübrigt sich das vorherige Waschen mit Wasser.
Für spektroskopische Zwecke wird Dichlormethan über basisches Al_2O_3 (Akt.-Stufe I) filtriert (50 g Al_2O_3 für ca. 70–100 ml Dichlormethan).

Lagerung: Das getrocknete Dichlormethan wird in einer dicht verschlossenen dunklen Flasche über Molekularsieb (4 Å) aufbewahrt, am besten unter N_2-Atmosphäre. Wenn Säurespuren vermieden werden müssen, kann statt Molekularsieb auch basisches Aluminiumoxid (Akt.-Stufe I) verwendet werden.

Chloroform (Trichlormethan)

Sdp. 61 °C, Schmp. –63 °C, $d = 1.48$ g/ml,
Dampfdruck 211 hPa (20 °C), Flammpunkt ---
Löslichkeit in Wasser: 8 g/l
Löslichkeit von Wasser in Chloroform: 0.09%
Azeotrop mit Wasser: Sdp. 56.1 °C (2.2% H_2O)

Achtung

H302-H315-H351-H373
P281-P302+P352-P308+P313

Bei Chloroform besteht der **Verdacht auf krebserzeugende Wirkung**. Es darf nur unter dem Abzug gearbeitet werden, jeglicher Hautkontakt ist zu vermeiden.

Verunreinigungen: Chloroform wird durch Sauerstoff unter Lichteinfluss photochemisch zersetzt, dabei entstehen Phosgen, Chlor und Chlorwasserstoff. Je nach Spezifikation ist Dichlormethan mit 2-Methyl-2-buten, Methanol oder Ethanol stabilisiert.

Reinigung, Trocknung und Lagerung: Siehe Dichlormethan.

Tetrachlorkohlenstoff (Tetrachlormethan)

Sdp. 76.7 °C, Schmp. –23 °C, $d = 1.59$ g/ml,
Dampfdruck 121 hPa (20 °C), Flammpunkt ---
Löslichkeit in Wasser: 0.8 g/l
Löslichkeit von Wasser in Tetrachlormethan: 0.014%
Azeotrop mit Wasser: Sdp. 66 °C (4.1% H_2O)

Gefahr

H301+H311+H331-H351-H372-H412-H420
P273-P280-P302+P352-P304-P340-P309+P310

Für Tetrachlorkohlenstoff besteht der **Verdacht auf krebserzeugende Wirkung**. Es darf nur unter dem Abzug gearbeitet werden, jeglicher Hautkontakt ist zu vermeiden.

Nach der deutschen FCKW-Halon-Verbotsverordnung besteht eine Anwendungsbeschränkung. Gefahr der Hautresorption!

Verunreinigungen: Tetrachlorkohlenstoff zersetzt sich unter Lichteinfluss in Gegenwart von Feuchtigkeit langsam zu Chloroform und Chlorwasserstoff.

Reinigung, Trocknung und Lagerung: Siehe Dichlormethan.

12.5.3 Ether

Die als Lösungsmittel häufig benutzten Ether wie Diethylether, Dioxan, Tetrahydrofuran, Ethylenglykoldimethylether, Diethylenglykoldimethylether (nicht *tert*-Butylmethylether) bilden mit Luftsauerstoff bei Lichteinwirkung Peroxide, die bei Anreicherung – zum Beispiel im Destillationsrückstand – explosionsartig zerfallen können. Peroxidhaltige Ether dürfen deshalb **auf keinen Fall bis zur Trockne abdestilliert werden.** Peroxide müssen vor Destillationen entfernt werden!

Nachweis von Peroxiden:

- 10 ml des Ethers werden im Scheidetrichter mit einer frisch hergestellten, wässrigen, angesäuerten Kaliumiodidlösung geschüttelt. Peroxide setzen Jod frei, das sich in der Etherphase mit brauner Farbe löst (die Nachweisempfindlichkeit lässt sich durch die Iod/Stärke-Reaktion erhöhen).
- 0.3 g *N,N*-Dimethylamin-*p*-phenylendiamin·H_2SO_4 werden in 10 ml Wasser gelöst und mit Methanol auf 100 ml aufgefüllt. 2 ml dieser Reagenslösung werden mit 1–5 ml Ether versetzt. Bei Anwesenheit von Peroxiden färbt sich die Lösung innerhalb von 5 Minuten tiefblau.
- Käufliche Indikatorstäbchen zeigen Peroxide einfach durch Eintauchen in das Lösungsmittel an.

Handelsübliche Ether sind heute in der Regel stabilisiert (Hinweis auf dem Etikett) und neigen dadurch kaum zur Peroxidbildung. Durch übermäßig lange Lagerung, Destillation oder auch Chromatographie werden die Stabilisatoren jedoch unwirksam bzw. abgetrennt, in diesem Fall bilden sich Peroxide.

Zur Entfernung der Peroxide können käufliche Reagenzien verwendet werden (z.B. **Perex-Kit**® der Firma Merck). Wenn der Ether ohnehin absolutiert wird, erfolgt die Zerstörung der Peroxide bei der Reinigung und Trocknung.

Gereinigte Ether müssen in braunen Flaschen aufbewahrt werden, um durch Lichtausschluss die Neubildung von Peroxiden zu verzögern. Nach längerem Aufbewahren muss unbedingt erneut auf Peroxide geprüft werden!

Der Zusatz von etwa **0.05% Diethyl-dithio-natriumcarbamat** (‚Cupral', **1**) als Stabilisator verhindert die Neubildung von Peroxiden und Aldehyden über Jahre hinweg. Wenn der Stabilisator in den Reaktionen nicht stört, ist die Stabilisierung der Ether unbedingt zu empfehlen!

Handelsüblicher Diethylether wird auch oft mit **2,6-Di-*tert*-butyl-4-methylphenol** (BHT, **2**) stabilisiert. Auch dieser Zusatz (ca. 10 ppm) verhindert die Neubildung von Peroxiden zuverlässig.

Diethylether

Sdp. 34.6 °C, Schmp. –116.3 °C, d = 0.71 g/ml,
Dampfdruck 587 hPa (20 °C), Flammpunkt –40 °C
Löslichkeit in Wasser: 69 g/l
Löslichkeit von Wasser in Diethylether: 1.5%
Azeotrop mit Wasser: Sdp. 34.2 °C (1.3% H_2O)

Gefahr

H224-H302-H336-EUH019-EUH066

P210-P240-P403-P235

Verunreinigungen: Peroxide, Ethanol, Acetaldehyd und je nach Spezifikation verschiedene Stabilisatoren.

Reinigung: Zum Entfernen von Peroxiden wird Diethylether mehrmals mit jeweils 10 ml/l einer Lösung von 6 g $FeSO_4$ und 5 ml H_2SO_4 in 110 ml Wasser ausgeschüttelt, danach mit Wasser gewaschen.

Vortrocknen: Mehrere Tage über feingekörntem $CaCl_2$ in einer dunklen Flasche stehen lassen, anschließend vom Trockenmittel dekantieren.

Trocknen: Es stehen mehrere Methoden zur Verfügung:

- Einpressen von ca. 5 g/l Natriumdraht, einige Tage stehen lassen und danach über frischem Natriumdraht abdestillieren. Die Na-Behandlung entfernt Peroxide, Alkohole, Aldehyde und Wasser, das vorherige Ausschütteln mit $FeSO_4$ ist dann nicht erforderlich!
- Mit ca. 4 g/l Natriumhydrid-Dispersion 2–3 Stunden unter Rückfluss erhitzen, danach abdestillieren. Dieses Verfahren entfernt ebenfalls Peroxide und alle übrigen Verunreinigungen.
- Durch etwa 100 g/l basisches Al_2O_3 filtrieren. **Achtung**: Das Aluminiumoxid kann nicht regeneriert werden, da die Peroxide adsorbiert, aber nicht zerstört werden!

Lagerung: Absoluter Diethylether wird am besten in dunklen Flaschen über Molekularsieb 4 Å oder Natriumdraht aufbewahrt, am besten unter Schutzgas (N_2 oder Ar).

tert-Butylmethylether (MTBE)

Sdp. 55.3 °C, Schmp. −108.6 °C, $d = 0.74$ g/ml,
Dampfdruck 268 hPa (20 °C), Flammpunkt −28 °C
Löslichkeit in Wasser: 26 g/l

Gefahr

tert-Butylmethylether bildet praktisch keine Peroxide und kann Diethylether weitgehend ersetzen. Bei Reaktionen mit starken Säuren muss mit Spaltung in Isobuten und Methanol gerechnet werden. Mit wässrigen Säuren kann MTBE aber ausgeschüttelt werden.

H225-H315
P210-P302+P352

Verunreinigungen: Methanol, tert-Butanol, Kohlenwasserstoffe.

Reinigung: Eine Reinigung ist für den normalen Laborgebrauch nicht nötig.

Vortrocknen: Mehrere Tage über feingekörntem $CaCl_2$ stehen lassen, anschließend vom Trockenmittel dekantieren.

Trocknen: Mit etwa 3 g/l Natriumhydrid-Dispersion oder 6 g/l Calciumhydrid 6 h unter Rückfluss erhitzen, anschließend wird abdestilliert.

Lagerung: Absoluter MTBE wird am besten in dunklen Flaschen über Molekularsieb 4 Å oder Natriumdraht aufbewahrt.

Tetrahydrofuran (THF)

Sdp. 66 °C, Schmp. −108.5 °C, $d = 0.89$ g/ml,
Dampfdruck 173 hPa (20 °C), Flammpunkt −20 °C
Unbegrenzt mischbar mit Wasser, kein Azeotrop mit Wasser
Handelsüblicher Wassergehalt: < 0.1%

Gefahr

Verunreinigungen: Tetrahydrofuran bildet ebenso wie Diethylether äußerst leicht explosive Peroxide. Handelsübliches THF enthält deshalb Stabilisatoren.

H225-H351-H319-H335-EUH019
P210-233-243-305+351+338

Reinigung und Vortrocknung: THF wird zur Entfernung von Peroxiden 2 h über CuCl (5 g/l) gerührt, anschließend 4 h unter Rückfluss erhitzt und abdestilliert (nicht bis zur Trockne destillieren!). Danach wird mit KOH (10 g/l) und 0.1 g/l CuCl 4 h unter Rückfluss erhitzt und wieder abdestilliert. **Achtung**: Durch die Destillation werden auch die Stabilisatoren entfernt. Bei der Zugabe von KOH zu peroxidhaltigem THF wurden Explosionen beschrieben, die vorherige Zerstörung der Peroxide ist dringend zu empfehlen! Siehe Lit. [5,6].

Trocknen: Das vorgetrocknete THF wird 4 h über Natriumdraht unter Rückfluss erhitzt, danach abdestilliert. Falls der Natriumdraht stark verkrustet ist, wird die Prozedur wiederholt.

Lagerung: In dunklen Flaschen über Natriumdraht unter Inertgas (N_2 oder Ar).

Wird besonders wasserfreies THF (insbesondere für metallorganische Arbeiten) benötigt, wird das THF in einer **Umlaufapparatur** über 5 g/l Kalium unter **Schutzgasatmosphäre** (N_2 oder Argon) aufbewahrt. Vor jeder Entnahme wird einige Zeit unter Rückfluss erhitzt, danach wird die benötigte Menge im Auffangbehälter der Umlaufapparatur gesammelt und erst unmittelbar vor Gebrauch entnommen.

Die **Wasserfreiheit** wird folgendermaßen überprüft: Zum frisch entnommenen Solvens wird ein kleines Stück Natrium und etwas Benzophenon gegeben. Die sofortige Blaufärbung (Bildung des Benzophenon-Ketylradikals $Ph_2C^\bullet$–ONa) zeigt die absolute Wasser- und Sauerstofffreiheit von THF an.

1,4-Dioxan

Sdp. 101.5°C, Schmp. 12 °C, d = 1.03 g/ml,
Dampfdruck 173 hPa (20 °C), Flammpunkt 11 °C
Unbegrenzt mischbar mit Wasser
Azeotrop mit Wasser: Sdp. 87.8 °C (18% H_2O)
Handelsüblicher Wassergehalt: < 0.2%

Gefahr

Für Dioxan besteht der **Verdacht auf krebserzeugende Wirkung**. Es darf nur unter dem Abzug gearbeitet werden, jeglicher Hautkontakt ist zu vermeiden.

H225-H351-H319-H335-EUH019-EUH066

Verunreinigungen: Dioxan bildet wie Diethylether Peroxide, außerdem kann handelsübliches Dioxan mit Essigsäure, 2-Ethyl-1,3-dioxolan, Acetaldehyd und Wasser verunreinigt sein.

P210-P233-P281-P308+P313-P305+P351+338-P403+P235

Entfernung der Peroxide und Vortrocknen: Dioxan wird mit festem KOH geschüttelt oder mehrere Tage stehen gelassen. Nach Dekantieren vom festen KOH wird mit 4 g/l $NaBH_4$ mehrere Stunden unter Rückfluss erhitzt, danach abdestilliert. Kleinere Mengen können auch durch Filtration durch basisches Aluminiumoxid (Akt.-Stufe I, 80 g/100–200 ml Dioxan) gereinigt werden. Beide Methoden entfernen Peroxide und weitgehend auch Aldehyde. Das so behandelte Dioxan kann direkt weiter getrocknet werden.

Trocknen: Das gereinigte, peroxidfreie Dioxan wird mit Natrium (5 g/l) einige Stunden unter Rückfluss erhitzt, danach abdestilliert.

Lagerung: In dunklen Flaschen über Natriumdraht unter Inertgas (N_2 oder Ar).

Ethylenglycoldimethylether (1,2-Dimethoxyethan, Monoglyme, DME)

Sdp. 84.5 °C, Schmp. –69 °C, $d = 0.87$ g/ml,
Dampfdruck 67 hPa (20 °C), Flammpunkt –6 °C
Unbegrenzt mischbar mit Wasser
Azeotrop mit Wasser: Sdp. 77.4 °C (10.1% H_2O)
Handelsüblicher Wassergehalt: < 0.2%

Gefahr

Ethylenglycoldimethylether ist **fortpflanzungsgefährdend**. Er bildet beim längeren Stehen an der Luft unter Lichteinwirkung Peroxide, die sich im Destillationsrückstand konzentrieren und dann unter Umständen explosionsartig zersetzen können. Deshalb darf Ethylenglycoldimethylether niemals vollständig bis zur Trockne abdestilliert werden.

H225-H332-H360FD-EUH019
P201-P210-P308

Reinigung und Trocknen: Siehe THF!

Lagerung: In dunklen Flaschen über Natriumdraht unter Inertgas (N_2 oder Ar).

Diethylenglycoldimethylether (Diglyme)

Sdp. 162 °C, Schmp. –64 °C, $d = 0.94$ g/ml,
Dampfdruck 2 hPa (20 °C), Flammpunkt 51 °C
Unbegrenzt mischbar mit Wasser
Azeotrop mit Wasser: Sdp. 99.8 °C (75% H_2O)
Handelsüblicher Wassergehalt: < 0.2%

Gefahr

Diethylenglycoldimethylether ist **fortpflanzungsgefährdend**. Er bildet beim längeren Stehen an der Luft unter Lichteinwirkung Peroxide, die sich im Destillationsrückstand anreichern und dann unter Umständen explosionsartig zersetzen können. Deshalb darf Diethylenglycoldimethylether niemals vollständig bis zur Trockne abdestilliert werden.

H226- H360FD-EUH019
P210-P241-P280-
P303+P361+P353-P405+P501

Verunreinigungen: Dimethoxyethan, Peroxide.

Reinigung und Trocknen: Wie bei THF; Verunreinigungen mit Dimethoxyethan werden durch Destillation über eine Kolonne abgetrennt.

Lagerung: In dunklen Flaschen über Natriumdraht unter Inertgas (N_2 oder Ar).

12.5.4 Ester

Ameisensäureethylester (Ethylformiat)

Sdp. 54.3 °C, Schmp. –81 bis –79 °C, $d = 0.92$ g/ml,
Dampfdruck 256 hPa (20 °C), Flammpunkt –20 °C
Löslichkeit in Wasser: 105 g/l
Löslichkeit von Wasser in Ethylformiat: 17%
Azeotrop mit Wasser: Sdp. 52.6 °C (5% H_2O)

Gefahr

H225-H332-H302-H319-H335
P210-P271-P305+P351+P338

Verunreinigungen: Ameisensäure, Ethanol (aus Esterspaltung)

Vortrocknen: Über K_2CO_3 stehen lassen, dabei gelegentlich schütteln, danach dekantieren. Dabei wird auch Ameisensäure entfernt. $CaCl_2$ ist zum Vortrocknen ungeeignet, da es eine Additionsverbindung mit Ameisensäureethylester eingeht.

Trocknen: Destillation über ca. 10 g/l P_2O_5.

Lagerung: In dicht verschlossenen Flaschen über Molekularsieb 4 Å.

Essigsäuremethylester (Methylacetat)

Sdp. 56.9 °C, Schmp. –98 °C, $d = 0.93$ g/ml,
Dampfdruck 217 hPa (20 °C), Flammpunkt –13 °C
Löslichkeit in Wasser: 250 g/l
Löslichkeit von Wasser in Methylacetat: 24.5%
Azeotrop mit Wasser: Sdp. 56.4 °C (3.5% H_2O)

Gefahr

H225-H319-H336-EUH336
P210-P233-P305+P351+P338

Verunreinigungen: Essigsäure, Methanol (aus Esterspaltung)

Vortrocknen, Trocknen, Lagerung: Wie bei Ameisensäureethylester beschrieben.

Essigsäureethylester (Ethylacetat)

Sdp. 77 °C, Schmp. –83 °C, $d = 0.90$ g/ml,
Dampfdruck 97 hPa (20 °C), Flammpunkt –4 °C
Löslichkeit in Wasser: 85.3 g/l
Löslichkeit von Wasser in Ethylacetat: 2.94%
Azeotrop mit Wasser: Sdp. 70.4 °C (8.5% H_2O)

Gefahr

H225-H319-H336-EUH006
P210-P240-P305+P351+P338

Verunreinigungen: Essigsäure, Ethanol (aus Esterspaltung)

Vortrocknen, Trocknen, Lagerung: Wie bei Ameisensäureethylester beschrieben.

12.5.5 Aprotische, dipolare Lösungsmittel

Aceton (2-Propanon)

Sdp. 56.2 °C, Schmp. –95.4°C, $d = 0.79$ g/ml,
Dampfdruck 233 hPa (20 °C), Flammpunkt < –20 °C
Aceton ist unbegrenzt mischbar mit Wasser und bildet kein Azeotrop mit Wasser.
Handelsüblicher Wassergehalt: < 1%, je nach Spezifikation

Gefahr

H225-H319-H336-EUH006
P210-P233-P305+P351+P338

Verunreinigungen: 2-Propanol, daneben auch Methanol, Ethanol und Aldehyde.

Vortrocknen: Alle üblichen Trocknungsmittel bewirken aldolartige Kondensationsreaktionen, die eine sorgfältige fraktionierende Destillation erfordern. Bei Beachtung dieser Tatsache kann Aceton mit wasserfreiem $CaSO_4$ oder K_2CO_3 (Trockenzeit max. 6 h) getrocknet werden, danach dekantieren. $CaCl_2$ ist zum Vortrocknen ungeeignet, da es eine Additionsverbindung mit Aceton eingeht.

Trocknen: Sorgfältige Kolonnendestillation über ca. 10 g/l wasserfreiem $CaSO_4$. Am besten geeignet ist die Trocknung über Molekularsieb 3 Å (bei statischer Trocknung: 100 g Molekularsieb auf 1 L Aceton, bei dynamischer Trocknung 100 g Molekularsieb auf 5 L), gefolgt von einer Destillation.

Lagerung: In dicht verschlossenen Flaschen über Molekularsieb 3 Å.

Acetonitril

Sdp. 81.6 °C, Schmp. –45.7 °C, $d = 0.786$ g/ml,
Dampfdruck 97 hPa (20 °C), Flammpunkt 2 °C
Acetonitril ist unbegrenzt mischbar mit Wasser.
Azeotrop mit Wasser: Sdp. 76.7 °C (15.8% H_2O)
Handelsüblicher Wassergehalt: < 0.5%, je nach Spezifikation

Gefahr

H225-H332-H302-H312-H319
P210-P305+P351+P338-P403+P235

Verunreinigungen: Acetamid, Ammoniumacetat, evtl. auch Acrylnitril, Allylalkohol, Aceton und Benzol.

Vortrocknen: Die meisten üblichen Trocknungsmittel sind wenig effizient. Bei einem Wassergehalt > 0.5% wird am besten mit Molekularsieb 3 Å vorgetrocknet.

Trocknen: Acetonitril wird mit 1 g/l Natriumhydrid-Dispersion oder 2 g/l gepulvertem CaH_2 10 Minuten unter Rückfluss erhitzt und danach rasch abdestilliert. Das Destillat wird mit 2 g/l P_2O_5 versetzt, nochmals 10 Minuten unter Rückfluss erhitzt und wieder rasch abdestilliert. Ein Überschuss an P_2O_5 sollte vermieden werden (Bildung eines orangen Polymers). Mit dieser Prozedur ist ein Wassergehalt von etwa 10^{-3}% erreichbar. Stören Säurespuren, kann nochmals über CaH_2 abdestilliert werden.

Lagerung: In dicht verschlossenen, dunklen Flaschen über Molekularsieb 3 Å.

N,N-Dimethylformamid (DMF)

Sdp. 153 °C, Schmp. –61 °C, $d = 0.94$ g/ml,
Dampfdruck 3.8 hPa (20 °C), Flammpunkt 58 °C
DMF ist unbegrenzt mischbar mit Wasser und bildet kein Azeotrop mit Wasser.
Handelsüblicher Wassergehalt: < 0.1%, je nach Spezifikation

Gefahr

DMF ist **fruchtschädigend**, mit DMF darf nur unter dem Abzug gearbeitet werden. Jeglicher Hautkontakt ist zu vermeiden. Es zersetzt sich a) langsam unter Lichteinwirkung und b) am Siedepunkt unter Normaldruck zu Dimethylamin und CO, die Zersetzung ist säure- und basenkatalysiert. Mehrstündiges Stehen über festem KOH oder NaOH führt bereits bei Raumtemperatur zu Zersetzung.

H360D-H226-H332-H312-H319
P201-P302+P352-
P305+P351+P338-P308+P313

Verunreinigungen: Dimethylamin, Ammoniak.

Vortrocknen: Bei handelsüblichen Wassergehalt < 0.1% muss nicht vorgetrocknet werden. Ansonsten eignen sich $CaSO_4$, $MgSO_4$ oder Molekularsieb 4 Å.

Trocknen: DMF wird mit 5 g/l CaH_2 über Nacht gerührt, danach dekantiert und im Vakuum bei etwa 20 mbar destilliert.

Lagerung: In dunklen, dicht verschlossenen Flaschen über Molekularsieb 3 Å.

N-Methylpyrrolidon (1-Methyl-2-pyrrolidon, NMP)

Sdp. 202 °C, Schmp. –24 °C, d = 1.03 g/ml,
Dampfdruck 0.32 hPa (20 °C), Flammpunkt 91 °C
NMP ist unbegrenzt mischbar mit Wasser.
Handelsüblicher Wassergehalt: < 0.1%, je nach Spezifikation

Gefahr

H360D-H319-H335-H315
P201- P308+P313-
P305+P351+P338-P302+P350

Verunreinigungen: Methylamin, Butyrolacton.

Trocknen: Es stehen 2 Methoden zur Wahl:

- NMP wird zunächst mit 10 g/l P_2O_5, besser noch mit 5 g/l CaH_2 versetzt und etwa 6 Stunden mit einem KPG-Rührer gerührt. Nach dem Dekantieren wird unter vermindertem Druck fraktionierend destilliert, Sdp. 94–96°C/26 hPa, 78–79 °C/16 hPa.
- NMP wird mit etwa 1.5 Gewichts-% Natriummethanolat versetzt und über Nacht stehen gelassen. Anschließend wird bei vermindertem Druck destilliert (zunächst langsam, um Methylamin zu entfernen!).

Lagerung: In dunklen, dicht verschlossenen Flaschen über Molekularsieb 4 Å.

Dimethylsulfoxid (DMSO)

Kein gefährlicher Stoff nach GHS

Sdp. 189 °C, Schmp. 18.5 °C, $d = 1.10$ g/ml,
Dampfdruck 0.6 hPa (20 °C), Flammpunkt 95 °C
DMSO ist unbegrenzt mischbar mit Wasser und bildet kein Azeotrop mit Wasser.
Handelsüblicher Wassergehalt: < 0.2%, je nach Spezifikation

DMSO ist sehr hygroskopisch! Es ist selbst nur sehr wenig toxisch, kann aber als Carrier die Hautresorption anderer Substanzen steigern.

Verunreinigungen: Dimethylsulfon.

Vortrocknen: Über Nacht über wasserfreiem $CaSO_4$ oder gepulvertem BaO stehen lassen, dann dekantieren.

Trocknen: Destillation mit 10 g/l Calciumhydrid bei vermindertem Druck (Sdp. 75.6–75.8/16 hPa)

Lagerung: In dunklen, dicht verschlossenen Flaschen über Molekularsieb 4 Å.

Nitromethan

Sdp. 101.2 °C, Schmp. –29 °C, $d = 1.14$ g/ml,
Dampfdruck 36.4 hPa (20 °C), Flammpunkt 35.6 °C
Löslichkeit in Wasser: 105 g/l
Löslichkeit von Wasser in Nitromethan: 2.1%
Azeotrop mit Wasser: Sdp. 83.6 °C (23.6% H_2O)

Achtung

H226-H302

Verunreinigungen: Formaldehyd, Acetaldehyd, Methanol und Ethanol.

P210

Vortrocknen: Mindestens einen Tag über $CaCl_2$ unter gelegentlichem Schütteln stehen lassen, danach dekantieren.

Trocknen: Das vorgetrocknete Nitromethan wird durch sorgfältige fraktionierende Destillation weiter gereinigt und getrocknet.

Lagerung: In dunklen, dicht verschlossenen Flaschen über Molekularsieb 3 Å.

12.5.6 Amine

Vor allem wasserlösliche Amine sind schwer zu trocknen und überdies stark hygroskopisch. Es hat sich gezeigt, dass nach geeigneter Vortrocknung die Aufbewahrung über Molekularsieb am wirksamsten ist (vgl. D. R. Burfield, R. H. Smithers und A. S. Ch. Tan, *J. Org. Chem.* **1978**, *43*, 3967). Gebrauchte Molekularsiebe aus der Trocknung von Aminen enthalten oft Verunreinigungen, die sich auch nach gründlichem Wässern und Ausheizen nicht vollständig entfernen lassen. Die Wiederverwendung wird deshalb nicht empfohlen.

Amine reagieren mit CO_2 aus der Luft. Alle Reinigungsschritte sollten deshalb – ebenso wie die Lagerung – unter Inertgas erfolgen.

Diisopropylamin (DIPA)

Sdp. 83.6 °C, Schmp. –96 °C, d = 0.72 g/ml,
Dampfdruck 93 hPa (20 °C), Flammpunkt –17 °C
Löslichkeit in Wasser: 150 g/l
Löslichkeit von Wasser in Diisopropylamin: 40%
Azeotrop mit Wasser: Sdp. 74.1 °C (9.2% H_2O)
Handelsüblicher Wassergehalt < 0.4% je nach Spezifikation.

Gefahr

H225-H302+H332-H314-H335
P210-P243-P280-P301+P330+
P331-P304+P340-P309+P310

Verunreinigungen: Andere Amine.

Vortrocknen: Bei hohem Wassergehalt (> 0.5%) wird solange mit KOH-Plätzchen versetzt, bis sich auch beim Rückflusskochen kein weiteres KOH mehr löst. Dann lässt man abkühlen, dekantiert ab, gibt 50 g/l frische KOH-Plätzchen zu und erhitzt erneut eine Stunde unter Rückfluss. Nach erneutem Dekantieren wird destilliert.

Trocknen: Zur Trocknung wird DIPA eine Woche unter Schutzgas (N_2) über ca. 10 g/l gepulvertem CaH_2 unter Rückfluss erhitzt und anschließend direkt abdestilliert.

Lagerung: DIPA wird in dunklen Flaschen über Molekularsieb 4 Å und unter Inertgas (N_2) aufbewahrt.

Triethylamin

Sdp. 90 °C, Schmp. –115 °C, $d = 0.73$ g/ml,
Dampfdruck 69 hPa (20 °C), Flammpunkt –11 °C
Löslichkeit in Wasser: 133 g/l
Löslichkeit von Wasser in Triethylamin: 4.6%
Azeotrop mit Wasser: Sdp. 75 °C (10% H_2O)
Handelsüblicher Wassergehalt: < 0.2% je nach Spezifikation.

Gefahr

H225-H331-H311-H302-H314
P210-P280-P301+P361+P353-P305+P351+P338-P310+P312

Verunreinigungen: Bis zu 2% andere Amine

Vortrocknen: Handelsübliches Triethylamin wird solange mit KOH-Plätzchen versetzt, bis sich auch beim Rückflusskochen kein weiteres KOH mehr löst. Dann lässt man abkühlen, dekantiert, gibt 50 g/l frische KOH-Plätzchen zu und erhitzt unter Schutzgas erneut eine Stunde unter Rückfluss. Nach erneutem Dekantieren wird destilliert.

Trocknen: Das vorgetrocknete Triethylamin wird unter Schutzgas 2–3 Stunden über frischem CaH_2 unter Rückfluss erhitzt und erneut abdestilliert.

Für höhere Ansprüche ist es empfehlenswert, das so gereinigte Triethylamin unmittelbar vor Gebrauch über $LiAlH_4$ oder NaH-Dispersion abzudestillieren.

Lagerung: Triethylamin wird in dunklen Flaschen über Molekularsieb 4 Å und unter Inertgas (N_2) aufbewahrt.

N-Ethyl-diisopropylamin (DIPEA, *Hünig*-Base)

Sdp. 127 °C, $d = 0.76$ g/ml,
Dampfdruck 16 hPa (20 °C), Flammpunkt 9.5 °C
Löslichkeit in Wasser: 3.9 g/l
Handelsüblicher Wassergehalt: < 0.2% je nach Spezifikation.

Verunreinigungen: Bis zu 2% andere Amine.

Vortrocknen, Trocknen: Siehe Triethylamin.

Lagerung: In dunklen Flaschen über Molekularsieb 4 Å und unter Inertgas (N_2).

Gefahr

H225-H301-H314-H412
P210-P273-P280-P301+P330+P331-P305+P351+P338-P309+P310

N,N,N',N'-Tetramethylethylendiamin (TMEDA, TEMED)

Sdp. 121 °C, Schmp. –55 °C, $d = 0.78$ g/ml,
Dampfdruck 21 hPa (20 °C), Flammpunkt 17 °C
Unbegrenzt mischbar mit Wasser
Handelsüblicher Wassergehalt: < 2% je nach Spezifikation.

Gefahr

Verunreinigungen: Andere Amine, auch primäre und sekundäre.

H228-H302+H312-H314-H331
P210-P261-P280-
P305+P351+P338-P310

Vortrocknen: Das käufliche TMEDA kann viel Wasser enthalten. Es wird solange mit gepulvertem KOH gesättigt, bis sich keine zwei Phasen mehr bilden. Nach dem Dekantieren gibt man 50 g/l frische KOH-Plätzchen zu, erhitzt erneut eine Stunde unter Rückfluss und destilliert ab.

Trocknen: Das vorgetrocknete TMEDA wird unter Schutzgas mit 10 g/l NaH oder mit Natrium versetzt und über Nacht unter Rückfluss erhitzt, anschließend abdestilliert. Dieses Verfahren wird solange wiederholt, bis ein scharfer Siedepunkt von 120–122 °C erreicht ist.

Lagerung: In dunklen Flaschen über Molekularsieb 4 Å und unter Inertgas (N_2).

Pyridin

Sdp. 115.3 °C, Schmp. –42 °C, $d = 0.98$ g/ml,
Dampfdruck 20 hPa (20 °C), Flammpunkt 17 °C
Unbegrenzt mischbar mit Wasser
Azeotrop mit Wasser: Sdp. 93.6 °C (41.3% H_2O)
Handelsüblicher Wassergehalt: < 0.3% je nach Spezifikation.

Gefahr

H225-H332-H302-H312
P210-P233-P302+P352

Verunreinigungen: Alkylsubstituierte Pyridine und andere Amine.

Vortrocknen: Mehrere Tage über ca. 20 g/l festem KOH stehen lassen, danach dekantieren.

Trocknen: Das vorgetrocknete Pyridin wird unter Schutzgas von 10 g/l festem KOH oder besser 5 g/l gepulvertem CaH_2 abdestilliert.

Lagerung: In dunklen Flaschen über Molekularsieb 4 Å und unter Inertgas (N_2).

12.5.7 Alkohole

Methanol

Sdp. 64.5 °C, Schmp. −98 °C, $d = 0.79$ g/ml,
Dampfdruck 128 hPa (20 °C), Flammpunkt 11 °C
Unbegrenzt mischbar mit Wasser, kein Azeotrop mit Wasser
Handelsüblicher Wassergehalt: < 1% je nach Spezifikation.

Gefahr

H225-H331+H311-H301-H370
P210-P233-P280-P302+P352-P309-P310

Verunreinigungen: Aceton, Formaldehyd, Methylformiat, Ethanol.

Vortrocknen: Größere Wassermengen lassen sich durch fraktionierende Destillation über eine Kolonne abtrennen, das so destillierte Methanol ist etwa 99.8%ig.

Trocknen: Absolutierung mit Magnesiumspänen (der Wassergehalt muss dafür bereits < 1% sein!): In einem 1 L-Rundkolben mit Rückflusskühler werden etwa 8 g Magnesiumspäne und 0.5 g Jod vorgelegt. 100 ml Methanol werden durch den Rückflusskühler zugegeben und solange erwärmt, bis eine stürmische Reaktion unter Wasserstoffentwicklung einsetzt (die Jodfarbe verschwindet). Falls nötig wird nochmals mit der gleichen Menge Jod versetzt und erwärmt, bis alles Magnesium umgesetzt ist. Jetzt werden etwa 600 ml Methanol durch den Rückflusskühler zugegeben, 2 Stunden unter Rückfluss erhitzt und dann abdestilliert.

Lagerung: In dicht verschlossenen Flaschen über Molekularsieb 3 Å.

Ethanol

Sdp. 78.3 °C, Schmp. −114.5 °C, $d = 0.79$ g/ml,
Dampfdruck 59 hPa (20 °C), Flammpunkt 12 °C
Unbegrenzt mischbar mit Wasser
Azeotrop mit Wasser: Sdp. 78.2 °C (4% H$_2$O)
Handelsüblicher Wassergehalt: < 1% oder 4%, je nach Spezifikation.

Gefahr

H225
P210

Verunreinigungen: Je nach Herstellungsprozess: Aus Fermentierung gewonnenes Ethanol enthält höhere Alkohole (hauptsächlich Pentanole, Aldehyde, Ester und Ketone), synthetisch hergestelltes Ethanol enthält Aldehyde, aliphatische Ester, Aceton und Diethylether. Ethanol mit niedrigem Wassergehalt kann Spuren von Benzol enthalten (aus der azeotropen Trocknung).
Reines (unvergälltes) Ethanol unterliegt in Deutschland der Branntweinsteuer. Unversteuertem Ethanol werden Verbindungen zugemischt, die sich nur schwer entfernen lassen (vergällt oder denaturiert). Üblich sind unter anderem 2-Propanol, Cyclohexan, Toluol und Ethylmethylketon. Je nach Verwendungszweck muss auf die Spezifizierung geachtet werden.

Vortrocknen: Ist nicht nötig, da Ethanol mit Wassergehalten < 1% kommerziell erhältlich ist.

Trocknen: Zur Reinigung und Trocknung wird das Ethanol (Wassergehalt < 1%) in einer Apparatur mit 3-Halskolben, KPG-Rührer und Rückflusskühler (mit Metallwendel!) vorgelegt und ca. 7–10 g Natriumschnitzel/l werden portionsweise zugegeben.
Anschließend wird solange erhitzt, bis alles Natrium unter Bildung von Natriummethanolat in Lösung gegangen ist. Nun werden ca. 30 g/l Phthalsäurediethylester zugegeben, nochmals 3 Stunden unter Rückfluss erhitzt und danach abdestilliert.

Lagerung: In dicht verschlossenen Flaschen über Molekularsieb 3 Å.

1-Propanol (*n*-Propanol)

Sdp. 97.2 °C, Schmp. –127 °C, d = 0.80 g/ml,
Dampfdruck 19 hPa (20 °C), Flammpunkt 15 °C
Unbegrenzt mischbar mit Wasser
Azeotrop mit Wasser: Sdp. 87.6 °C (28.3% H_2O)
Handelsüblicher Wassergehalt: < 0.2%, je nach Spezifikation

Gefahr

H225-H318-H336
P210-P233-P280-
P305+P351+P338-P313

Verunreinigungen: 2-Propanol.

Vortrocknen: Falls nötig durch azeotrope Destillation.

Trocknen: Die Trocknung erfolgt wie bei Ethanol, jedoch unter Zusatz von Phthalsäure- oder Benzoesäure-*n*-**propyl**ester.

Lagerung: In dicht verschlossenen Flaschen über Molekularsieb 3 Å.

2-Propanol (Isopropanol)

Sdp. 82.2 °C, Schmp. –89 °C, d = 0.78 g/ml,
Dampfdruck 59 hPa (20 °C), Flammpunkt 12 °C
Unbegrenzt mischbar mit Wasser
Azeotrop mit Wasser: Sdp. 80.1 °C (12% H_2O)
Handelsüblicher Wassergehalt: < 0.2%, je nach Spezifikation

Gefahr

H225-H319- H336
P210-P233-P305+P351+P338

Verunreinigungen: Aceton sowie niedrigere Alkohole und Aldehyde.

Vortrocknen: Falls nötig 12-stündiges Vortrocknen mit etwa 200 g/l Calciumsulfat-semihydrat (SIKKON®), danach wird vom Trockenmittel dekantiert.

Trocknen: In einer Apparatur mit 3-Halskolben, KPG-Rührer und Rückflusskühler (mit Metallwendel!) wird das vorgetrocknete 2-Propanol vorgelegt und mit ca. 7–10 g Natriumschnitzel/l portionsweise versetzt. Anschließend wird solange erhitzt, bis alles Natrium unter Bildung von Natriumisopropanolat in Lösung gegangen ist. Nun wird mit ca. 35 ml/l Benzoesäureisopropylester versetzt, nochmals 3 Stunden unter Rückfluss erhitzt und danach abdestilliert.

Lagerung: In dicht verschlossenen Flaschen über Molekularsieb 3 Å.

1-Butanol (*n*-Butanol)

Sdp. 117.7 °C, Schmp. –89.5 °C, $d = 0.81$ g/ml,
Dampfdruck 6.7 hPa (20 °C), Flammpunkt 30 °C
Löslichkeit in Wasser: 79 g/l
Löslichkeit von Wasser in 1-Butanol: 20.5%
Azeotrop mit Wasser: Sdp. 92.7 °C (42.5% H_2O)
Handelsüblicher Wassergehalt: < 0.2%, je nach Spezifikation.

Gefahr

H226-H302-H318-H315-H335-H336
P280-P302+P352-P305+P351+P338-P313

Trocknen: 1-Butanol wird mit Natrium und Phthalsäuredibutylester – analog wie bei Ethanol beschrieben – getrocknet.

Lagerung: In dicht verschlossenen Flaschen über Molekularsieb 3 Å.

tert-Butanol (2-Methyl-2-propanol)

Sdp. 82.3 °C, Schmp. 25.3 °C,
Dampfdruck 40.7 hPa (20 °C), Flammpunkt 14 °C
Unbegrenzt löslich in Wasser
Azeotrop mit Wasser: Sdp. 79.9 °C (11.8% H_2O)
Handelsüblicher Wassergehalt: < 0.2%, je nach Spezifikation.

Gefahr

H225-H332-H319- H335
P210-P305+P351+P338-P403+P233

Trocknen: Zur Trocknung wird *tert*-Butanol mit ca. 10 g/l Calciumhydrid 24 Stunden zum Sieden erhitzt (Vorsicht, das Trockenmittel kann heftiges ‚Stoßen' verursachen, Apparatur gut sichern!) und danach abdestilliert. Das Destillat wird dann mit ca. 8–10 g Natriumschnitzel so lange erhitzt, bis sich alles Natrium umgesetzt hat, hierauf wird abdestilliert. Reines *tert*-Butanol kristallisiert bei Raumtemperatur aus! Deshalb muss das Kühlwasser bei der Destillation auf 26–30 °C gehalten werden!

Lagerung: In dicht verschlossenen Flaschen über Molekularsieb 3 Å. Vor der Entnahme Flasche im Wasserbad erwärmen.

12.5.8 Carbonsäuren und Derivate

Ameisensäure

Sdp. 100.6 °C, Schmp. 8 °C, $d = 1.22$ g/ml,
Dampfdruck 42 hPa (20 °C), Flammpunkt 48 °C
Unbegrenzt mischbar mit Wasser
Azeotrop mit Wasser: Sdp. 107.6°C (25.5% H_2O)
Handelsüblicher Wassergehalt: < 2% je nach Spezifikation.

Bei Raumtemperatur zersetzt sich Ameisensäure langsam zu CO und Wasser. Die Vorratsgefäße können dadurch unter Druck stehen, deshalb vorsichtig öffnen!

Gefahr

H226-H314
P260-P280-P301+P330+P331-P305+P351+P338-P309+P310

Verunreinigungen: Natriumformiat, Essigsäure.

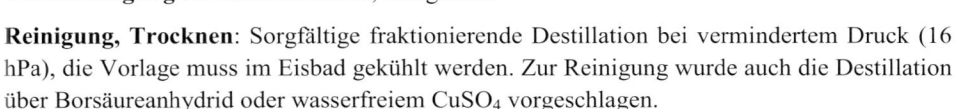

Reinigung, Trocknen: Sorgfältige fraktionierende Destillation bei vermindertem Druck (16 hPa), die Vorlage muss im Eisbad gekühlt werden. Zur Reinigung wurde auch die Destillation über Borsäureanhydrid oder wasserfreiem $CuSO_4$ vorgeschlagen.

Lagerung: In dicht verschlossenen Flaschen, am besten im Kühlschrank.

Essigsäure (100%ige Essigsäure ≡ Eisessig)

Sdp. 118 °C, Schmp. 17 °C, $d = 1.05$ g/ml,
Dampfdruck 15.4 hPa (20 °C), Flammpunkt 39 °C
Unbegrenzt mischbar mit Wasser, kein Azeotrop mit Wasser
Handelsüblicher Wassergehalt: < 2% je nach Spezifikation.

Gefahr

H226-H314
P280-P301+P330+P331-P307+P310-P305+P351+P338

Verunreinigungen: Acetaldehyd.

Reinigung und Trocknen: Eisessig wird mit ca. 20 g/l wasserfreiem $CuSO_4$ oder P_2O_5 zwei Stunden unter Rückfluss erhitzt, danach sorgfältig fraktionierend destilliert (das dabei in kleinen Mengen gebildete Acetanhydrid siedet bei 140 °C).

Lagerung: In dicht verschlossenen Flaschen über Molekularsieb 4 Å.

Essigsäureanhydrid (Acetanhydrid)

Sdp. 140 °C, Schmp. −73 °C, d = 1.08 g/ml, Dampfdruck 4 hPa (20 °C), Flammpunkt 49 °C

Reagiert mit Wasser heftig unter Hydrolyse zu Essigsäure.

Verunreinigungen: Essigsäure

Reinigung und Trocknen: Essigsäureanhydrid wird mit ca. 20 g/l P_2O_5 zwei Stunden unter Rückfluss erhitzt, danach fraktionierend destilliert.

Lagerung: In dicht verschlossenen Flaschen.

Gefahr

H226-H332-H302-H314-H335

P280-P301+P330+P331-P305+P351+P338-P309+P310

Literaturverzeichnis

[1] W. L. F. Armarego, C. V. L. Chai, Purification of Laboratory Chemicals, 7th edition, Butterworth-Heinemann, **2013**.

[2] NORMAG Labor- und Prozesstechnik GmbH, D-98693 Ilmenau, http://www.normag-glas.de

[3] J. A. Riddick, Organic Solvents: Physical Properties and Methods of Purification, Techniques of Chemistry, Vol. II, Wiley-Interscience, New York, **1980**.

[4] J. F. Coetzee, Recommended Methods for Purification of Solvents and Tests for Impurities, Pergamon Press, Oxford, **1982**.

[5] C. Weygand, G. Hilgetag, *Organisch-chemische Experimentierkunst*, 4. überarb. Auflage, Barth-Verlag, Leipzig, **1970**.

[6] *Org. Synth.* **1973**, *Coll. Vol. 5*, 976.

Für sehr detaillierte und nützliche Informationen zu Lösungsmitteln und Lösungsmitteleffekten in der Organischen Chemie, die weit über das Reinigen der Solventien hinausgehen, siehe:

[7] C. Reichard, Solvents and Solvent Effects in Organic Chemistry, 3rd updated and enlarged edition, Wiley-VCH, Weinheim, 2002.

Kapitel 13

Molekülspektroskopie

13.1 Physikalische Grundlagen

13.2 UV/VIS/NIR-Spektroskopie

13.3 Infrarotspektroskopie (IR-Spektroskopie)

13.4 NMR-Spektroskopie

13.5 Massenspektrometrie

13.6 Angabe spektroskopischer Daten

13.7 Spektrendatenbanken und Simulation von Spektren

Literaturverzeichnis

Der hier vorliegende Text bietet nur einen groben Überblick, es empfiehlt sich ein gründlicheres Studium einschlägiger Monographien, die im Literaturverzeichnis aufgeführt sind.

Die Tabellen 13.2, 13.3, 13.6 und 13.12 wurden mit freundlicher Genehmigung übernommen aus: M. Hesse, H. Meier, B. Zeeh, *Spektroskopische Methoden in der organischen Chemie*, 7. Auflage, Georg Thieme Verlag, Stuttgart, New York, **2005**.

13. Molekülspektroskopie

13.1 Physikalische Grundlagen

Materie kann mit **elektromagnetischen Wellen** (= Strahlung) in Wechselwirkung treten und dabei entweder Energie aufnehmen (absorbieren) oder abgeben (emittieren). Dieses Phänomen wird von der Spektroskopie genutzt, um Eigenschaften der Materie zu bestimmen und zu charakterisieren. In der organischen Chemie sind insbesondere diejenigen spektroskopischen Methoden von Bedeutung, mit deren Hilfe sich Moleküle und Struktureinheiten identifizieren lassen. In diesem Abschnitt kann natürlich nur ein grober Überblick über einige wichtige spektroskopische Methoden gegeben werden, ein Lehrbuch der Spektroskopie kann und soll nicht ersetzt werden.

Elektromagnetische Wellen breiten sich mit Lichtgeschwindigkeit c aus, ihre Wellenlänge und Frequenz ist durch folgende Gleichung für jedes Medium exakt festgelegt:

$$c = \lambda \cdot \nu$$

c : Lichtgeschwindigkeit ($2.998 \cdot 10^{10}$ cm·s^{-1} im Vakuum)
λ : Wellenlänge
ν : Frequenz

Ein Lichtquant der Frequenz ν besitzt die Energie:

$$E = h \cdot \nu = \frac{h \cdot c}{\lambda} = h \cdot c \cdot \tilde{\nu}$$

h : Plank'sches Wirkungsquantum ($h = 6.626 \cdot 10^{-34}$ J·s)
$\tilde{\nu}$: Wellenzahl

Es wird deutlich, dass der Energieinhalt der Welle proportional zu ihrer Frequenz und umgekehrt proportional zu ihrer Wellenlänge ist.

Die Wellenlänge wurde zunächst in **Ångström** (Å) angegeben, heute verwendet man meist **Nanometer**. An Stelle der Frequenz wird meist die **Wellenzahl** $\tilde{\nu}$ in cm^{-1} angegeben.

$$1 \text{ nm} = 10^{-7} \text{ cm}^{-1}; \quad 1 \text{ Å} = 10^{-8} \text{ cm}^{-1}; \quad 1 \text{ nm} = 10 \text{ Å}$$

$$\tilde{\nu} = \frac{1}{\lambda} = \frac{\nu}{c}$$

Die Wellenzahl ist also der reziproke Wert der Wellenlänge, z.B.

$$\lambda = 10 \text{ nm} = 10 \cdot 10^{-7} \text{ cm}^{-1}, \quad \tilde{\nu} = \frac{1}{1 \cdot 10^{-6} \text{ cm}} = 10^{6} \text{ cm}^{-1}$$

Die Energie eines Lichtquants ist direkt proportional zur Frequenz bzw. der Wellenzahl. Sie wird in der Einheit 1 eV (Elektronenvolt) angegeben:

$$E = h\nu = h\tilde{\nu} \cdot c$$

Die Energie von $6.02 \cdot 10^{23}$ (= 1 mol) Lichtquanten wird in kJ/mol oder kcal/mol angegeben (Tab. 13.1), gelegentlich findet man darüberhinaus auch die Angaben kJ/Einstein oder kcal/Einstein (1 Einstein = $1/6.02 \cdot 10^{23}$ als dimensionslose Größe).

Tabelle 13.1: Strahlungsenergie verschiedener Wellenlängen

λ [nm]		E [kJ/mol]	E [kcal/mol]
10		11970	2859
200		598.7	143
400	} sichtbarer Bereich	299.4	71.5
750		159.1	38

Abb. 13.1: Ausschnitt aus dem elektromagnetischen Spektrum mit UV/Vis/NIR-Bereich.

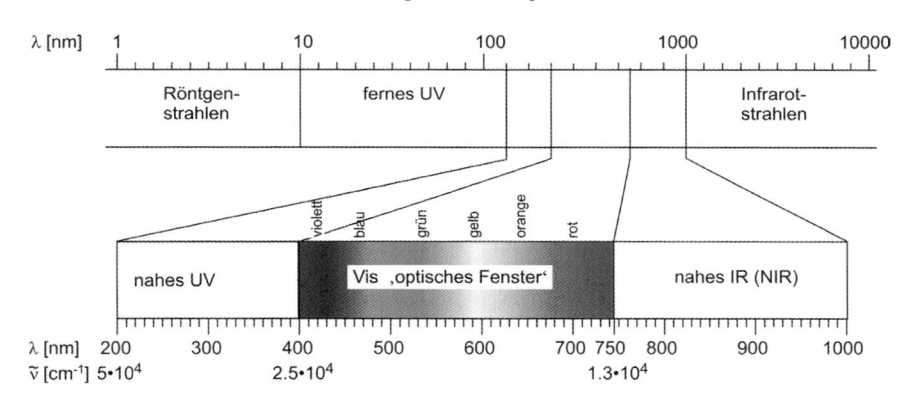

Das Verhältnis der durch eine Substanzprobe durchgelassenen Strahlung mit der Intensität I zur eingetretenen Strahlung der Intensität I_0 wird durch das **Lambert-Beer'sche Gesetz** beschrieben:

$$D = \frac{I}{I_0} = 10^{-\varepsilon \cdot c \cdot d}$$

$$E = \log \frac{I_0}{I} = \varepsilon \cdot c \cdot d$$

D : Durchlässigkeit
E : Extinktion
ε : molarer Extinktionskoeffizient in cm^2/mmol
c : Konzentration
d : Schichtdicke

Die Durchlässigkeit (oder Transmission) und die Absorption werden in Prozent angegeben:

    100% Durchlässigkeit: $D = 1.00$; $E = 0$
    10% Durchlässigkeit: $D = 0.10$; $E = 1$
    1% Durchlässigkeit: $D = 0.01$; $E = 2$

Aus der Quantentheorie folgt, dass Moleküle Strahlungsenergie nur ‚gequantelt' aufnehmen (und natürlich auch wieder abgeben) können. In der Spektroskopie wird die ‚Menge' der aufgenommenen Energie gemessen.

Durch die Aufnahme (Absorption) elektromagnetischer Strahlung werden Moleküle aus ihrem **Energiegrundzustand** in energetisch höhere, so genannte **angeregte Zustände**, überführt. Je nach Energiebereich der Strahlung kann es zu völlig verschiedenen Anregungszuständen kommen:

Elektronenanregungsspektroskopie – UV/Vis/NIR-Spektroskopie

Elektromagnetische Strahlung im Bereich

- nahes UV (200–400 nm, E = 600–300 kJ/mol)
- sichtbares Licht (400–750 nm, E = 300–160 kJ/mol)
- nahes Infrarot, NIR (750–1000 nm, E = 160–120 kJ/mol)

besitzt hinreichend Energie, um Elektronen aus bindenden Molekülorbitalen (σ, π) und aus besetzten, nichtbindenden n-Orbitalen in **elektronisch angeregte Zustände** zu heben. Diese Übergänge erfolgen zwischen besetzten und unbesetzten Orbitalen eines Moleküls.

Elektromagnetische Strahlung im infraroten Bereich kann Moleküle vom Schwingungsgrundzustand in angeregte Schwingungszustände überführen. Für organische Verbindungen ist der mittlere Infrarotbereich (λ = 2500–25000 nm, E = 48–4.8 kJ/mol) von besonderer Bedeutung (siehe Abschnitt 13.3, Infrarotspektroskopie).

13.2 UV/Vis/NIR-Spektroskopie [1–6]

Elektromagnetische Strahlung im Bereich von 200–1000 nm (nahe ultraviolette bis nahe Infrarotstrahlung) besitzt hinreichend Energie (E = 600–120 kJ/mol), um Elektronen aus bindenden Molekülorbitalen (σ, π) und aus besetzten nichtbindenden n-Orbitalen in **elektronisch angeregte Zustände** zu heben. Diese Übergänge erfolgen zwischen besetzten und unbesetzten Orbitalen eines Moleküls. Die Anregungsenergie schließt auch den Bereich des sichtbaren Lichtes ein (λ = 400 bis ca. 750 nm), d.h., **diese elektronischen Übergänge sind für die Farbigkeit von Verbindungen verantwortlich**.

Die Absorption der einfallenden Strahlung gehorcht dem ***Lambert-Beer*'schen Gesetz**, d.h., die Absorption ist abhängig von der Konzentration, der Schichtdicke und dem molaren Extinktionskoeffizient.

Der molare Extinktionskoeffizient ε ist ein Maß für die Übergangswahrscheinlichkeit eines Anregungsprozesses. Übergänge mit kleinem ε (< 100), z.B. n $\rightarrow$ π^*-Übergänge (siehe unten), werden als ‚verboten' bezeichnet, Übergänge mit großem ε (> 1000) sind ‚erlaubt'.

13.2.1 Auswahlregeln

Ob ein Übergang erlaubt oder verboten ist, wird durch aus der Quantenmechanik abgeleitete Auswahlregeln bestimmt:

- Der **Gesamtspin** S bzw. die **Multiplizität** $M = 2S + 1$ darf sich während eines Übergangs nicht ändern (**Spinverbot**), d.h., Singulettzustände können zwar durch Absorption oder Emission in einen anderen Singulettzustand übergehen, nicht aber in einen Triplettzustand.
- Elektronenübergänge zwischen zwei Orbitalen sind nur dann erlaubt, wenn sich die Orbitale in ihrer Parität unterscheiden (**Paritätsverbot** oder **Regel von *Laporte***).
- Elektronenübergänge sind nur dann erlaubt, wenn sich die beiden beteiligten Orbitale räumlich überlappen (**Überlappungsverbot**).

Unter Beachtung dieser Auswahlregeln sind die meisten denkbaren Elektronenübergänge zwischen zwei Orbitalen verboten. In der Praxis können jedoch auch verbotene Übergänge beobachtet werden, hier sind die ε-Werte aber relativ klein. Selbst das Spinverbot kann durch eine wirksame Spin-Bahn-Kopplung bei Anwesenheit schwerer Atome gebrochen werden.

13.2.2 Energieniveauschema

Eine wichtige Klassifizierung der Übergänge erfolgt nach Art der beteiligten Orbitale. Abbildung 13.2 zeigt ein qualitatives Energieniveauschema für die Elektronenanregung.

Aus diesem einfachen Schema wird ersichtlich, dass $\sigma \rightarrow \sigma^*$-Übergänge die höchsten Anregungsenergien erfordern, sie liegen in einem sehr kurzwelligen Bereich von etwa 120–190 nm (Vakuum-UV) und können nur mit erheblichem experimentellem Aufwand gemessen werden.

Abb. 13.2: Elektronenübergänge zwischen Orbitalen.

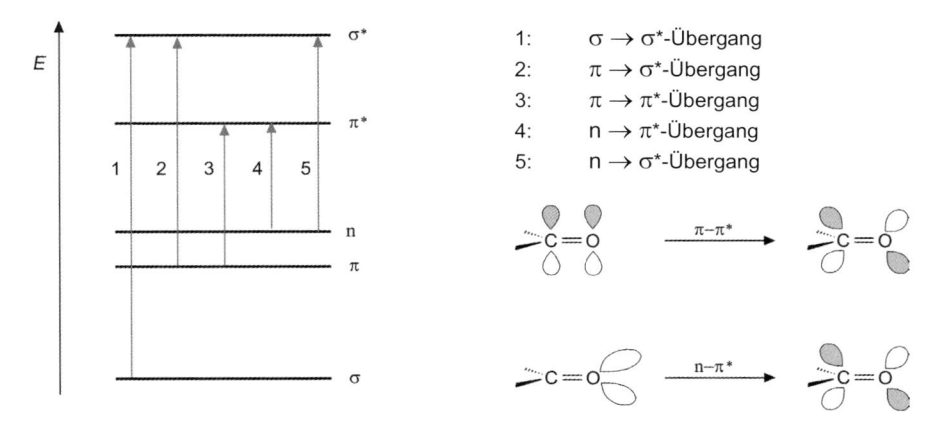

1: $\sigma \rightarrow \sigma^*$-Übergang
2: $\pi \rightarrow \sigma^*$-Übergang
3: $\pi \rightarrow \pi^*$-Übergang
4: $n \rightarrow \pi^*$-Übergang
5: $n \rightarrow \sigma^*$-Übergang

13. Molekülspektroskopie

Für die Analytik organischer Moleküle sind vor allem Übergänge von Interesse, die das π-Elektronensystem oder nichtbindende Orbitale betreffen. Alle wichtigen funktionellen Gruppen besitzen solche π- oder n-Orbitale und sind damit der UV-Spektroskopie zugänglich.

Es wird prinzipiell zwischen der Anregung von bindenden π-Elektronen in antibindende π*-Niveaus und Anregung nichtbindender n-Elektronen in antibindende π*-Niveaus unterschieden.

Im Allgemeinen sind n → π*-Übergänge leichter anzuregen, d.h., ihre Absorptionsmaxima liegen langwelliger als π → π*-Übergänge. Andererseits sind die n → π*-Übergänge im Allgemeinen verboten, d.h., ihre ε-Werte liegen etwa 2–3 Zehnerpotenzen niedriger als die erlaubten π → π*-Übergänge.

Tabelle 13.2: Beispiele für die Übergänge zwischen bindenden und nichtbindenden Orbitalen (aus Lit. [1]).

Übergang	Chromophor	Verbindung	λ_{max} [nm]	ε_{max}
σ → σ*	C—H	CH_4	122	intensiv
	C—C	$H_3C—CH_3$	135	intensiv
n → σ*	—O—	$H_3C—OH$	183	200
		$H_5C_2—O—C_2H_5$	189	2000
n → σ*	—Hal	$H_3C—Cl$	173	200
		$H_3C—Br$	204	260
		$H_3C—I$	258	380
π → π*	\C=C/ (all-trans)	$H_2C=CH_2$	165	16000
		$H_3C-(HC=CH)_1-CH_3$	174	24000
		$H_3C-(HC=CH)_2-CH_3$	227	24000
		$H_3C-(HC=CH)_4-CH_3$	310	76500
		$H_3C-(HC=CH)_6-CH_3$	380	146500
π → π*	\C=O/	$CH_3\overset{O}{\overset{\|}{C}}CH_3$	187	950
		$Ph\overset{O}{\overset{\|}{C}}Ph$	253	17600
n → π*	\C=O/	$CH_3\overset{O}{\overset{\|}{C}}H$	293	12
		$CH_3\overset{O}{\overset{\|}{C}}CH_3$	273	14
n → π*	—N=N—	$H_3C-N=N-CH_3$	343	25
	—N=O	$(CH_3)_3C-N=O$	665	20

Diejenigen Teile oder funktionelle Gruppen eines Moleküls, deren Elektronen für eine entsprechende Lichtabsorption verantwortlich sind, werden als **Chromophore** bezeichnet. Zwei miteinander konjugierte Chromophore absorbieren langwelliger als die beiden isolierten Chromophore; man spricht von einer **bathochromen Verschiebung**. Die Übergänge einiger wichtigen Chromophore sind in Tabelle 13.2 aufgeführt.

Beim Übergang vom unpolaren Solvens Cyclohexan zum polaren Ethanol wird der $\pi \to \pi^*$-Übergang langwellig – **bathochrom** – der n $\to \pi^*$-Übergang kurzwellig – **hypsochrom** – verschoben (Abb. 13.3).

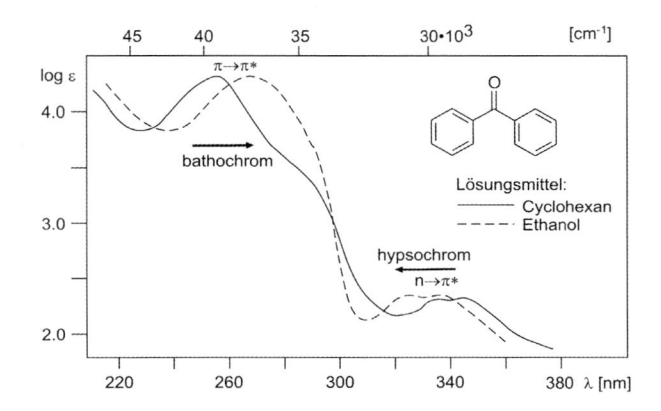

Abb. 13.3: UV-Spektrum von Benzophenon in Cyclohexan und in Ethanol.

13.2.3 Inkrementsysteme

Es hat sich gezeigt, dass sich die Lichtabsorption konjugierter Systeme mit einem einfachen, empirisch ermittelten Inkrementsystem in zufriedenstellender Übereinstimmung mit den experimentellen Werten abschätzen lässt. Tabelle 13.3 zeigt ein solches Inkrementsystem für α,β-ungesättigte Ketone (in MeOH, EtOH).

13. Molekülspektroskopie

Tabelle 13.3: Inkrementsystem für α,β-ungesättigte Ketone (aus Lit. [1]).

$$\begin{matrix}\delta & \gamma & \beta & \alpha & \\ \diagdown & | & | & | & \diagup O \\ C=C-C=C-C & & & & \\ \diagup & & & & \diagdown X \\ \delta & & & & \end{matrix}$$

Basiswert:	X = H	207 nm
	X = Alkyl	215 nm
	X = OH, OAlkyl	193 nm

Inkremente:	für jede weitere konjugierte Doppelbindung:	+ 30 nm
	für jede weitere exocyclische Doppelbindung:	+ 5 nm
	für homoannulare Dien-Komponente:	+ 39 nm

	für jeden Substituent in Stellung			
	α	β	γ	δ und höher
Alkyl	+ 10 nm	+ 12 nm	+ 18 nm	+ 18 nm
Cl	+ 15 nm	+ 12 nm	–	–
Br	+ 25 nm	+ 30 nm	–	–
OH	+ 35 nm	+ 30 nm	–	+ 50 nm
OAlkyl	+ 35 nm	+ 30 nm	+ 17 nm	+ 31 nm
OAcyl	+ 6 nm	+ 6 nm	+ 6 nm	+ 6 nm

Korrektur:	beim Übergang von Ethanol zu anderen Solventien	
	Wasser	+ 8 nm
	CHCl$_3$	– 1 nm
	Dioxan	– 5 nm
	Ether	– 7 nm
	Hexan	– 11 nm
	Cyclohexan	– 11 nm

Beispiele:

Basiswert	207 nm
2-mal Alkyl in β-Stellung	+ 2·12 nm
berechnet:	231 nm
gefunden:	235 nm

Basiswert	215 nm
2-mal C=C	+ 2·30 nm
1-mal C=C exocyclisch	+ 5 nm
homoannulares Dien	+ 39 nm
Alkyl in β	+ 12 nm
Alkyl in δ	+ 18 nm
2-mal Alkyl höher δ	+ 2·18 nm
berechnet:	385 nm
gefunden:	388 nm

Inkrementsysteme lassen sich auch für die langwelligen Absorptionsmaxima von Dienen und Trienen (acyclisch, homo- bzw. heteroannular) angeben.

13.2.4 Aromatische Systeme

Aromatische Systeme wie z.B. Benzol (Abb. 13.4) zeigen typische UV-Spektren. Generell sind für linear kondensierte aromatische Kohlenwasserstoffe (Naphthalin, Anthracen, Tetracen, Abb. 13.5) neben einem intensiven kurzwelligen Übergang noch weitere symmetrieverbotene langwellige Absorptionen zu beobachten, die oft eine starke Feinstruktur aufweisen. Durch Substitution wird die Symmetrie des Systems erniedrigt, dadurch nimmt die Intensität des verbotenen langwelligen Übergangs zu.

Abb. 13.4: UV-Spektrum von Benzol in Hexan.

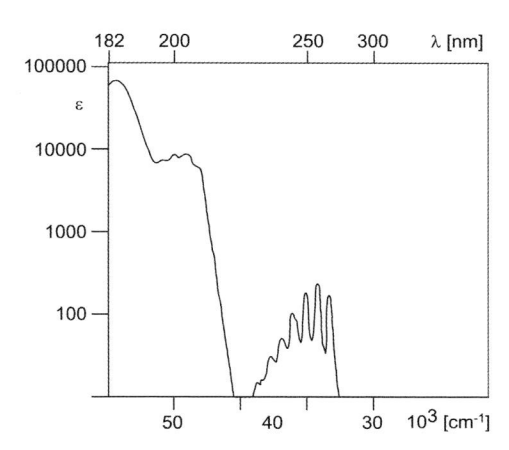

Abb. 13.5: UV/VIS-Spektren von linear kondensierten aromatischen Kohlenwasserstoffen.

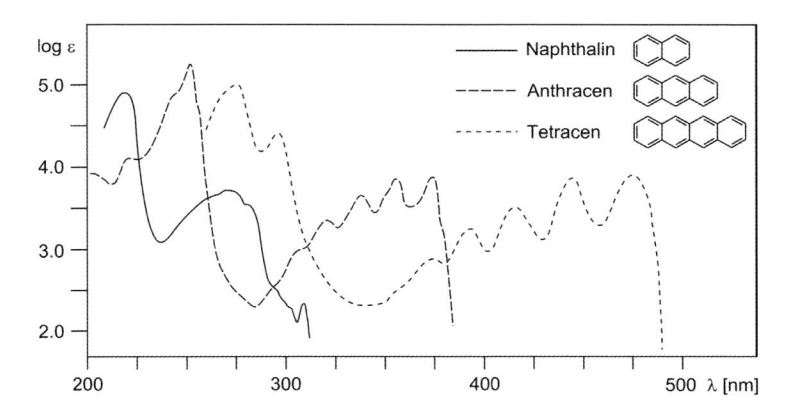

Farbe der linear kondensierten aromatischen Kohlenwasserstoffe:

Benzol, Naphthalin, Anthracen:	farblos
Tetracen:	orangegelb
Pentacen:	blauviolett
Hexacen:	dunkelgrün

13.2.5 Aufnahme von UV/VIS-Spektren – Lösungsmittel für die UV-Spektroskopie

- UV/VIS-Spektren werden in Standardgeräten im Bereich von 200–900 nm und mit Extinktionswerten bis $E = 2$ in Zweistrahl-Spektrophotometern gemessen. Zum Aufbau und zur Funktion von Zweistrahl-Spektrometern informiere man sich in einschlägigen Monographien [1].
- Die Spektren werden in Lösung aufgenommen. Die Probenlösungen sind in Glas- oder Quarzküvetten von 1 bzw. 10 mm Schichtdicke, in den zweiten Strahlengang wird eine identische Küvette mit dem reinen Solvens eingebracht. Die eingesetzten Lösungsmittel müssen in dem Bereich, in dem die Absorptionsbanden der untersuchten Verbindung erwartet werden, **optisch leer** sein, d.h., sie dürfen in diesem Bereich keine Eigenabsorption besitzen.
- In Tabelle 13.4 ist die ‚**Durchlässigkeit**' der gebräuchlichsten Solventien für die UV-Spektroskopie angegeben.

Tabelle 13.4: Durchlässigkeit organischer Lösungsmittel im UV-Bereich. Der weiße Bereich ist UV-durchlässig.

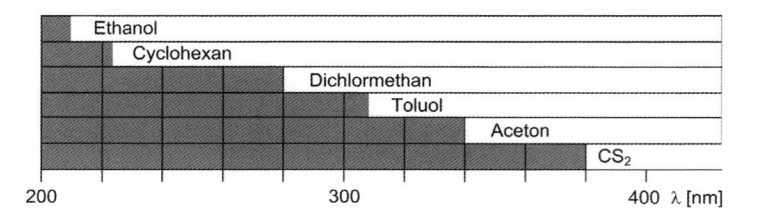

Ethanol							
	Cyclohexan						
			Dichlormethan				
				Toluol			
					Aceton		
						CS$_2$	
200			300			400	λ [nm]

- **Küvetten aus optischem Spezialglas** sind ab 320 nm durchlässig, **Küvetten aus Quarzglas** sind im gesamten nahen UV-Bereich (200–400 nm) optisch durchlässig.
- Die ε-Werte (molare Extinktionen, die Einheit 1000 cm^2/mol bzw. cm^2/mmol wird in der Regel nicht angegeben) umfassen einen Bereich von 6 Zehnerpotenzen, allerdings sind der Empfindlichkeit des Detektors Grenzen gesetzt. Der ε-Wert stellt neben der Wellenlänge eine wichtige Kenngröße dar: Er erlaubt z.B. die Zuordnung der Übergänge zu verbotenen und erlaubten Übergängen. Das bedeutet, dass die Konzentrationen der Messlösungen genau bekannt sein müssen, in Sonderfällen müssen mehrere Messungen mit verschiedenen Konzentrationen durchgeführt werden, um alle Übergänge zu erfassen.
- Im Hinblick auf die ε-Werte von 10–100,000 werden die UV/VIS-Spektren im Konzentrationsbereich von 10^{-4} bis 10^{-5} in 1 mm oder 10 mm-Küvetten aufgenommen. Da n → π*-Übergänge nur ε-Werte von 10–100 besitzen, muss unter Umständen das Spektrum zusätzlich mit 10-facher Konzentration gemessen werden.
- Die Messlösungen werden in 10–100 ml-Messkolben mit der Konzentration von 10^{-4} bis 10^{-5} mol/l hergestellt.

Beispiel: Molekulargewicht der UV-aktiven Verbindung: 500 g/mol, 10^{-4} mol/l: 50.0 mg/l: 5.00 mg/100 ml. Mit dieser Lösung wird die Küvette beschickt.

Berechnung des ε-Wertes einer Verbindung.
Gemessener *E*-Wert: 1.86
Konzentration der Lösung: $c = 5 \cdot 10^{-5}$ mol/l, Schichtdicke: d = 10 mm = 1 cm
Lambert-Beer'sches *Gesetz*:

$$\log \frac{I}{I_0} = \varepsilon \cdot c \cdot d = E; \quad \varepsilon = \frac{E}{c \cdot d} \quad \rightarrow \quad \varepsilon = \frac{1.86}{5 \cdot 10^{-5} \, \text{mol/l} \cdot 1 \, \text{cm}} = \frac{1.86 \cdot 10^5 \, \text{cm}^2}{5 \, \text{mol}} = 37200$$

- Das Lösungsmittel muss gegenüber der Probensubstanz inert sein, d.h., es darf keine Reaktionen eingehen (wie z.B. Säurechlorid in Ethanol).
- Viele Absorptionen sind mehr oder weniger stark abhängig von der Polarität des Lösungsmittels (z.B. n → π*-Übergänge in Carbonylverbindungen).
- Bei Konzentrationsangaben reaktiver Verbindungen und den daraus berechneten Werten ist besondere Vorsicht nötig, wenn die Verbindungen dimerisieren, dissoziieren etc. In diesen Fällen muss die Konzentration der Spezies in der Messlösung eingesetzt werden.

Küvetten

Die in der UV-Spektroskopie verwendeten Küvetten sind optische Präzisionsgeräte. Sie bestehen im Normalfall aus sehr empfindlichem Quarzglas oder optischem Spezialglas. Durch unsachgemäße Handhabung können sie unbrauchbar werden.

- Die Küvetten sollen nicht über längere Zeit mit Lösungsmittel gefüllt bleiben; dadurch können die präzisionspolierten Fenster angeätzt werden.
- Zur Reinigung dürfen nur reine Lösungsmittel verwendet werden, auf keinen Fall normales Spülaceton. Es besteht die Gefahr, dass sich Verunreinigungen der Lösungsmittel in den Küvetten ansammeln und nachfolgende Messungen verfälschen.
- Küvetten dürfen auf keinen Fall mit alkalischen Reinigungsbädern behandelt werden, um Anätzungen der Fensterfläche zu vermeiden.
- Die Küvetten dürfen nicht an den polierten Fenstern angefasst werden, sondern nur an der geriffelten oder angerauten ‚Griffseite'.
- Selbstverständlich müssen alle Kratzer in der Fensteroberfläche vermieden werden, d.h., beim Füllen mit Pipetten oder Spritzen und beim Einsetzen in den Küvettenhalter ist Vorsicht geboten.
- Die Teflonverschlussstopfen der Küvetten dürfen nicht mit ‚Nachdruck' eingesteckt werden: Bei vollständig gefüllten Küvetten kann das zur Sprengung der Küvette durch Überdruck führen.
- Große Temperatursprünge können bei Glasküvetten zu Spannungen und zum Bruch der Küvette führen.

13.3 Infrarotspektroskopie (IR-Spektroskopie) [1–5, 7]

13.3.1 Physikalische Grundlagen

Elektromagnetische Strahlung im Infrarotbereich kann **Molekülschwingungen** anregen. Bei Raumtemperatur befinden sich die Moleküle im Normalfall in ihrem **Schwingungsgrundzustand** (v_0), durch die Absorption gehen sie in den ersten **angeregten Schwingungszustand** (v_1) über. Die für organische Moleküle wichtigen Schwingungen liegen im mittleren Infrarotbereich (λ = 2500–25000 nm oder 4000–400 cm^{-1}).

Molekülschwingungen sind Bewegungen der Atome eines Moleküls. Jedes Atom kann sich im Raum in drei linear unabhängige Richtungen bewegen, man spricht von drei Freiheitsgraden. Ein Molekül mit N Atomen hat demnach genau $3 \cdot N$ Freiheitsgrade, wobei sich zeigen lässt, dass drei Freiheitsgrade zu einer **Translation** des gesamten Moleküls im Raum führen und weitere drei Freiheitsgrade eine **Rotation** des gesamten Moleküls um seine Hauptträgheitsachsen ergeben (für lineare Moleküle sind nur zwei Freiheitsgrade der Rotation möglich). Es bleiben also genau

$3N - 5$ **Freiheitsgrade** für **lineare Moleküle** bzw.
$3N - 6$ **Freiheitsgrade** für **nichtlineare Moleküle**

für die **eigentlichen Molekülschwingungen (Normalschwingungen)** übrig. Es lässt sich zeigen, dass sich jede beliebige Schwingungsbewegung des Moleküls auf eine Linearkombination dieser Normalschwingungen zurückführen lässt.

Zweckmäßigerweise wählt man zur Beschreibung dieser Schwingungen keine kartesischen Koordinaten, sondern **interne Koordinaten**, die **Veränderungen der Bindungslängen (Streckschwingungen** oder **Valenzschwingungen)** oder **Bindungswinkel (Deformationsschwingungen)** beschreiben.

Die **Frequenz der Streckschwingung zweiatomiger Moleküle** mit den Massen m_1 und m_2 lässt sich in der klassischen Näherung mit dem harmonischen Oszillator beschreiben:

$$v = \frac{1}{2\pi}\sqrt{\frac{k}{\mu}} \quad \text{bzw.} \quad \tilde{v} = \frac{1}{2\pi \cdot c}\sqrt{\frac{k}{\mu}} \quad \text{mit} \quad \mu = \frac{m_1 \cdot m_2}{m_1 + m_2}, \; k\text{: Kraftkonstante}$$

Die **Kraftkonstante** k kann vereinfacht als ‚Bindungsstärke' interpretiert werden. Diese Näherung kann auch zur qualitativen Beschreibung der Lage von Valenzschwingungen von Strukturelementen in größeren Molekülen herangezogen werden. Dazu wird der Rest des Moleküls als starre, große Masse angenommen.

Es ergeben sich zwei **Faustregeln**:

- Mit **zunehmender Bindungsenergie (BE)** zwischen den Atomen nimmt die Valenzschwingungsfrequenz zu.

Bindung	BE [kJ/mol]	$\tilde{\nu}$ [cm^{-1}]	k [N/m]
—C≡C—	837	2000	1500
\C=C/	611	1600	1000
\C—C/	348	1000	500

- Mit **steigender Atommasse** nimmt die Wellenzahl der Valenzschwingungsfrequenz ab:

	R—X	$\tilde{\nu}$ [cm^{-1}]
	\C—F	1365 – 1120
Zunahme der Atommasse von X	\C—Cl	830 – 560
	\C—Br	680 – 515
	\C—I	610 – 485

Aus diesen Fakten wird der qualitative Zusammenhang von Bindungstyp und Lage der Valenzschwingungsfrequenz verständlich. In der Tat ist das Auftreten bestimmter Absorptionsbanden im IR-Spektrum für die Anwesenheit bestimmter Atomgruppen oder **funktioneller Gruppen** im Molekül charakteristisch, das IR-Spektrum kann also erste Hinweise auf die Struktur einer Verbindung liefern (Tab. 13.5).

Tabelle 13.5: Charakteristische IR-Absorptionen.

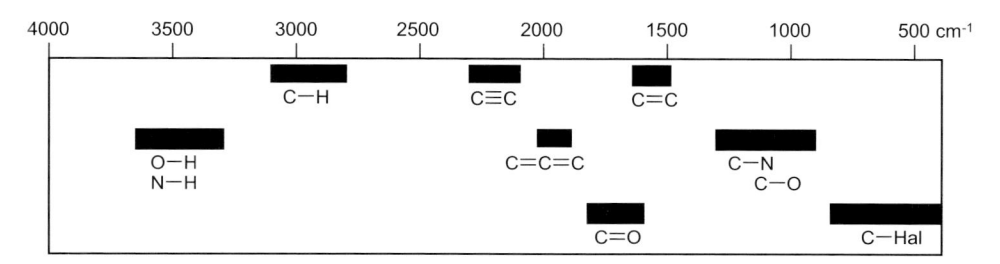

4000	3500	3000	2500	2000	1500	1000	500 cm^{-1}
		C—H		C≡C		C=C	
	O—H N—H			C=C=C		C—N C—O	
					C=O		C—Hal

Verschiedene Normalschwingungen können unter bestimmten Voraussetzungen miteinander koppeln, d.h., die Anregungsfrequenzen dieser Schwingungen können nicht isoliert betrachtet werden, sondern hängen voneinander ab. Dieser Effekt wird häufig dann beobachtet, wenn die Oszillatoren ähnliche Frequenzen besitzen und räumlich nahe beieinander liegen. Für organische Moleküle trifft dies im Wesentlichen auf C–C-Einfachbindungen zu. Das C–C-Bindungsgerüst liefert zusammen mit C–O- und C–N-Einfachbindungen ein komplexes System von Absorptionsbanden, die nicht mehr einzeln interpretiert werden können, jedoch ein sehr charakteristisches Absorptionsmuster zeigen. Wird nur ein Atom in diesem Gerüst verändert, entsteht ein völlig neues Bandenmuster. Dieser **Bereich von etwa 1400 bis 600 cm^{-1}** eignet sich deshalb hervorragend zur Identifizierung von Substanzen, er ist sozusagen **ein spektroskopischer Fingerabdruck des Moleküls** und wird deshalb auch als ‚**Fingerprint-Bereich**' bezeichnet.

Infrarotstrahlung wird nur dann absorbiert, wenn das Dipolmoment des Moleküls mit dem elektrischen Vektor der Strahlung in Wechselwirkung tritt. Dazu muss sich das Dipolmoment des Moleküls während der Schwingung ändern. Schwingungen, die symmetrisch zum Symmetriezentrum des Moleküls erfolgen, führen zu keiner Änderung des Dipolmoments, sie können nicht beobachtet werden (sie sind verboten bzw. IR-inaktiv).

13.3.2 Aufnahme von IR-Spektren

In einfachen **Zweistrahl-IR-Spektrometern** wird die Infrarotstrahlung geteilt; ein Strahl durchdringt die Probe, der zweite Strahl (Vergleichs- oder Referenzstrahl) durchläuft eine identische Weglänge (in der Regel durch Luft) und wird zusammen mit dem Messstrahl über Spiegel zusammengeführt. Beide Strahlen treffen alternierend auf den Monochromator. Hier werden die Strahlen nach Wellenlängen getrennt und auf einen Detektor gelenkt. Die Intensität des Messstrahls wird mit der Intensität des Referenzstrahls verglichen und in Abhängigkeit von der Wellenlänge mit dem Schreiber registriert.

Üblich ist ein Messbereich von 4000 bis 400 cm^{-1}, der Bereich von 4000 bis 2000 cm^{-1} wird häufig um den Faktor 2 gestaucht. Die Ordinate zeigt die **Durchlässigkeit** D (oder Transmission T) bzw. die Absorption A in Prozent (% D = 100 – % A). Abbildung 13.6 zeigt ein typisches IR-Spektrum.

Abb. 13.6: Typisches IR-Spektrum.

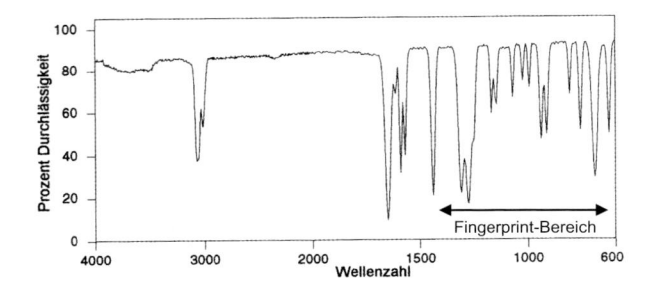

13.3 Infrarotspektroskopie

In *Fourier*-Transformations-IR-Spektrometern (FT-IR) wird die polychromatische Strahlung der IR-Lichtquelle durch ein **Interferometer** in ein zeitabhängiges, moduliertes Interferogramm umgewandelt. Abbildung 13.7 zeigt den schematischen Aufbau eines FT-IR-Spektrometers mit einem *Michelson*-Interferometer.

Abb. 13.7: Prinzip eines FT-IR-Spektrometers.

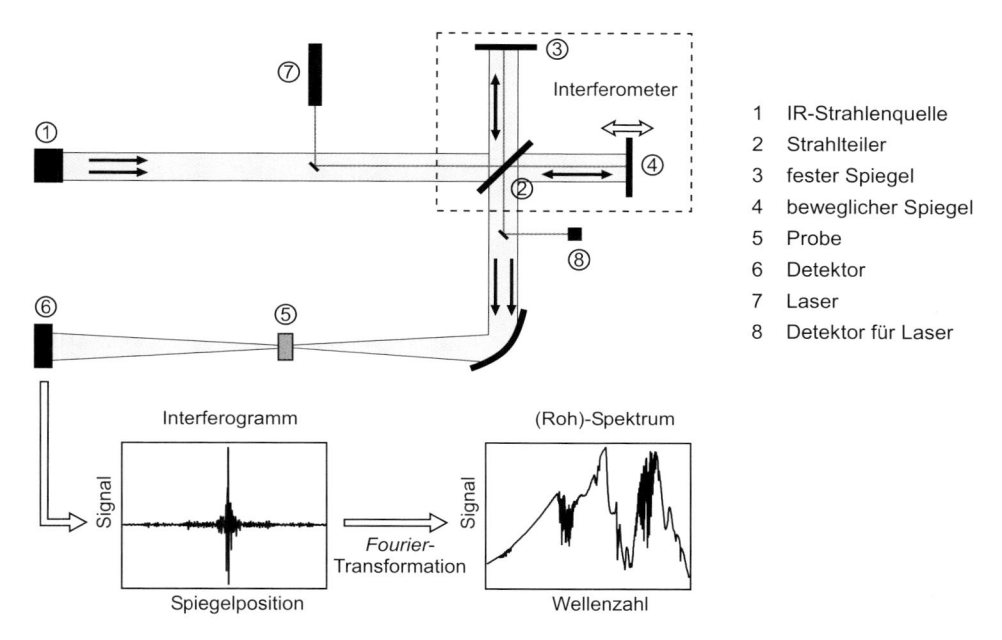

1 IR-Strahlenquelle
2 Strahlteiler
3 fester Spiegel
4 beweglicher Spiegel
5 Probe
6 Detektor
7 Laser
8 Detektor für Laser

Die IR-Strahlung wird durch einen Strahlteiler (halbdurchlässiger Spiegel (2)) in zwei Teilstrahlen gleicher Intensität geteilt. Beide Teilstrahlen werden über Spiegel reflektiert und am Strahlteiler wieder vereinigt. Während einer der Spiegel feststehend ist (3), ändert der zweite (4) seinen Abstand zum Strahlteiler periodisch und damit auch den Weg bzw. die Laufzeit des zweiten Teilstrahls. Beim Zusammenführen der beiden Teilstrahlen am Strahlteiler (2) entstehen Interferenzen, die sich in Abhängigkeit der Spiegelposition bzw. der Zeit ändern.

Das modulierte Interferogramm wird durch die Probe (5) auf den Detektor geleitet, wo die Signalintensität in Abhängigkeit der Zeit (entspricht der Spiegelposition) registriert wird (**Zeitdomäne**). In dem so erhaltenen Interferogramm enthält jeder Punkt Informationen über den gesamten Spektralbereich. Durch *Fourier*-**Transformation** kann daraus wieder das gewohnte Spektrum (**Frequenzdomäne**) erhalten werden. Die Position des beweglichen Spiegels wird durch Einkoppeln eines Laserstrahls (7) und Detektion (8) nach dem Interferometer in den IR-Strahl sehr exakt bestimmt, daraus resultiert eine hohe Genauigkeit der Wellenzahlen.

Da die Intensität der IR-Strahlenquelle über den gemessenen Bereich variiert und auch die im Strahlengang befindliche Luft Eigenabsorptionen verursacht (CO_2 und Wasserdampf) muss vor der Messung ein **Hintergrundspektrum** (Background) ohne Probensubstanz aufgenommen werden. Für das eigentliche Spektrum wird das Hintergrundspektrum vom Roh-Spektrum subtrahiert.

Die FT-IR-Spektroskopie erlaubt sehr rasche Messungen mit gleichzeitig verbessertem Signal/Rausch-Verhältnis. Durch Addition mehrerer Spektren kann die Empfindlichkeit weiter verbessert werden.

13.3.3 Probenbereitung

Flüssigkeiten

Für unverdünnte Substanzen sind in der IR-Spektroskopie Schichtdicken von 0.01 bis 0.05 mm ausreichend. Bei einer Probenfläche von etwa 80 mm^2 ist also eine Substanzmenge von etwa 2 mg erforderlich.

Die Aufnahme von IR-Spektren flüssiger oder mäßig flüchtiger Substanzen ist arbeitstechnisch einfach:

Die Substanz wird als dünner Flüssigkeitsfilm zwischen zwei ‚**Fenster**' aufgetragen und so in den Strahlengang eingebracht. Als Fenster dienen klare Scheiben aus NaCl-Einkristallen, die im Bereich von 4000–400 cm^{-1} keine Eigenabsorption besitzen.

Am besten bringt man einen Tropfen der Substanz mit einem Glasstab vorsichtig auf die **NaCl-Platte** (Kochsalzplatten), deckt mit der zweiten Platte ab und spannt diese vorsichtig in den ‚Plattenhalter' ein (Abb. 13.8). Die Fixierscheiben dürfen dabei nicht zu fest angezogen werden, sonst besteht die Gefahr, dass die Platten brechen.

Die Schichtdicke der Probe sollte so sein, dass die Grundlinie des Spektrums zwischen 80 und 95% Durchlässigkeit liegt und das intensivste Signal eine Durchlässigkeit von 5–10 % aufweist. Sitzen die intensivsten Banden auf (‚Plattfuß'), muss die Schichtdicke etwas verringert werden. Am einfachsten geschieht dies durch Abwischen einer NaCl-Platte und nochmaliges Einspannen. Reicht die Intensität der Banden nicht aus, wird einfach etwas mehr Substanz aufgetragen (siehe unten).

Abb. 13.8: Vorbereitung der Kochsalzplatten für die Messungen.

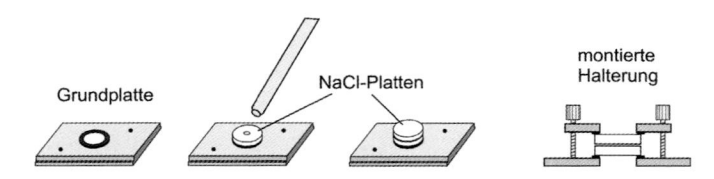

Reinigung: Die Kochsalzplatten dürfen **auf keinen Fall mit Wasser oder feuchten organischen Lösungsmitteln** (z.B. Alkohole, niedere Carbonsäuren) in Berührung kommen; die Platten werden angelöst und damit unbrauchbar. NaCl-Platten müssen unbedingt im Exsikkator über Kieselgel aufbewahrt werden.

Zur Reinigung werden die Platten mit trockenem Petrolether oder $CHCl_3$ gespült und danach mit einem weichen Papiertuch getrocknet. Auf keinen Fall dürfen die Platten mit einem harten Gegenstand (Spatel) behandelt werden, da sie sehr empfindlich gegenüber Kratzer sind. Der hohe Preis der Platten rechtfertigt den sorgfältigen Umgang!

Feste Substanzen – Nujol-Technik

Die einfachste Aufnahmetechnik für feste Substanzen ist die Suspendierung dieser Stoffe in **Paraffinöl (= Nujol)**, seltener auch in **Perfluorkerosin (= Fluorolube)**.

Dazu werden etwa 5–7 mg der Substanzprobe zuerst trocken zwischen zwei mattierten Glasplatten durch drehende Bewegungen fein verrieben, danach wird ein Tropfen Nujol zugefügt und solange gründlich weiter verrieben, bis eine klare Suspension entsteht. Die Suspension wird auf der Glasplatte zusammen geschoben und vorsichtig auf die NaCl-Platte übertragen. Die zweite Platte wird dann mit drehenden Bewegungen vorsichtig aufgedrückt, nach dem Einspannen in den Plattenhalter ist die Probe zur Messung bereit.

Nujol besitzt im Wellenzahlbereich von 4000–400 cm^{-1} nur drei, allerdings sehr starke Absorptionsbanden bei etwa 3900, 1450 und 1350 cm^{-1}, die natürlich Absorptionen der Substanzprobe überdecken.

Ein häufiger Fehler dieser Technik ist eine zu geringe Probenkonzentration, die Absorptionen der Substanz verschwinden dann praktisch im Nujol-Untergrund.

Feste Substanzen – Pressling-Technik

KBr ist ähnlich wie NaCl im IR-Bereich vollständig durchlässig und besitzt unter hohem Druck die Eigenschaft des ‚kalten Flusses'; das KBr wird zähflüssig und umschließt die Probensubstanzteilchen vollständig.

In der Praxis werden etwa 1–2 mg der Substanz mit etwa 300 mg wasserfreiem KBr in einem Achatmörser gründlich (ca. 5 Minuten) verrieben. Diese Mischung wird nun in eine Pressform (Abb. 13.9) gegeben und unter Anlegen von Vakuum in einer hydraulischen Presse bei ca. 7500 bar etwa 2 Minuten gepresst. Anschließend wird der Druck vorsichtig abgelassen, die Pressform zerlegt und der klare Pressling (eine Tablette von ca. 1 mm Dicke und meist 13 mm Durchmesser) vorsichtig herausgedrückt und in die spezielle Halterung eingesetzt. Die Probe ist messbereit.

Abb. 13.9: Schematischer Aufbau einer KBr-Pressform.

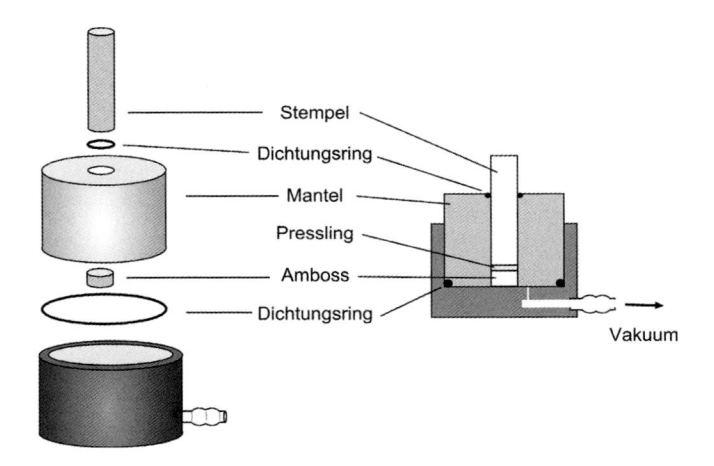

Der Pressstempel wird am besten vorsichtig mit dem Handrad der hydraulischen Presse unter Zuhilfenahme eines Plastikrings herausgedrückt. Jede Gewaltanwendung führt unweigerlich zum Verkanten des Stempels, das Presswerkzeug (Preis ca. 900 €) wird unbrauchbar!

Ebenso muss der auf der Presse angegebene Druckbereich unbedingt eingehalten werden. Bei höheren Drucken kann das Presswerkzeug verformt werden.

Fehlerquellen:

- Der Pressling ist zu dünn und bricht beim Herausnehmen. In diesem Fall mit etwas mehr KBr nochmals verreiben und erneut pressen.
- KBr ist hygroskopisch. Bei zu langsamem Verreiben wird so viel Feuchtigkeit aufgenommen, dass im Spektrum zwei breite, intensive Wasserbanden bei 3450 und 1640 cm^{-1} auftreten.
- Wird die Substanz/KBr-Mischung nicht genügend fein verrieben, kommt es zu Streueffekten (*Christiansen*-Effekt). Die Grundlinie fällt in Richtung kleinerer Wellenzahlen stark ab (Abb. 13.10a).
- Trübe Presslinge mit geringer Durchlässigkeit treten auf, wenn die Probe nicht ausreichend gesintert wurde (zu niedriger Pressdruck oder zu kurze Presszeit, Abb. 13.10b).
- Bei zu hohen Substanzkonzentrationen im Pressling („Plattfüße', Abb. 13.10c) empfiehlt es sich, die Tablette zu halbieren und erneut mit KBr zu verreiben.

13.3 Infrarotspektroskopie

Abb. 13.10: Fehlerhafte IR-Spektren (KBr in Transmission).

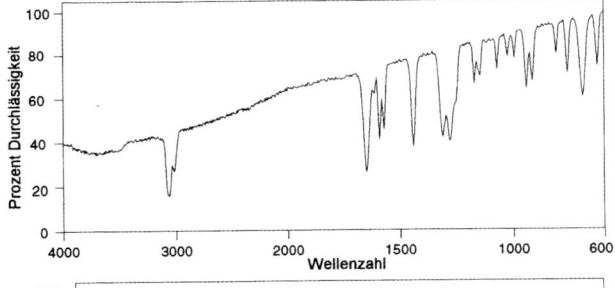

a) Stark driftende Grundlinie (*Christiansen*-Effekt)

b) Zu geringe Durchlässigkeit

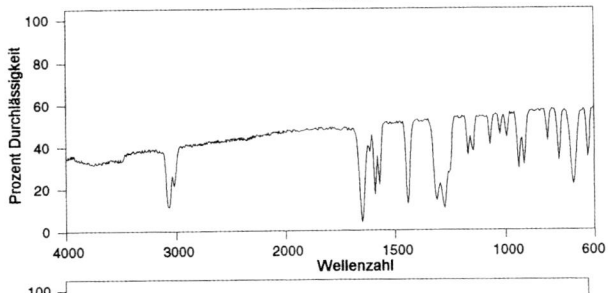

c) Zu viel Substanz, Banden sitzen auf

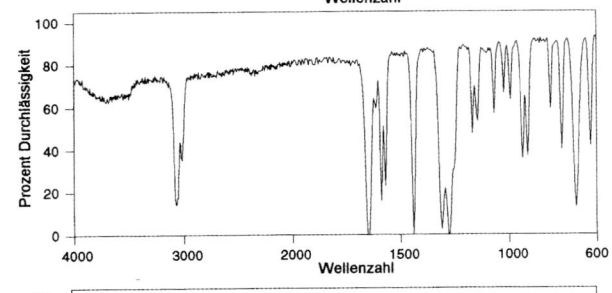

d) Zu wenig Substanz

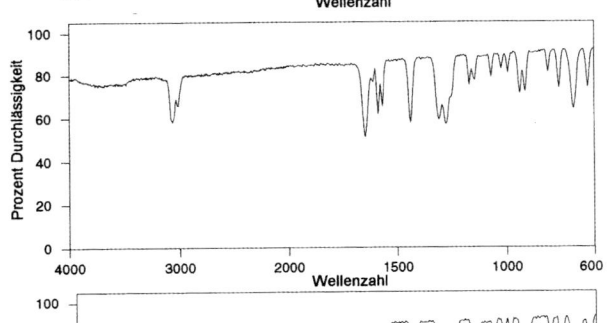

e) Einwandfreies IR-Spektrum

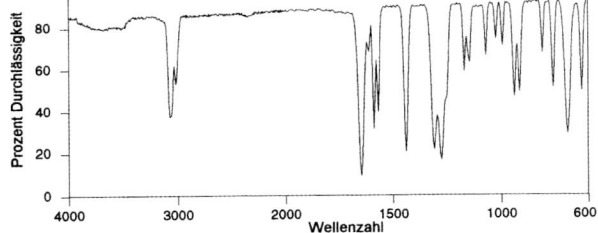

Aufnahme mit der ATR- und der DRIFT-Technik

Bei der ATR-Technik (**abgeschwächte Totalreflexion, attenuated total reflection**) wird der IR-Messstrahl so durch einen prismenförmigen Kristall hoher Brechungszahl geführt, dass er an einer Oberfläche vollständig reflektiert wird. Der Einfallswinkel α muss größer als der Grenzwinkel der Totalreflexion sein (siehe auch Kapitel 3.3.2). Der Strahl dringt dabei dennoch etwas aus dem ATR-Kristall in das optisch dünnere Medium ein. Hierbei wird der reflektierte Strahl durch Absorption im optisch dünneren Medium um die absorbierte Energie geschwächt, man spricht von ‚abgeschwächter Totalreflexion'. Die Eindringtiefe hängt dabei unter anderem vom Einfallswinkel und von der Wellenlänge des Lichts ab.

Wird auf den ATR-Kristall eine Substanzprobe als optisch dünneres Medium aufgebracht, kann diese Messanordnung zur Aufnahme von Spektren verwendet werden. Die Empfindlichkeit kann durch Mehrfachreflexion an trapezförmigen Kristallen weiter erhöht werden. Als Materialien für den ATR-Kristall werden Germanium, Zinkselenid, Thalliumbromoiodid (KRS-5) oder Diamant verwendet. Wegen der hohen mechanischen und chemischen Beständigkeit werden für die Routine-IR-Spektroskopie häufig Diamant-ATR-Kristalle in Einfachreflexion verwendet.

Abb. 13.11: Prinzip der ATR-Einheit.

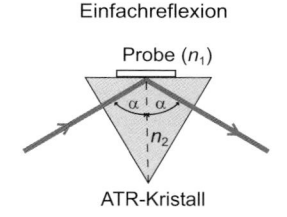

Eindringtiefe:

$$d_p = \frac{\lambda}{2\pi \cdot \sqrt{\sin^2 \alpha - \left(\frac{n_2}{n_1}\right)^2}}$$

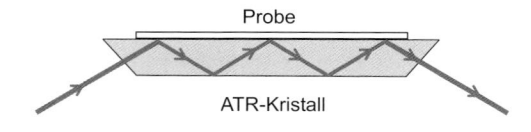

d_p: Eindringtiefe
α: Einfallswinkel
λ: Wellenlänge der Strahlung
n_1: Brechungsindex des optisch dünneren Mediums (Probe)
n_2: Brechungsindex des optisch dichteren Mediums

Für die Messung muss die Probe in optischen Kontakt mit dem ATR-Kristall gebracht werden, feste Proben müssen deshalb mit einem Stempel angepresst werden. Flüssigkeiten und Pasten können direkt auf den Diamant aufgebracht werden (leicht flüchtige Proben müssen abgedeckt werden). Die geringe Empfindlichkeit kann durch intensive Strahlungsquellen und mehrfache Scans mit FT-IR-Geräten ausgeglichen werden. Durch die Wellenlängenabhängigkeit der Eindringtiefe nimmt die Intensität der Signale mit größeren Wellenzahlen ab, sie kann durch mathematische Methoden (ATR-Korrektur) wieder in die ‚normalen' Intensitäten zurückgerechnet werden.

Bei der DRIFT bzw. DRIFTS-Technik (**Diffuse Reflectance Infrared Fourier Transform Spectroscopy**) können pulverförmige Proben direkt vermessen werden, was die Probenvorbereitung für Festkörper sehr einfach macht. Trifft der Strahl auf die Probe, dann finden Reflexion und Brechung nebeneinander an der Probenoberfläche statt. Neben der unkomplizierten Vermessung von Pulvern macht diese Methode die Vermessung von Textilien, Lackschichten, Papier, oder Ähnlichem einfach möglich. Zudem können Festkörper (z.B. Katalysatoren) vermessen werden, bei denen eine sonst verwendete Probenaufbereitung zu einer signifikanten Veränderung des Materials führen würde.

13.3.4 Interpretation von IR-Spektren

IR-Spektren werden ausgewertet durch Angabe der charakteristischen **Absorptionen mit Wellenzahl** (cm^{-1}), **Intensität der Bande** (*vs* (very strong), *s* (strong), *m* (medium), *w* (weak)) und der **Zuordnung zu Molekülschwingungen.** Vor allem bei der Zuordnung ist größte Vorsicht geboten, besonders im Bereich unterhalb etwa 1400 cm^{-1}. Die eindeutige Zuordnung ist im Fingerprintbereich nur mit großem Aufwand und ausschließlich bei kleinen Molekülen möglich. Der Anfänger neigt hier gerne zur ‚Überinterpretation' der Spektren.

In der IR-Spektroskopie ist die Abwesenheit einer Bande im Allgemeinen aussagekräftiger als die Beobachtung einer Bande in einem problematischen Bereich.

13. Molekülspektroskopie

Tabelle 13.6: Lage charakteristischer IR-Absorptionen (Intensitäten: s = stark, m = mittel, w = schwach, v = variabel) (aus Lit. [1]).

a) C–H, N–H, O–H, P–H und S–H-Valenzschwingungen

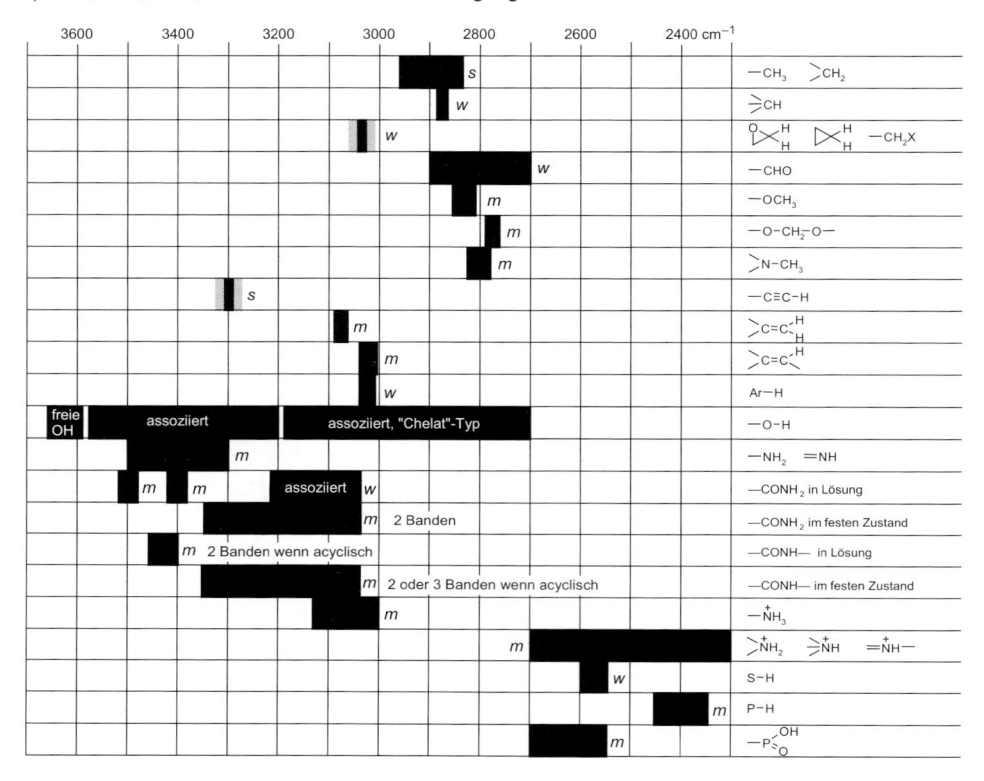

b) Valenzschwingungen von Dreifachbindungen und kumulierten Doppelbindungen

13.3 Infrarotspektroskopie

c) Valenzschwingungen von Doppelbindungen (C=O siehe 13.6d!)

Bereich (cm⁻¹)	Gruppe
1690–1630, v	$\diagdown$C=N—
1660–1600, v	C=C–C=N—
1660–1480, v	$\diagdown$C=N— cyclisch konjugiert
1630–1575, v	—N=N—
1630–1575, v	$^-$O–$\overset{+}{N}$=N—
1690–1610, m-w	$\diagdown$C=C$\diagup$
1650–1600, m	$\diagdown$C=C$\diagup$ Aryl konjugiert
1660–1580, s	$\diagdown$C=C$\diagup$ in Dienen, Trienen etc.
1620–1580, s	$\diagdown$C=C$\diagup$ in Vinylketonen
1690–1640, s	$\diagdown$C=C$\diagup^N$ $\diagdown$C=C$\diagup^O$
1550–1450, m	Benzole, Pyridine etc.
1500–1430, s	C–NO₂
1630–1540, s	—O–NO₂
1585–1490, s	$\diagdown$N–NO₂
1620–1540, s	C–N=O
1680–1610, s	—O–N=O
1500–1400, s	$\diagdown$N–N=O

331

13. Molekülspektroskopie

d) Valenzschwingungen der C=O-Gruppe

Bereich (cm⁻¹)	Verbindung
1900–1740 (2 Banden)	Carbonsäureanhydride
1820–1750	Carbonsäurechloride
1760–1710	Persäuren
1750–1720	gesättigte Ester
1740–1705	Aryl- und α,β-ungesättigte Ester
1790–1740	—CO—O—C=C
1755–1725	α-Halogen-α-Ketoester
1750–1725	5-Ring-Lactone
1745–1715	α,β-ungesättigte 5-Ring-Lactone
1800–1750	β,γ-ungesättigte 5-Ring-Lactone
1820–1795	4-Ring-Lactone
1670–1620	Aldehyde, Ketone, Ester mit intramolekularen H-Brücken
1740–1720	gesättigte Aldehyde
1715–1680	Aryl- und ungesättigte Aldehyde
1725–1700	gesättigte Ketone
1700–1670	Aryl- und α,β-ungesättigte Ketone
1690–1660	α,β- und α',β'-ungesättigte Ketone, Chinone
1750–1740	5-Ring-Ketone
1790–1745	4-Ring-Ketone
1745–1715	α-Halogen- und α,α'-Dihalogen-Ketone
1730–1710	1,2-Diketone
1725–1700	gesättigte Carbonsäuren
1715–1680	Aryl- und α,β-ungesättigte Carbonsäuren
1740–1715	α-Halogen-Carbonsäuren
1610–1550	Carboxylat-Ionen
1680–1620	primäre Amide, in Lösung
1680–1630 (2 Banden)	primäre Amide, im festen Zustand
1680–1630, 1570–1515	N-monosubstituierte Amide, in Lösung
1660–1620, 1560–1530	N-monosubstituierte Amide, im festen Zustand
1670–1625	N,N-disubstituierte Amide
1760–1730	Lactame (4-Ring)
1720–1700	Lactame (5-Ring)
1780–1670 (2 Banden)	Imide
1740–1690	Urethane
1700–1650	Thioester (R—CO—S—R')

13.3 Infrarotspektroskopie

e) charakteristische Absorptionen im Fingerprint-Bereich

1500	1400	1300	1200	1100	1000	900	800	700 cm^{-1}	
m		m						w	Alkane
	s								$-\overset{\overset{O}{\|\|}}{C}-CH_3 \quad -O-\overset{\overset{O}{\|\|}}{C}-CH_3$
m	s								$-C(CH_3)_3$
	s								$\diagdown C(CH_3)_2$ (Doppelbande)
					s				$-CH=CH-$ trans-Alkene
					s/m				$=CH-$ Alkene
		s							$-O-H$
				s					C-O
							s		5 benachbarte aromatische C-H
							s		4 benachbarte aromatische C-H
							s		3 benachbarte aromatische C-H
						s			2 benachbarte aromatische C-H
					w				1 isoliertes aromatisches C-H
	s								$C-NO_2$
		s							$-O-NO_2$
		s							$\diagdown N-NO_2$
s									$\diagdown N-N=O$
		s		s					$-\overset{+}{N}-O^-$
			s						$\diagdown C=S$
s									$-\overset{\overset{S}{\|\|}}{C}-NH-$
		s							$\diagdown SO$
				s					$\diagdown SO_2$
	s		s						$-SO_2-N\diagdown$
	s		s						$-SO_2-O-$
	s		s						P-O-Alkyl
					s				P-O-Aryl
		s							$\diagdown P=O$
		s							$\diagdown P\diagup\overset{O}{OH}$
			s						C-F
						s	s		C-Cl

333

13.4 NMR-Spektroskopie [1–5, 8–10]

13.4.1 Physikalische Grundlagen

Ein **Atomkern** ist aus positiv geladenen **Protonen** und aus **Neutronen** aufgebaut. Diese Nukleonen besitzen Eigendrehimpulse, die sich zum **Gesamtdrehimpuls** p des Kerns (= **Kernspin**) aufaddieren. Für Kerne mit einer ungeraden Protonen- oder Neutronenzahl ergibt sich daraus ein **magnetisches Moment** μ, sie verhalten sich wie kleine Stabmagneten.

$$\mu = \gamma \cdot p \qquad\qquad \gamma : \textbf{gyromagnetisches Verhältnis}, \text{ eine für die Kernart charakteristische Größe } (^1\text{H: } 26.752\ [10^7\ \text{rad/T·s}])$$

Nach der Quantentheorie kann der **Kerndrehimpuls** p nur bestimmte Werte annehmen, die durch die **Kerndrehimpuls-** oder **Kernspin-Quantenzahl** I bestimmt werden. I ist ganz- oder halbzahlig (0, ½, 1, ³⁄₂, ...) und für den jeweiligen Atomkern charakteristisch:

$$p = \sqrt{I(I+1) \cdot \frac{h}{2\pi}} \quad \text{und} \quad \mu = \gamma \cdot \sqrt{I(I+1) \cdot \frac{h}{2\pi}}$$

Beim Anlegen eines äußeren, homogenen, statischen **Magnetfelds** B_0 nimmt der Drehimpuls p nur bestimmte ausgewählte Orientierungen zum B_0-Vektor ein (**Richtungsquantelung**). Die möglichen Orientierungen werden durch die **magnetische Quantenzahl** m beschrieben, m geht von $+I$ bis $-I$ (I, $I-1$, ... $-I+1$, $-I$). Im Koordinatensystem wählt man für die z-Achse die Richtung des statischen Magnetfeldes:

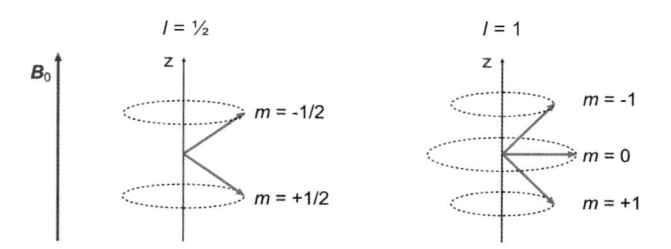

Die Komponente von p in Feldrichtung beträgt p_z, die Energie der Zustände E_m:

$$p_z = m_z \cdot \frac{h}{2\pi} \qquad\qquad E_m = m_z \cdot \gamma \cdot \frac{h}{2\pi} \cdot B_0$$

Für Kerne mit der Kernspin-Quantenzahl $I = \frac{1}{2}$ sind genau zwei Orientierungen möglich. Die parallele Ausrichtung von p_z zu B_0 ($m = -\frac{1}{2}$) ist die energieärmere, sie wird als α-Zustand bezeichnet. Der β-Zustand ($m = +\frac{1}{2}$, p_z antiparallel zu B_0) besitzt die höhere Energie.

Die Energiedifferenz ΔE zwischen den beiden Zuständen ist abhängig vom äußeren Magnetfeld B_0 und vom gyromagnetischen Verhältnis γ des Kerns:

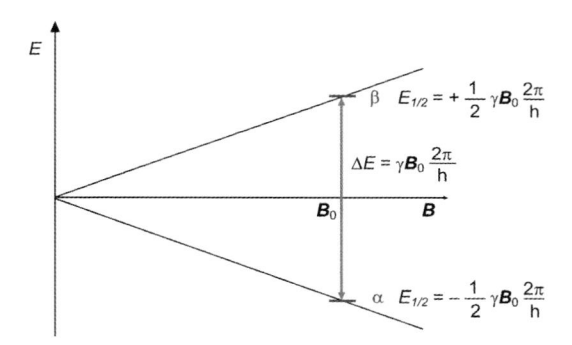

$$\beta \quad E_{1/2} = +\frac{1}{2}\gamma B_0 \frac{2\pi}{h}$$

$$\Delta E = \gamma B_0 \frac{2\pi}{h}$$

$$\alpha \quad E_{1/2} = -\frac{1}{2}\gamma B_0 \frac{2\pi}{h}$$

Die **Energiedifferenz** zwischen beiden Zuständen kann auch mit der Kreisfrequenz ω (*Lamor*-Frequenz) beschrieben werden, mit der der Drehimpulsvektor um die z-Achse rotiert (vergleichbar mit einem Kreisel):

$$\Delta E = \gamma \cdot B_0 \cdot \frac{h}{2\pi} = \omega_0 \cdot \frac{h}{2\pi} = h\nu_0$$

Elektromagnetische Strahlung mit der Frequenz ν_0 (**Resonanzfrequenz**) kann die Inversion des Spins vom energieärmeren α-Zustand in den β-Zustand bewirken. Für Protonen (^{1}H-Kerne) liegt die Resonanzfrequenz für ein Magnetfeld B_0 = 2.35 T bei 100 MHz, das entspricht einer Radiowelle mit λ = 3 m oder einer Energie von $4 \cdot 10^{-5}$ kJ/mol.

Die Energiemenge, die absorbiert werden kann, ist abhängig von der unterschiedlichen Besetzung der beiden Zustände α und β. Der Besetzungsunterschied kann aus der **Boltzmann-Verteilung** errechnet werden:

$$\frac{n_\alpha}{n_\beta} = e^{\frac{\Delta E}{kT}} \approx 1.000016 \qquad \text{(für } \nu_0 = 100 \text{ MHz, T = 298 K)}$$

Der geringe Besetzungsunterschied erfordert sehr empfindliche Spektrometer, außerdem wird durch Absorption sehr rasch **Sättigung** auftreten, d.h., der Besetzungsunterschied wird aufgehoben. Es könnte keine weitere Energie absorbiert werden, wenn nicht gleichzeitig der umgekehrte Prozess, die sogenannte **Relaxation** stattfände.

Die beim Übergang eines Kerns von einem höheren in ein niederes Niveau freiwerdende Energie kann als Wärme an die Umgebung abgegeben werden (**Spin-Gitter-Relaxation**) oder die Kernmomente können miteinander wechselwirken (**Spin-Spin-Relaxation**) und dadurch in niedrigere Niveaus übergehen.

13. Molekülspektroskopie

Für die NMR-Spektroskopie ist es wichtig, dass die Spinquantenzahl der Atomkerne $I = ½$ ist. Kerne mit größerer Spinquantenzahl besitzen zusätzlich ein **Kernquadrupolmoment**, das die NMR-Spektren durch eine Signalverbreiterung stört.

In der organischen Chemie sind die Kerne mit der Spinquantenzahl $I = ½$: ^1H, ^{13}C, ^{15}N, ^{19}F, ^{20}Si, ^{31}P und ^{77}Se wichtig. Die Atome ^7Li, ^{11}B und ^{33}S mit $I = ^3/_2$ bzw. ^{17}O mit $I = ^5/_2$ sind nur bedingt für die NMR-Spektroskopie brauchbar. ^{13}C, ^{15}N, ^{29}Si und ^{77}Se führen wegen der geringen natürlichen Häufigkeit (0.356–7.6%) zu zusätzlichen messtechnischen Problemen.

Messprinzip

NMR-Spektren werden in der Regel in Lösung gemessen. Um die Signale des Lösungsmittels zu unterdrücken, verwendet man für ^1H-NMR-Spektren deuterierte Lösungsmittel (die Wasserstoffatome sind hier weitgehend durch das Isotop ^2H, Deuterium ersetzt). Der Substanzbedarf für Routinespektren ist etwa 0.03 mmol in 0.8 ml Lösung für ^1H-Spektren bzw. 0.1 mmol für ^{13}C-Spektren.

Tabelle 13.7: Häufig verwendete Lösungsmittel für die ^1H- und ^{13}C-Spektroskopie.

Lösungsmittel	Formel	Schmp. [°C]	Sdp. [°C]	$\delta\,^1H$ (mult.) *)	Wassersignal ($\delta\,^1H$) **)	$\delta\,^{13}C$ (mult.)
Aceton-d6	C_3D_6O	–94	57	2.04 (5)	2.84 2.81 (HDO)	29.8 (7) 206.0 (13)
Acetonitril-d3	C_2D_3N	–45	82	1.93 (5)	2.12	1.3 (7) 118.2 (br)
Benzol-d6	C_6D_6	5	80	7.15 (br)	0.4	128.0 (3)
Chloroform-d1	$CDCl_3$	–64	62	7.26 (1)	1.55	77.0 (3)
Wasser-d2	D_2O	3.8	101.4	4.67 (1)	–	–
Dimethylformamid-d7	C_3D_7NO	–61	153	2.74 (5) 2.91 (5) 8.01 (br)	3.45	30.1 (7) 35.2 (7) 162.7 (3)
Dimethylsulfoxid-d6	C_2D_6OS	18	189	2.49 (5)	3.30	39.5 (7)
Essigsäure-d4	$C_2D_4O_2$	17	118	2.03 (5) 11.53 (1)	–	20.1 (7) 178.4 (br)
Methanol-d4	CD_4O	–98	65	3.30 (5) 4.78 (1)	4.85	49.0 (7)
Methylenchlorid-d2	CD_2Cl_2	–95	40	5.32 (3)	1.52	53.8 (5)
Nitromethan-d3	CD_3NO_2	–29	101	4.33 (5)	2.20	62.8 (7)
Pyridin-d5	C_5D_5N	–42	116	7.19 (br) 7.55 (br) 8.71 (br)	4.95	123.5 (3) 135.5 (3) 149.9 (3)
Tetrachlorethan-d2	$C_2D_2Cl_4$	–45	145	5.91 (s)	1.5	74.2 (3)
Tetrahydrofuran-d8	C_4D_8O	–109	66	1.73 (br) 3.58 (br)	2.45	25.2 (5) 67.4 (5)
Trifluoressigsäure-d1	$C_2DF_3O_2$	–15	72	ca. 12 (s)	–	116.5 (4) 164.4 (4)

*) Chemische Verschiebung der im deuterierten Lösungsmittel noch vorhandenen Protonen. Die Zahlenangabe in Klammern gibt die Zahl der Signale an.

**) Die chemische Verschiebung der Wasserreste ist konzentrations- und temperaturabhängig.

Das Röhrchen mit der Messlösung wird in das Magnetfeld eingebracht und rotiert um seine Längsachse, um Inhomogenitäten des Magnetfeldes auszumitteln. Senkrecht zum Magnetfeld ist die Senderspule für die Anregung (Spininversion) angeordnet.

Alle modernen NMR-Spektrometer arbeiten heute nach der **Puls-*Fourier*-Transformations-Technik** (PFT-NMR oder kurz FT-NMR): Wie bereits oben beschrieben, befinden sich in einem äußerem Magnetfeld mehr Kerne im α-Zustand als im β-Zustand. Daraus ergibt sich für die Vektorsumme der magnetischen Momente eine Gesamtmagnetisierung in Richtung des angelegten Magnetfeldes (longitudinale Magnetisierung). Die Anregung erfolgt als kurzer Hochfrequenzimpuls, dadurch wird der Vektor der Gesamtmagnetisierung um den Pulswinkel α ausgelenkt (Quermagnetisierung oder transversale Magnetisierung). Gemessen wird das Verschwinden dieser Quermagnetisierung durch die Relaxation gegen die Zeit (**FID**, free induction decay). Um ‚normale' Spektren zu erhalten, wird der FID (entsprechend dem Spektrum in der Zeitdomäne) durch eine *Fourier*-Transformation in die Frequenzdomäne überführt.

Die Puls-*Fourier*-Transformations-Technik bietet gegenüber der früher üblichen analogen Messung viele Vorteile:
Der Zeitaufwand für eine Messung ist gering, es können auch im Routinebetrieb mehrere Spektren nacheinander aufgenommen und die erhaltenen FIDs aufaddiert (akkumuliert) werden. Dadurch wird eine höhere Empfindlichkeit erreicht.
Durch komplexe Pulsfolgen können zusätzliche Informationen erhalten oder komplexe Spektren vereinfacht werden.

Zur Theorie dieser Pulsfolgen und zu den dadurch erhaltenen Spektren wird auf die Literatur verwiesen [Lit. 1, 8–10].

13.4.2 Die chemische Verschiebung

Die äußere Magnetfeldstärke B_0 wird in charakteristischer Weise von der elektronischen Umgebung des betrachteten Atomkerns beeinflusst. Die effektive Magnetfeldstärke wird durch ein induziertes Feld $\sigma \cdot B_0$ modifiziert.

$B_{\text{eff}} = B_0 - \sigma \cdot B_0$ $\sigma \equiv$ **Abschirmungskonstante,** dimensionslos

$$\nu = \frac{\gamma}{2\pi} B_0 (1 - \sigma)$$

Je stärker ein Kern abgeschirmt ist, desto größer ist σ, B_{eff} wird kleiner.

Bei konstantem ν muss B_0 größer werden, um die Resonanzbedingung zu erfüllen. Bei konstanten B_0 muss umgekehrt ν mit zunehmender Abschirmung abnehmen.

Wegen $v = f(B_0)$ lässt sich die Lage des Resonanzsignale nicht durch eine absolute Skala von v bzw. B angeben. Die Signallage wird bei der ^{1}H- und ^{13}C-NMR-Spektroskopie auf **Tetramethylsilan** Si(CH$_3$)$_4$ (**TMS**) bezogen. Bei der Messfrequenz v wird die Differenz der Signallagen vom untersuchten Kern X (^{1}H, ^{13}C) und von TMS bestimmt.

$$\Delta B = B(\text{X}) - B(\text{TMS}) \qquad \Delta v = v(\text{X}) - v(\text{TMS}) = \frac{\gamma}{2\pi} \cdot \Delta B$$

Als **chemische Verschiebung (chemical shift)** δ von ^{1}H bzw. ^{13}C wird definiert:

$$\delta(\text{X}) = 10^6 \frac{\Delta v}{v} \quad \text{mit} \quad \delta(\text{TMS}) = 0$$

Da Δv im Vergleich zu v sehr klein ist (siehe unten) wird der Faktor 10^6 eingeführt, d.h., δ wird in **parts per million** (ppm) angegeben.

13.4.3 Intensität der Signale

Die Integration der Signale liefert ein Maß für die Intensität des Übergangs. Sie ist direkt proportional zum Besetzungsunterschied der am Übergang beteiligten Energiezustände und damit abhängig von den Relaxationszeiten der Kerne. Für Protonen sind die Relaxationszeiten in der Regel klein, die Integrale der Signale in ^{1}H-NMR-Spekren entsprechen der Anzahl der beteiligten Protonen.

^{13}C-Kerne besitzen deutlich längere Relaxationszeiten, die sich außerdem – abhängig von den Substituenten – stark unterscheiden. Deshalb erlauben die Integrale in Routine-^{13}C-NMR-Spektren keine quantitativen Aussagen.

13.4.4 ¹H-NMR-Spektroskopie

Die δ-Skala der H-Atome (Protonen) liegt im Bereich von −1 bis +13 ppm. In besonderen Verbindungen (z.B. Annulenen) erstrecken sich die δ-Werte über 40 ppm.

Abb. 13.12: Das ¹H-NMR-Spektrum von CH_3COOH.

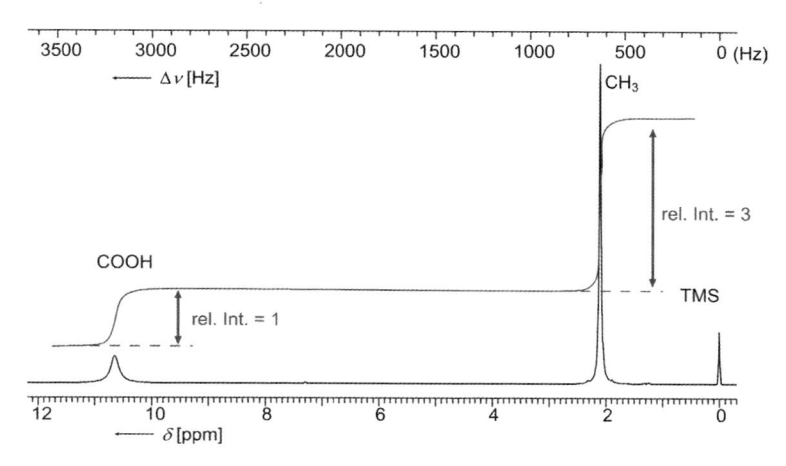

Das ¹H-Signal der CH₃-Gruppe in Abbildung 13.12 liegt bei einer Messfrequenz von 300 MHz ($3 \cdot 10^8$ Hz) um 630 Hz gegenüber TMS tieffeldverschoben.

$$\delta_H(CH_3) = 10^6 \cdot \frac{630}{300 \cdot 10^6} = 2.10\ ppm$$

Die positive δ-Skala liegt bei zunehmenden Resonanzfrequenzen.

Die nachfolgende Tabelle 13.8 zeigt die chemischen Verschiebungen von CH₃-, -CH₂- und CH-Protonen in charakteristischen Verbindungsklassen.

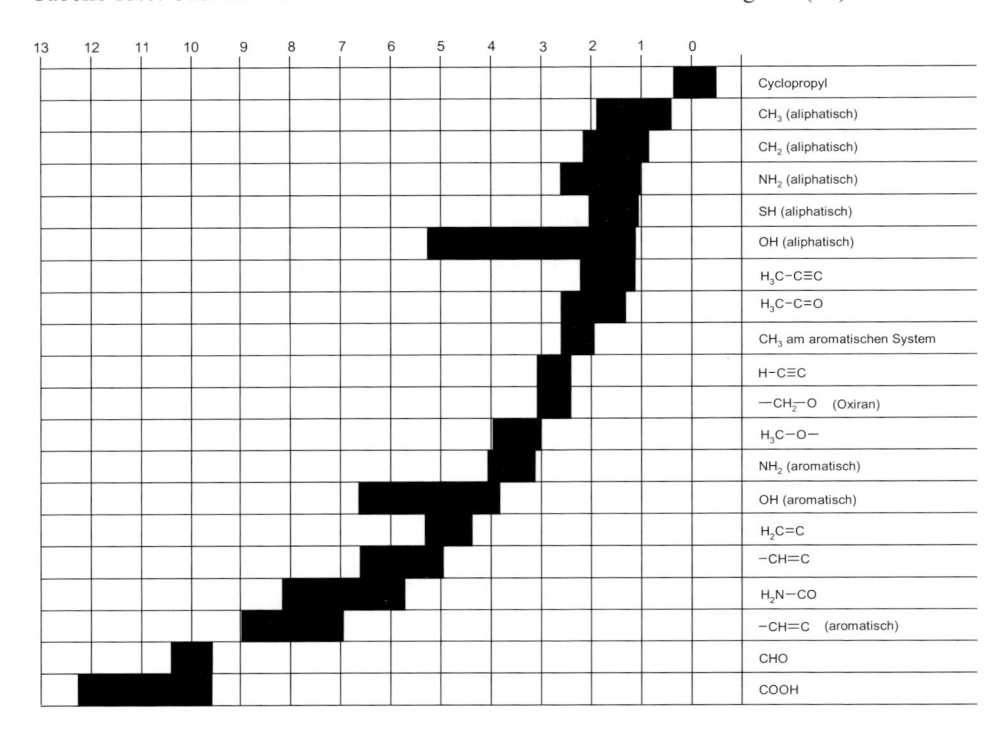

Tabelle 13.8: Charakteristische Bereiche von chemischen Verschiebungen $\delta(^1H)$.

Bereich (ppm)	Gruppe
~0 – 1	Cyclopropyl
~0.5 – 2	CH_3 (aliphatisch)
~0.5 – 2	CH_2 (aliphatisch)
~0.5 – 3	NH_2 (aliphatisch)
~1 – 2.5	SH (aliphatisch)
~0.5 – 5	OH (aliphatisch)
~1.5 – 2	$H_3C-C\equiv C$
~2	$H_3C-C=O$
~2 – 3	CH_3 am aromatischen System
~2 – 3	$H-C\equiv C$
~2.5 – 4	$-CH_2-O$ (Oxiran)
~3 – 4	H_3C-O-
~3 – 5	NH_2 (aromatisch)
~4 – 8	OH (aromatisch)
~4 – 6	$H_2C=C$
~5 – 7	$-CH=C$
~5 – 8	H_2N-CO
~6 – 9	$-CH=C$ (aromatisch)
~9 – 10	CHO
~10 – 13	COOH

Spin-Spin-Kopplung

Viele H-Atome in entsprechender chemischer Umgebung zeigen in den höher aufgelösten ^{1}H-NMR-Spektren eine Feinstruktur (Abb. 13.13).

Diese Feinstruktur ist das Ergebnis einer Wechselwirkung der Kerne mit anderen magnetischen Atomen in der nahen Umgebung, die im Wesentlichen über die Bindungselektronen vermittelt wird (**Spin-Spin-Kopplung**). Jedes magnetische Moment μ eines Kerns bewirkt durch seine Einstellung in bzw. gegen das äußere Magnetfeld B_0 eine Veränderung der magnetischen Feldstärke, die auf die Kerne der Umgebung wirkt.

13.4 NMR-Spektroskopie

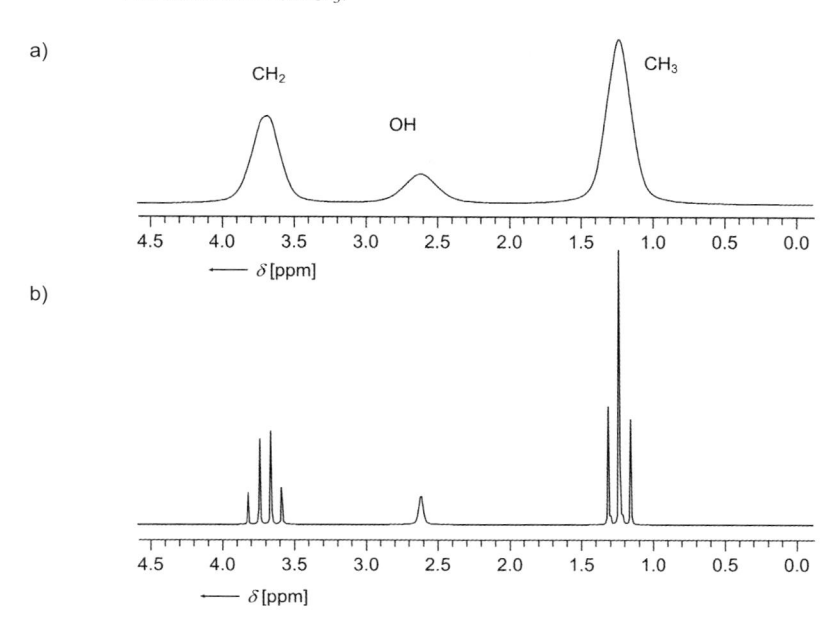

Abb. 13.13: a) Niederaufgelöstes und b) hochaufgelöstes ^{1}H-NMR-Spektrum von Ethanol in CDCl$_3$.

Diese Feinstruktur ist das Ergebnis einer Wechselwirkung der Kerne mit anderen magnetischen Atomen in der nahen Umgebung, die im Wesentlichen über die Bindungselektronen vermittelt wird (**Spin-Spin-Kopplung**). Jedes magnetische Moment μ eines Kerns bewirkt durch seine Einstellung in bzw. gegen das äußere Magnetfeld B_0 eine Veränderung der magnetischen Feldstärke, die auf die Kerne der Umgebung wirkt.

In einem Zweispinsystem AX (die Kerne A und X besitzen beide $I = \frac{1}{2}$, aber unterschiedliche chemische Verschiebungen δ) sind 4 Kombinationen der Spinzustände mit jeweils unterschiedlicher Energie möglich: $\alpha\alpha$, $\alpha\beta$, $\beta\alpha$ und $\beta\beta$. Ohne Spin-Spin-Kopplung sind die Energiedifferenzen für die beiden Übergänge von Kern A ($\alpha\alpha \to \beta\alpha$ und $\alpha\beta \to \beta\beta$) identisch, ebenso für den Kern X ($\alpha\alpha \to \alpha\beta$ und $\beta\alpha \to \beta\beta$), im NMR-Spektrum erscheinen nur 2 Signale $\delta(A)$ und $\delta(X)$.

Durch die Spin-Spin-Kopplung werden die Energien der Spinzustände mit parallelen Spins angehoben (destabilisiert), die Zustände mit antiparallelen Spins energetisch abgesenkt (stabilisiert), der Betrag der Stabilisierung bzw. Destabilisierung ist $\frac{1}{2} J$. Dadurch wird die Entartung der Übergänge aufgehoben, im NMR-Spektrum sind 2 Signalpaare (2 Dubletts) mit $\delta(A) - \frac{1}{2} J$ und $\delta(A) + \frac{1}{2} J$ bzw. $\delta(X) - \frac{1}{2} J$ und $\delta(X) + \frac{1}{2} J$ zu beobachten (Abb. 13.14).

13. Molekülspektroskopie

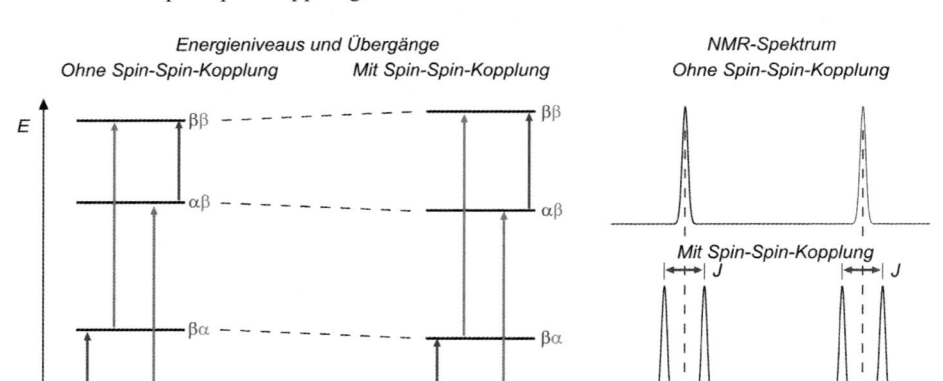

Abb. 13.14: Energieniveaus und resultierende Spektren eines Zweispinsystems A–X mit Spin-Spin-Kopplung.

Die **Kopplungskonstante** ^nJ ist unabhängig vom Magnetfeld H, sie wird in Hz angegeben. Die Zahl der Bindungen wird mit dem hochgestellten Präfix n angegeben. Die Kopplung ist am größten zwischen benachbarten Atomen (^1J), sie nimmt mit zunehmender Zahl an dazwischen liegenden Bindungen rasch ab.

Wenn ein Kern mehrere magnetische Nachbaratome hat, treten mehrere Linien auf. Am einfachsten sind die Aufspaltungen bei gleichen Nachbaratomen mit gleichen δ-Werten, z.B. CH$_3$. Bei n gleichen Nachbarn beobachtet man ($n+1$)-Signale, deren Intensitäten sich wie die n-ten Binomialkoeffizienten verhalten (Tab. 13.9).

Tabelle 13.9: Zahl der Kopplungspartner und Aufspaltungsmuster sowie relative Intensitäten der Linien.

Zahl der Kopplungspartner mit Spinquantenzahl $I = ½$	Aufspaltungsmuster und relative Intensitäten								Bezeichnung
0					1					Singulett (s)
1					1	1				Dublett (d)
2				1	2	1				Triplett (t)
3				1	3	3	1			Quartett (q)
4			1	4	6	4	1			Quintett (quint)
5		1	5	10	10	5	1			Sextett (sext)
6	1	6	15	20	15	6	1			Septett (sept)

Das Aufspaltungsmuster von Ethanol im ^{1}H-NMR-Spektrum (Abb.13.13b) zeigt für die Methylgruppe ein Triplett (Intensität 1:2:1, zwei benachbarte Protonen) und für die Methylengruppe ein Quartett (Intensität 1:3:3:1, drei benachbarte Protonen). Die Protonen der OH-Gruppe tauschen untereinander sehr schnell aus, deswegen sind keine Kopplungen mit den benachbarten Protonen und nur ein relativ breites Mittelungssignal zu beobachten.

Für Diisopropylether zeigt das ^{1}H-NMR-Spektrum für das Signal der CH$_3$-Gruppen ein Dublett durch Kopplung mit dem Methin-H, das Methin-H koppelt mit den 6 H-Atomen der Methylgruppen zum Septett mit der Intensität 1:6:15:20:15:6:1 (Abb. 13.15).

Abb. 13.15: ^{1}H-NMR-Spektrum (300 MHz, CDCl$_3$) von Diisopropylether (H$_3$C)$_2$CH–O–CH(CH$_3$)$_2$.

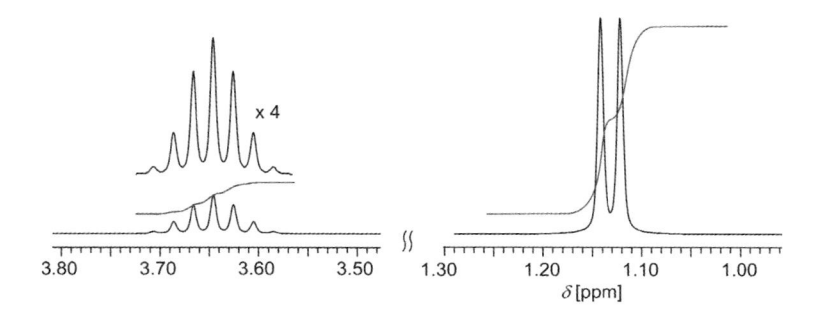

13.4.5 ^{13}C-NMR-Spektroskopie

Da die natürliche Häufigkeit des ^{13}C-Isotops nur 1.10% beträgt (^{1}H: 99.985%) und auch das gyromagnetische Verhältnis γ wesentlich kleiner ist als bei ^{1}H (^{13}C: γ = 26.752) stehen bei gleichen Konzentrationen von C und H die Intensitäten des ^{13}C- und des H-Signals im Verhältnis 1:6000.

Um mit dem natürlichen C-Isotopenverhältnis trotzdem ^{13}C-NMR-Spektren wie ^{1}H-NMR-Spektren aufnehmen zu können, sind besondere messtechnische Voraussetzungen notwendig.

Für die Beschreibung der diesbezüglichen Techniken – Impulstechnik, *Fourier*-Transformation, Summation einer großen Zahl von Spektren und Protonen-Breitbandentkopplung – muss auf die Spezialliteratur verwiesen werden.

Die ^{13}C-NMR-Spektren erstrecken sich über einen wesentlich größeren δ-Bereich (250 ppm) als die ^{1}H-NMR-Spektren. Wegen der geringen Isotopenhäufigkeit von ^{13}C kommen praktisch nie zwei ^{13}C-Atome im gleichen Molekül vor; ^{13}C/^{13}C-Kopplungen spielen deshalb, im Gegensatz zu ^{1}H/^{1}H-Kopplungen, keine Rolle.

^{13}C/^{1}H-Kopplungen im Molekül bewirken aber eine Aufspaltung zu komplexen Multipletts, die schwer interpretierbar sind (Abb. 13.16a). Diese Kopplungen lassen sich durch eine spezielle Aufnahmetechnik (Breitbandentkopplung) aufheben. In breitbandentkoppelten ^{13}C-Spektren sind alle Signale Singuletts, das Signal/Rausch-Verhältnis wird gleichzeitig verbessert (Abb. 13.16b). Gleichzeitig gehen aber auch Informationen über die direkte chemische Umgebung (z.B. Anzahl der direkt gebundenen Wasserstoffatome) verloren. Durch spezielle Pulstechniken können diese Informationen wieder gewonnen werden: In DEPT-135-Spektren

(Abb. 13.16c) bleiben alle Signale Singuletts, CH₃ und CH-Gruppen liefern positive Signale, CH₂-Gruppen negative, Signale quartärer Kohlenstoffatome verschwinden ganz. In DEPT-90-Spektren werden nur noch Signale der CH-Gruppen beobachtet, alle anderen Signale sind unterdrückt (Abb. 13.16d).

Abb. 13.16: ^{13}C-NMR-Spektren von Ethylbenzol.

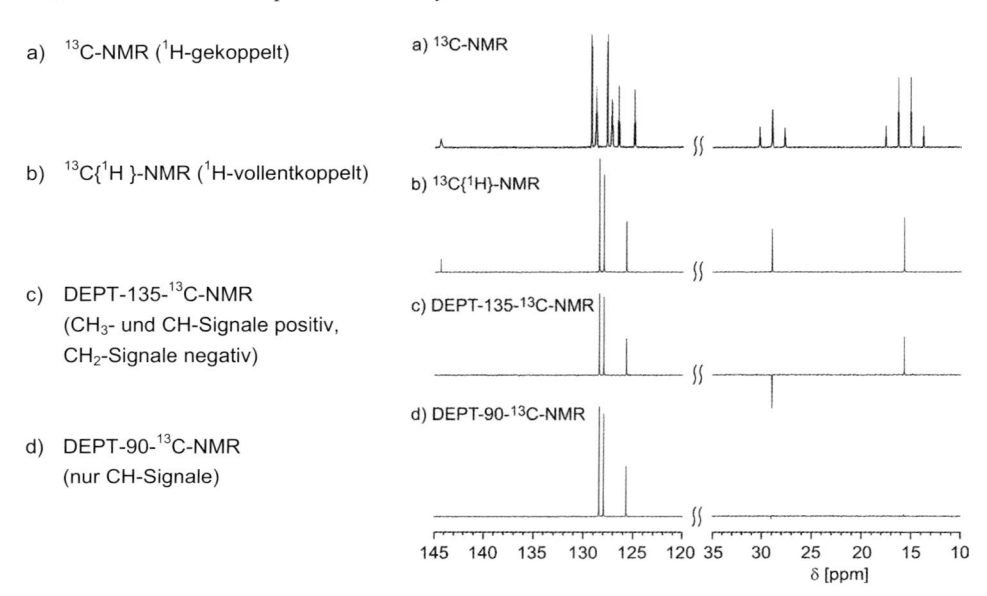

a) ^{13}C-NMR (^{1}H-gekoppelt)

b) ^{13}C{^{1}H}-NMR (^{1}H-vollentkoppelt)

c) DEPT-135-^{13}C-NMR
(CH₃- und CH-Signale positiv, CH₂-Signale negativ)

d) DEPT-90-^{13}C-NMR
(nur CH-Signale)

Die ^1J-Kopplungskonstanten zwischen ^{13}C- und ^{1}H-Kernen erlauben wichtige Rückschlüsse auf die Bindungsverhältnisse, da sie Aufschluss über den s-Charakter des C-Atoms (CH₄, sp³; =CH₂, sp²; ≡CH, sp) geben (Tab. 13.10).

Tabelle 13.10: Typische Kopplungskonstanten $^1J(^1H/^{13}C)$ für verschiedene Gruppen in organischen Verbindungen.

Verbindung	$^1J(^1H/^{13}C)$	Hybridisierung	Verbindung	$^1J(^1H/^{13}C)$
H₃C–CH₃	125	sp³	H₃C–NH₂	133
H₂C=CH₂	156	sp²	H₂C=NH	175
C₆H₆	158	sp²		
HC≡CH	249	sp	HC≡NH⁺	320
H₃C–O–CH₃	140		CH₃F	149
H₂C=O	172		CH₂F₂	185
HCOO⁻	195		CHF₃	239
HCOOH	222		CH₃Cl	150
			CH₂Cl₂	178
			CHCl₃	211

Die $^1J(C/H)$-Werte indizieren eindeutig sp³-Hybridisierungen (25% s-Charakter), sp²-Hybridisierung (33% s-Charakter) und sp-Hybridisierung (50% s-Charakter).

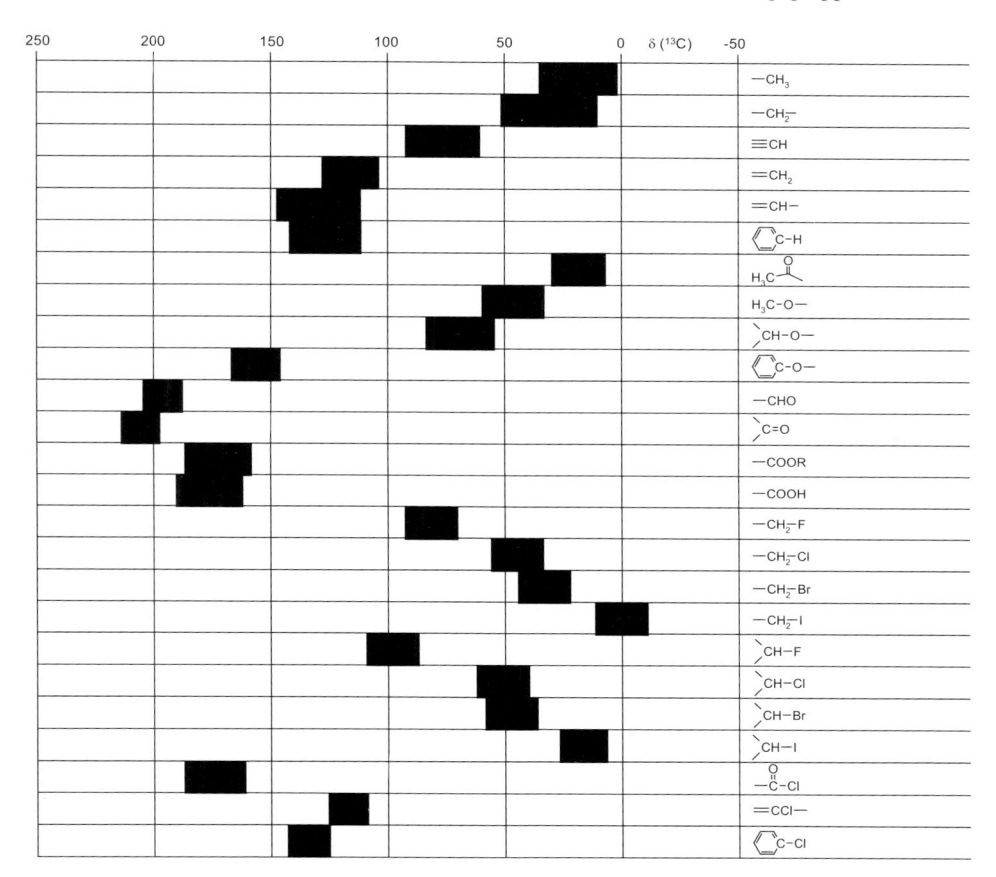

Tabelle 13.11: Typische ^{13}C-Verschiebungen für verschiedene Verbindungsgruppen.

13.4.6 Inkrementsysteme zur Abschätzung chemischer Verschiebungen in ^{1}H- und ^{13}C-NMR-Spektren

Für einige Substanzklassen lassen sich die Substituenteneinflüsse auf die chemische Verschiebung durch ein einfaches Inkrementsystem abschätzen. Vorausgesetzt wird ein additives Verhalten der Substituenteneinflüsse, was bei starken sterischen Wechselwirkungen nicht mehr gegeben ist. Dennoch sind die berechneten chemischen Verschiebungen aus dem Inkrementsystem eine wertvolle Hilfe für die Zuordnung der Signale.

Tabelle 13.12 zeigt exemplarisch ein solches Inkrementsystem für die chemischen Verschiebungen von Aromaten in ^{1}H- und ^{13}C-NMR-Spektren. Weitere Inkrementtabellen können der Literatur entnommen werden (z.B. [1]).

Tabelle 13.12: Inkrementsystem für die chemischen Verschiebungen von Aromaten in ^{1}H- und ^{13}C-NMR-Spektren (aus Lit. [1]).

$\delta(^1H) = 7.26 + \Sigma\, I$

$\delta(^{13}C) = 128.5 + \Sigma\, I$

Substituent	Inkremente I für $\delta(^1H)$			Inkremente I für $\delta(^{13}C)$			
	para	meta	para	ipso	ortho	meta	para
–H	0.00	0.00	0.00	0.0	0.0	0.0	0.0
–CH$_3$	–0.18	–0.10	–0.20	9.3	0.6	0.0	–3.1
–C$_2$H$_5$	–0.15	–0.06	–0.18	15.7	–0.6	–0.1	–2.8
–CH(CH$_3$)$_2$	–0.13	–0.08	–0.18	20.1	–2.0	0.0	–2.5
–C(CH$_3$)$_3$	0.02	–0.09	–0.22	22.1	–3.4	–0.4	–3.1
–CH=CH$_2$	0.06	–0.03	–0.10	7.6	–1.8	–1.8	–3.5
–C≡CH	0.15	–0.02	–0.01	–6.1	3.8	0.4	–0.2
–Ph	0.30	0.12	0.10	13.0	–1.1	0.5	–1.0
–CH$_2$Cl	0.00	0.01	0.00	9.1	0.0	0.2	–0.2
–CH$_2$OH	–0.07	–0.07	–0.07	12.4	–1.2	0.2	–1.1
–CH=O	0.56	0.22	0.29	7.5	0.7	–0.5	5.4
–CO–CH$_3$	0.62	0.14	0.21	9.3	0.2	0.2	4.2
–COOH	0.85	0.18	0.25	2.4	1.6	–0.1	4.8
–COOCH$_3$	0.71	0.11	0.21	2.0	1.0	0.0	4.5
–CONH$_2$	0.61	0.10	0.17	5.5	–0.5	–1.0	5.0
–COCl	0.84	0.20	0.36	4.6	2.9	0.6	7.0
–C≡N	0.36	0.18	0.28	–16.0	3.5	0.7	4.3
–NH$_2$	–0.75	–0.25	–0.65	19.2	–12.4	1.3	–9.5
–NHCH$_3$	–0.80	–0.22	–0.68	21.7	–16.2	0.7	–11.8
–N(CH$_3$)$_2$	–0.66	–0.18	–0.67	22.1	–15.9	0.5	–11.9
–NH–COCH$_3$	0.12	–0.07	–0.28	11.1	–9.9	0.2	–5.6
–NO$_2$	0.95	0.26	0.38	19.6	–5.3	0.8	6.0
–OH	–0.56	–0.12	–0.45	26.9	–12.6	1.6	–7.6
–OCH$_3$	–0.48	–0.09	–0.44	31.3	–15.0	0.9	–8.1
–OPh	–0.29	–0.05	–0.23	29.1	–9.5	0.3	–5.3
–OCOCH$_3$	–0.25	0.03	–0.13	23.0	–6.0	1.0	–2.0
–F	–0.26	0.00	–0.20	35.1	–14.3	0.9	–4.4
–Cl	0.03	–0.02	–0.09	6.4	0.2	1.0	–2.0
–Br	0.18	–0.08	.0.04	–5.4	3.3	2.2	–1.0
–I	0.39	–0.21	–0.03	–32.3	9.9	2.6	–0.4

Beispiel:

Berechnung der chemischen Verschiebungen
für 4-Nitrophenol

HO—⟨2,3,4,5,6⟩—NO$_2$ (4-Nitrophenol, mit Nummerierung 1–6)

Chemische Verschiebungen $\delta(^1H)$:

$\delta(C^2\text{-H}) = \delta(C^6\text{-H})$ = 7.26 + $I_{\text{ortho-OH}}$ + $I_{\text{ortho-H}}$ + $I_{\text{meta-Nitro}}$ + $I_{\text{meta-H}}$ + $I_{\text{para-H}}$
= 7.26 + (−0.56) + 0.00 + 0.26 + 0.00 + 0.00
= 6.96 ppm (gemessen: 6.90 ppm)

$\delta(C^3\text{-H}) = \delta(C^5\text{-H})$ = 7.26 + $I_{\text{ortho-Nitro}}$ + $I_{\text{ortho-H}}$ + $I_{\text{meta-OH}}$ + $I_{\text{meta-H}}$ + $I_{\text{para-H}}$
= 7.26 + 0.95 + 0.00 + (−0.12) + 0.00 + 0.00
= 8.09 ppm (gemessen: 8.08 ppm)

Chemische Verschiebungen $\delta(^{13}C)$:

$\delta(C^1) =$ = 128.5 + $I_{\text{ipso-OH}}$ + 2×$I_{\text{ortho-H}}$ + 2×$I_{\text{meta-H}}$ + $I_{\text{para-Nitro}}$
= 128.5 + 26.9 + 2×0.0 + 2×0.0 + 6.0
= 161.4 ppm (gemessen: 163.9 ppm)

$\delta(C^2) = \delta(C^6)$ = 128.5 + $I_{\text{ipso-H}}$ + $I_{\text{ortho-OH}}$ + $I_{\text{ortho-H}}$ + $I_{\text{meta-Nitro}}$ + $I_{\text{meta-H}}$ + $I_{\text{para-H}}$
= 128.5 + 0.0 + (−12.6) + 0.0 + 0.8 + 0.0 + 0.0
= 116.7 ppm (gemessen: 115.6 ppm)

$\delta(C^3) = \delta(C^5)$ = 128.5 + $I_{\text{ipso-H}}$ + $I_{\text{ortho-Nitro}}$ + $I_{\text{ortho-H}}$ + $I_{\text{meta-OH}}$ + $I_{\text{meta-H}}$ + $I_{\text{para-H}}$
= 128.5 + 0.0 + (−5.3) + 0.0 + 1.6 + 0.0 + 0.0
= 124.8 ppm (gemessen: 125.8 ppm)

$\delta(C^4) =$ = 128.5 + $I_{\text{ipso-Nitro}}$ + 2×$I_{\text{ortho-H}}$ + 2×$I_{\text{meta-H}}$ + $I_{\text{para-OH}}$
= 128.5 + 19.6 + 2×0.0 + 2×0.0 + (−7.6)
= 140.5 ppm (gemessen: 139.7 ppm)

13.5 Massenspektrometrie [1–5, 11, 12]

In der Massenspektrometrie werden im Allgemeinen neutrale Moleküle im Gaszustand durch den Entzug von Elektronen zu Kationen ionisiert, die gebildeten Ionen und ihre daraus durch Zerfall entstehenden Fragmente werden entsprechend dem Massen/Ladungs-Verhältnis (m/z) detektiert und registriert. Da in den meisten Fällen $z = 1$ ist, liefern die gebildeten **Radikalkationen** (Entzug **eines** Elektrons) den m/z-Wert der Masse des Ions und seiner Fragmente (Abb. 13.17).

13. Molekülspektroskopie

Abb. 13.17: Fragmentierung von Ethylbenzol im Massenspektrum.

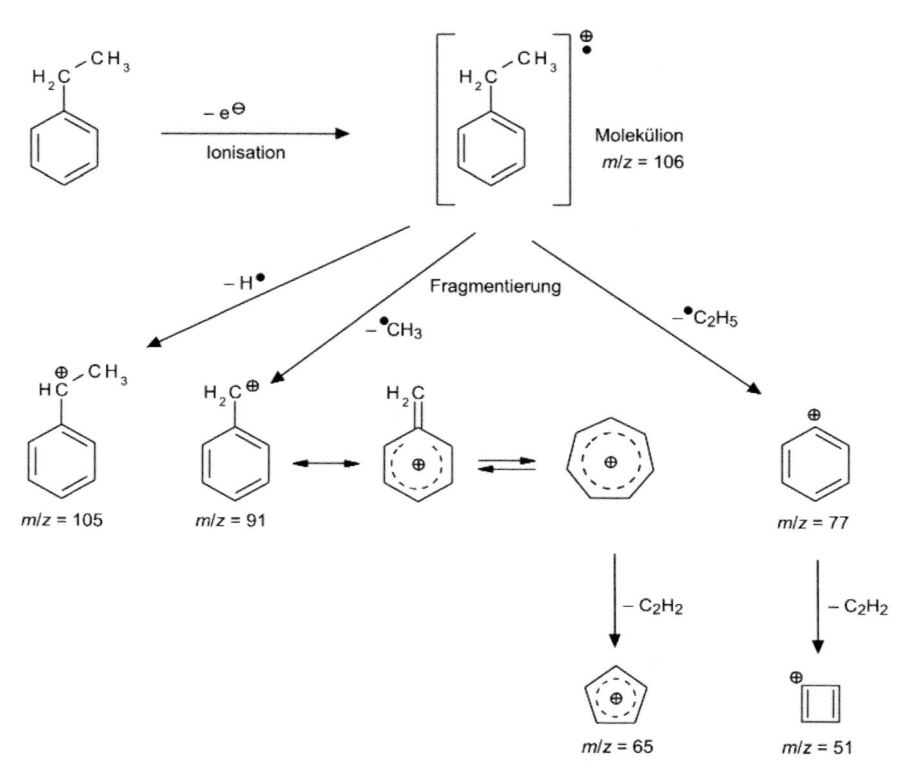

Aus dem **Fragmentierungsmuster** lassen sich wichtige Rückschlüsse auf die Struktur der untersuchten Substanzen ziehen.

Ein Massenspektrum setzt hiernach folgende **Einzelschritte** voraus:

- Überführung der zu untersuchenden Substanz in den Gasraum,
- Ionisierung der neutralen Moleküle in der Gasphase,
- Auftrennung der Ionen entsprechend ihrem m/z-Verhältnis und
- Detektion der Ionen und Dokumentation im Massenspektrum.

Die Massenspektren sind Strichspektren. Abbildung 13.18 zeigt das Spektrum des oben beispielhaft aufgeführten Ethylbenzols.

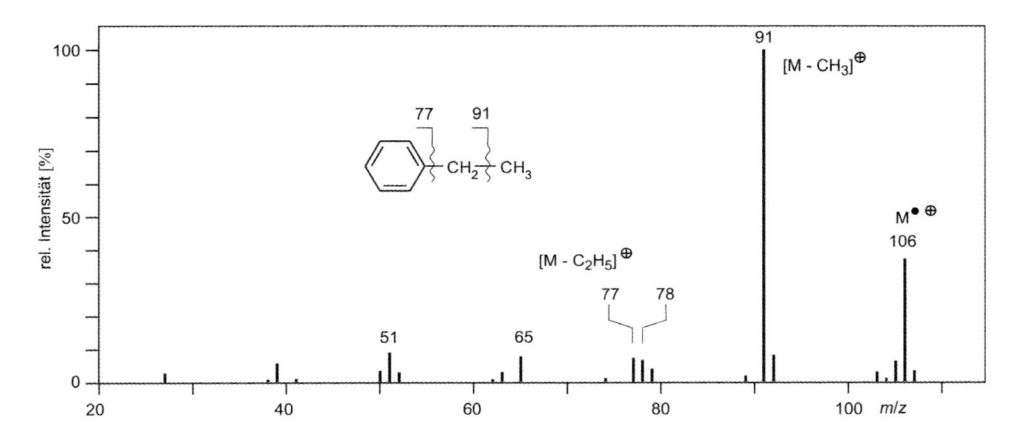

Abb. 13.18: Massenspektrum (EI, 70 eV) von Ethylbenzol.

In der UV-, IR-, NMR- und ESR-Spektroskopie werden Anregungsenergien bestimmt, die für den Übergang eines Moleküls in höhere Energieniveaus notwendig sind. Im Gegensatz hierzu werden in der Massenspektrometrie die Massen (*m/z*) der **Molekülionen** und ihrer Fragmentierungsprodukte gemessen, es ist also per definitionem keine spektroskopische Methode.

13.5.1 Bildung von Molekülionen in der Gasphase

Die zwei gängigsten Methoden zur Erzeugung von Ionen aus thermisch verdampften Verbindungen sind die

- **Elektronenstoßionisation (electron impact: EI)** und die
- **Chemische Ionisation (chemical ionization: CI)**.

Da die gebildeten Ionen im Massenspektrometer im Normalfall eine Distanz im Meter-Bereich ohne Kollisionen zurücklegen müssen, muss bei einem stark verminderten Druck p $\leq 10^{-6}$ mbar ($\leq 10^{-4}$ Pa) gearbeitet werden. Mit den Messproben muss dieses Vakuum erreicht werden.

Die meisten neutralen organischen Moleküle können ohne Zersetzung auf 200–300 °C erhitzt werden. Sie gehen dabei bis zu einem Molekülgewicht von 1000 Dalton in die Gasphase über.

Destillierbare und leicht sublimierbare Verbindungen werden bei der **indirekten Probenzuführung** in ein evakuiertes Vorratsgefäß ($p \approx 10^{-3}$ mbar) verdampft. Über eine kleine Öffnung (leak) strömt aus dem Vorratsgefäß der Probenmolekularstrahl in die Ionisationskammer (Druck $p \approx 10^{-6}$ mbar) (Abb. 13.19), wo er im rechten Winkel auf den Elektronenstrahl trifft. Dadurch wird der Ionisationsprozess auslöst.

Abb. 13.19: Schematischer Aufbau eines Massenspektrometers mit Elektronenstoßionisation.

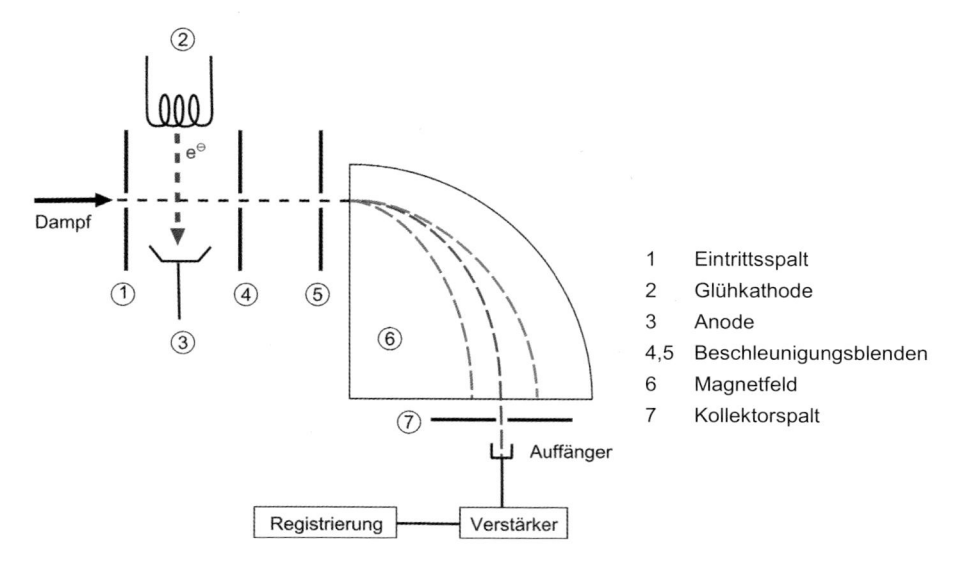

1   Eintrittsspalt
2   Glühkathode
3   Anode
4,5   Beschleunigungsblenden
6   Magnetfeld
7   Kollektorspalt

Der **Elektronenstrahl** wird von einer **Glühkathode** (Wolfram oder Rhenium) emittiert. Die Energie des Elektronenstrahls kann durch Variation der elektrischen Spannung zwischen der Glühkathode und der Anode zwischen 0 und 300 eV gesteuert werden. Routinemäßig arbeitet man bei einer **Potentialdifferenz von 70 V** (MS: EI 70 eV). Die Ionisation mit 12–15 eV liefert ein Massenspektrum mit geringerer Fragmentierung (Niedrigvoltspektren).

Bei 1 eV $\approx$ 96.5 kJ·mol^{-1} hat ein 70 eV-Elektron genügend Energie, um ein organisches Molekül zu ionisieren (erforderliche Energie 7–14 eV) und zu fragmentieren (max. Einfachbindungsenergie ~ 4 eV).

Durch den Elektronenstrahl wird ein Elektron aus dem höchsten MO (1. Ionisierungsenergie) des Moleküls unter **Bildung von Radikalkationen** herausgeschlagen.

$$M + e^- \rightarrow M^{\bullet +} + 2e^-$$

Die **benötigte Probenmenge** bei der indirekten Probenzufuhr beträgt 0.1–1.0 mg, bei der direkten Probenzugabe 0.005–0.1 mg. Der tatsächliche Substanzverbrauch beträgt nur 10^{-13} g·s^{-1}.

13.5.2 Massentrennung

Um die gebildeten Ionen (Radikalionen) trennen und registrieren zu können, müssen sie aus der Ionisierungskammer befördert werden. Hierzu werden die Ionen durch ein Abstoßungspotential zwischen (1) und (4) aus der Kammer ausgestoßen (Abb. 13.19). Ein durch elektrische Spannung erzeugtes Potentialgefälle U zwischen den Blenden (4) und (5) beschleunigt die Ionen auf hohe Geschwindigkeiten. Mit dieser Geschwindigkeit treten sie dann in den Analysatorteil des Massenspektrometers ein.

Alle Ionen mit der Elementarladung z besitzen an der Austrittsblende (5) die **kinetische Energie** E_{kin}:

$$E_{kin} = \frac{m \cdot v^2}{2} = z \cdot U \qquad \begin{array}{l} m : \text{Ionenmasse} \\ v : \text{Ionengeschwindigkeit} \end{array}$$

Hieraus ergibt sich für die Geschwindigkeit v eines Ions der Masse m:

$$v = \sqrt{\frac{2 \cdot e \cdot U}{m}}$$

Die Ionentrennung erfolgt mittels eines magnetischen Sektorfeldes, die magnetischen Feldlinien verlaufen senkrecht zur Flugrichtung der Ionen.

Durch die **magnetische Feldstärke** B (etwa 1 T) werden die Ionen in eine Kreisbahn mit dem Radius r gelenkt (Abb. 13.17). Beim Flug durch das Magnetfeld stehen die magnetische Kraft und die Zentrifugalkraft des Ions im Gleichgewicht.

$$B \cdot e \cdot v = \frac{mv^2}{r} \qquad \text{oder} \qquad v = \frac{B \cdot e \cdot r}{m}$$

Durch Zusammenfassung von Gleichung (1) und (3) erhält man:

$$\sqrt{\frac{2 \cdot e \cdot U}{m}} = \frac{B \cdot e \cdot r}{m} \qquad \text{oder} \qquad \frac{m}{e} = \frac{B^2 \cdot r^2}{2 \cdot U}$$

Daraus folgt, dass einfach geladene Ionen mit der Ladung $e = 1$ mit unterschiedlichen Massen m_1, m_2, m_3, ... durch das Magnetfeld auf unterschiedliche Kreisbahnen mit den Radien r_1, r_2, r_3 abgelenkt werden.

Aus Abbildung 13.19 ist ersichtlich, dass nur Ionen, die sich auf einer bestimmten Kreisbahn bewegen, auf den Kollektorspalt treffen und registriert werden. Um Ionen unterschiedlicher Masse auf die zum Kollektor führende Kreisbahn zu bringen, wird die Magnetfeldstärke variiert (magnetic scan). Voraussetzung für die massendispergierende und fokussierende Wirkung des Magnetfeldes ist, dass die mittlere freie Weglänge der Ionen größer ist als die Gerätedimension, das bedeutet, dass im Hochvakuum ($< 10^{-6}$ mbar) gearbeitet werden muss.

13.5.3 Massenspektrometrie von hochmolekularen Verbindungen und Verbindungen mit zahlreichen funktionellen Gruppen.

Um hochmolekulare Verbindungen (1,000–100,000 Dalton) oder niedermolekulare Verbindungen (ca. 200 Dalton) mit vielen funktionellen Gruppen massenspektrometrisch untersuchen zu können, sind spezielle Methoden zur Ionenerzeugung erforderlich, die hier nur erwähnt werden können. Im Literaturverzeichnis werden Monographien [1, 11, 12] angegeben, die das Studium dieser Methoden erlauben.

Spezielle Methoden

- Chemische Ionisation (chemical ionization: CI)
- Felddesorption (FD)
- Laserdesorption (LD)
- Matrix-assisted laser desorption/ionization (MALDI)
- Fast atom bombardment (FAB)
- Secondary ion mass spectrometry (SIMS)
- Electrospray ionization (ESI)

13.5.4 Elektronenstoß-induzierte Bruchstückbildung − Fragmentierungen

Nach der Ionisierung halten sich die Molekül-Ionen (Radikalkationen) noch eine bestimmte Zeit in der Ionenquelle auf. Wenn es innerhalb von 10^{-6} s zu Abbaureaktionen kommt, werden nicht die Molekülionen sondern Fragment-Ionen niedrigerer Massen beschleunigt und registriert. Die Fragmentierungen sind monomolekulare, endotherme Prozesse, die durch die relativen Bindungsstärken, sterische Faktoren und von der Stabilität der Fragmente gesteuert werden. Unabhängig von der elektronischen Anregung entstehen nur Molekül-Ionen, die der niedrigsten Ionisierungsenergie entsprechen. Es erfolgt eine Umwandlung elektronischer Energie aus den höheren elektronischen Anregungszuständen in Schwingungsenergie, die zur Bindungsspaltung führt. Viele der Fragmentierungsprozesse sind strukturspezifisch. Nachfolgend werden einige wichtige Zerfallsreaktionen behandelt.

Einfache Bindungsspaltung

In Alkanen löst die Ionisierung ein Elektron aus einer σ-Bindung heraus. Die gebildete Einelektronenbindung begünstigt einen Bindungsbruch.

$$\text{H}_3\text{C}-(\text{CH}_2)_{11}-\overset{\text{H}}{\underset{\text{H}}{\text{C}}}-\overset{\text{H}}{\underset{\text{H}}{\text{C}}}-\text{H} \xrightarrow{-e^{\ominus}} \left[\text{H}_3\text{C}-(\text{CH}_2)_{11}-\overset{\text{H}}{\underset{\text{H}}{\text{C}}}-\overset{\text{H}}{\underset{\text{H}}{\text{C}}}-\text{H}\right]^{\oplus\bullet}$$

n-Tetradecan ($C_{14}H_{30}$)

$\longrightarrow C_{12}H_{25}^{\oplus} + {}^{\bullet}C_2H_5$
$\longrightarrow C_{11}H_{23}^{\oplus} + {}^{\bullet}C_3H_7$
$\longrightarrow C_{10}H_{21}^{\oplus} + {}^{\bullet}C_4H_9$
$\longrightarrow C_9H_{19}^{\oplus} + {}^{\bullet}C_5H_{11}$ usw.

$$\text{H}_3\text{C}-(\text{CH}_2)_n-\overset{\text{H}}{\underset{\text{H}}{\text{C}}}-\overset{\text{H}}{\underset{\text{H}}{\text{C}}}-\overset{\text{H}}{\underset{\text{H}}{\text{C}}}-\overset{\text{H}}{\underset{\text{H}}{\text{C}}}^{\oplus} \longrightarrow \text{H}_3\text{C}-(\text{CH}_2)_n-\overset{\text{H}}{\text{C}}\cdots\overset{\text{H}}{\text{C}}\overset{\oplus}{\cdots}\overset{\text{H}}{\text{C}}-\overset{\text{H}}{\text{C}}-\text{H} \xrightarrow{-C_3H_6} \text{H}_3\text{C}-(\text{CH}_2)_n-\overset{\text{H}}{\underset{\text{H}}{\text{C}}}^{\oplus}$$

Bei n-Alkanen werden alle C–C–σ-Bindungen – mit Ausnahme der endständigen – mit gleicher Wahrscheinlichkeit gespalten, es bildet sich eine Ionenserie $C_nH_{2n+1}^+$. Wegen der nachfolgenden Fragmentierungen treten die niedermolekularen Bruchstücke mit höherer relativer Intensität auf (Abb. 13.20).

Abb. 13.20: Massenspektrum (EI, 70 eV) von n-Tetradecan ($C_{14}H_{30}$).

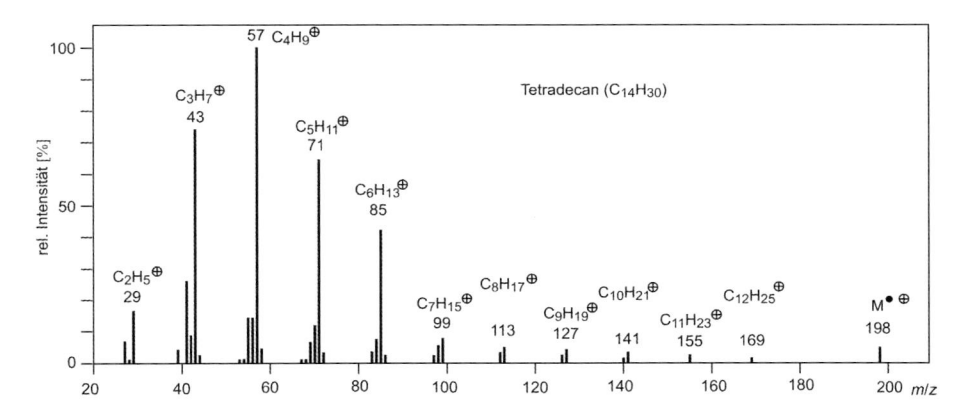

In Verbindungen mit Heteroatomen bzw. π-Bindungen werden Elektronen bevorzugt aus einem nichtbindenden Orbital am Heteroatom bzw. der π-Bindung herausgeschlagen. In diesen Fällen erfolgt eine bevorzugte Spaltung der zum Heteroatom übernächsten Bindung, man bezeichnet diesen Vorgang als α-Spaltung.

$$\text{R'}-\text{CH}_2-\overset{..}{\underset{..}{\text{O}}}-\text{R''} \xrightarrow{-e^{\ominus}} \text{R'}-\text{CH}_2-\overset{\oplus}{\underset{\bullet}{\text{O}}}-\text{R''} \xrightarrow{-e^{\ominus}} \text{R'}^{\bullet} + \text{H}_2\text{C}=\overset{\oplus}{\text{O}}-\text{R''} \longleftrightarrow \overset{\oplus}{\text{H}_2\text{C}}-\overset{..}{\underset{..}{\text{O}}}-\text{R''}$$

Bei Verbindungen mit R" = Alkyl (Ether, Thioether, sekundäre und tertiäre Amine) können die durch α-Spaltung gebildeten Ionen durch C–Heteroatom-Bruch und H-Übertragung weiter gespalten werden (**Onium-Spaltung**).

$$H_3C\text{-}CH(CH_3)\text{-}N(CH_3)\text{-}CH_2\text{-}R' \xrightarrow{\alpha\text{-Spaltung}} [H_2C\text{-}CH(CH_3)\text{-}N^{\oplus}(CH_3)\text{-}CH_2 \cdot] \longrightarrow H_2C=N^{\oplus}(H)(CH_3)\text{-}CH_3 + H_2C=C(CH_3)H$$

Fragment-Ionen durch α-Spaltung:

$H_2C=N^{\oplus}H_2$ $H_2C=N^{\oplus}(H)(CH_3)$ $H_2C=O^{\oplus}H$ $H_2C=S^{\oplus}H$

m/z = 30   m/z = 44   m/z = 31   m/z = 47

Weitere einfache Bindungsspaltungen sind der angegebenen Spezialliteratur zu entnehmen.

Bildung von Fragmenten unter H-Verschiebung

Das bekannteste Beispiel für diese Fragmentierung ist die sogenannte *McLafferty*-**Umlagerung**. Hierbei wird im ersten Schritt über einen energetisch günstigen 6-gliedrigen Übergangszustand ein γ-ständiges H-Atom auf das Radikalkation der Carbonylgruppe übertragen, worauf sich eine α-Spaltung anschließt.

Wichtige Fragment-Ionen durch *McLafferty*-Umlagerung:

    R = H (Aldehyde)   m/z = 44
    R = CH$_3$ (Methylketone)   m/z = 58
    R = OH (Carbonsäuren)   m/z = 60
    R = OCH$_3$ (Methylester)   m/z = 74
    R = NH$_2$ (Amide)   m/z = 59

Organische Verbindungen können unter den Standardbedingungen der EI-Ionisation (70 eV) auf verschiedene Arten fragmentieren. Das Massenspektrum erlaubt über das Fragmentierungsschema Rückschlüsse auf die Struktur der Verbindung (Abb. 13.21 und 13.22).

13.5 Massenspektrometrie

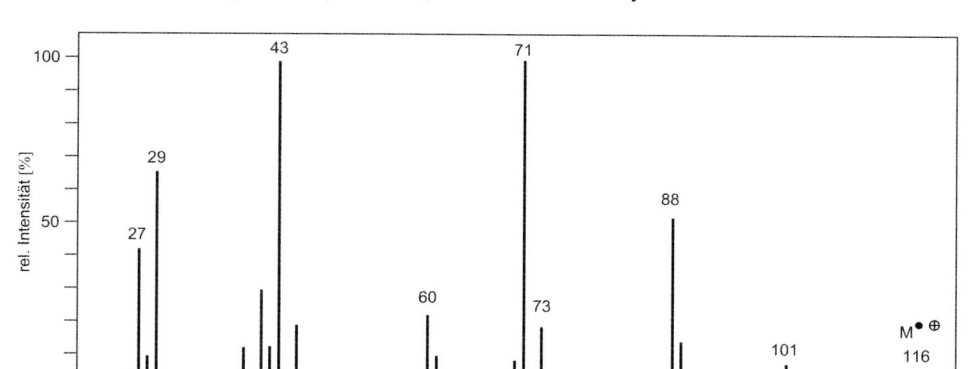

Abb. 13.21: Massenspektrum (EI, 70 eV) von Buttersäureethylester.

Abb. 13.22: Fragmentierungsschema von Buttersäureethylester.

355

13.6 Angabe spektroskopischer Daten

Spektroskopische Daten von Substanzen müssen – wie alle erhaltenen Messwerte – in Versuchsprotokollen oder im experimentellen Teil von Veröffentlichungen vollständig und kompakt in übersichtlicher Form aufgeführt werden. Insbesondere bei Publikationen sind die Standards der jeweiligen Verlage zu beachten. Die in diesem Abschnitt beschriebene Zitierweise orientiert sich an den Vorgaben für die *„Angewandte Chemie'*.

Einige allgemeine Regeln:

- Die ‚Wissenschaftssprache' ist Englisch, dementsprechend werden Zahlenangaben in der Regel mit Dezimalpunkt geschrieben, auch in deutschen Texten.
- Dezimalstellen werden entsprechend der Genauigkeit der Messmethode oder des Gerätes gerundet.
- Messbedingungen und Präparation der Probe müssen angegeben werden. Fehlt die Temperaturangabe wird von Raumtemperatur ausgegangen.
- Wenn Signalgruppen Strukturfragmenten zugeordnet werden können, muss die Zuordnung prägnant und eindeutig sein. Für Nummerierungen sollte die systematische Zählweise nach IUPAC verwendet werden. Wird eine andere Zählweise verwendet, muss die Struktur mit eindeutiger Nummerierung mit angebildet werden.
- Die verwendeten Messgeräte und Methoden werden im Vorspann zum experimentellen Teil aufgeführt.

Im Folgenden wird die korrekte Angabe der spektroskopischen Daten an Hand von 4-Dimethylaminobenzoesäureethylester beschrieben.

IR-Spektren

Bei IR-Spektren muss die Präparation der Probe mit angegeben werden (Film, KBr-Pressling, Nujol-Verreibung, ATR- oder DRIFT-Messung). Bei Messungen in Lösung sind die Konzentration der Probe, die Schichtdicke und das Lösungsmittel wichtig. Die Signale werden von hohen zu niedrigen Wellenzahlen geordnet. Nach der Wellenzahl wird die Intensität mit vs (very strong), s (strong), m (medium) oder w (weak) und die Zuordnung in Klammern angegeben. Wenn für eine funktionelle Gruppe mehrere Signale vorhanden sind, können diese gruppiert werden. In der Regel werden nur die charakteristischen Signale aufgeführt:

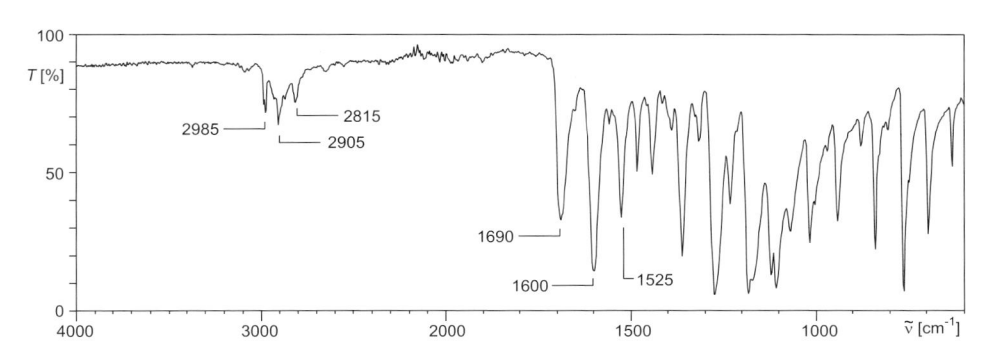

Abb. 13.24: IR-Spektrum von 4-Dimethylaminobenzoesäureethylester (ATR).

IR (ATR): $\tilde{\nu}$ = 2985, 2905, 2815 (w, ν(CH$_2$, CH$_3$)), 1690 (m, ν(C=O)), 1600 (s, ν(C=C)), 1525 cm^{-1} (m, ν(C=C)).

NMR-Spektren

Bei NMR-Spektren ist die Angabe der Messfrequenz und des Lösungsmittels obligatorisch. Chemische Verschiebungen werden in der Regel für ^{1}H-NMR-Spektren mit 2 Nachkommastellen (in ppm) angegeben, für ^{13}C-NMR-Spektren mit einer Nachkommastelle. Kopplungskonstanten werden generell mit einer Nachkommastelle (in Hz) aufgeführt. Die Signale werden nach der chemischen Verschiebung geordnet, ihre Multiplizitäten, Kopplungskonstanten, Integrale und Zuordnung werden in Klammern dahinter geschrieben. Die Multipliziäten von Spinsystemen 1. Ordnung werden mit *s* (Singulett), *d* (Dublett), *t* (Triplett) usw. oder mit Kombinationen (z.B. *dd* für Dublett von Dublett) angegeben, die zugehörigen Kopplungskonstanten sind obligatorisch. Höhere Spinsysteme werden in der Regel mit *m* (Multiplett) bezeichnet, die Kopplungskonstanten entfallen. Bei überlagerten Multipletts wird für die chemische Verschiebung der Bereich angegeben, bei Multipletts einzelner Protonen der Mittelpunkt.

Wenn die Struktur es zulässt, wird die Zuordnung durch Molekülfragmente beschrieben (z.B. –OCH$_3$ oder –C(CH$_3$)$_3$). Falls diese Notation nicht eindeutig ist, muss die Nummerierung nach IUPAC verwendet werden.

^{13}C-NMR-Spektren werden im Routinebetrieb meistens mit Breitband-^{1}H-Entkopplung mit kurzen Akkumulationszeiten zwischen 2 Pulsen gemessen. Deshalb können in der Regel keine C-H-Kopplungskonstanten und Integrale angegeben werden. DEPT-135- und DEPT-90-Experimente dienen nur der Identifizierung der primären, sekundären, tertiären oder quartären Kohlenstoffe und werden nicht zusätzlich aufgeführt.

13. Molekülspektroskopie

Abb. 13.25: ^{1}H-NMR-Spektrum von 4-Dimethylaminobenzoesäureethylester (300 MHz, CDCl$_3$).

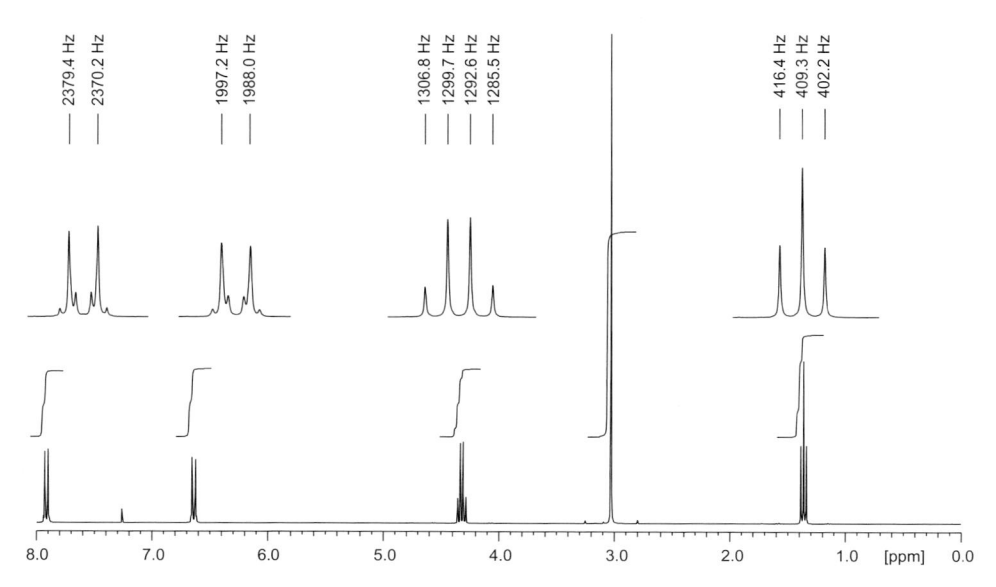

^{1}H-NMR (300 MHz, CDCl$_3$): δ = 1.36 (t, J = 7.1 Hz, 2 H, -CH$_2$CH_3), 3.03 (s, 6 H, -N(CH$_3$)$_2$), 4.32 (q, J = 7.1 Hz, 2 H, -CH$_2$CH$_3$), 6.64 (*AA'XX'*, 2 H, H-2,6), 7.91 ppm (*AA'XX'*, 2 H, H-3,5).

Abb. 13.26: ^{13}C-NMR-Spektrum von 4-Dimethylaminobenzoesäureethylester (300 MHz, CDCl$_3$). Oben: DEPT-135, unten ^{13}C{^{1}H}-NMR.

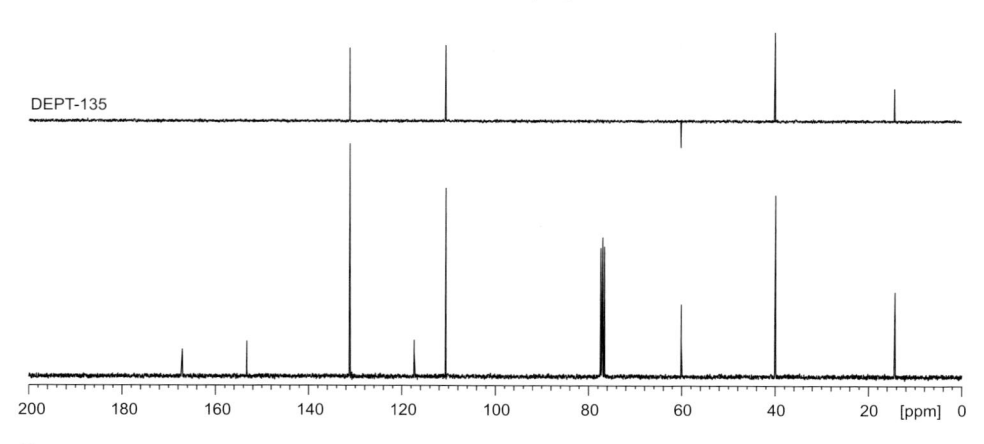

^{13}C-NMR (75.5 MHz, CDCl$_3$): δ = 14.5 (-CH$_2$CH$_3$), 40.1 (-N(CH$_3$)$_2$), 60.1 (-CH$_2$CH$_3$), 110.7 (C-3,5), 117.4 (C-1), 131.2 (C-2,6), 153.3 (C-4), 167.1 ppm (C=O).

UV/Vis-Spektren

Bei UV/Vis-Spektren muss das Lösungsmittel unbedingt angegeben werden. Falls die Verbindung zur Bildung von Aggregaten (z.B. π-Stapelung) neigt, ist auch die Konzentration der Messlösung wichtig. Die Extinktionsmaxima werden nach steigenden Wellenlängen geordnet, die zugehörigen molaren Extinktionen (ε) in Klammern dahinter gesetzt. Weit verbreitet ist die Angabe der Extinktionen in logarithmischen Einheiten (lg ε).

Nahe beieinander liegende Übergänge liefern häufig Absorptionsbanden mit ‚Schultern'. In diesen Fällen wird oft näherungsweise der Wendepunkt mit dem Zusatz *sh* (shoulder) angegeben. Genauere Werte lassen sich nur mit einer Linienformanalyse ermitteln.

Abb. 13.27: UV-Spektrum von 4-Dimethylaminobenzoesäure-ethylester (EtOH).

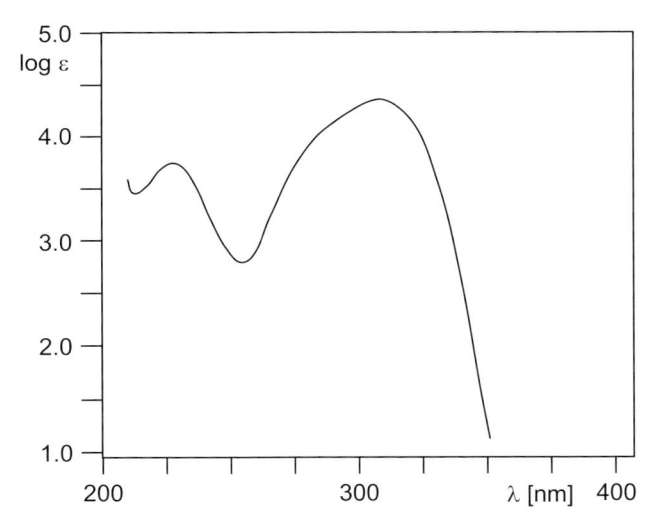

UV (EtOH): λ_{max} (lg ε): 310 (4.36), 288 *sh* (4.11), 227 nm (3.76).

Massenspektren

Massenspektren werden immer mit der Ionisierungsmethode und den Bedingungen aufgeführt, z.B. EI-MS (electron impact) mit Ionisierungsenergie, FAB-MS (fast atom bombardment) mit Angabe der Matrix, ESI-MS mit Angabe des Lösungsmittels. Die wichtigsten Signale werden – geordnet nach fallendem *m/z*-Verhältnis – zusammen mit ihren relativen Intensitäten und der Zuordnung angegeben.

Durch die natürliche Isotopenverteilung resultiert für jedes Ion ein charakteristisches Isotopenmuster, angegeben wird in der Regel nur das Signal mit der höchsten Intensität. Die Masse des Molekülions wird mit *M* abgekürzt.

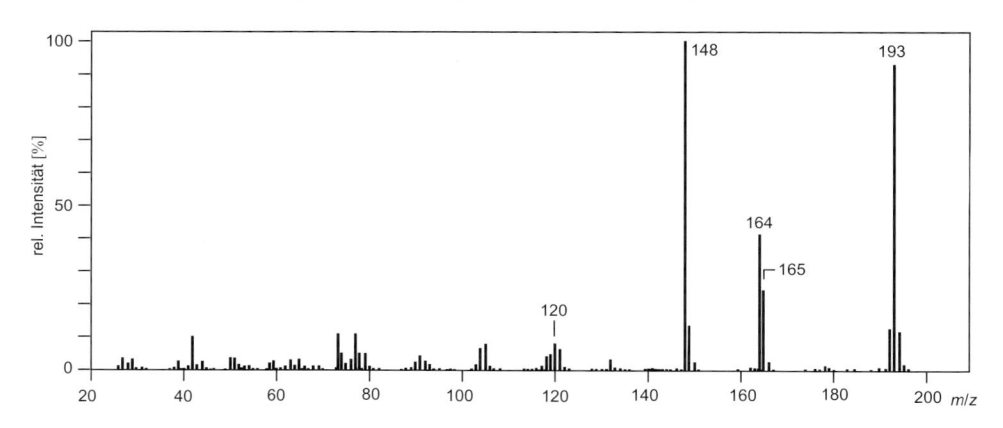

Abb. 13.28: EI-MS (75 eV) von 4-Dimethylaminobenzoesäureethylester.

MS (EI, 75 eV): m/z (%) = 193 (93) $[M]^+$, 165 (24) $[M-C_2H_4]^+$, 164 (41) $[M-C_2H_5]^+$, 148 (100) $[M-OC_2H_5]^+$, 120 (10) $[148-CO]^+$.

13.7 Spektrendatenbanken und Simulation von Spektren

Zahlreiche Spektren sind in Internet-Datenbanken verfügbar. Die umfangreichste frei verfügbare Datenbank ist die **Spectral Database for Organic Compounds (SDBS)**, die vom National Institute of Advanced Industrial Science and Technology (AIST) in Japan gepflegt wird. In ihr finden sich ^{1}H-NMR-, ^{13}C-NMR-, ESR-, IR-, Raman- und Massenspektren zahlreicher organischer Verbindungen, die über den systematischen Namen, am eindeutigsten und damit am günstigsten aber über ihre Summenformel gesucht werden können. SDBS ist über diesen Link verfügbar: http://sdbs.riodb.aist.go.jp.

Wenn keine Vergleichsspektren aus Datenbanken zur Verfügung stehen, lohnt sich häufig auch der Vergleich der aufgenommenen Spektren mit simulierten Spektren. Während UV- und IR-Spektren nur mit quantenchemischen Rechnungen auf hohem Niveau simuliert werden können, ist die Simulation von ^{1}H- und ^{13}C-NMR-Spektren durch die Anwendung von Inkrementmethoden relativ einfach und (zumindest für Verbindungen, in denen keine ‚exotischen' Bindungssituationen und Substitutionsmuster auftreten) recht zuverlässig möglich. Eine genaue Strukturaufklärung wird so zwar kaum möglich sein, aber man kann zumindest feststellen, ob die vorgeschlagene Struktur im Prinzip mit dem gemessenen Spektrum in Einklang zu bringen ist.

Entsprechende Simulationsprogramme sind z.B. im Zeichenprogramm ChemDraw oder in der NMR-Auswertungssoftware ACD/NMR integriert. Auch in einigen anderen Programmpaketen, die auf NMR-Spektrometern installiert sind, finden sich vergleichbare Funktionen.

NMRShiftDB ist eine kostenlose Alternative zu den erwähnten kostenpflichtigen Programmen (http://nmrshiftdb.nmr.uni-koeln.de/).

Einige dieser Programme erlauben auch die Simulation und damit die vergleichende Analyse von komplexen Multipletts, die vor allem dann auftreten, wenn es sich um Spektren höherer Ordnung handelt. Auch für solche Simulationen steht mit WINDNMR-Pro ein kostenloses Programm zur Verfügung (http://www.chem.wisc.edu/areas/reich/plt/windnmr.htm). Ein weiteres freies Programm ist Spinworks, das neben der Simulation auch die Prozessierung von 1D- und 2D-NMR-Spektren erlaubt (http://home.cc.umanitoba.ca/~wolowiec/spinworks/).

Literaturverzeichnis

[1] M. Hesse, H. Meier, B. Zeeh, *Spektroskopische Methoden in der organischen Chemie*, 8. Auflage, Georg Thieme Verlag, Stuttgart, New York, **2011**.

[2] D. H. Williams, J. Fleming, *Spectroscopic methods in organic chemistry*, 6th ed., McGraw-Hill Book Company, London, **2007**.

[3] S. B. Duckett, B. C. Gilbert, *Foundation of Spectroscopy*, Oxford University Press Inc., Oxford, **2000**.

[4] H. Naumer, M. Adelhelm, *Untersuchungsmethoden in der Chemie – Einführung in die moderne Analytik*, Georg Thieme Verlag, Stuttgart, New York, **1997**.

[5] G. Gauglitz, T. Vo-Dinh, *Handbook of Spectroscopy*, Wiley-VCH, Weinheim, **2003**.

[6] W. Schmidt, *Optical Spectroscopy in Chemistry and Life Sciences – An Introduction*, Wiley-VCH, Weinheim, **2005**; W. Schmidt, *Optische Spektroskopie – Eine Einführung*, Wiley-VCH, Weinheim, **2000**.

[7] H. Günzler, H.-U. Gremlich, *IR-Spektroskopie – Eine Einführung*, 4. Auflage, Wiley-VCH, Weinheim, **2003**.

[8] H. Friebolin, *Basic One- and Two-Dimensional NMR Spectroscopy*, 4. Auflage, Wiley-VCH, Weinheim, **2004**; H. Friebolin, *Ein- und zweidimensionale NMR-Spektroskopie – Eine Einführung*, 3. Auflage, Wiley-VCH, Weinheim, **1999**.

[9] H. Günther, NMR-Spektroskopie, 3. Auflage, Georg-Thieme-Verlag, Stuttgart, New York, **1992**.

[10] T. D. W. Claridge, *High-resolution NMR techniques in organic chemistry*, Pergamon, Amsterdam, **1999**.

[11] J. H. Gross, Mass Spectrometry – A Textbook, Springer Verlag, Berlin, Heidelberg, New York, **2004**.

[12] H. Budzikiewicz, M. Schäfer, *Massenspektrometrie – Eine Einführung*, 5. Auflage, Wiley-VCH, Weinheim, **2005**.

[13] E. Pretsch, *Spektroskopische Daten zur Strukturaufklärung organischer Verbindungen*, 4., vollst. überarbeitete Auflage, Springer, Berlin, **2001**.

Eine ausführliche Auflistung der chemischen Verschiebungen von Lösungsmittelresten in ^{1}H- und ^{13}C-NMR-Spektren ist zu finden bei:

H. E. Gottlieb, V. Kotlyar, A. Nudelman, *NMR Chemical Shifts of Common Laboratory Solvents as Trace Impurities*, *J. Org. Chem.* **1997**, *62*, 7512–7515.

Kapitel 14

Dokumentation – Literatur – Literaturrecherche

14.1 Dokumentation

14.2 Chemische Fachliteratur

14.3 Literaturrecherche mit elektronischen Medien

14.4 Informationsquellen im Internet

14.1 Dokumentation

Jedes chemische Experiment muss durch ein Versuchsprotokoll in einem **Laborjournal** (**Laborbuch**) dokumentiert werden. Das Protokoll dient auch als Arbeitsvorschrift, nach der sich das Experiment auch von Dritten problemlos nacharbeiten lässt.

Das Protokoll muss folgende Informationen enthalten:

- **Eindeutige, fortlaufende Bezeichnung** (Versuchsnummer)
- **Datum**
- **Überschrift**
- **Literaturangabe**
- **Reaktionsgleichung** mit Summenformel und Molmassen
- Eingesetze Edukte mit genauen **Mengenangaben** in mol und g bzw. ml.
- Falls erforderlich Angaben zur **Reinheit der eingesetzten Chemikalien** (z.B. frisch destilliert, absolutiert usw.)
- **Verwendete Apparaturen** (bei komplizierten Apparaturen mit Skizze)
- Beschreibung der **Reaktionsdurchführung** und **-bedingungen** (Schutzgas, Temperaturen, Zutropfzeiten, Reaktionszeiten, Farbänderungen und sonstige Beobachtungen)
- **Reaktionskontrolle** (Angabe der Methode, z.B. DC, GC, ^{1}H-NMR und Ergebnisse)
- Beschreibung der **Aufarbeitung**
- **Reinigung** der Produkte (Destillationsprotokoll, Umkristallisation mit Angabe der benötigten Solvensmenge und Kristallisationsbedingungen)
- **Identifizierung und Charakterisierung** der Produkte (Schmelzpunkt, Siedepunkt, Spektren mit Auswertung usw.)
- **Massenbilanz** (Rohausbeute, Reinausbeute, zurückgewonnene Edukte)

Ein Musterprotokoll, das alle diese Daten enthält, steht im Vorspann des I.O.C.-Praktikums (http://www.ioc-praktikum.de).

Alle erhaltenen **analytischen und spektroskopischen Daten** müssen vollständig und dauerhaft dokumentiert werden. Im Protokoll muss ein Verweis auf die Originaldaten eingefügt werden. Messdaten in elektronischer Form müssen vollständig und dauerhaft gespeichert werden, z.B. auf CD oder DVD.

Laborjournal

Für die offizielle Zuerkennung einer wissenschaftlichen Entdeckung oder eines Patents müssen besondere Regeln beachtet werden. Eine exakte Dokumentation aller Experimente ist notwendig, für die Führung des Laborjournals gilt:

- Das Laborjournal muss fest gebunden sein mit durchnummerierten Seiten. Es muss eine chronologische Dokumentation der wissenschaftlichen Arbeit sein.
- Die Eintragungen müssen mit dokumentenechter Tinte vorgenommen werden. Die Aufzeichnungen müssen so detailliert sein, dass sie für eine Person mit Fachwissen nachvollziehbar sind und gegebenenfalls wiederholt werden können.
- Jede Seite ist mit Überschriften (mit Versuchs- oder Projektnummer) und Datum zu versehen und vom Experimentator zu unterschreiben. Ein unabhängiger Zeuge bekundet mit seiner Unterschrift, dass die Aufzeichnungen nachvollziehbar und vollständig sind. Wird eine Seite nicht vollständig beschrieben, ist der nicht benutzte Seitenrest diagonal durchzustreichen.
- Das Laborjournal sollte während oder im unmittelbaren Anschluss des Versuchs geschrieben werden, damit wichtige Details und Beobachtungen nicht vergessen werden.
- Messwerte und Rechnungen sollten direkt im Laborjournal notiert werden.
- Sofern möglich, sollten Rohdaten (z.B. DCs bei Reaktionskontrolle) in das Laborjournal eingeklebt werden. Elektronische Daten oder Originalspektren werden getrennt archiviert und mit einem eindeutigen Verweis versehen.
- Schreib- und Rechenfehler werden durchgestrichen und nicht mit TippEx entfernt. Entdeckt man einen Fehler auf einer weiter zurückliegenden Seite, darf man diesen nicht dort korrigieren, sondern muss auf der aktuellen Seite einen Verweis machen; gegebenenfalls muss man ausführen, welche Konsequenzen dieser Fehler für die nachfolgende Arbeit hat.
- Ist ein Laborjournal voll geschrieben, sollte ein Inhaltsverzeichnis angelegt werden. Beim späteren Nachschlagen sieht man dann sofort, an welchen Projekten während der Laufzeit des Journals gearbeitet wurde und wo die Einzelbeiträge zu den Projekten zu finden sind.

Laborjournale können mittlerweile auch computergestützt geführt werden (elektronische Laborjournale). Die Software übernimmt dabei die Archivierung, Indizierung und Verknüpfung mit elektronisch vorliegenden Messdaten. Die fälschungssichere Ablage mit elektronischer Signatur vergrößert die Erfolgsaussichten bei Patentstreitigkeiten.

14.2 Chemische Fachliteratur

Neue Verbindungen werden erst dann von der ‚chemical community' registriert und anerkannt, wenn sie in einer **wissenschaftlichen Zeitschrift** veröffentlicht (publiziert) wurden. Mit den Autoren der Publikation wird gleichzeitig die **Urheberschaft** der erstmals dargestellten Substanzen dokumentiert. Neue Verbindungen, die von wirtschaftlichem Interesse sind, werden häufig nicht publiziert, sondern in **Patentschriften**, welche die Urheberschaft schützen, niedergelegt.

14.2.1 Primärliteratur

In der Chemie werden wissenschaftliche Befunde, die meist die Summe von Einzelergebnissen sind, seit über 100 Jahren als **Originalarbeiten** in Fachzeitschriften vieler Länder in der jeweiligen Landessprache veröffentlicht. Inzwischen ist **Englisch** als **Wissenschaftssprache** weltweit anerkannt, so dass die meisten Journale nur noch englisch verfasste Beiträge akzeptieren.

Originalarbeiten (**full paper**) sollten eine Einführung in die Thematik, einen theoretischen und einen experimentellen Teil sowie eine Zusammenfassung (summary) beinhalten. Die **Arbeitsvorschriften** im experimentellen Teil müssen so verfasst sein, dass sie problemlos nachgearbeitet werden können.

Von mehreren tausend chemischen Journalen sind weltweit nur etwa 50 für die organische Chemie relevant, die wichtigsten sind in Tabelle 14.1 aufgelistet. In Kursivschreibweise stehen die von der International Union of Pure and Applied Chemistry (IUPAC) festgelegten Kürzel für die Journale, mit denen sie in der Literatur zitiert werden müssen.

Vom Zeitpunkt des Einreichens einer Originalpublikation bis zur Veröffentlichung vergehen meist mehrere Monate. Um wichtige Ergebnisse so schnell wie möglich zu sichern, ist deren Veröffentlichung in Form von **Kurzmitteilungen** möglich. ‚**Notes**' sind meist kurze Originalarbeiten, häufig ohne experimentellen Teil.

‚**Communications**' (‚**Letters**') unterscheiden sich von Originalarbeiten durch einen stark komprimierten Text (z.T. mit experimentellem Teil). ‚Communications' sollten später durch entsprechende Originalarbeiten ergänzt werden. Die **Tetrahedron Letters** (Ersterscheinungsjahr 1959) sind ein Beispiel für ‚communications', deren Umfang auf 4 Seiten beschränkt ist.

In den Tabellen 14.1 und 14.2 sind einige wichtige Zeitschriften für organische und allgemeine Chemie aufgeführt. Organe, die nur ‚full papers' publizieren, werden darin mit P, Organe für ‚communications' mit C indiziert.

Tabelle 14.1: Wichtige Zeitschriften für die organische Chemie

Titel	Abkürzung	Jahr der Ersterscheinung	Ausgaben pro Jahr	Art
Advanced Synthesis & Catalysis	Adv. Synth. Catal.	2001	18	P
Angewandte Chemie	Angew. Chem.	1888	52	C
Angewandte Chemie International Edition	Angew. Chem. Int. Ed.	1962	52	C
Australian Journal of Chemistry	Austr. J. Chem.	1948	12	P
Bioorganic Chemistry	Bioorg. Chem.	1971	4	P
Bulletin of the Chemical Society of Japan	Bull. Chem. Soc. Jpn.	1926	12	P
Canadian Journal of Chemistry	Can. J. Chem.	1929	12	P, C
Chemical Communications	Chem. Commun.	1965	100	C
Chemistry – A European Journal	Chem. Eur. J.	1998	52	P
Chemistry Letters	Chem. Lett.	1972	12	C
Chimia	Chimia	1947	12	C
European Journal of Organic Chemistry	Eur. J. Org. Chem.	1998	36	P
Helvetica Chimica Acta	Helv. Chim. Acta	1918	12	P
Heterocycles	Heterocycles	1973	12	C
Israel Journal of Chemistry	Isr. J. Chem.	1963	12	P
Journal of Chemical Research	J. Chem. Res.	1977	12	P
Journal of Computational Chemistry	J. Comput. Chem.	1979	32	P
Journal of Heterocyclic Chemistry	J. Heterocycl. Chem.	1964	6	P, C
Journal of Medicinal Chemistry	J. Med. Chem.	1958	24	P, C
Journal of Organic Chemistry	J. Org. Chem.	1936	24	P, C
Journal of Organometallic Chemistry	J. Organomet. Chem.	1963	26	P, C
Journal of Physical Organic Chemistry	J. Phys. Org. Chem.	1988	12	P
Journal of the American Chemical Society	J. Am. Chem. Soc.	1879	51	P, C
Mendeleev Communications	Mendeleev Commun.	1991	6	C
Monatshefte der Chemie	Monatsh. Chem.	1870	12	P
New Journal of Chemistry	New J. Chem.	1977	12	P
Organic & Biomolecular Chemistry	Org. Biomol. Chem:	2003	48	P, C
Organic Letters	Org. Lett.	1999	24	C
Organometallics	Organometallics	1982	24	P, C
Pure and Applied Chemistry	Pure Appl. Chem.	1960	12	
Journal of Sulfur Chemistry	J. Sulf. Chem.	1982	6	C
Synlett	Synlett	1989	20	C
Synthesis	Synthesis	1969	24	P
Synthetic Communications	Synth. Commun.	1971	24	C
Tetrahedron	Tetrahedron	1958	52	P
Tetrahedron Letters	Tetrahedron Lett.	1959	52	C
Tetrahedron: Asymmetry	Tetrahedron: Asymmetry	1990	24	P, C

In den letzten Jahren wurden traditionsreiche Zeitschriften verschiedener europäischer chemischer Gesellschaften zugunsten von neuen, gemeinsamen Zeitschriften eingestellt oder sie wurden umbenannt (Tab. 14.2).

Tabelle 14.2: Nicht mehr erscheinende Zeitschriften

Titel	Abkürzung	Jahr der Ersterscheinun	Ausgaben pro Jahr	Art
1998 aufgegangen in *European Journal of Organic Chemistry*:				
Bulletin des Sociétés Chimique Belges	*Bull. Soc. Chim. Bel.*	1887	12	P
Bulletin des Sociétés Chimique de France	*Bull. Soc. Chim. Fr.*	1858	6	P
Chemische Berichte (vor 1947: Berichte der Deutschen Chemischen Gesellschaft)	*Chem. Ber.*	1868	12	P
Gazetta Chimica Italiana	*Gazz. Chim. Ital.*	1871	12	P
Liebigs Annalen der Chemie	*Liebigs Ann. Chem.*	1832	12	P
Recueil des Travaux Chimiques des Pays-Bas	*Rec. Trav. Chim. Pays Bas*	1882	12	P,C
Polish Journal of Chemistry	*Pol. J. Chem.*	1921	12	P, C
2001 aufgegangen in *Organic & Biomolecular Chemistry*:				
Acta Chemica Scandinavia	*Act. Chem. Scand.*	1947	10	P
Journal of the Chemical Society, Perkin Transactions 1: Organic- and Bio-Organic Chemistry	*J. Chem. Soc., Perkin Trans. 1*	1841	12	P,C
Journal of the Chemical Society, Perkin Transactions 2: Pysical Organic Chemistry	*J. Chem. Soc., Perkin Trans. 2*	1841	12	P,C
2001 umbenannt in *Advanced Synthesis & Catalysis*:				
Journal für praktische Chemie	*J. prakt. Chem.*	1834	6	P
2012 umbenannt in *ChemPlusChem*:				
Collection of Czechoslovak Chemical Communications	*Collect. Czech. Chem. Commun.*	1929	12	P

Seit 1962 erscheint die ‚Angewandte Chemie' auch als englische Version ‚Angewandte Chemie, International Edition'.

Das ‚Journal of Organic Chemistry' publiziert seit 1999 keine Communications mehr, diese erscheinen in ‚Organic Letters'.

In ‚Pure and Applied Chemistry' werden Empfehlungen der IUPAC, technische Berichte und Tagungsberichte veröffentlicht.

Für die jüngeren Ausgaben einiger Zeitschriften in russischer Sprache sind englische Übersetzungen (zum Teil nur auszugsweise) verfügbar:
Doklady Akademii Nauk SSSR (*Dokl. Akad. Nauk SSSR*): Doklady chemistry: Proceedings of the Academy of Sciences, chemistry section; A translation of Doklady Akademii Nauk.
Zhurnal Obshchei Khimii (*Zh. Obshch. Khim.*): Russian journal of general chemistry: A translation of Zhurnal obshchei khimii / Russian Academy of Sciences
Izvestija Akademii Nauk, Serija chimiceskaja (*Izv. Akad. Nauk SSSR, Ser. Khim.*): Russian Chemical Bulletin

Über die Annahme von Originalarbeiten entscheiden bei nahezu allen Journalen Gutachter, die in einem für die Autoren anonymen Verfahren die Qualität der Arbeiten beurteilen und Änderungen und Korrekturen vorschlagen (,**peer review system**').

Die meisten wichtigen Zeitschriften erscheinen inzwischen neben der gedruckten Fassung auch in elektronischer Form. Die **Elektronische Zeitschriftenbibliothek** (EZB, http://rzblx1.uni-regensburg.de/ezeit/) bietet einen schnellen und einfachen Zugriff auf mehr als 24,000 wissenschaftliche Zeitschriften, geordnet nach Fächern. Für die abonnierten Titel der teilnehmenden Bibliotheken ist der direkte Volltextzugriff möglich.

Patentliteratur

Patentiert werden **neue Verbindungen** oder **neue Synthesemethoden**. Patente sind Teil der chemischen Literatur, sie werden im ,SciFinder' (siehe unten) referiert. Patentschriften sind für das Nacharbeiten im Labor nur von begrenztem Wert, da die experimentellen Angaben – zum Schutz vor der Konkurrenz – häufig unvollständig sind und man bei den Synthesemethoden oft versucht, auch ohne experimentelle Überprüfung, möglichst große Bereiche abzudecken, so dass ,Scope and Limitation' des patentierten Verfahrens nicht abschätzbar sind. Für die Abfassung von Patenten zeichnen spezialisierte Patentanwälte verantwortlich.

Originalarbeiten, Letters, Communications und Patentschriften repräsentieren die sogenannte **Primärliteratur**.

14.2.2 Sekundärliteratur

Die Fülle der in der chemischen Literatur publizierten Ergebnisse wäre nicht mehr überschaubar ohne ihre Zusammenfassung in **Abstracts**, **Übersichtsartikeln** und **Indizes**. Während bis vor einiger Zeit gedruckte Sammlungen von Kurzzusammenfassungen und andere Indizierungsorgane die im Wesentlichen einzige Möglichkeit darstellten, Informationen zu Primärliteratur zu erhalten, sind diese Sammlungen heute bedeutungslos bzw. eingestellt. So sind die ,**Chemical Titels**' des Chemical Abstracts Service (CAS), die 700 ausschließlich chemische Journale abdeckten und die 1967 etablierten ,**Current contents Physical, Chemical & Earth Sciences**', die etwa 800 Journale der Chemie, Physik, Erdwissenschaften und Mathematik registrierten, zusammen mit den **Chemical Abstracts (C.A.)** fast überall durch die Datenbank SciFinder obsolet geworden.

Nach wie vor aber werden vom CAS ca. 18,000 Journale (in allen Sprachen) abstrahiert und in Englisch referiert. Zudem wird die Patentliteratur von 18 Ländern erfasst. CAS vergibt für alle erfassten Substanzen eindeutige Registriernummern (CA Registry Number, CA RN), die als Referenzen in vielen Datenbanken oder Stofflisten verwendet werden. Mitte 2013 waren über 70 Millionen organische und anorganische Verbindungen und mehr als 65 Millionen Sequenzen (z.B. Peptide und Nukleinsäuren) erfasst.

Zu jeder Publikation wird ein Abstract erstellt, in dem unter anderem aufgeführt sind:

- Titel der Arbeit
- Namen der Autoren
- Adressen der Autoren
- Journalbezeichnung
- Jahrgang, Bandnummer, Heftnummer und Seitenzahl, doi-Nummer
- Sprache der Publikation
- Stichworte und Angaben zu Verbindungen, die in der Publikation genannt sind
- Eine präzise, kurze Zusammenfassung über den Inhalt der Arbeit (häufig wird das Summary des Autors verwendet)

Im **SciFinder** kann man unter Anderem nach Stichworten, Autoren, Substanzen, Substanzfragmenten und Reaktionen suchen.

Auch der **Beilstein**, in dem seit 1909 Daten zu organischen Verbindungen zusammengestellt wurden, ist zunächst in der Datenbank **Crossfire** aufgegangen und bildet seit 2009 zusammen mit dem Gmelin (dem anorganischen Pendant zum Beilstein) die Datenbank **Reaxys**.
Die Verbindungen werden mit folgenden Angaben (und den entsprechenden Literaturzitaten) beschrieben und können in der Datenbank beliebig anhand dieser Kriterien gesucht werden:

- Nomenklatur, Trivialnomenklatur
- Summenformel
- Strukturformel
- Physikalische Konstanten
- Darstellungsverfahren
- Chemische Eigenschaften, Reaktionen
- Derivate
- Analytische Daten
- Spezielle, für die Verbindung angegebene zusätzliche Information

Reviews und Fortschrittsberichte („Advances')

Übersichtsartikel (Reviews) sind komprimierte Überblicke über spezielle Forschungsgebiete. Sie sind für Wissenschaftler extrem wichtig, da sie über aktuelle Publikationen eines bestimmten Gebietes kontinuierlich berichten.

Nachstehend werden Journale aufgeführt, die häufig oder ausschließlich Reviews publizieren (in Klammern Ersterscheinungsjahr und Abkürzung):

- Accounts of Chemical Research (1969, *Acc. Chem. Res.*)
- Aldrichimica Acta (1968, *Aldrichimica Acta*)
- Angewandte Chemie (1888, *Angew. Chem.*) und
  Angewandte Chemie International Edition (1962, *Angew. Chem. Int. Ed.*)

- Annual Reports on the Progress of Chemistry, Section B: Organic Chemistry (1904, *Annu. Rep. Prog. Chem., Sect. B: Org. Chem.*)
- Chemical Reviews (1924, *Chem. Rev.*)
- Chemical Society Reviews (1947, *Chem. Soc. Rev.*)
- Heterocycles (1973, *Heterocycles*)
- Synlett (1989, *Synlett*)
- Synthesis (1969, *Synthesis*)
- Tetrahedron (1958, *Tetrahedron*)
- Topics in Current Chemistry (1949, *Top. Curr. Chem.*)
- Russian Chemical Reviews (1963, *Russ. Chem. Rev.*)

Das ‚Journal of Organic Chemistry' publiziert seit 1978 vierteljährlich Übersichten über die in diesem Zeitraum – auch in Monographien – erschienenen Übersichtsartikel.

Der Thieme-Verlag stellt eine Datenbank über Monographien und Übersichtsartikeln zur Verfügung, die man herunterladen kann. Als Textfile kann sie durchsucht werden; wenn man das Literaturverwaltungsprogramm ‚Endnote' besitzt, ist die Nutzung noch komfortabler: http://www.thieme-chemistry.com/en/products/journals/supplements/synthesis-reviews.html

Zahlreiche, in unregelmäßigen Abständen erscheinende ‚**Advances**', ‚**Progresses**' und ‚**Topics**' behandeln Teilgebiete der Organischen Chemie, z.B.

- Advances in Cycloaddition
- Advances in Photochemistry
- Progress in Heterocyclic Chemistry
- Topics in Stereochemistry

Die Serie ‚**Organic Reactions**' (Verlag John Wiley & Sons, New York) bringt Übersichtsartikel über alle synthetisch präparativen Gebiete.

‚**Annual Reports on the Progress of Chemistry, Section B: Organic Chemistry**' (RSC Publishing) geben einen jährlichen, generellen Überblick über neue Entwicklungen in der organischen Chemie.

Speziell mit Synthesen und Reagenzien in der Organischen Chemie befassen sich:

Theilheimer's ‚**Synthetic Methods in Organic Chemistry**', A.F. Finch, Verlag Karger, Basel, New York (seit 1946 sind 81 Bände erschienen).

‚**Comprehensive Organic Synthesis**', B.M. Trost, Pergamon Press, Oxford, New York.

Daneben gibt es eine Reihe von vielbändigen Publikationen, die sich mit Labormethoden befassen. Hierher gehören:

'**Houben-Weyl − Methoden der Organischen Chemie**', Georg-Thieme-Verlag, Stuttgart. Die 4. Auflage, beginnend 1952, besteht aus 16 Volumes, die z.T. aus mehreren Bänden bestehen. Von 1982 bis 2002 erschienen Ergänzungsbände, seit 1990 in Englisch.

'**Science of Synthesis, Houben-Weyl Methods of Molecular Transformations**', Georg-Thieme-Verlag, Stuttgart. **Science of Synthesis** ist das Nachfolgewerk des klassischen Houben-Weyl in englischer Sprache. Zwischen 2000 und 2009 erschienen 48 Bände; seitdem werden jedes Jahr einige Aktualisierungsbände herausgegeben. Science of Synthesis ist auch in elektronischer Form verfügbar mit einer umfangreichen Suchfunktion, die auch Struktur- und Reaktionssuchen erlaubt.

'**Organic Syntheses**', Wiley, New York, ist eine Sammlung von Synthesevorschriften, die seit 1921 jährlich erscheint. Die Jahresbände werden in 10-, seit Band 60 (VII) in 5-Jahresperioden als **Collective Volumes** angeboten. Die frei zugängliche Online-Version (http://www.orgsyn.org) erlaubt auch die Suche nach Strukturen.

Jahresbände	Collective Volumes
1–9	I
⋮	⋮
50–59	VI
60–64	VII
⋮	⋮
80–84	XI

Der besondere Wert von 'Organic Syntheses' besteht darin, dass alle Synthesevorschriften experimentell überprüft wurden.

Eine wertvolle Hilfe für synthetisch arbeitende Chemiker sind die seit 1967 von L. und M. Fieser im Verlag Wiley herausgebebenen '**Reagents for Organic Synthesis**'. Hier werden tausende von Reagenzien aus der aktuellen Literatur beschrieben.

14.3 Literaturrecherche mit elektronischen Medien

Ist eine organische Verbindung bekannt, in welchen Journalen wird sie zitiert? Wie wird die Verbindung synthetisiert, welches sind die physikalischen Konstanten und die spektroskopischen Daten?

Mit der Einführung der elektronischen Medien wurde die Literatursuche nicht nur vereinfacht sondern auch deutlich flexibler. Chemische **Datenbanken** erlauben nicht nur die Suche nach Stichworten (Substanznamen, Summenformeln, Autoren usw.) sondern auch nach chemischen Strukturen, Teilstrukturen (Substrukturen) und Reaktionen. Die wichtigsten Datenbanken für die organische Chemie sind der SciFinder und Reaxys; beide sind kostenpflichtig.

SciFinder

Die Datenbank **SciFinder** wurde vom Chemical Abstracts Service (CAS) entwickelt, seit einigen Jahren liegt eine Internet-basierte Version vor. Hier sind 72 Millionen chemischen Substanzen und mehr als 67 Millionen Reaktionen (Stand 2013) erfasst.

Im SciFinder bestehen Suchmöglichkeiten über Stichworte, die beliebig kombiniert werden können, Autorennamen, Dokumentenidentifizierer (z.B. Patentnummern), Strukturformeln, Teilstrukturen und Reaktionen, die über einen integrierten Editor erzeugt werden können. Die erhaltenen Suchergebnissen können vielfältig verfeinert und eingeschränkt werden; mehrere Suchlisten lassen sich auch kombinieren. Eine Beschreibung ist verfügbar unter:
http://www.cas.org/SCIFINDER

Reaxys

Die Datenbank **Reaxys** ist der Nachfolger von Crossfire und ist letztlich aus Beilsteins Handbuch der organischen Chemie und aus Gmelins Handbuch der anorganischen Chemie entstanden. Auch hier ist eine Web-basierte Abfragemaske verfügbar. Sie enthält mehrere Millionen Strukturen und umfasst die chemische Literatur seit 1771. Besonders wertvoll ist der Zugriff auf chemische, physikalische, pharmakologische und physiologische Eigenschaften mit den Originalzitaten. Die Recherche erfolgt ähnlich wie bei SciFinder, darüber hinaus sind auch sehr komplexe Abfragen möglich. Informationen zu Reaxys sind verfügbar unter:
https://www.reaxys.com/info/

Weitere Datenbanken

Einer der wichtigsten Anbieter für naturwissenschaftliche Datenbanken ist **STN-International** (The Scientific & Technical Information Network, http://www.stn-international.de). STN wird zusammen vom Chemical Abstracts Service (CAS), dem Fachinformationzentrum Karlsruhe (FIZ-K) und dem Japan Science and Technology Agency, Information Center for Science and Technology (JST) betrieben und bietet den Zugang zu einer Vielzahl verschiedener Datenbanken, viele aus den Bereichen Chemie und Chemieingenieurwesen, darunter auch die CA-Datenbanken.

STN besitzt eine für alle Datenbanken einheitliche Kommandosprache, mit der die Suche in verschiedenen Quellen gleichzeitig möglich ist. Der Zugriff auf die STN-Datenbanken ist gebührenpflichtig, die Höhe der Gebühren hängt ab vom Zeitbedarf und der Art der gewünschten Information. Für Schulungen sind einige Datenbanken, allerdings mit stark eingeschränktem Inhalt, frei zugänglich.

Die Literaturrecherche mit **Internet-Suchmaschinen** (Google, Google Scholar, Bing etc.) führt mittlerweile auch häufig zum Erfolg. Im Gegensatz zu chemischen Datenbanken ist die Suche nach Strukturinformationen nicht möglich. Die Volltextsuche liefert oft eine unübersehbare Flut an Treffern, andererseits werden viele potentielle Treffer nicht gefunden, wenn die falsche Schreibweise oder ein Synonym verwendet werden. Deshalb müssen die Suchbegriffe sehr sorgfältig gewählt werden. Da die meisten Informationen auf Englisch vorliegen, sollten auch die Suchbegriffe in englischer Sprache verwendet werden. Am Beispiel einer Google-Suche (August 2013) wird das deutlich:

Suchbegriff	Treffer
Aldolkondensation	21,100
aldol+kondensation	28,400
aldol+condensation	348,000
aldol+condensation+aceton	4,090
aldol+condensation+acetone	117,000
aldol+condensation+acetone+benzaldehyde	38,500

Online-Zeitschriften

Die meisten wichtigen Zeitschriften werden inzwischen auch in einer Online-Version im Internet publiziert, in der Regel sogar einige Wochen früher als die Print-Ausgabe. Die Online-Artikel werden mit einem zentral vergebenen, eindeutigen **DOI** (Document Object Identifier) verknüpft. Dadurch ist ein schneller Zugriff auf den Original-Artikel möglich, z.B. bei Literaturverzeichnissen. Die Auflösung der DOI-Codes ist über http://www.doi.org/ möglich.

Die Online-Ausgaben der Zeitschriften sind – bis auf wenige Ausnahmen – ebenso wie die Printausgaben nicht kostenlos. In der Regel erlauben die Anbieter den freien Zugang zu den Inhaltsverzeichnissen, manchmal mit Abstracts. Der Zugriff auf die Artikel erfordert eine persönliche oder institutionelle Subskription, daneben können Artikel auch einzeln erworben werden ('pay per view'). Einige Anbieter erlauben auch den freien Zugang zu älteren Jahrgängen.

Die **elektronische Zeitschriftenbibliothek** (EZB, http://rzblx1.uni-regensburg.de/ezeit) ist ein gemeinsamer Service von mehreren hundert Bibliotheken und bietet einen einfachen und komfortablen Zugang zu elektronisch erscheinenden wissenschaftlichen Zeitschriften. Nach Auswahl des Fachgebiets erhält man eine alphabetische Liste der Zeitschriften (mehr als 2300 für das Fach Chemie) mit direktem Zugriff und aktuellem Status der Zugangsberechtigung.

Patentrecherche

Bei der Literaturrecherche findet man häufig Verweise auf Patente, die Abstracts sind in der Regel wenig aussagekräftig. Die vollständigen Patentschriften (Offenlegungsschriften) können bei den zuständigen Patentämtern eingesehen werden. Europäische Patentschriften können auf den Internet-Seiten des Europäischen Patentamts (http://www.espacenet.com/) gesucht werden, amerikanische Patente auf den Seiten des United States Patent and Trademark Office (http://www.uspto.gov/).

14.4 Informationsquellen im Internet

Neben den oben erwähnten Quellen existieren im Internet viele Seiten mit nützlichen Informationen für die Arbeit im Labor. Die folgende Zusammenstellung ist eine kleine Auswahl von Internetseiten, die nützliche Informationen für den Bereich organische Chemie bieten. Einige Seiten erfordern eine Registrierung, zum Teil werden auch kostenpflichtige Dienste aufgeführt, die aber oft einen freien, zeitlich beschränkten Testzugang bieten.

Chemikalien und Stoffinformationen

Die meisten Hersteller bieten ihre Chemikalienkataloge online an, einige erfordern eine einmalige, kostenlose Registrierung. Gesucht werden kann nach Namen, Summenformeln und CA-Registry Nummern, die meisten Kataloge erlauben auch die Suche nach Strukturen. Neben den Bestellinformationen zu den Produkten erhält man Auskunft über physikalische Daten, Gefahrstoffdaten und Sicherheitsdatenblätter, manchmal auch Literaturhinweise für den Einsatz der Chemikalie. Viele Hersteller bieten auch über ihre Internetseiten informative Broschüren zu speziellen Synthesemethoden oder Substanzklassen an.

Acros (http://www.acros.com)
Organische und bioorganische Laborchemikalien.

Alfa Aesar (http://www.alfa-chemcat.com)
Produkte der Firmen Alfa Aesar, Avocado Organics und Lancaster Synthesis.

Bachem (http://www.bachem.com)
Aminosäuren, Peptide und Harze für die Festphasensynthese.

Merck (http://www.merckmillipore.com)
Produkte von Merck und LabTools (Tabellen zu NMR-Verschiebungen, pH-Bereichen von Indikatoren, Umrechnungstabellen etc.).

SIGMA-Aldrich (http://www.sigmaaldrich.com)
Produkte der Firmen Aldrich, Fluka, SIGMA, Supelco und SAFC.

CambridgeSoft Corporation (http://chemfinder.camsoft.com/)
Englischsprachiges Portal mit verschiedenen kostenpflichtigen Datenbanken: ChemFinder liefert Stoffinformationen und 2D/3D-Strukturen (kostenfrei), ChemACX ist eine Sammlung von Chemikalienkatalogen (zeitlich limitierter Testzugang).

Organische Chemie – Reaktionen und Syntheseplanung

WebReactions (http://www.webreactions.net)
WebReactions ist eine freie Reaktionsdatenbank und ein ausgezeichnetes Hilfsmittel zur Syntheseplanung. Sie enthält fast 400,000 Reaktionen mit Literaturzitaten.

Namensreaktionen (http://www.namensreaktionen.de)
Eine Sammlung von Namensreaktionen in der Organischen Chemie mit Mechanismen.

ChemgaPedia (früher Vernetztes Studium Chemie) **(http://www.chemgapedia.de)**
Eine Enzyklopädie zu aus allen Bereichen der Chemie sowie verwandter Querschnittsfächer. Die Inhalte werden in einer interaktiven, chemiespezifischen Lernplattform präsentiert.

Spektroskopie und Analytik

Spectral Database for Organic Compounds (http://sdbs.riodb.aist.go.jp)
Die vom japanischem National Institute of Advanced Industrial Science and Technology (AIST) frei angebotene Datenbank enthält IR-, NMR, Raman- und Massenspektren für eine große Anzahl organischer Verbindungen.

NIST Chemistry WebBook (http://webbook.nist.gov/chemistry)
Die Standard Reference Database vom National Institute of Standards and Technology (NIST), USA, liefert IR-, UV- und Massenspektren sowie thermochemische Daten und Retentionszeiten für mehrere tausend Verbindungen.

SpectroscopyNow (http://www.spectroscopynow.com)
Ein Internetportal mit Feature-Artikeln, Skripten und Linksammlung für spektroskopische Methoden.

Allgemeine Informationen, Linksammlungen und Tools

Chemie.de (http://www.chemie.de)
Informationsservice für Chemie mit Tools (Akronym-Finder, Periodensystem, Einheitenkonverter), Veranstaltungshinweisen und Bezugsquellen.

ChemLin (http://www.chemlin.de)
Ein Portal mit sehr umfangreicher Linksammlung zu allen Themen der Chemie.

Wikipedia Chemie (http://de.wikipedia.org/wiki/Chemie)
Eine freie Enzyklopädie zur Chemie. Frei bedeutet hier, jeder kann mitmachen, neue Artikel schreiben und andere Artikel ergänzen oder verbessern.

Anhang

Liste der H- und P-Sätze

Register

Anhang

Liste der H- und P-Sätze

Die standardisierten **H-Sätze** (*engl.* **Hazard**) geben eine genauere Auskunft über die Art der Gefahr, die **P-Sätze** (*engl.* **Precaution**) beschreiben die notwendigen Sicherheitsmaßnahmen zum Schutz vor diesen Gefahren oder Verhaltensregeln bei oder nach Unfällen.
Die **H- und P-Sätze** und die ergänzenden **EUH-Sätze** sind knappe Sicherheitshinweise für Gefahrstoffe, die im Rahmen des global harmonisierten Systems zur Einstufung und Kennzeichnung von Chemikalien (GHS) verwendet werden. Die **H- und P-Sätze** haben in der GHS-Kennzeichnung eine analoge Aufgabe wie die früher verwendeten **R- und S-Sätze**.

H-Sätze

H200-Reihe: Physikalische Gefahren

H200	Instabil, explosiv.
H201	Explosiv, Gefahr der Massenexplosion.
H202	Explosiv; große Gefahr durch Splitter, Spreng- und Wurfstücke.
H203	Explosiv; Gefahr durch Feuer, Luftdruck oder Splitter, Spreng- und Wurfstücke.
H204	Gefahr durch Feuer oder Splitter, Spreng- und Wurfstücke.
H205	Gefahr der Massenexplosion bei Feuer.
H220	Extrem entzündbares Gas.
H221	Entzündbares Gas.
H222	Extrem entzündbares Aerosol.
H223	Entzündbares Aerosol.
H224	Flüssigkeit und Dampf extrem entzündbar.
H225	Flüssigkeit und Dampf leicht entzündbar.
H226	Flüssigkeit und Dampf entzündbar.
H228	Entzündbarer Feststoff.
H240	Erwärmung kann Explosion verursachen.
H241	Erwärmung kann Brand oder Explosion verursachen.
H242	Erwärmung kann Brand verursachen.
H250	Entzündet sich in Berührung mit Luft von selbst.
H251	Selbsterhitzungsfähig; kann in Brand geraten.
H252	In großen Mengen selbsterhitzungsfähig; kann in Brand geraten.
H260	In Berührung mit Wasser entstehen entzündbare Gase, die sich spontan entzünden können.
H261	In Berührung mit Wasser entstehen entzündbare Gase.
H270	Kann Brand verursachen oder verstärken; Oxidationsmittel.
H271	Kann Brand oder Explosion verursachen; starkes Oxidationsmittel.
H272	Kann Brand verstärken; Oxidationsmittel.
H280	Enthält Gas unter Druck; kann bei Erwärmung explodieren.
H281	Enthält tiefgekühltes Gas; kann Kälteverbrennungen oder –Verletzungen verursachen.
H290	Kann gegenüber Metallen korrosiv sein.

H300-Reihe: Gesundheitsgefahren

H300	Lebensgefahr bei Verschlucken.
H301	Giftig bei Verschlucken.

H302	Gesundheitsschädlich bei Verschlucken.
H304	Kann bei Verschlucken und Eindringen in die Atemwege tödlich sein.
H310	Lebensgefahr bei Hautkontakt.
H311	Giftig bei Hautkontakt.
H312	Gesundheitsschädlich bei Hautkontakt.
H314	Verursacht schwere Verätzungen der Haut und schwere Augenschäden.
H315	Verursacht Hautreizungen.
H317	Kann allergische Hautreaktionen verursachen.
H318	Verursacht schwere Augenschäden.
H319	Verursacht schwere Augenreizung.
H330	Lebensgefahr bei Einatmen.
H331	Giftig bei Einatmen.
H332	Gesundheitsschädlich bei Einatmen.
H334	Kann bei Einatmen Allergie, asthmaartige Symptome oder Atembeschwerden verursachen.
H335	Kann die Atemwege reizen.
H336	Kann Schläfrigkeit und Benommenheit verursachen.
H340	Kann genetische Defekte verursachen (Expositionsweg angeben, sofern schlüssig belegt ist, dass diese Gefahr bei keinem anderen Expositionsweg besteht).
H341	Kann vermutlich genetische Defekte verursachen (Expositionsweg angeben, sofern schlüssig belegt ist, dass diese Gefahr bei keinem anderen Expositionsweg besteht).
H350	Kann Krebs erzeugen (Expositionsweg angeben, sofern schlüssig belegt ist, dass diese Gefahr bei keinem anderen Expositionsweg besteht).
H350i	Kann bei Einatmen Krebs erzeugen.
H351	Kann vermutlich Krebs erzeugen (Expositionsweg angeben, sofern schlüssig belegt ist, dass diese Gefahr bei keinem anderen Expositionsweg besteht).
H360	Kann die Fruchtbarkeit beeinträchtigen oder das Kind im Mutterleib schädigen (konkrete Wirkung angeben, sofern bekannt) (Expositionsweg angeben, sofern schlüssig belegt ist, dass die Gefahr bei keinem anderen Expositionsweg besteht).
H360F	Kann die Fruchtbarkeit beeinträchtigen.
H360D	Kann das Kind im Mutterleib schädigen.
H360FD	Kann die Fruchtbarkeit beeinträchtigen. Kann das Kind im Mutterleib schädigen.
H360Fd	Kann die Fruchtbarkeit beeinträchtigen. Kann vermutlich das Kind im Mutterleib schädigen.
H360Df	Kann das Kind im Mutterleib schädigen. Kann vermutlich die Fruchtbarkeit beeinträchtigen.
H361	Kann vermutlich die Fruchtbarkeit beeinträchtigen oder das Kind im Mutterleib schädigen (konkrete Wirkung angeben, sofern bekannt) (Expositionsweg angeben, sofern schlüssig belegt ist, dass die Gefahr bei keinem anderen Expositionsweg besteht).
H361f	Kann vermutlich die Fruchtbarkeit beeinträchtigen.
H361d	Kann vermutlich das Kind im Mutterleib schädigen.
H361fd	Kann vermutlich die Fruchtbarkeit beeinträchtigen. Kann vermutlich das Kind im Mutterleib schädigen.
H362	Kann Säuglinge über die Muttermilch schädigen.
H370	Schädigt die Organe (oder alle betroffenen Organe nennen, sofern bekannt) (Expositionsweg angeben, sofern schlüssig belegt ist, dass diese Gefahr bei keinem anderen Expositionsweg besteht).
H371	Kann die Organe schädigen (oder alle betroffenen Organe nennen, sofern bekannt) (Expositionsweg angeben, sofern schlüssig belegt ist, dass diese Gefahr bei keinem anderen Expositionsweg besteht).

H372 Schädigt die Organe (alle betroffenen Organe nennen) bei längerer oder wiederholter Exposition (Expositionsweg angeben, wenn schlüssig belegt ist, dass diese Gefahr bei keinem anderen Expositionsweg besteht).
H373 Kann die Organe schädigen (alle betroffenen Organe nennen, sofern bekannt) bei längerer oder wiederholter Exposition (Expositionsweg angeben, wenn schlüssig belegt ist, dass diese Gefahr bei keinem anderen Expositionsweg besteht).
H300 + H310 Lebensgefahr bei Verschlucken oder Hautkontakt.
H300 + H310 + H330 Lebensgefahr bei Verschlucken, Hautkontakt oder Einatmen.
H300 + H330 Lebensgefahr bei Verschlucken oder Einatmen.
H301 + H311 Giftig bei Verschlucken oder Hautkontakt.
H301 + H311 + H331 Giftig bei Verschlucken, Hautkontakt oder Einatmen.
H301 + H331 Giftig bei Verschlucken oder Einatmen.
H302 + H312 Gesundheitsschädlich bei Verschlucken oder Hautkontakt.
H302 + H312 + H332 Gesundheitsschädlich bei Verschlucken, Hautkontakt oder Einatmen.
H302 + H332 Gesundheitsschädlich bei Verschlucken oder Einatmen.
H310 + H330 Lebensgefahr bei Hautkontakt oder Einatmen.
H311 + H331 Giftig bei Hautkontakt oder Einatmen.
H312 + H332 Gesundheitsschädlich bei Hautkontakt oder Einatmen.

H400-Reihe: Umweltgefahren

H400 Sehr giftig für Wasserorganismen.
H410 Sehr giftig für Wasserorganismen mit langfristiger Wirkung.
H411 Giftig für Wasserorganismen, mit langfristiger Wirkung.
H412 Schädlich für Wasserorganismen, mit langfristiger Wirkung.
H413 Kann für Wasserorganismen schädlich sein, mit langfristiger Wirkung.
H420 Schädigt die öffentliche Gesundheit und die Umwelt durch Ozonabbau in der äußeren Atmosphäre.

EUH-Sätze

EUH001 In trockenem Zustand explosiv.
EUH006 Mit und ohne Luft explosionsfähig.
EUH014 Reagiert heftig mit Wasser.
EUH018 Kann bei Verwendung explosionsfähige / entzündbare Dampf /Luft-Gemische bilden.
EUH019 Kann explosionsfähige Peroxide bilden.
EUH029 Entwickelt bei Berührung mit Wasser giftige Gase.
EUH031 Entwickelt bei Berührung mit Säure giftige Gase.
EUH032 Entwickelt bei Berührung mit Säure sehr giftige Gase.
EUH044 Explosionsgefahr bei Erhitzen unter Einschluss.
EUH066 Wiederholter Kontakt kann zu spröder oder rissiger Haut führen.
EUH070 Giftig bei Berührung mit den Augen.
EUH071 Wirkt ätzend auf die Atemwege.
EUH201 Enthält Blei. Nicht für den Anstrich von Gegenständen verwenden, die von Kindern gekaut oder gelutscht werden könnten.
EUH201A Achtung! Enthält Blei.
EUH202 Cyanacrylat. Gefahr. Klebt innerhalb von Sekunden Haut und Augenlider zusammen. Darf nicht in die Hände von Kindern gelangen.
EUH203 Enthält Chrom(VI). Kann allergische Reaktionen hervorrufen.
EUH204 Enthält Isocyanate. Kann allergische Reaktionen hervorrufen.

EUH205 Enthält epoxidhaltige Verbindungen. Kann allergische Reaktionen hervorrufen.
EUH206 Achtung! Nicht zusammen mit anderen Produkten verwenden, da gefährliche Gase (Chlor) freigesetzt werden können.
EUH207 Achtung! Enthält Cadmium. Bei der Verwendung entstehen gefährliche Dämpfe. Hinweise des Herstellers beachten. Sicherheitsanweisungen einhalten.
EUH208 Enthält (Name des sensibilisierenden Stoffes). Kann allergische Reaktionen hervorrufen.
EUH209 Kann bei Verwendung leicht entzündbar werden.
EUH209A Kann bei Verwendung entzündbar werden.
EUH210 Sicherheitsdatenblatt auf Anfrage erhältlich.
EUH401 Zur Vermeidung von Risiken für Mensch und Umwelt die Gebrauchsanleitung einhalten.

P-Sätze

P100-Reihe: Allgemeines

P101 Ist ärztlicher Rat erforderlich, Verpackung oder Kennzeichnungsetikett bereithalten.
P102 Darf nicht in die Hände von Kindern gelangen.
P103 Vor Gebrauch Kennzeichnungsetikett lesen.

P200-Reihe: Prävention

P201 Vor Gebrauch besondere Anweisungen einholen.
P202 Vor Gebrauch alle Sicherheitshinweise lesen und verstehen.
P210 Von Hitze / Funken / offener Flamme / heißen Oberflächen fernhalten. Nicht rauchen.
P211 Nicht gegen offene Flamme oder andere Zündquelle sprühen.
P220 Von Kleidung /…/ brennbaren Materialien fernhalten/entfernt aufbewahren.
P221 Mischen mit brennbaren Stoffen /… unbedingt verhindern.
P222 Kontakt mit Luft nicht zulassen.
P223 Kontakt mit Wasser wegen heftiger Reaktion und möglichem Aufflammen unbedingt verhindern.
P230 Feucht halten mit ….
P231 Unter inertem Gas handhaben.
P232 Vor Feuchtigkeit schützen.
P233 Behälter dicht verschlossen halten.
P234 Nur im Originalbehälter aufbewahren.
P235 Kühl halten.
P240 Behälter und zu befüllende Anlage erden.
P241 Explosionsgeschützte elektrische Betriebsmittel / Lüftungsanlagen / Beleuchtung /… verwenden.
P242 Nur funkenfreies Werkzeug verwenden.
P243 Maßnahmen gegen elektrostatische Aufladungen treffen.
P244 Druckminderer frei von Fett und Öl halten.
P250 Nicht schleifen / stoßen /…/ reiben.
P251 Behälter steht unter Druck: Nicht durchstechen oder verbrennen, auch nicht nach der Verwendung.
P260 Staub / Rauch / Gas / Nebel / Dampf / Aerosol nicht einatmen.
P261 Einatmen von Staub / Rauch / Gas / Nebel / Dampf / Aerosol vermeiden.

P262	Nicht in die Augen, auf die Haut oder auf die Kleidung gelangen lassen.
P263	Kontakt während der Schwangerschaft / und der Stillzeit vermeiden.
P264	Nach Gebrauch … gründlich waschen.
P270	Bei Gebrauch nicht essen, trinken oder rauchen.
P271	Nur im Freien oder in gut belüfteten Räumen verwenden.
P272	Kontaminierte Arbeitskleidung nicht außerhalb des Arbeitsplatzes tragen.
P273	Freisetzung in die Umwelt vermeiden.
P280	Schutzhandschuhe / Schutzkleidung / Augenschutz / Gesichtsschutz tragen.
P281	Vorgeschriebene persönliche Schutzausrüstung verwenden.
P282	Schutzhandschuhe / Gesichtsschild / Augenschutz mit Kälteisolierung tragen.
P283	Schwer entflammbare / flammhemmende Kleidung tragen.
P284	Atemschutz tragen.
P285	Bei unzureichender Belüftung Atemschutz tragen.
P231 + P232	Unter inertem Gas handhaben. Vor Feuchtigkeit schützen.
P235 + P410	Kühl halten. Vor Sonnenbestrahlung schützen.

P300-Reihe: Reaktion

P301	Bei Verschlucken:
P302	Bei Berührung mit der Haut:
P303	Bei Berührung mit der Haut (oder dem Haar):
P304	Bei Einatmen:
P305	Bei Kontakt mit den Augen:
P306	Bei kontaminierter Kleidung:
P307	Bei Exposition:
P308	Bei Exposition oder falls betroffen:
P309	Bei Exposition oder Unwohlsein:
P310	Sofort Giftinformationszentrum oder Arzt anrufen.
P311	Giftinformationszentrum oder Arzt anrufen.
P312	Bei Unwohlsein Giftinformationszentrum oder Arzt anrufen.
P313	Ärztlichen Rat einholen / ärztliche Hilfe hinzuziehen.
P314	Bei Unwohlsein ärztlichen Rat einholen / ärztliche Hilfe hinzuziehen.
P315	Sofort ärztlichen Rat einholen / ärztliche Hilfe hinzuziehen.
P320	Besondere Behandlung dringend erforderlich (siehe … auf diesem Kennzeichnungsetikett).
P321	Besondere Behandlung (siehe … auf diesem Kennzeichnungsetikett).
P322	Gezielte Maßnahmen (siehe … auf diesem Kennzeichnungsetikett).
P330	Mund ausspülen.
P331	Kein Erbrechen herbeiführen.
P332	Bei Hautreizung:
P333	Bei Hautreizung oder -ausschlag:
P334	In kaltes Wasser tauchen / nassen Verband anlegen.
P335	Lose Partikel von der Haut abbürsten.
P336	Vereiste Bereiche mit lauwarmem Wasser auftauen. Betroffenen Bereich nicht reiben.
P337	Bei anhaltender Augenreizung:
P338	Eventuell vorhandene Kontaktlinsen nach Möglichkeit entfernen. Weiter ausspülen.
P340	Die betroffene Person an die frische Luft bringen und in einer Position ruhigstellen, die das Atmen erleichtert.
P341	Bei Atembeschwerden an die frische Luft bringen und in einer Position ruhigstellen, die das Atmen erleichtert.

Liste der H- und P-Sätze

P342	Bei Symptomen der Atemwege:
P350	Behutsam mit viel Wasser und Seife waschen.
P351	Einige Minuten lang behutsam mit Wasser ausspülen.
P352	Mit viel Wasser und Seife waschen.
P353	Haut mit Wasser abwaschen / duschen.
P360	Kontaminierte Kleidung und Haut sofort mit viel Wasser abwaschen und danach Kleidung ausziehen.
P361	Alle kontaminierten Kleidungsstücke sofort ausziehen.
P362	Kontaminierte Kleidung ausziehen und vor erneutem Tragen waschen.
P363	Kontaminierte Kleidung vor erneutem Tragen waschen.
P370	Bei Brand:
P371	Bei Großbrand und großen Mengen:
P372	Explosionsgefahr bei Brand.
P373	Keine Brandbekämpfung, wenn das Feuer explosive Stoffe / Gemische / Erzeugnisse erreicht.
P374	Brandbekämpfung mit üblichen Vorsichtsmaßnahmen aus angemessener Entfernung.
P375	Wegen Explosionsgefahr Brand aus der Entfernung bekämpfen.
P376	Undichtigkeit beseitigen, wenn gefahrlos möglich.
P377	Brand von ausströmendem Gas: Nicht löschen, bis Undichtigkeit gefahrlos beseitigt werden kann.
P378	… zum Löschen verwenden.
P380	Umgebung räumen.
P381	Alle Zündquellen entfernen, wenn gefahrlos möglich.
P390	Verschüttete Mengen aufnehmen, um Materialschäden zu vermeiden.
P391	Verschüttete Mengen aufnehmen.
P301 + P310	Bei Verschlucken: Sofort Giftinformationszentrum oder Arzt anrufen.
P301 + P312	Bei Verschlucken: Bei Unwohlsein Giftinformationszentrum oder Arzt anrufen.
P301 + P330 + P331	Bei Verschlucken: Mund ausspülen. Kein Erbrechen herbeiführen.
P302 + P334	Bei Kontakt mit der Haut: In kaltes Wasser tauchen / nassen Verband anlegen.
P302 + P350	Bei Kontakt mit der Haut: Behutsam mit viel Wasser und Seife waschen.
P302 + P352	Bei Kontakt mit der Haut: Mit viel Wasser und Seife waschen.
P303 + P361 + P353	Bei Kontakt mit der Haut (oder dem Haar): Alle beschmutzten, getränkten Kleidungsstücke sofort ausziehen. Haut mit Wasser abwaschen/duschen.
P304 + P340	Bei Einatmen: An die frische Luft bringen und in einer Position ruhigstellen, die das Atmen erleichtert.
P304 + P341	Bei Einatmen: Bei Atembeschwerden an die frische Luft bringen und in einer Position ruhigstellen, die das Atmen erleichtert.
P305 + P351 + P338	Bei Kontakt mit den Augen: Einige Minuten lang behutsam mit Wasser spülen. Vorhandene Kontaktlinsen nach Möglichkeit entfernen. Weiter spülen.
P306 + P360	Bei Kontakt mit der Kleidung: Kontaminierte Kleidung und Haut sofort mit viel Wasser abwaschen und danach Kleidung ausziehen.
P307 + P311	Bei Exposition: Giftinformationszentrum oder Arzt anrufen.
P308 + P313	Bei Exposition oder falls betroffen: Ärztlichen Rat einholen / ärztliche Hilfe hinzuziehen.

P309 + P311	Bei Exposition oder Unwohlsein: Giftinformationszentrum oder Arzt anrufen.
P332 + P313	Bei Hautreizung: Ärztlichen Rat einholen / ärztliche Hilfe hinzuziehen.
P333 + P313	Bei Hautreizung oder -ausschlag: Ärztlichen Rat einholen / ärztliche Hilfe hinzuziehen.
P335 + P334	Lose Partikel von der Haut abbürsten. In kaltes Wasser tauchen /nassen Verband anlegen.
P337 + P313	Bei anhaltender Augenreizung: Ärztlichen Rat einholen / ärztliche Hilfe hinzuziehen.
P342 + P311	Bei Symptomen der Atemwege: Giftinformationszentrum oder Arzt anrufen.
P370 + P376	Bei Brand: Undichtigkeit beseitigen, wenn gefahrlos möglich.
P370 + P378	Bei Brand: … zum Löschen verwenden.
P370 + P380	Bei Brand: Umgebung räumen.
P370 + P380 + P375	Bei Brand: Umgebung räumen. Wegen Explosionsgefahr Brand aus der Entfernung bekämpfen.
P371 + P380 + P375	Bei Großbrand und großen Mengen: Umgebung räumen. Wegen Explosionsgefahr Brand aus der Entfernung bekämpfen.

P400-Reihe: Aufbewahrung

P401	… aufbewahren.
P402	An einem trockenen Ort aufbewahren.
P403	An einem gut belüfteten Ort aufbewahren.
P404	In einem geschlossenen Behälter aufbewahren.
P405	Unter Verschluss aufbewahren.
P406	In korrosionsbeständigem /… Behälter mit korrosionsbeständiger Auskleidung aufbewahren.
P407	Luftspalt zwischen Stapeln / Paletten lassen.
P410	Vor Sonnenbestrahlung schützen.
P411	Bei Temperaturen von nicht mehr als … °C / … aufbewahren.
P412	Nicht Temperaturen von mehr als 50 °C aussetzen.
P413	Schüttgut in Mengen von mehr als … kg bei Temperaturen von nicht mehr als … °C aufbewahren.
P420	Von anderen Materialien entfernt aufbewahren.
P422	Inhalt in / unter … aufbewahren
P402 + P404	In einem geschlossenen Behälter an einem trockenen Ort aufbewahren.
P403 + P233	Behälter dicht verschlossen an einem gut belüfteten Ort aufbewahren.
P403 + P235	Kühl an einem gut belüfteten Ort aufbewahren.
P410 + P403	Vor Sonnenbestrahlung geschützt an einem gut belüfteten Ort aufbewahren.
P410 + P412	Vor Sonnenbestrahlung schützen und nicht Temperaturen von mehr als 50 °C aussetzen.
P411 + P235	Kühl und bei Temperaturen von nicht mehr als … °C aufbewahren.

P500-Reihe: Entsorgung

P501	Inhalt / Behälter … zuführen.
P502	Informationen zur Wiederverwendung/Wiederverwertung beim Hersteller/Lieferanten erfragen.

Register

Abbé-Refraktometer 75
Absaugflasche 144
Abschirmungskonstante 337
Adsorbentien 166
Adsorption 190
Aktivitätsstufe 191
Aktivkohle 148
Akut toxische Substanzen 18
Akute Wirkung 18
Allergien 22
Allihn'sches Rohr 147, 155
Allihn-Kühler 44
Aluminiumoxid (Chromatographie) 191
Animpfen 156
Anreiben 156
Anschütz-Aufsatz 45
Arbeitsdruck 130
Arbeitsplatzgrenzwert 5
Aromatische Systeme (UV/Vis) 317
Atemschutzmaske 241
ATR (attenuated total reflection) 328
Ätzende Substanzen 20
Aufbewahrung von Chemikalien 10
Auflösung 205
Aufspaltungsmuster 342
Ausschuss für Gefahrstoffe (AGS) 21
Ausschütteln 182
Auswahlregel 313
Avogadro'sche Hypothese 234
Azeotrop 95
Azeotrope Destillation 118

Bathochrome Verschiebung 315
Beilstein 370
Beladung 207
Betriebsanweisung 3
Bindungsenergie 321

Biologischer Grenzwert 6
Blase 111
Blasenzähler 46
Böden 114
Bogen 126, 251
Boltzmann-Verteilung 335
Boyle-Mariott'sches Gesetz 233
Brandfördernde Substanzen 16
Braunschweiger Wendeln 115
Brechungsindex 74, 328
BTS-Katalysator 242
Büchner-Trichter 144

Celite 148, 191
Chemical Abstracts 369
Chemikaliengesetz 2
Chemische Analytik 79
Chemische Ionisation 349, 352
Chemische Verschiebung 337
Chromatographie 189
 -säule 207, 209
Chromophor 314
Circulus-Rührstab 47
Claisen-Brücke 58, 97
Clausius-Clapeyron 90, 224
CLP-Verordnung 2
Continuous Flow 262
Craig-Röhrchen 161
Crossfire 370

Dampfdruck 65, 72, 91, 170
 - diagramm 94
 - kurve 64, 91
Dampfstrahlpumpe 135
Dampfzusammensetzung 110
Datenbank 360, 372
DC 195
 zweidimensionale 201

387

Dean-Stark-Falle   121
Deformationsschwingung   320
Dekantieren   142
Derivate   67
Desaktivierung von Chemikalien   31
Destillation   89
    azeotroper Mischungen   118
    unbekannter Produktgemische   106
Destillationsapparatur   58
    einfache   97
    fraktionierende Destillation   101
Destillationsaufsatz   127
Destillationsgut   96
Destillationskolonne   111
Destillationsprotokoll   100, 102
Detektor   214, 220
Dewar-Gefäß   50
Dielektrisches Erhitzen   256
Dielektrische Verlustfaktoren   256
Dielektrizitätskonstante   163, 256
Diffusionspumpe   135
Dimroth-Kühler   44
Dokumentation   363
Doppelnadel   250
Drehschieberpumpe   133
Dreieckschema nach *Stahl*   194
Dreihalskolben   42
DRIFT-Technik   328
Druck   129
Druckeinheiten   129
Druckfiltration   147
Druckgasflaschen   235
Druckmessung   136
Druckminderventil   236
Drucksensor   107
Dünnschichtchromatographie *siehe* DC
Duran   36
Durchbruchzeit   226
Durchflussgeschwindigkeit   207
Durchlässigkeit   318, 322
Dynamische Trocknung   279

Einstufendestillation   96
    Anwendungsbereich   102
    bei vermindertem Druck   103
Einweghahn   41
Elektromagnetische Wellen   310
Elektronenstoß-Ionisation   352
Elektronenübergänge   313
Elektronische Thermometer   52
Elektronische Zeitschriftenbibliothek   374
Elektrostatische Aufladung   8, 15
Eluent   193
Elutionskraft   193
Elutrope Reihe   193
Emulsion   183
Enddruck   129
Energieniveauschema   313
Entgasen von Lösungsmittel   249
Entnahmedruck   237
Entsorgung von Chemikalien   12, 30
Entwicklung   193
Entzündliche Substanzen   14
Erbgutverändernde Stoffe   21
Erste Hilfe   27
E_T-Wert   163
Eutektikum   66
Eutektische Gemische   65
Explosionsgefahr   12, 17
Explosionsgefährliche Substanzen   15
Explosionsgrenzen   13
Exsikkator   158
Extinktionskoeffizient   311
Extraktion   179
    fest/flüssig   187
    flüssig/flüssig   182
    kontinuierliche   186
    Wahl des Solvens   185
Extraktionsgut   186
Extraktionshülse   187
Fachliteratur   363, 366

Faltenfilter   143
Feder-Vakuummeter   137
Fest/flüssig-Extraktion   187
Festsitzende Schliffe   38
Feststoffdestillation   60, 109
Feststofftrichter   57
Feuchtigkeitsausschluss   54
Feuerlöscher   26
FID (Flammenionisationsdetektor)   225
FID (free induction decay)   337
Filterkuchen   145
Filtrat   143
Filtration   141
   bei verminderter Druck   144
   durch Zentriguierne   149, 161
   einfache   143
   unter Schutzgas   252
   unter Überdruck   147
Filtrierhilfsmittel   148
Fingerprint   322
Flammpunkt   12
Flanschverbindung   37
Flash-Chromatographie   209, 217
Fließpunkt   64
Fluoreszenz   197
Fluoreszenzlöschung   197
Fluorolube   325
Flüssigextraktor
   einfacher   186
   nach *Kutscher-Steudel*   187
Flüssig/flüssig-Extraktion   182
Fortpflanzungsgefährdend   21
Fortschrittsberichte   370
Fourier-Transformation   323, 337
Fragmentierung   348, 352
Fraktionen   100, 215
Fraktionierende Destillation   100
Freiheitsgrad   320
Fritten   142, 146
Füllkörperkolonne   112, 115

Funktionelle Gruppe
   chemische Analytik   83
   IR   321

Gasballast   135
Gaschromatographie (GC)   222
Gase   232
   Einleiten in Apparaturen   57, 239
   Reinigung von Schutzgas   242
   Sicheres Arbeiten   240
   verflüssigte Gase   252
Gasentwicklung   54
Gay-Lussac'sches Gesetz   234
Gefahrenklasse   4
Gefahrensymbole   4
Gefahrstoffverordnung   2
Gefriertrocknung   176
Gegenstromdestillation   111
Gegenstromprinzip   44
Gesamtdrehimpul   334
Gesamtspin   313
Gesetzliche Vorschriften   2
Gewindeschraubanschluss   41
Gifnotrufzentralen   28
Giftige Chemikalien   17
Glasfilterfritte   146
Glasfilternutsche   136, 156
Gradiententrennung   220
Grenzwerte   5
Grenzwinkel   75
Größenausschluss   190
Guko-Ring   144, 156
Gyromagnetisches Verhältnis   334

H-Sätze   4, 380
Hagen-Poiseuille'sches Gesetz   130
Halbmikro-Destillationsapparatur   124
Handgebläse   147
Handschuhe   9
Hauptlauf   100
Hautschutzplan   10

Hebebühne 53, 97
Heißdampfextraktion 187
Heißfiltration 145, 152, 155, 160
Heizbad 49
Heizhaube 49
Heizmikroskop nach *Kofler* 71
Heizpilz 49
Heizplatte 49
Hirsch-Trichter 145, 155
Hochentzündliche Substanzen 14
Hochvakuumpumpen 135
HPLC 209, 218
Hygiene 8
Hypsochrome Verschiebung 315

Ideale Gase 233
Ideale Mischung 93
Identifizierung durch Derivate 86
Inertgas 233
Inkrementsysteme
   für NMR 345
   für UV 315
Innenthermometer 56
Intensivkühler 44
Interferometer 323
Internet 375
Interpretation von IR-Spektren 329
Ionenaustauschchromatographie 220
Ionenaustauscher 220
IR-Spektroskopie 320
IR-Spektrum 322
Isomorphie 67

Kältemischung 51
Kältethermometer 52
Kaltextraktion 188
KBr-Pressling 325
Kegelschliff 36
Kennzeichnung von Chemikalien 11
Kernspin 334

Kieselgel
   für Chromatographie 191
   modifiziertes 192
   als Trockenmittel 46, 272, 275
Kieselgur 148
Klammern 39
KMR-Stoffe 21
Kofler-Heizmikroskop 71
Kolonnenkopf 11
Kondensieren 64
Kontinuierliche Extraktion 186
Kontinuierliche Reaktionsführung 261
Kopplungskonstante 342
KPG-Rührer 47, 55
Kraftkonstante 320
Krebserzeugende Stoffe 21
Kristallisat 157
Kristallisation 156
Kristallisationsgeschwindigkeit 156
Kristallisieren 65
Kritischer Punkt 64
Krümmer 126, 251
Kugelkühler 43
Kugelrohrdestillation 125
Kugelschliff 37
Kühlbad 50
Kühler 43
Kühlfalle 105, 134
Kühlfinger 173
Küken 41
Kupferblock 70
Kurzwegdestillation 126
Küvette 318

Laborbrände 26
Laborjournal 364
Labormantel 8
Laborordnung 3
Laborunfälle 26
Lambert-Beer'sches Gesetz 311
Laporte-Regel 313

Laufmittel 193
  Rückgewinnung 215
Lavaldüse 131, 135
LC_{50} 17
LD_{50} 17
Leichtentzündliche Substanzen 14
Liebig-Aufsatz 109
Liebig-Kühler 43, 97
Literatur 366
Literaturrecherche 372
Lobar-Fertigsäulen 209
Lösungsmittel
  Mischbarkeit 165
  Polarität 163
  Reinigung und Trocknung 277
  für UV 318
  für NMR 336
Luftkühler 43
Lyophilisierung 176

Magnetfeld 334
Magnetisches Moment 334
Magnetron 258
Magnetrührer 47
Magnetrührstab 47
Magnetventil 107
Manometer 136
Massenspektrometrie 347
Massentrennung 350
McLafferty-Umlagerung 354
Mechanischer Rührer 42, 47
Mehrfachextraktion 181
Mehrstufendestillation 110
Membranfilter 142
Membran-Vakuummeter 137
Mempranpumpe 132
Metallbad 49
Metallkühler 14, 44
Mikrodestillation 124
Mikroreaktionstechnik 263

Mikroreaktoren 264
  Mischer 264
  Pumpen 265
Mikrowelleneffekt, spezifischer 257
Mikrowellensynthese 256
Mikrowellensynthesegerät 258
  Monomode-Gerät 258
  Multimode-Gerät 258
Mischkristallbildung 67
Mischschmelzpunkt 67, 71
Mobile Phase 191, 222
Molekülion 349
Molekülschwingung 320
MPLC 209
Multiplizität 313
Mutterlauge 152, 157
Nachlauf 100
Nachweis funktioneller Gruppen 83
  Aldehyde 86
  Alkene) 84
  Säuren und Basen) 83
  spektroskopischer Nachweis 83
Nachweis von Heteroelementen 81
  Halogene 81, 82
  Phosphor 82
  Schwefel 82
  Stickstoff 82
NaCl-Platte 324
Nadelventil 41, 42, 238
Nernst'scher Verteilungssatz 180, 190, 224
Nicht ideale Mischung 95
NMR-Spektroskopie 334
  ^{1}H-NMR 339
  ^{13}C-NMR 343
Nomogramm 91
Normschliff 36
Normschliffthermometer 52
Nujol 325

Ölbad 49
Olive 41
Ölpumpe 133

Online-Zeitschriften 374
Oxidationsmittel 16

P-Sätze 4, 383
Packungsmaterial 203
Papierfilter 142
Paritätsverbot 313
Partialdruck 93
Patente 369, 375
Perforation 180, 186
Peroxide 15, 17, 290
Persönliche Schutzausrüstung 8
Phasendiagramm 64
Phasentrennung 183
Piktogramme 4
Planschliff 37
Polarität 163, 194
Polarimetrie 77
Porosität 146
Primärliteratur 366
Pyrex 36
Pyrophore Substanzen 14
Quecksilber 30, 51, 135
Quecksilbermanometer 136
Quickfit 40, 56

Radikalkationen 347
Raoult'sches Gesetz 66, 93
Raschig-Ringe 115
Reaktionsapparatur 53, 247
Reaktionsgefäß 42
Reaktive Chemikalien
    Gefahren 12
    Desaktivierung 31
Reaxys 370
Recycling 32
Reduzierventil 236
Refraktometrie 74
Regulierventil 238
Reinigung von Lösungsmittel 277
    Alkohole 302

Amine 299
aprotisch dipolare Lösungsmittel 296
Carbonsäuren und Derivate 305
chlorierte Kohlenwasserstoffe 288
Ester 295
Ether 290
Kohlenwasserstoffe 283
Reinigungsmethoden 80
Reizende Substanzen 20
Rektifikation 110
Relaxation 335
Reproduktionstoxische Stoffe 21
Resonanzfrequenz 335
Resublimation 170
Retentionsfaktor 199
Retentionsmechanismus 190
Retentionsvolumen 98, 111, 204
Retentionszeit 204
Reversed-Phase Chromatography 192
Reviews 370
Ringspaltkolonne 128
Rohrverbindung 40
Rotationsverdampfer 32, 106
Rückflusskühler 43
Rücklaufverhältnis 112, 117
Rückschlagventil 131
Rührhülse 49
Rührverschluss 48
Rührwelle 47
Rundfilter 143
Rundkolben 42

Sättigung 135, 187, 189, 335
Saugvermögen 130
Säulenchromatographie (SC) 203
    Nassfüllung 212
    Trockenfüllung 212
Scheidetrichter 182
Schlauchschellen 41
Schlauchverbindung 40
Schlenk-Kolben 109, 251
Schlenk-Rohr 251

Schlifffett 38
Schliffhahn 41
Schliffsicherung 39
Schmelzbereich 66
Schmelzdiagramm 66
Schmelzdruckkurve 64
Schmelzen 65
Schmelzintervall 66
Schmelzpunkt 64
Schmelzpunktapparatur
   nach *Thiele* 67
   nach *Tottoli* 69
   automatische 70
Schmelzpunktdepression 67
Schmelzpunktröhrchen 67
Schnittverletzungen 25, 27
Schraubverschluss 40
Schutzausrüstung 8
Schutzgas 233, 241
   Ballontechnik 248
   in Reaktionsapparaturen 247
SciFinder 373
Sekundärliteratur 369
Sensibilisierende Stoffe 22
Sicherheit im Labor 1
Sicherheitsbelehrung 3
Sicherheitseinrichtungen 8
Sicherheitsvorschriften 3
Siedediagramm 95, 110
Siedekapillare 104
Siedepunkt 72, 90
Siedepunktbestimmung 72
   im Makromaßstab 73
   nach *Siwolobow* 73
Siedesteine 98
Sonderabfallbehälter 30
Soxhlet-Extraktor 188
Spektroskopie 309
Spezifischer Drehwert 77
Spektrendatenbanken 360
Spektrensimulation 360

Spindelhahn 41
Spinne 100
Spin-Spin-Kopplung 340
Spritzenfilter 148
Sprühreagentien 197
Standard-Reaktionsapparatur 53
Stationäre Phase 190, 222
Stockthermometer 52
Strömungswiderstand 130
Strahlungsenergie 311
Streckschwingung 320
Strömungsleitwert 130
Sublimat 172
Sublimation 169
   Apparaturen 173
   Vorproben 173
Sublimationsdruckkurve 64, 170

Tailing 207
Teflonhülsen 39
Temperaturgradient 152, 257
Temperaturprogramm 222
Thermometer 51
Totaldruck 129
Totalreflexion 75, 328
Totvolumen 204, 210
Totzeit 204, 226
Trägergas 222
Transmission *siehe* Durchlässigkeit
Transport von Chemikalien 10
Trennfaktor 205
Trennleistung 114
Trennmethoden 80
Trennsäule 203, 219, 223
Trennstrecke 196
Trennstufen 114
Trennstufenhöhe 114, 208
Trennstufenzahl 114, 208
Trennung von Produktgemischen
   durch Extraktion 80
   durch Destillation 106

Tripelpunkt 65, 170
Trockeneiskühler 253
Trockenmittel 46, 143, 158, 184, 234, 269
Trockenpistole 275
Trockenrohr 46
Trockenturm 242
Trocknen von Feststoffen 158, 275
Trocknen von Lösungen 276
Trocknen von Lösungsmitteln 277
    mit Alkalimetallen 280
    mit Aluminiumoxid 278
    mit Metallhydriden 280
    mit Molekularsieb 279
    von Alkoholen 302
    von Aminen 299
    von aprotisch dipolaren Lösungsmitteln 296
    von Carbonsäuren und -derivaten 305
    von chlorierten Kohlenwasserstoffen 288
    von Estern 295
    von Ethern 290
    von Kohlenwasserstoffen 283
Tropftrichter 45
Turbomolekularpumpe 136

Überdruck 54, 147
Überdruckventil 246
    nach *Stutz* 242, 247
Überführungskanüle 250
Übergangsstück 45
Überkritische Gase 64
Überlappungsverbot 313
Umfüllen luft- und feuchtigkeitsempfindlicher Substanzen 251
Umkehrfritte 252
Umkehrphasenchromatographie 192
Umkristallisation 151
    Auswahl der Lösungsmittel 162
    im Halbmikromaßstab 159
    im Makromaßstab 153
    im Mikromaßstab 160
    von unbekannter Substanzen 162
    Vorproben 162

Umlaufapparatur 281
Umwelt 24
Unfallverhütungsvorschriften 2
Universalthermometer 52
UV/Vis-Spektroskopie 312
UV/Vis-Spektrum 318

Vakuumcontroller 107, 138
Vakuumkonstanthalter 138
Vakuumpumpe 103, 129
Valenzschwingung 320
van-Deemter-Gleichung 208
Verätzungen 20, 27
Verbrennungen 25, 51
Verdampfen 64
Verdampfungsenthalpie 90
Verletzungen 25, 27
Verschüttete Chemikalien 30
Verteilerrechen 246
Verteilungskoeffizient 180
Vigreux-Kolonne 59, 111, 114
Vorlagekolben 97, 100
Vorlauf 100
Vorstoß
    einfacher 97
    nach *Bredt* 100

Waschflasche 58
Wasserabscheider 61, 120
Wasserbad 49
Wasserdampfdestillation 122
Wassergefährdungsklassen 7
Wasserstrahlpumpe 131
Wasserwächter 45
Wilson-Spiralen 112
Witt'scher Topf 146
Wood'sche Legierung 49
Woulff'sche Flasche 103, 107, 144

Zeitschriften 366

Zündtemperatur 12
Zustandsdiagramm 64, 170
Zweihalskolben 42
Zweiwegehahn 41

mibe GmbH Arzneimittel
Münchener Str. 15
06796 Brehna
Tel. 034954 / 247-0
Fax 034954 / 247-100